はじめての

TECHNICAL MASTER 98

Androidアプリ開発
Kotlin編

山田 祥寛 著

The textbook for development of applications
for the **Android platform**, easy to read.

秀和システム

はじめに

　本書は、Android環境でのプログラミングを初めて学ぶ人のための書籍です。Androidプログラミングの学習書ということで、そのコーディングに利用するKotlin言語については、最低限理解していることを前提としています。本書でもできるだけ細かな解説を心がけていますが、Kotlinそのものについてより詳しく学びたいという方は、拙著「速習Kotlin」(Amazon Kindle) などの専門書を合わせてご覧頂くことをお勧めします。

　本書の構成と各章の目的を、以下にまとめます。

導入編（第1章：イントロダクション〜第2章：はじめてのAndroidアプリ）

　そもそもAndroidとはなんぞやというところから始まり、Androidプログラミングのための環境を準備します。また、実際にプロジェクトを作成し、簡単なアプリを作成していく過程で、Androidにおける基本的な開発の流れ、アプリの構造を理解します。

基本編（第3〜7章：ビュー開発）

　導入編で大まかな開発の流れを理解できたところで、ウィジェットやレイアウトを利用してアプリの見た目（ビュー）を開発する方法を理解します。ここでは、単に見た目だけでなく、画面から入力されたデータをどのように受け取り、どのように結果に反映させるかという点についても学びます。

応用編（第8章：インテント〜第11章：サービス開発＆アプリの公開）

　画面同士を連携させるためのインテント、SQLiteデータベース、センサー／GPSなどのハードウェアとの連携、そして、裏方の処理を担うサービスの開発など、より実践的なアプリを開発していくためのさまざまなテーマについて学びます。これらを理解する過程で、Android習得の更なるステップアップの手がかりとしてください。

　本書が、Android開発に興味を持ったあなたにとって、はじめの一歩として役立つことを心から祈っています。

＊　　　＊　　　＊

　なお、本書に関するサポートサイトを以下のURLで公開しています。Q＆A掲示板はじめ、サンプルのダウンロードサービス、本書に関するFAQ情報、オンライン公開記事などの情報を掲載していますので、あわせてご利用ください。

https://wings.msn.to/

　最後にはなりましたが、タイトなスケジュールの中で筆者の無理を調整いただいた秀和システムの編集諸氏、そして、傍らで原稿管理／校正作業などの制作をアシストしてくれた妻の奈美、両親、関係者ご一同に心から感謝いたします。

2021年9月吉日　山田祥寛

TECHNICAL MASTER

Contents 目 次

Chapter 03 →ビュー開発（基本ウィジェット）

Chapter 04 →ビュー開発（ListView ／ RecyclerView）

Chapter 05 → ビュー開発（レイアウト＆複合ウィジェット）

Contents |目　次|

10→ハードウェアの活用

Chapter 11 →サービス開発&アプリの公開

コラム

注　意

商標等

TECHNICAL MASTER

本書の読み方

動作確認環境

本書内の解説／サンプルプログラムは次の環境で開発＆動作確認しています。

- Windows 10 Pro 64ビット
- Android Studio Arctic Fox 2020.3.1
- Android 仮想デバイス（Android 11）
- 実機（Android 11）

配布サンプルについて

- 本書のサンプルプログラムは、著者が運営するサポートサイト「サーバーサイド技術の学び舎 - WINGS」（https://wings.msn.to/）－ [総合FAQ/訂正＆ダウンロード] からダウンロードできます。
- ダウンロードサンプルは、以下のようなフォルダー構造となっています。

サンプルプロジェクトの利用方法

サンプルプロジェクトをAndroid Studio環境で利用するには、セクション02-02の手順を終えた上で、以下のような手順でサンプルを起動してください。

[1] サンプルプロジェクトを解凍する

サンプルプロジェクトは、ダウンロードサンプルに /samples/chapXX/＜プロジェクト名＞.zip（XXは章番号）というファイル名で保存されています。インポートしたいプロジェクトを、適当なフォルダーにあらかじめ解凍しておいてください。/＜プロジェクト名＞という名前のフォルダーができたことを確認します。

[2] サンプルプロジェクトを開く

[Welcome to Android Studio] 画面の上部から [Open] ボタンをクリックします。既に Android Studio の開発画面を開いている場合は、メニューバーの [File] − [Open] をクリックします。

[Open File or Project] 画面が開くので、起動したいプロジェクトを選択して、[OK] ボタンをクリックします。

図1　[Open File or Project] 画面

[3] プロジェクトの内容を確認する

プロジェクトを開けたら、プロジェクトウィンドウに以下のようにサンプルプロジェクトの内容が表示されていることを確認してください。

図2　プロジェクトウィンドウ

本書の構成

このセクションのポイント
ここで学ぶべき事柄を要約して表しています。

リスト
サンプルのソースコードを表します。セクション 02-03 以降のファイル名は「ファイル名（プロジェクト名）」の形式で表記しています。
紙面の都合上、一部のコードは抜粋して掲載しているので、コード全体を確認したい場合は、ダウンロードサンプルから該当ファイルを確認してください。紙面の都合で改行している箇所については ⤵ で表しています。

傍注
［参考］と同じく、本文では説明しきれなかった補足情報を表しています。本文中の番号と対応していますので、合わせて利用してください。

参考／注意／コラム
本文の解説と合わせて知っておきたい、注意事項や参考情報を補足します。

構文
構文は以下の規則で記述しています。引数型の末尾の「?」は Nullable（null を許可）、「!」は Nullable ／非 Nullable 双方を許容することを意味します。

イントロダクション

本章では、Androidアプリの開発に入っていく前に、最低限知っておきたい前提知識をおさえると共に、アプリ開発のための環境をインストールします。

Contents

はじめてのAndroidアプリ開発 Kotlin編

Android・ART・バージョン

Section 01-01

Android の概要を理解する

このセクションでは、Androidとはなにか、Androidの特徴やアーキテクチャなど、Androidの概要を学びます。

このセクションのポイント

1 Androidは、スマホ／タブレット端末に最適化されたオペレーションシステムである。

2 Androidは、Linuxベースのオペレーションシステムを基盤にしたソフトウェアの集合体である。

3 ARTは、携帯端末での動作に最適化されたJava仮想マシンである。

Android（アンドロイド）とは、一言で言うならば、スマートフォン（スマホ）やタブレット端末など、携帯情報端末のために開発されたオペレーションシステム（プラットフォーム）です。あとからも詳しく述べますが、Linuxをベースとしたオペレーションシステムを土台に、ハードウェアにアクセスするためのライブラリやアプリを動作するためのソフトウェア、そして、ブラウザーや電話、カメラなどのアプリの集合体がAndroidであると言っても良いでしょう。また、Androidを搭載した端末そのもののことをAndroidと呼ぶこともあります。

01-01-01 Androidとは？

Androidは、もともとアメリカのAndroid社によって開発が進められていたプラットフォームです。しかし、Android社は2005年にGoogle社によって買収され、その後、Google社が中心に設立した業界団体OHA(Open Handset Alliance[*1])によって、オープンソースとして発表されました。

オープンソースとは、ソフトウェアをソースコードレベルで公開し、決められたライセンスのもとで誰でも自由に利用&再配布できるということです。Androidを構成するほとんどのコンポーネントは、Apache v2ライセンス(https://www.apache.org/licenses/LICENSE-2.0)で提供されており、Androidそのものを利用するためになんらかの費用を誰かに支払う必要はありません。

また、Androidは、特定のハードウェアに依存しないことを目標としています。つまり、Androidを搭載しているデバイスでは異なるハードウェアであっても、同じアプリが動作するということです。

このような特長こそが短期間でのAndroidの普及を後押ししたと言って良いでしょう。日本国内での伸長も目覚ましく、ここ数年はシェアの上でもApple社のiPhone端末とほぼ拮抗しています。

*1）携帯電話における共通ソフトウェア基盤の開発／普及を目的とした団体。日本からも、KDDIやNTTドコモ、ソフトバンクモバイルなどの企業が参加しています。

🔵 01-01-02　Androidのアーキテクチャー

　冒頭述べたように、Androidと一口に言っても、その内部はさまざまなコンポーネントで構成されています。コンポーネント群は、大きく以下のレイヤー（層）に分類できます。

図1-1　Androidの構造

アプリ				
ブラウザー	カメラ	電話	連絡帳	…

アプリケーションフレームワーク			
Activity Manager	Window Manager	Content Providers	Package Manager
Resource Manager	Location Manager	Notification Manager	…

標準ライブラリ			Androidランタイム
Libc	WebKit	SQLite	コアライブラリ
Free Type	SSL	…	ART

HAL			
Audio HAL	Bluetooth HAL	Camera HAL	…

Linuxカーネル			
電源管理	メモリー管理	デバイスドライバー	…

（1）Linuxカーネル

　Androidは、オープンソースのオペレーションシステムであるLinuxをベースとしています。ただし、一般的なLinuxカーネル[*2]をそのまま利用しているわけではなく、モバイルデバイスでの用途に合うように変更を加えています。

　メモリー管理、電源管理、デバイス（ハードウェア）管理などを担当します。

> ＊2）オペレーションシステムの核となる部分のことです。

（2）HAL

　HAL（Hardware Abstraction Layer）は、Androidの上位レイヤー（標準ライブラリ）が、下位レイヤー（デバイスドライバーなど）の実装にとらわれることなく機能を提供できるようにするための、いわゆる橋渡し層です。ハードウェア抽象化レイヤーと呼ばれることもあります。

(3) 標準ライブラリ

Linuxカーネル上で動作するネイティブなライブラリです。ハードウェアを制御するためのライブラリをはじめ、データベース機能を提供するSQLite、Webブラウザーの描画を司るWebKitなどが含まれます。C言語やC++などで書かれており、アプリ開発者がこのレイヤーのライブラリを直接利用することはありません。

(4) Androidランタイム

Androidアプリを実行するための環境です。Java仮想マシンとJavaコアライブラリで構成されています。詳しくは、改めて後述します。

(5) アプリケーションフレームワーク

アプリケーションフレームワーク（以降、フレームワーク）とは、文字通り、アプリを開発するための「枠組み」です。アプリを開発するために必要な機能を提供すると共に、画面の生成／破棄、データ共有や位置情報、通話、通知などを管理します。表1-1にも、主なコンポーネントをまとめておきます。

表1-1 アプリケーションフレームワークの主なコンポーネント

コンポーネント	概要
Activity Manager	アクティビティ（画面）の生成〜破棄を管理
Window Manager	ウィンドウを管理
Content Providers	アプリ同士のデータ共有を管理
Package Manager	Androidにインストールされたアプリを管理
View System	UIを表示し、ユーザーによる操作をアプリに伝達
Resource Manager	リソース情報を管理
Location Manager	位置情報を管理
Notification Manager	ステータスバーへの通知を管理

私たちは、以降、このレイヤーを利用してAndroidアプリを開発していきます。Androidアプリを学ぶということは、これらのアプリケーションフレームワークを理解することである、と言い換えても良いでしょう。アプリとネイティブな標準ライブラリとの橋渡し的な役割を担います。

(6) アプリ

*3) Google社が提供するアプリケーションストアの名称です。以前は、Androidマーケットと呼ばれていたものです。

ブラウザーや電話、カメラ、連絡帳、メールクライアントなど、エンドユーザーが利用するアプリが属するレイヤーです。デバイスに標準で提供されているアプリをはじめ、Google Play[3]などで提供されている有償／無償のアプリ、そして、自分で作成したアプリを追加することもできます。

01-01-03 Androidの開発言語

Androidアプリを開発するには、以下の言語を利用できます。

(1) Java（ジャバ）

旧サン・マイクロシステムズ社（2010年にOracle社によって買収）が1995年に発表した、オブジェクト指向に基づくプログラミング言語です。サーバーサイド開発を中心に、家電への組み込み、デスクトップアプリなど、幅広い分野で活用されています。

Androidの初期バージョンから、開発言語として対応していたのもJavaです。

(2) Kotlin（コトリン）

Javaの統合開発環境として有名なIntelliJ IDEAの開発元JetBrainsが開発したオブジェクト指向言語。初期バージョンのリリースは2011年7月と、ごく新しいプログラミング言語です。

2017年にGoogle I/O（Googleが毎年開催している開発者向け会議）で、GoogleがAndroidアプリ開発言語として正式に採用したことから、一躍有名になりました。

Kotlinの特徴はなんといってもシンプルであること。Javaと比べると、格段に短いコードで同じことを表現できます。また、後出の言語であることから安全性にも配慮されており、（たとえば）Javaでよく起こりがちであったNullPointerException[4]が、Kotlinの世界では限りなく無縁になります。

> *4）中身がnull（定義されていない値）である変数を利用しようとした場合に発生するエラーです。

いずれの言語を利用すべきか、ですが、新しくAndroidアプリを開発するならば、まずはKotlinの利用をお勧めします。言語としての優位性も然ることながら、Kotlinの登場から時間も経過し、周辺のドキュメントもKotlinベースで書かれているものが増えてきました。情報収集、問題調査なども、Kotlinを利用している方がスムーズでしょう。

なお、本書の守備範囲を外れることから、Kotlin言語そのものの基本解説は割愛します。詳細は、拙著「速習Kotlin」（Amazon Kindle）などの専門書を併読してください。

01-01-04 Java仮想マシン

Java仮想マシン（以降、仮想マシン）は、Java言語のスローガンとも言える「Write once, run anywhere」（一度書いたコードはどこででも動作する）を支える技術です。

Java言語ではコンパイル時に、（たとえば）Cのような言語と違って、プラットフォーム固有のネイティブなコードを出力しません。代わりにバイトコードと呼ばれる中間コードを生成します。このバイトコードを、それぞれのプラットフォームに対応した仮想マシンがネイティブコードに変換した上で実行するのです。これによって、同じコードを異なるプラットフォームで動作できるわけです。

図1-2 Java仮想マシン

Javaと名前は付いていますが、Kotlinで書かれたコードもまたJava仮想マシン上で動作します。

このような言語のことをJVM言語と呼びます。コンパイルした結果が共通した中間コードとなり、同じ仮想マシン（Java Virtual Machine）上で共通して動作する、という意味です。

共通して動作する、ということは、KotlinのコードからJavaのコードを呼び出すこともできますし、その逆も然りです。つまり、既存のJavaアプリはJavaアプリで活かしつつ、Kotlinを部分的に導入していく、ということも可能なのです。このような性質も、KotlinがAndroidの世界にスムーズに導入できた理由のひとつです。

ART（Android Runtime）

Androidアプリもまた、Java／Kotlinアプリの一種なので、こうした仮想マシンの上で動作します。ただし、Androidの場合は、（標準的なJava仮想マシンではなく）Googleが開発した**Dalvik（ダルビック）仮想マシン**、または**ART（Android Runtime）**が採用されています。

Dalvik仮想マシンはAndroid 5.0より前、ARTはAndroid 5.0以降で利用されている仮想マシンです。Dalvik仮想マシンでは、アプリ実行のたびにバイトコードからネイティブコードに変換していましたが、ARTではアプリを最初にインストールした時にネイティブコードに変換します[5]。このため、ARTではDalvik仮想マシンよりも高速にアプリを実行できます。

> ＊5）これをAOT
> （Ahead-Of-Time）、
> 事前コンパイルと呼
> びます。

01-01-05　Androidのバージョン

Androidは、2009年4月に一般公開されたバージョン1.5以降、ごく短いスパンでバージョンアップが重ねられ、本書執筆時点での最新バージョンは12です。

以下には、Androidのバージョンの変化と主な変更点をまとめます。APIレベルとは、Androidアプリを開発するためのライブラリのバージョンのこと。利用できるAPIのバージョンはAndroidそのもののバージョンによって決まるので、アプリを開発する際には、どのバージョンのAPIを利用するのか、常に意識するようにしてください。

表1-2　Androidのバージョン

バージョン	公開	APIレベル	コードネーム	主な変更点
1.0	2008年9月	1	―	
1.1	2009年2月	2	不具合の修正	
1.5	2009年4月	3	Cupcake	新しいソフトウェアキーボード
1.6	2009年9月	4	Donut	音声検索、ユーザー補助機能
2.0 〜 2.1	2009年10月	5 〜 7	Eclair	さまざまな画面サイズ／解像度のサポート
2.2 〜 2.2.3	2010年5月	8	Froyo	JITコンパイラ、V8（JavaScriptエンジン）の搭載
2.3 〜 2.3.7	2010年12月	9 〜 10	Gingerbread	NFC対応、センサーの強化
3.0 〜 3.2.6	2011年2月	11 〜 13	Honeycomb	タブレット最適化（専用）
4.0 〜 4.0.4	2011年10月	14 〜 15	Ice Cream Sandwich	スマホ／タブレットUIの統合
4.1 〜 4.3.1	2012年11月	16 〜 18	Jelly Bean	マルチアカウント対応
4.4 〜 4.4.4	2013年10月	19 〜 20	KitKat	フルスクリーンモード

5.0 〜 5.1.1	2014 年 10 月	21 〜 22	Lollipop	マテリアルデザイン、Android Auto 対応
6.0 〜 6.0.1	2015 年 10 月	23	Marshmallow	Now on Tap、指紋認証機能
7.0 〜 7.1.2	2016 年 8 月	24 〜 25	Nougat	マルチウィンドウ
8.0 〜 8.1	2017 年 8 月	26 〜 27	Oreo	通知チャネル
9	2018 年 6 月	28	Pie	マルチカメラ
10	2019 年 9 月	29	—	ダークテーマ、5G への対応
11	2020 年 9 月	30	—	通知履歴、画面録画、チャットバブル
12	2021 年 10 月（予定）	31	—	Material You、スプラッシュ画面API、通知の改善

＊6）たとえばFroyo、Honeycombなどは日本人にはなじみにくいものですし、Pieはそもそもお菓子でない、という国もあります。ちなみに、廃止されなかった場合、Android 10のコードネームはQueen cakeだったそうです。

　コードネームには法則性があり、Android 1.5以降はC、D...のアルファベット順でお菓子の名前が付けられてきました。「次の名前は?」と楽しみにしていた人もいたかもしれませんが、Android 10で廃止となっています。理由は「バージョンの前後を把握しやすく、世界中の人が等しく理解できるため」とのことです＊6。

Section 01-02

Androidの開発環境を整える

このセクションでは、Androidアプリを開発するために必要な環境と、インストール方法について解説します。

このセクションのポイント

1 Android Studioは、Androidアプリ開発のための統合開発環境である。

2 Android Studioをインストールすることで、JDK、Android SDKなど、Androidアプリ開発に必要なソフトウェアをまとめて導入できる。

3 Android SDKにはエミュレーターも搭載されており、実機がなくてもアプリを実行できる。

　　Androidの基本を理解したところで、ここからは、本書で学習を進めていくのに必要となる環境と、そのインストール方法について説明します。手順のひとつひとつはなんら難しいものではありませんが、ステップの多さから複雑に感じるところもあるかもしれません。焦らず、順序を追って環境を整えていきましょう。

01-02-01　Androidプログラミングに必要なソフトウェア

　　Androidでアプリを開発／実行するには、最低限、以下のソフトウェアが必要となります。

（1）JDK（Java開発キット）

　　JDK（Java Development Kit）は、Javaアプリを実行するためのJava仮想マシンをはじめ、コンパイラー、クラスライブラリ、デバッガーなどを備えた開発キットです。前のセクションでも触れたように、AndroidアプリはJava ／ Kotlin言語で書かれたJava ／ Kotlinアプリです。開発／実行に際してもJDKが必要となります。

（2）Android Studio（統合開発環境）

　　Android Studioは、無償で利用できる統合開発環境（IDE：Integrated Development Environment）で、図1-3のような機能を揃えています。

　　2014年12月に最初の正式バージョン1.0がリリースされた、比較的新しい開発環境です。

図1-3 Android Studio による開発画面

アプリの内容を
ツリー表示

ブレイクポイント
を設定可能

構文ハイライト表示

アプリの状況をログ表示

コード補完にも対応

参考

Android Studio のバージョン表記

　Android Studio のバージョン表記が4.2以降で変更になり、以下のような形式に改められました。

＜リリース年＞.＜IntelliJ IDEAのメジャーバージョン＞.＜Android Studioのメジャーバージョン＞

　この変更は、Android Studio のベースとなっているIntelliJ IDEAとの対応関係をより明確に表現するためのようです。現在のバージョンは2020.3.1です。

　伴い、バージョンの新旧をよりわかりやすくするために、動物の名前に因んだコードネームも追加になっています[*1]。最初のコードネームは頭文字AでArctic Fox（ホッキョクギツネ）。起動時のスプラッシュ画面にも反映されています。

*1）Android本体でも、以前はお菓子の名前に因んだコードネームが付けられていました。

　ということで、執筆時点でのAndroid Studio の最新バージョンは、正しくは「Arctic Fox (2020.3.1)」と表現できます。少し長いですが、より親しみやすく、以前よりも識別しやすい名前になりましたね。

　ちなみに、次回のコードネームはBumblebee（マルハナバチ）が予定されているようです。

図1-4 Android Studio の起動画面

(3) Android SDK（Android Software Development Kit）

Android SDKは、Androidアプリを開発するのに必要なソフトウェアです。基本的なクラスライブラリをはじめ、エミュレーター、ドキュメント、サンプルプログラム、ビルドやデバッグ/テストに必要なツールが一式含まれています。

エミュレーターとは、パソコン上でAndroidアプリを実行するためのソフトウェアです。もちろん、作成したアプリは最終的に実機で動作確認するのが鉄則ですが、開発中にいちいち実機にアプリを転送するのは面倒です。そこでパソコン上でAndroid環境を用意して、疑似的に実行するわけです。

本書でも、作成したアプリは、原則として、エミュレーター環境で動作確認しています。

それではここからは、実際に自分の環境にAndroid Studioをインストールしていきましょう。Android Studioには、JDK [*2]、Android SDKも同梱されているので、ソフトウェアを別個に準備する必要はありません。

なお、以下の手順はWindows 10環境を前提にしています。異なるプラットフォーム/エディションを利用している場合には、パスやメニューの名称、一部の操作が異なる場合があるので、注意してください。

図1-5　エミュレーターで
Androidアプリを実行

> ＊2）以前のAndroid StudioではOracle社のJDKが同梱されていましたが、バージョン2.2以降ではOpenJDKが同梱されるようになりました。

01-02-02　Android Studioのインストール方法

本書では、執筆時点での最新バージョンであるArctic Fox（2020.3.1）を前提に解説を進めます。

注意

Android Studioをインストールするにあたっては、あらかじめ以下の点について確認しておきましょう。

(1) Windowsのユーザー名

Windowsのユーザー名に日本語を使用している場合、あとでAndroidの実行ファイルを起動できないなどの不具合を起こすことがあります。あらかじめ、ユーザー名を英語表記に変更してください。

(2) HAXM のインストール条件

　Android Studio のインストールによって、Intel HAXM (Intel Hardware Accelerated Execution Manager) が合わせてインストールされます。これは、Android エミュレーターを高速化するためのソフトウェアです。ただし、HAXM をインストールするには、以下の準備が必要です。

・BIOS で [Virtualization Technology] を「Enable」に設定
・Hyper-V を利用している場合には [Windows Hypervisor Platform] を有効化（[コントロールパネル] － [プログラム] － [プログラムと機能] － [Windows の機能の有効化または無効化] から確認）

［1］Android Studio のインストーラーを入手する

　Android Studio のインストーラーは、以下の URL から入手できます。ページを開いたら、[Download Android Studio] ボタンをクリックしてください。

URL Download Android Studio and SDK tools

https://developer.android.com/studio/

図1-6　Android Studio のダウンロードページ

図1-7 ［利用規約］ダイアログ

利用規約が表示されるので、［上記の利用規約を読んだうえで利用規約に同意します。］にチェックを入れ、［**ダウンロードする：Android Studio（Windows用）**］ボタンをクリックしてください。

［2］インストーラーを起動する

ダウンロードしたandroid-studio-2020.3.1.22-windows.exeのアイコンをダブルクリックし、インストーラーを起動します。ユーザーアカウント制御の画面が表示された場合は、［**はい**］をクリックして進めます。［**Welcome to Android Studio Setup**］画面では、そのまま［**Next**］ボタンをクリックします。

図1-8 ［Welcome to Android Studio Setup］画面

図1-9　[Choose Components] 画面

[Choose Components] 画面では、インストールする機能を決定します。本書では、すべてチェックが付いている既定のまま、[Next] ボタンをクリックして先に進めます。

図1-10　[Configuration Settings] 画面

[Configuration Settings] 画面では、Android Studio本体のインストール先を指定します。本書では、既定の「C:¥Program Files¥Android¥Android Studio」のままで、[Next] ボタンをクリックします。

図1-11 ［Choose Start Menu Folder］画面

図1-12 ［Installing］画面

［**Choose Start Menu Folder**］画面では、スタートメニューへの登録先を選択します。本書では、既定のまま［**Install**］ボタンをクリックして、インストールを開始します。

図1-13　[Installation Complete] 画面

図1-14　[Completing Android Studio Setup] 画面

インストールが終了すると、[Installation Complete] 画面が表示されるので [Next] ボタンをクリックして先に進めます。最後の [Completing Android Studio Setup] 画面では [Start Android Studio]（Android Studioを起動）をチェックした状態で、[Finish] ボタンをクリックします。

[3] Android Studioを初期設定する

　Android Studioが起動して、[Welcome Android Studio]画面が表示されるので、[Next]ボタンをクリックして進めます。先ほど[Start Android Studio]のチェックを外していて、起動しなかった場合は、スタートメニューから[Android Studio]－[Android Studio]から起動してください。

図1-15　[Welcome Android Studio]画面

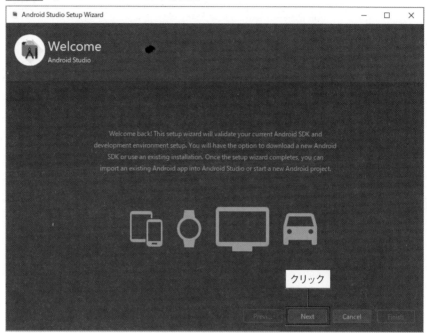

　Android Studioの初回起動時には、以下のように設定をインポートする画面が表示されます。本書では、既定のまま[Do not import settings]（設定をインポートしません）を選択して[OK]ボタンをクリックします。

図1-16　[Import Android Studio Settings（クリック）]画面

参考

Android Studio がインストール済みの場合

Android Studio が既にインストールされている場合には、以下のような画面が表示され、過去のバージョンの設定をインポートすることもできます。

図1-17　［Complate Installation］画面（2）

```
■ Import Android Studio Settings                          ×

⦿ Previous version    C:¥Users¥    15¥AndroidStudioProjects  ▼

○ Config or installation directory

  [                                              ] 📁
                                        クリック
○ Do not import settings
                                        [   OK   ]
```

この場合、［Previous version］を選択することで、以前のバージョンで利用していた自分の設定をそのままインポートできます。

　［Data Sharing］画面では、Googleが匿名で使用状況のデータを収集することを許可するかどうかを選択します。［Send usage statics to Google］（送信する）、または［Don't send］（送信しない）、いずれでも構いませんので選択&クリックしてください。

図1-18　［Data Sharing］ダイアログ

　［Install Type］画面が表示され、インストールの種類を訊かれます。本書では［Custom］（カスタム）を選択し、［Next］ボタンをクリックします。

図1-19　[Install Type]画面

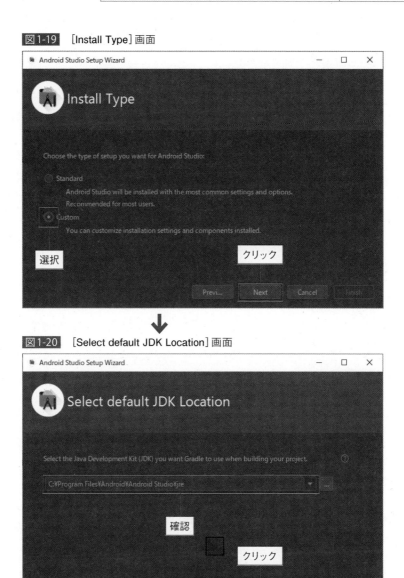

図1-20　[Select default JDK Location]画面

　[Select default JDK Location]画面では、使用するJDKのパスを設定します。本書では、既定の「C:¥Program Files¥Android¥Android Studio¥jre」のままで、[Next]ボタンをクリックします。

図1-21 ［Select UI Theme］画面

［Select UI Theme］画面では、画面のデザインを設定します。本書では、［Light］を選択し、［Next］ボタンをクリックします。

図1-22 ［SDK Components Setup］画面

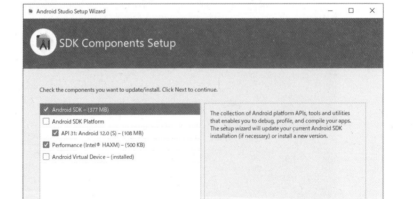

［SDK Components Setup］画面では、インストールするコンポーネントをカスタマイズしていきます。本書では、既定のままとします。また、Android SDKのインストール先も、既定の「C:¥Users¥＜ユーザー名＞¥AppData¥Local¥Android¥Sdk」のままとし、［Next］ボタンをクリックします。

図1-23 ［Emulator Settings］画面

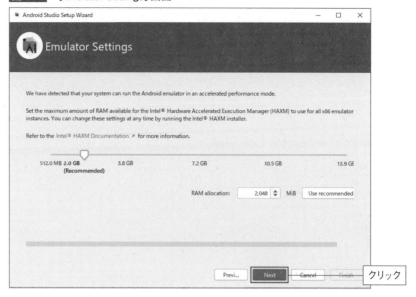

［Emulator Settings］画面では、エミュレーターのRAMの容量を設定します。本書では、既定の［2.0GB］のまま、［Next］ボタンをクリックします。

図1-24 ［Verify Settings］画面

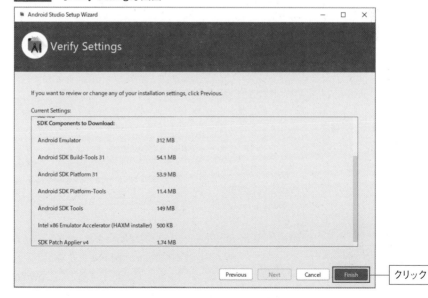

［Verify Settings］画面で現在の設定情報が表示されます。設定を確認し、特に問題なければ、そのまま［Finish］ボタンをクリックします。

図1-25 [Downloading Components] 画面（1）

図1-26 [Downloading Components] 画面（2）

Android SDKなどのインストールが開始されるので、しばらく待ちましょう。途中で、ユーザーアカウント制御の画面が表示された場合は、[はい] をクリックして進めてください。すべてのダウンロードが終了すると、[Downloading Components] 画面の [Finish] ボタンがアクティブになるので、クリックします。

図1-27 [Welcome to Android Studio]画面

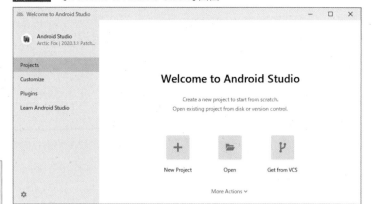

*3) ただし、その前の終了時にプロジェクト（セクション02-01）を開いたまま、Android Studioを終了した場合には、そのまま終了時のプロジェクトが開かれます。

以上でセットアップ作業は終了です。上のような[Welcome to Android Studio]画面が表示されます。この画面が、以降、Android Studioを起動した場合に最初に表示される画面となります[*3]。

*4)「Profileor Debug APK」以降のメニューは、[More Actions]を展開することで表示されます。

表1-3 [Welcome to Android Studio]画面のメニュー[*4]

メニュー項目	概要
*New Project	新規のプロジェクトを作成する
*Open	既存のプロジェクトを開く
Get from VCS	バージョン管理システムからプロジェクトをチェックアウトする
Profile or Debug APK	ビルド済APKのデバッグを行う
Import Project (Gradle, Eclipse ADT, etc.)	Eclipseなど、他の環境で作成したプロジェクトをインポートする
Import an Android Code Sample	あらかじめ用意されたAndroid のサンプルコードをインポートする
SDK Manager	Android SDKの画面を開く
AVD Manager	AVD（仮想デバイス）の設定画面を開く

まずよく利用するのは「*」の付いた項目になるはずです。具体的なプロジェクトの作成方法は第2章で改めるので、ここではメニュー項目の確認に留め、次の手順に進んでください。

[4] Android SDKのインストール状況を確認する

以上で、Androidアプリを開発するための準備は完了です。

Android SDKについては、Android Studioと一緒にインストール&設定されているので、まずはアプリ開発者が意識する必要はありません。ここでは、念のため、Android SDKが正しくインストールされているかどうかを確認だけしておきます。

これには、[Welcome to Android Studio]画面下の[More Actions]をクリックして[SDK Manager]を選択してください。

図1-28　[Welcome to Android Studio]画面

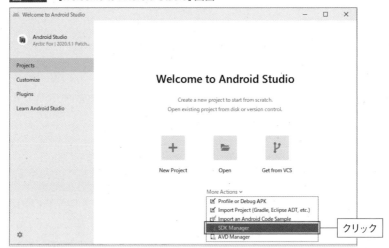

[Settings for New Projects]画面が開き、[Android SDK]の設定が表示されます。執筆時点では、上記までの手順でAndroid 12.0 (S)がインストールされていることが確認できます。

図1-29 ［Settings for New Projects］画面

　将来的に新しいAndroidがリリースされて、追加でインストールしたいという場合などには、ここから目的のバージョンにチェックを入れて、[**OK**] ボタンをクリックしてください。

01-02-03　AVDの作成

　AVD（Android Virtual Device）とは、エミュレーターがAndroidアプリを実行する際に利用するデバイス情報のことです。**仮想デバイス**とも呼びます。

　先ほど述べたように、Android SDKではAndroidアプリをパソコン上で実行するためのエミュレーターを提供しています。しかし、Androidと一口に言っても、さまざまなバージョンがありますし、デバイスによって画面サイズやSDカードのサイズも異なります。

　これらの情報をあらかじめ定義し、エミュレーターに教えてあげるのが仮想デバイスの役割なのです。異なる設定の仮想デバイスを用意しておくことで、ひとつのパソコンの中で異なるデバイス環境をエミュレートできるようになります。インストール時に既にひとつ自動で作成されていますが、ここで改めて新規に作成する方法も紹介します。本書では、執筆時点での最新安定版であるAndroid 11環境を作成しておきます。

[1] AVDマネージャーを起動する

　AVDマネージャーとは、名前のとおり、AVDを管理するためのツールです。

[Welcome to Android Studio] 画面下の [More Actions] － [AVD Manager] から起動できます。

図1-30 [Welcome to Android Studio] 画面

[Your Virtual Devices] 画面が起動するので、[Create Virtual Device...] ボタンをクリックします。

図1-32 ［Select Hardware］画面

［Select Hardware］画面が表示されます。ここでは、対象とするデバイス（画面サイズ／解像度）を設定します。本書では、［Category］欄から［Phone］を選択し、中央の欄から［Pixel 4］を選択して、［Next］ボタンをクリックします。

図1-33 ［System Image］画面（1）

［System Image］画面が表示されるので、システムイメージを選択します。
ここでは、新しいシステムイメージをダウンロード＆インストールして使用します。

[Target] 欄が [Android 11.0 （Google Play）] の行で、[Release Name] 欄に表示されている [R] 横の [Download] リンクをクリックします。

図1-34　[License Agreement] 画面

[License Agreement] 画面が表示されるので、[Accept] を選択して、[Next] ボタンをクリックします。

図1-35　[Component Installer] 画面

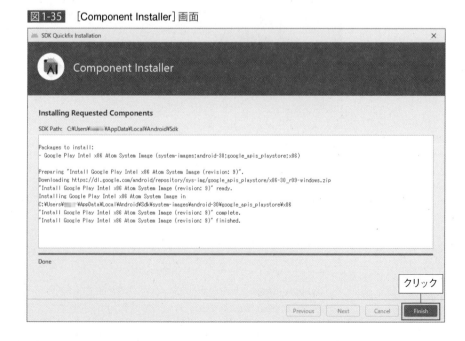

[Component Installer] 画面表示されるので、[Finish] ボタンをクリックします。

図1-36 ［System Image］画面（2）

［System Image］画面に戻るので、［Target］欄が［Android 11.0（Google Play）］の行が選択され、［Download］リンクが消えていることを確認して、［Next］ボタンをクリックします。

図1-37 ［Android Virtual Device（AVD）］画面

[Android Virtual Device（AVD）] 画面が表示されるので、仮想デバイスに関する各種設定を指定します。以下に、主な設定項目をまとめます。

表1-4　仮想デバイスの設定値

項目	概要	設定値
AVD Name	仮想デバイスの名前	Pixel 4 API 30
Srartup Orientation	画面の向き	Potrait
Enable Device Frame	デバイスのフレームを表示するか	チェック
Camera*5	カメラの設定	Emurated（Front）／ VirtualScene（Back）
Network	ネットワークの設定	Full（Speed）／ None（Latency）
Enable keyboard input	物理キーボードを使うか	チェックなし（ソフトウェアキーボードを利用）

＊5）本項目以下を設定するには、画面左下の［Show Advanced Settings］ボタンをクリックしてください。

以上で仮想デバイスの作成は完了です。[Finish] ボタンをクリックすると、もとの [Your Virtual Devices] 画面に戻るので、作成したデバイスが一覧に表示されていれば成功です。

図1-38　[Your Virtual Devices] 画面（2）

[2] エミュレーターを起動する

それではさっそく、作成した仮想デバイスをもとにエミュレーターを起動してみましょう。[**Your Virtual Devices**] 画面には、手順 [**1**] で作成した仮想デバイス「Pixel 4 API 30」が追加されているので、右欄の ▶ ボタンでエミュレーターを開始します。

エミュレーターの起動にはやや時間がかかる場合がありますが、最初だけなので、落ち着いて待ちましょう。エミュレーターが無事起動し、以下のような画面が表示されれば成功です。

参考

エミュレーターの操作

エミュレーターの操作は実機と同じようにできますが、ほとんどの環境ではタッチ操作はできないので、マウス操作で代替します。たとえば、タップにはマウスクリックが、スワイプはドラッグが対応しています。

ちなみに、画面上で賄えない電源、回転などの操作は、エミュレーター右に表示されたメニューバーから行います。

図1-39 エミュレーターのメイン画面

- 電源
- 音量アップ
- 音量ダウン
- 左に回転
- 右に回転
- スクリーンショット
- ズーム
- 戻る
- ホーム
- 起動中のアプリ
- 詳細設定

[3] エミュレーターを日本語設定する

エミュレーターを起動できたところで、あとからの利用に便利なように日本語の設定もしておきましょう[6]。

トップ画面を上にスワイプしてアプリの一覧を表示します。[Settings] を選択して設定画面を起動します。

> [6] 既定では英語設定になっており、メニューなどもすべて英語名で表示されています。

図1-40 アプリの一覧画面

[Settings] 画面が表示されたら、下にスクロールして [System] － [Languages & input] － [Languages] の順に選択し [Languages] 画面を開きます。

図 1-41 [Settings] 画面

図 1-42 [System] 画面

図 1-43 [Languages & input] 画面

図 1-44 [Languages] 画面

[**Add a language**] を選択し、追加する言語のリストを表示します。画面右上の
🔍をクリックして、検索ボックスに「ja」と入力します。[**日本語**] が表示されるので
選択します。

[**Languages**] 画面に戻るので日本語を上にドラッグして順番を入れ替えることで、
日本語に変更できます。

図1-45 ［Add a language］画面　　　　**図1-46** 「日本語」を選択

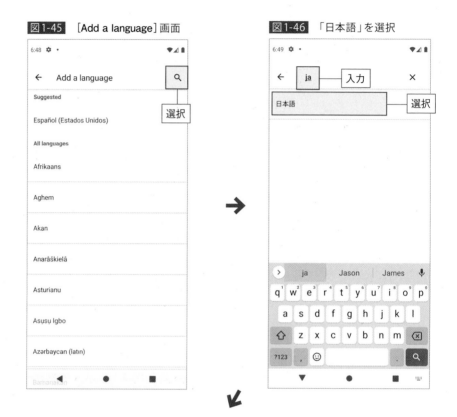

図1-47　[Language preferences] 画面

図1-48　[言語] に表示が変わる

　以上で、エミュレーターの初期設定は終了です。エミュレーターのボタンリスト上部から [×] ボタンをクリックして、エミュレーターを終了します。

　ここで行った言語の設定は、AVDごとに設定が必要となります。

ツールウィンドウ

Section 01-03
Android Studioの画面構成を理解する

このセクションでは、統合開発環境Android Studioの画面構成と、主なウィンドウの役割について解説します。

このセクションのポイント

■1 Android Studioの画面は、複数のツールウィンドウの組み合わせで構成される。
■2 ツールウィンドウには、プロジェクトウィンドウ、エディター、Logcat、ターミナルなどがある。

　前にも触れたように、Android Studioは、エディターやプロジェクト管理、デバッガーなど、おおよそアプリ開発には欠かせない諸機能を取り揃えた高機能な統合開発環境です。Android Studioはとてもよくできたツールであり、ごく直感的な操作で開発を進められる一方、非常に多機能なアプリでもあります。余計なところで戸惑わずに学習に専念するためにも、まずはAndroid Studioの基本的な画面構成と役割を理解しておくことにしましょう。

　以下の図は、Android Studioの基本的な画面構成です。

図1-49 Android Studioのメイン画面

プロジェクトウィンドウ

コードエディター

Logcat

レイアウトエディター

*1）ツールウィン
ドウが表示されてい
ない場合には、メ
ニューバーの［View］
－［Tool Windows］
から適宜、必要な
ウィンドウを起動す
ることもできます。

なお、Android Studioの画面を構成する個々の要素のことをツールウィンドウ
と呼びます*1。ツールウィンドウは既定で表示されていないものも加えれば、実に
さまざまなものが用意されています。本節では、あまたあるツールウィンドウの中で
も、特によく利用すると思われるものについて触れていきます。

01-03-01 プロジェクトウィンドウ

現在開発しているアプリの構成を表示します。アプリ上のファイルを開きたい、
新規にフォルダー／ファイルを作成したい、既存のファイルを削除したい、などとい
う場合も、すべてプロジェクトウィンドウから操作します。プロジェクトウィンドウと
は、Android Studioでの利用に特化したエクスプローラーとも言えるでしょう。

図1-50 プロジェクトウィンドウ

プロジェクトウィンドウでは、目的に応じて表示を絞り込むよう、いくつかの
ビューを提供しています。ウィンドウ上部の ▼ ボタンをクリックすると、いくつかの
ビューがリスト表示されます。

表1-5 プロジェクトウィンドウで表示されている主なビュー

ビュー	概要
Project	プロジェクト全体のファイルを表示
Packages	パッケージ／リソースの一覧を表示
Project Files	プロダクト関係のファイルを表示
Problems	問題のあるファイルだけを表示
Project Source Files	プロダクト関係のソースファイルを表示
Project Non-Source files	プロダクト関係の設定ファイルなどを表示
Android	モジュール（02-01-01項）配下のファイルを表示（既定）

*2）それぞれの
ビューの目的に応じ
て、Android Studioが
物理的なフォルダー
階層を見やすい形に
整形して見せている
のです。

　見ているビューによっては、フォルダー階層の見え方も異なるので、注意してください*2。本書では、既定の [Android] ビューを開いている前提で、操作手順などを解説します。

01-03-02 エディター

　Android Studioのメインウィンドウ──ソースコードや設定ファイルを編集するための領域です。エディターは、更に、画面レイアウトを編集するための**レイアウトエディター**と、ソースコードを編集するための**コードエディター**に分類できます。

■ レイアウトエディター

　レイアウトエディターでは、パレットからUI部品（ウィジェット）をドラッグ＆ドロップするだけで、画面レイアウトを直観的に編集できます。ウィジェットの階層を確認するためのコンポーネントツリーや、ウィジェットの挙動／見た目を設定するための属性（Attributes）ウィンドウも備えます。

図1-51 レイアウトエディター

① パレット

アプリで利用できるウィジェットをまとめています。レイアウトを編集する場合、このパレットからデザインエディターに対してウィジェットをドラッグ&ドロップすることで、ウィジェットを配置していくのが基本です。

図1-52 レイアウトファイルにウィジェットを配置

ウィジェットは、[**Layouts**]（レイアウト）、[**Widgets**]（基本ウィジェット）、[**Text**]（各種テキストボックス）のように、目的に応じてタブで分類されているので、どのタブになにが入っているのか、おおよその分類を把握しておくと、今後の作業がスムーズになるでしょう。

②デザインビュー

現在編集しているレイアウトファイルを、実行時の見た目に近い形で表示します。上でも触れたように、パレットからウィジェットをドラッグ&ドロップで配置することも可能です。レイアウト編集のキモとも言える部品なので、02-03-01項で改めて詳説します。

図1-53　デザインビュー

ちなみに、デザインビューには2枚の画面イメージが並んでいますが、左側を (狭義のデザインビュー)、右側を **BluePrint** ビューと呼びます。左のビューが実行時に近い見た目をプレビューするのに対して、BluePrint ビューはウィジェット同士の関係 (**制約**と呼びます) を見やすく表示してくれます。

目的に応じて併用すべきものですが、本書ではデザインビュー (左のビュー) を優先して利用していきます。

参考

デザインビューの見た目を変更する

デザインビューのツールバーから、プレビューの方法を変更することも可能です。

図1-54　デザインビューのツールバー

たとえばBluePrintビューを非表示にしたい場合には、🔷 (Select Design Surface) ― [Design] を選択します。その他の主なボタンの意味は、以下にまとめておきます。

表1-6 デザインビューのツールバー

No.	概要
①	表示するビュー
②	画面の向き
③	夜間モードで表示するか
④	デバイスの種類／サイズ
⑤	AndroidのAPIバージョン
⑥	プレビューに利用するテーマ

③コンポーネントツリー

レイアウト上に配置された部品を
ツリー状に表示します。現在の状
態を確認するだけでなく、パレット
からウィジェットを配置することも
できます。

図1-55 コンポーネントツリーへの配置

ウィジェット同士の親子関係がデザインビューよりも判りやすく表示されるので、
込み入ったレイアウトを編集する際には、コンポーネントツリーも併用してみると、
作業を効率化できるでしょう。

④属性ウィンドウ

ウィジェットの見た目や配置、挙動を設定す
るためのウィンドウです。デザインビュー、また
はコンポーネントツリーでウィジェットを選択す
ることで、対応する属性リストが表示されます。

図1-56 属性ウィンドウ

■ コードエディター

コードエディターも、単に、ソースコードを編集できるだけではありません。構文を色分け表示する構文ハイライト機能をはじめ、コードの自動補完機能、誤ったコードに対して修正候補を表示してくれるクイックフィックス機能なども装備されています。これらの機能を利用することで、コードの誤りもタイプ量も最小限に抑えられます。

図1-57 コードエディター（コード自動補完の例）

```kotlin
8   class MainActivity : AppCompatActivity() {
9       override fun onCreate(savedInstanceState: Bundle?) {
10          super.onCreate(savedInstanceState)
11          setContentView(R.layout.activity_main)
12
13          val chk = findViewById<CheckBox>(R.id.chk)
14          chk.setOnCheckedChangeListener { buttonView, isChecked ->
15              Toast.makeText(
16                  m makeText(context: Context!, resId: Int, duration: Int)  Toast!
17                  m makeText(context: Context!, text: CharSequence!,…  Toast!
18                  Press Enter to insert, Tab to replace
19              ).show()
20          }
21      }
    }
```

メニューバーの [Code] メニューを利用することで、定型的なコードを自動生成することもできます。メニューを見ると、さまざまな機能が用意されていることがわかりますが、その中でも特に重要な機能を補足しておきます。

図1-58 [Code] メニューの機能

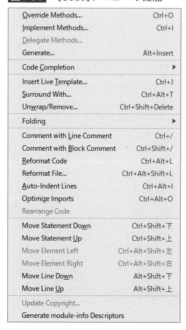

Override Methods...	Ctrl+O
Implement Methods...	Ctrl+I
Delegate Methods...	
Generate...	Alt+Insert
Code Completion	▶
Insert Live Template...	Ctrl+J
Surround With...	Ctrl+Alt+T
Unwrap/Remove...	Ctrl+Shift+Delete
Folding	▶
Comment with Line Comment	Ctrl+/
Comment with Block Comment	Ctrl+Shift+/
Reformat Code	Ctrl+Alt+L
Reformat File...	Ctrl+Alt+Shift+L
Auto-Indent Lines	Ctrl+Alt+I
Optimize Imports	Ctrl+Alt+O
Rearrange Code	
Move Statement Down	Ctrl+Shift+下
Move Statement Up	Ctrl+Shift+上
Move Element Left	Ctrl+Alt+Shift+左
Move Element Right	Ctrl+Alt+Shift+右
Move Line Down	Alt+Shift+下
Move Line Up	Alt+Shift+上
Update Copyright...	
Generate module-info Descriptors	

(1) Sorround With...

選択されたコードを、if、while、forなどのブロックで括ります。try／catchを選択した場合、対象のコードで発生する可能性がある例外を検出し、自動的にcatchブロックを生成してくれます。

ブロックを解除したい場合には、[Unwrap/Remove...]を選択してください。

図1-59 選択されたコードをもとにtry...catchブロックを生成

(2) Generate...

コンストラクター、メソッドの骨組みを自動生成します。主に、抽象クラス／インターフェイスを継承／実装している場合など、特定のメソッドをオーバーライド／実装する際に重宝します。詳しい方法は04-03-02項でも解説しています。

図1-60 オーバーライドするメソッドの骨組みを生成

似たような機能として、[Insert Live Template...]もあります。よく利用するようなコードテンプレートを選択し、現在のカーソル位置に挿入できます。あらかじめどのようなテンプレートが存在するか、目を通しておくことをお勧めします。

（3）Reformat code

ソースコードのインデントなどをわかりやすくフォーマットします。レイアウトファイル（02-02-04項）では、要素に付与された属性を、id、レイアウト属性、その他の属性（アルファベット順）の順で並べ替えます。

図1-61　指定されたコードをフォーマット

01-03-03　構造（Structure）

現在、エディター上で編集しているファイルの階層構造を表示します。クラスであれば配下のメンバーを、設定ファイルであれば入れ子の関係を、ツリー構造で表示してくれます。ツリーはコードの状態に応じてリアルタイムに更新されますし、ツリーをクリックすることで、エディター上も対応する位置にカーソルを移動できるので、特に長いコードを編集する場合に有効です。

図1-62　[Structure] ウィンドウ

01-03-04　Logcat

Logcatは、名前の通り、システム／アプリから出力されたログを出力するためのウィンドウです。実行中の変数を手軽に確認したいなどの用途で、開発中もよくお世話になるはずです。アプリからログを出力する方法については、02-03-08項で改めます。

図1-63　[Logcat] ウィンドウ

⬛ ⅅ1-ⅅ3-ⅅ5　Inspection

　メニューバーから [**Analyze**] − [**Inspect code...**] を選択することで、現在のプロジェクト (コード) を分析し、「構文エラーではないが、潜在的な問題となりうる、望ましくないコード」を検出できます。

　メニューを選択すると、以下のような画面が表示されるので、検査の対象となる範囲 (プロジェクト全体、現在のファイルなど) を選択してください。

図1-64　[Specify Inspection Scope] 画面

図1-65　[Inspection Results: 〜] ウィンドウ

　上のような結果が表示されれば、コードは正しく解析できています。Kotlin言語に関する問題だけでなく、Androidアプリの「べからず」や不要なインポート、使われていない変数なども検出されます。

　アプリの開発中は、単にコンパイルエラーだけでなく、Inspection機能で問題のあるコードにも気を遣っておくことで、将来的なバグの発生を未然に防げるはずです。

01-03-06　ターミナル

いわゆるAndroid Studioで利用できるコマンドプロンプトです。開発時にコマンドを実行することはよくありますが、ターミナルを利用すれば、いちいち別にウィンドウを開く必要がなくなります。

図1-66　ターミナル

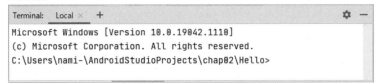

01-03-07　TODO

名前の通り、「やること」リストを表したウィンドウです。ソースコードの中に「// TODO ～」「// FIXME ～」の形式でコメントを残しておくことで、あとからやることをまとめて確認できます。一般的には、「// FIXME ～」であとで修正すべき点を、「// TODO ～」でそれ以外のやることを表します。

図1-67　[TODO] ウィンドウ

Chapter
02 →

はじめての Android アプリ

Android の概要が理解でき、アプリ開発のための環境が整ったところ
で、この章からはいよいよ実際のプログラミングの開始です。単に説
明を追うのではなく、是非とも自分の手を動かして、実際にサンプル
を作成し、動かしてみてください。その過程ではきっと本を読むだけ
では得られない、さまざまな発見があるはずです。

はじめての Android アプリ開発 Kotlin 編

プロジェクトの構造

02-01 Androidアプリのプロジェクトを 理解する

このセクションでは、Androidのプロジェクトを作成すると共に、その中身を確認し、Androidアプリの基本的な構造を理解します。

このセクションのポイント

■1 アプリの動作に関わるすべてのファイルは、プロジェクトと呼ばれる単位で管理する。
■2 プロジェクトには、Kotlinで書かれたソースコードをはじめ、レイアウト情報、アプリの構成情報などが含まれる。
■3 作成したアプリは、エミュレーター、または、USBケーブルで接続することで実機で動作できる。

　Android Studioでアプリを開発するには、まずアプリの入れ物とも言えるプロジェクトを準備しておく必要があります。プロジェクトとは、アプリを開発する際の単位のことで、アプリの動作に必要なファイルはすべて、このプロジェクトの配下で管理しなければなりません。ここでは、Androidアプリを開発するためのプロジェクトを作成すると共に、プロジェクトの基本的なフォルダー／ファイル構造を確認しましょう。

02-01-01　プロジェクトの作成

*1) インストール後、Android Studioを閉じてしまった場合には、スタートメニューから [Android Studio] ー [Android Studio] で起動してください。

　それではさっそく、プロジェクトを作成してみましょう*1。

[1] 新規のプロジェクトを作成する（基本設定）

　プロジェクトを作成するには、Android Studioの [**Welcome to Android Studio**] 画面から [**New Project**] をクリックします。

図2-1 ［Welcome to Android Studio］画面

図2-2 ［New Project］画面

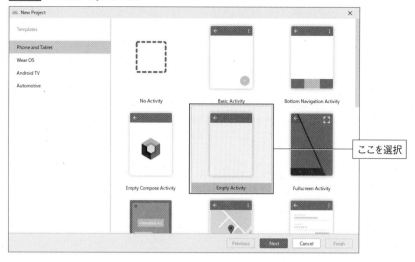

ここを選択

［New Project］画面が表示されるので、利用するアクティビティ（テンプレート）の種類を選択しておきましょう。ここで選択するのは［**Empty Activity**］——余計なコードが含まれていない、もっともシンプルなテンプレートです[2]。その他に選択できる主なテンプレートは、以下の通りです。

表2-1 主な標準アクティビティ（テンプレート）

テンプレート	概要
Basic Activity	フローティングアクションボタンが組み込まれたアクティビティ
Bottom Navigation Activity	画面の下部にナビゲーションを置いたアクティビティ
Fullscreen Activity	アクションバーが非表示になったフルスクリーンモード
Google AdMob Ads Activity	広告バナーを表示するためのアクティビティ
Google Maps Activity	Googleマップを表示するためのアクティビティ
Login Activity	ログイン画面を表すアクティビティ
Primary/Detail Flow	一覧／詳細画面を表示するアクティビティ（画面サイズに応じてレイアウトを切り替え）
Navigation Drawer Activity	スライド式メニューが組み込まれたアクティビティ
Settings Activity	設定画面を表すアクティビティ
Scrolling Activity	コンテンツをスクロール表示するためのアクティビティ
Tabbed Activity	タブが組み込まれたアクティビティ
Native C++	C++で開発するアプリ

なお、上で挙げているテンプレートは [**Phone and Tablet**] ペインに属するものです。その他にも、以下のようなペインが用意されています。ターゲットとなるアプリに応じて、適切なものを選択してください。

表2-2　アプリが対象とするデバイス

デバイス	概要
Phone and Tablet	スマホ＆タブレット向け
Wear OS	Android Wear（時計型端末など）
Android TV	テレビ向けプラットフォーム
Automotive	車載版 Android
Android Things	IoT 向けプラットフォーム

[2] プロジェクトの詳細を設定する

[**Next**] ボタンをクリックすると、選択したテンプレートに応じた設定画面が表示されます（この例であれば [**Empty Activity**] 画面）。

図2-3　[Empty Activity] 画面

以下の表のように、必要な情報を入力してください。

表2-3 [Empty Activity] 画面の設定

項目	概要	設定値
Name	アプリの名前	Hello
Package Name	パッケージ名	to.msn.wings.hello
Save Location	プロジェクトの保存先	C:¥Users¥＜ユーザー名＞¥AndroidStudioProjects¥Hello
Language	利用する言語	Kotlin
Minimum API Level	アプリが動作する最低のAPIレベル	API 19:Android 4.4(KitKat)
Use lagacy android. support libraries	レガシーな android.support ライブラリを利用するか	チェックしない

[Minimum API Level] 欄の下には、「Your app will run on approximately 98.1%...」(あなたのアプリは約98.1%のデバイスで動作) のようなテキストが表示されているはずです。これは、Google Play にアクセスしたバージョンの割合を統計したものです。アプリを開発する際に、どのバージョンまでをサポートすればよいのか、大まかな指針としてください。

[Language] 欄で選択できる言語には、Java ／ Kotlin があります。01-01-03 項でも触れたように、本書では Kotlin を採用するので、ここでも「Kotlin」を選択しておきましょう[*3]。Kotlin そのものについては、本書では割愛するので、詳しくは拙著「速習 Kotlin」(Amazon Kindle) などを参照してください。

＊3) Java を選択した場合の手順については、本書の姉妹書「はじめての Android アプリ開発 Java 編」(刊行予定) を参照してください。

android.support libraries

android.support libraries(サポートライブラリ) とは、新しいAPIで追加された機能との下位互換性を提供したり、標準ライブラリにはない便利機能を含んだ拡張パックのこと。android.support. ～のようなパッケージで提供されています。

ただし、2018年にサポートライブラリの後継となるAndroidXがリリースされたことで、現在ではレガシー(旧資産)の扱いです。新しくアプリを開発するならば、まずはAndroidXを利用することをお勧めします。[Use legacy android.support libraries] にチェックを入れない場合(既定)には、AndroidXが利用されます。

[Finish] ボタンをクリックすると、プロジェクト作成ウィザードが終了し、プロジェクトが起動します。最初に [Tip of the Day] 画面で Android Studio を利用するのに役立つTIPSが表示されます。何回も表示されるのはうるさいので、ここでは [Don't show tips] にチェックを入れて、[Close] ボタンで閉じます。

図2-4 ［Tip of the Day］画面

チェックを入れる

クリック

参考

アップデートがある場合

なにかしらソフトウェア／ライブラリのアップデートがある場合、以下のようなダイアログがウィンドウ右下に表示されることがあります。そのような場合には、適宜［Install］リンクをクリックし、環境を最新の状態に保つようにしてください。

図2-5 アップデート通知

Kotlin
A new version 203-1.5.30-release-411-AS7717.8 of the Kotlin plugin is available. Install

プロジェクトウィンドウから、以下のようなフォルダー／ファイルが配置されていることを確認してみましょう（最初はフォルダーは閉じているので、順番に開いてみてください）。

図2-6 プロジェクト作成直後のプロジェクトウィンドウ

📁 /app		
└ 📁 /manifests		
└ 📄 AndroidManifest.xml	…アプリ共通の設定ファイル
└ 📁 /java		
└ 📁 /to.msn.wings.hello		
└ 📄 MainActivity	…自動生成されたアクティビティ
└ 📁 /to.msn.wings.hello (androidTest)		
└ 📄 ExampleInstrumentedTest	… 自動生成されたテストコード
└ 📁 /to.msn.wings.hello (test)		
└ 📄 ExampleUnitTest	… テストコードの例
└ 📁 /res		
└ 📁 /drawable	… 画像リソース
└ 📁 /layout	… レイアウトファイル
└ 📄 activity_main.xml	… 自動生成されたレイアウトファイル
└ 📁 /mipmap	… アプリアイコンなどの画像リソース
└ 📁 /values	… 文字列データやスタイル情報の定義ファイル
└ 📄 colors.xml	… カラー定義
└ 📄 strings.xml	… 文字列リソース
└ 📁 /themes	… スタイル情報
📁 /Gradle Scripts	… Gradle[*4]関連のスクリプトコード

＊4）プロジェクトをビルドするためのツールです。配下の設定ファイルはAndroid Studioによって自動生成されるので、まずは自分で編集することはありません。

　この中でも特に重要なのは、/java、/res/layout、/res/valuesフォルダーです。/javaフォルダーはKotlin（Java）のソースコードを保存するためのフォルダーで、Androidアプリの中核を表すものと言っても良いでしょう。「to.msn.wings.hello」は、先ほどプロジェクトを作成する際に作成したパッケージです。「to.msn.wings.hello（androidTest）」「to.msn.wings.hello（test）」は、アプリをテストするためのコードです。本書では利用しません。

　/res/layoutフォルダーはアプリの見た目（レイアウト）、/res/valuesフォルダーはアプリで使用する文字列データやスタイル情報などが、それぞれ定義ファイルとして保存されています。

　これらフォルダーの内容をきちんと理解するのが、まずはAndroidアプリを理解するはじめの一歩と言って良いでしょう。

参考

モジュール

/appフォルダーの配下には、アプリの動作に必要となるファイル一式が格納されています。Android Studioでは、このフォルダーで表される単位をモジュール（Module）と呼んでいます。

ここでは、ひとつのプロジェクトにひとつのモジュールが存在する、最もシンプルなアプリを解説していますが、より複雑なアプリでは、ひとつのプロジェクトに複数のモジュールが存在することもあります。具体的には、メニューバーの [File] － [New] － [New Module...] で Phone & Tablet、ライブラリ、Android TV などのモジュールを追加できます（追加されたモジュールは /app フォルダーと並列に配置されます）。

図2-7 [Create New Module] 画面

[3] アプリを起動する

自動生成されたプロジェクトには、最初から完結したアプリが用意されています。これをそのまま起動するだけならば、一切のコードを記述する必要はありません。

アプリを起動するには、Android Studioのツールバーから、先ほど作成したエミュレーター [Pixel 4 API 30] を選択した上で、▶ (Run 'app') ボタンをクリックしてください[5]。

エミュレーターの初回起動にはそれなりに時間がかかりますが、落ち着いて待ちましょう。エミュレーターが無事起動し、以下のような画面が表示されれば、まずは成功です。エミュレーターを閉じるには、右横に表示されるボタンリスト上部の [✕] をクリックします。

＊5）メニューバーから [Run] － [Run 'app'] を選択しても構いません。

図2-8 サンプルアプリを起動

終了時はここをクリック

02-01-02 実機での起動

エミュレーターでの確認は手軽で便利ですが、最終的な動作はやはりAndroid実機で検証すべきです。機種ごとの細かな仕様差の確認という意味もありますが、なによりタッチパネルを利用した操作感は、実機でないと検証できないからです[6]。

*6) マウス操作では問題なかったものがタッチ操作では違和感があるというのはよくあることです。

[1] 実機の設定を変更する

以下の順序で実機を設定していきます（Androidのバージョンなどによってメニューの表記は異なる可能性があります）。

・ [設定] － [デバイス情報] から [ビルド番号] を7回タップしてください。開発者モードに切り替わった旨のメッセージが表示され、[設定] － [システム] 画面に [開発者向けオプション] が追加されます。
・ [開発者向けオプション] をタップし、[USBデバッグ] を有効化します。

[2] Android 実機とコンピューターを接続する

Android実機（以降、実機）をコンピューターに認識させるためには、実機のメーカーが提供するAndroid開発者向けのUSBドライバーをインストールします。ドライバーはデバイスごとに異なるので、詳しいインストール方法などは、実機の操作説明書、またはメーカーのサイトを確認してください。

ドライバーをインストールできたら、パソコンと実機とをUSBケーブルで接続します。機種によっては、USBデバッグの許可を確認するダイアログが表示されるので、[OK] ボタンをタップします。コンピューターが実機を認識しているかどうかは、コントロールパネルから [ハードウェアとサウンド] － [デバイスマネージャー] を開き、ドライバー名が表示されていることを確認してください[*7]。

図2-9　デバイスマネージャー

[3] Android Studioから実機の接続を確認する

エミュレーターが終了していることを確認した上で、Android Studioのメニューバーから [View] － [Tool Windows] － [Logcat] を開き、デバイス欄に実機が表示されていることを確認します。

図2-10　Logcat（実機を認識している）

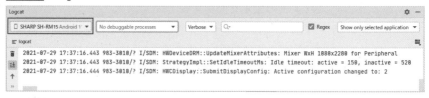

[4] 実機からアプリを起動する

P.54の手順 [3] を参考にアプリを起動します。メニューバーから実機の名前を選択して ▶ (Run 'app')ボタンをクリックしてください。実機にアプリがインストールされ、以下のように表示されれば成功です。

図2-11　実機の選択

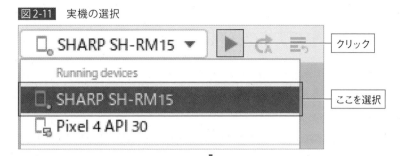

クリック

ここを選択

↓

図2-12　実機でのアプリの実行結果

サンプルアプリの内容を確認する

サンプルアプリの動作を確認できたところで、コードの中身を確認してみましょう。サンプルを読み解く中で、Androidアプリの基本的な構造を理解してください。

このセクションのポイント

1 アクティビティはアプリの画面を管理するオブジェクトである。
2 プロジェクトには、Kotlinで書かれたソースコードはじめ、レイアウト情報、アプリの構成情報などが含まれる。
3 Androidでは、アプリの見かけをレイアウトファイルで定義するのが一般的である。
4 strings.xmlは、アプリで利用している文字列リソースを一元管理するファイルである。

アプリの構造や動作を確認できたところで、いよいよ具体的なコードを確認していきましょう。サンプルアプリはごくシンプルなつくりですが、それだけに最低限知っておきたい構文ルールの把握には最適です。

02-02-01 サンプルアプリの基本的な構造

サンプルアプリを構成する中核となるファイルは、以下のとおりです。

図2-13 Androidアプリの構成

アプリの中核となるのがMainActivity.ktとactivity_main.xmlです。前者がアプリのメインコードを、後者がアプリの見栄えを表します。Androidアプリでは、このようにロジックとレイアウトが明確に分離されているのが特長です。

strings.xmlは、アプリで利用している文字列情報をまとめたものです。アプリでは、ここで管理された文字列を適宜取り出して利用します。

そして、AndroidManifest.xmlはアプリの構成やパーミッションなどの設定をまとめたファイルです。マニフェストファイルとも呼ばれます。

アプリの開発者である皆さんは、今後、主にこれらのファイルを編集しながら、開発を進めていくことになるでしょう。以下でも、これらのファイルの内容を確認しながら、サンプルアプリを読み解いていきますが、単に独立したファイルとしてではなく、互いの関係を意識することで、より理解も深まるでしょう。

02-02-02 アプリの「ウィンドウ」を定義する - Activity クラス

まずは、アプリの中核とも言うべきActivityクラス（MainActivity.kt）から見ていきましょう。/java/to.msn.wings.helloフォルダーに保存されています。

Activityクラス（アクティビティ）とは、言うなれば、Androidアプリの画面そのものを表すオブジェクトです。

よく見慣れたWindowsアプリでは、アプリを起動するとウィンドウが起動します。そして、必要に応じて、ウィンドウを切り替えながら操作を進めていくのが一般的です。Androidアプリではウィンドウという概念は存在しませんが[*1]、アプリを起動すると、まずメイン画面が表示されます。これがいわゆるAndroidアプリでの「ウィンドウ」です。Androidアプリでもいくつかの画面を切り替えながら操作を進めていきますが、その画面のひとつひとつがアクティビティなのです。

Androidでは、アプリを起動すると、まず決められたアクティビティが呼び出され、その内容に従って、画面が生成されます。

*1) Android 7では、マルチウィンドウ機能が追加され、ひとつの画面で複数のアプリ（ウィンドウ）を表示できるようになりました。

図2-14 Activity はいわゆる「ウィンドウ」

＊2）複数のアク
ティビティを扱う方
法については、第8
章で解説します。

サンプルアプリはひとつの画面しか持ちませんので、アクティビティもひとつだけ
ですが、複数の画面を持つアプリであれば、アクティビティも画面の数だけ必要に
なります＊2。

それでは、サンプルアプリの中の具体的なコードを見ていきましょう。

リスト2-1　MainActivity.kt

```kotlin
package to.msn.wings.hello

import androidx.appcompat.app.AppCompatActivity
import android.os.Bundle

class MainActivity : AppCompatActivity() {                              ①
    override fun onCreate(savedInstanceState: Bundle?) {
        super.onCreate(savedInstanceState)                             ②
        setContentView(R.layout.activity_main)             ③
    }
}
```

シンプルなコードですが、注目すべきポイントは盛りだくさんです。順番に見てい
くことにしましょう。

①Activityクラスを継承する

アクティビティは、名前のとおり、Activityクラス（android.appパッケージ）、
またはその派生クラスを継承していなければなりません。

Activityクラスとは、Androidアプリの画面制御に関わる基本的な機能を提供
するクラスです。Activityクラスがアプリ実行のための基本的な処理を賄ってくれ
るため、開発者は初期化や終了など原始的な処理を意識することなく、アプリ固有
の記述に集中できるわけです。

ちなみに、サンプルアプリで利用しているAppCompatActivityクラス
（androidx.appcompat.appパッケージ）は、アクションバー（セクション06-
02）などに対応したActivityです。まずは、よく利用するActivityの一
種だと考えておいて構いません。基本的なアクティビティであれば、まずは
AppCompatActivityクラスを継承します。

＊3）このようなメ
ソッドのことを、アプ
リの入り口という意
味で、エントリーポイ
ントとも言います。

②アプリ起動時の処理を記述するのはonCreateメソッド

onCreateメソッドは、アプリの起動時に自動的に呼び出されるメソッドです。一
般的なJavaアプリでのmainメソッドに相当するものだと考えれば良いでしょう＊3。
onCreateメソッドの一般的な構文は、以下のとおりです。

構文 onCreate メソッド

```
protected fun onCreate(savedInstanceState: Bundle?): Unit
    savedInstanceState：アプリの状態情報
```

　　override（**2**の太字）は、このメソッドが基底クラスの同名のメソッドをオーバーライド（上書き）していることを示します。オーバーライドしたメソッドでは、まず「super.メソッド名(...)」で基底クラスのメソッドを呼び出して、その上で、現在のクラス独自の処理を追記するのが基本です（ここまではほぼ決まり文句と考えて良いでしょう）。

　　引数 savedInstanceState（Bundle オブジェクト）は、アクティビティの状態を管理するためのオブジェクトです。用法については、02-03-06 項で改めます。

3 ビューを設定する

　　この部分がアプリ独自のコードです。setContentView メソッドは、画面に表示すべきビューを設定します。

　　ビューとは、画面に表示すべきコンテンツを表すオブジェクトのことです。アクティビティもまた画面を表すオブジェクトですが、それだけで画面のレイアウトまでを規定しているわけではありません。より正確には、アクティビティとは主に画面の入出力を管理するためのオブジェクトで、画面レイアウトの定義はビューに委ねているのです[*4]。

> *4）これによって、ロジックとレイアウトとが明確に分離できるので、コードの見通しも良くなります。

図2-15 ロジックとレイアウトは分離するのが基本

はじめての Android アプリ開発 Kotlin 編 **61**

構文 setContentViewメソッド

```
fun setContentView(layoutResID: Int): Unit
    layoutResID : 利用するビュー
```

引数layoutResID（R.layout.activity_main）は、ビュー（レイアウト）を定義した /res/layout/activity_main.xmlを表します。つまり、ここではアクティビティでの処理結果をactivity_main.xmlで定義されたレイアウトに従って描画しなさい、という意味になります。

02-02-03 補足：Rクラスとは？

setContentViewメソッドに渡した「R.layout.activity_main」とは何ものでしょうか。じつは、これは自動的に生成されたRクラスの中で定義された定数です。具体的には、以下のようなコードが生成されています。

リスト2-2 R.java

```
public final class R {
  ...中略...
  public static final class layout {
    ...中略...
    public static final int activity_main=0x7f09001c;
    ...中略...
  }
  ...中略...
}
```

Androidの世界では、アプリで利用するさまざまなデータをリソースとして管理します。そして、リソースを呼び出すための背番号（ID値）をまとめて管理するのが、Rクラスなのです。

リスト2-2の太字部分に注目してみましょう。メンバークラスlayoutでactivity_mainという定数が定義されていることが確認できるでしょう。これが「R.layout.activity_main」の正体です。

定数activity_mainでは「0x7f09001c」のような値がセットされていますが、これがリソースIDです。これが、内部的には「/res/layout/activity_main.xml」というレイアウトの在りかを表しているわけです。

02-02-04 アプリの見栄えを定義する - レイアウトファイル

　続いて、先ほどアクティビティで指定したレイアウト (activity_main.xml) を見てみましょう。/res/layoutフォルダーに用意されています。

*5）詳しい使い方は、改めて02-03-01項で解説します。

　プロジェクトビューからファイルを開くと、最初にレイアウトエディターと呼ばれるレイアウト編集専用の画面が開きます[*5]。

図2-16 レイアウトエディター

　しかし、ここではまずソースコードを確認したいので、上のバーから [Code] を選択し、コードを表示してみましょう。

リスト2-3 activity_main.xml

```xml
<?xml version="1.0" encoding="utf-8"?>
<androidx.constraintlayout.widget.ConstraintLayout
  xmlns:android="http://schemas.android.com/apk/res/android"
  xmlns:app="http://schemas.android.com/apk/res-auto"
```

```
xmlns:tools="http://schemas.android.com/tools"
android:layout_width="match_parent"
android:layout_height="match_parent"
tools:context=".MainActivity">
<TextView
  android:layout_width="wrap_content"
  android:layout_height="wrap_content"
  android:text="Hello World!"
  app:layout_constraintBottom_toBottomOf="parent"
  app:layout_constraintLeft_toLeftOf="parent"
  app:layout_constraintRight_toRightOf="parent"
  app:layout_constraintTop_toTopOf="parent" />
</androidx.constraintlayout.widget.ConstraintLayout>
```

　複雑なコードに見えるかもしれませんが、ほとんどは属性（パラメーター）のかたまりです。薄字の部分を取り除いてみると、コードがぐんとすっきりすると思いませんか。

　<androidx.constraintlayout.widget.ConstraintLayout>（以降は<ConstraintLayout>）、<TextView>といった要素は、画面を構成する部品を表します。この例であれば、アクティビティ（画面）の上にConstraintLayoutという部品が貼り付けられ、更にその上にTextViewという部品が置かれているという意味になります。

　入れ子となった要素が、そのままページレイアウトの構造を表しているわけです。

図2-17 ページレイアウトの構造

画面を構成する部品は、大きく2種類に分類できます。

ひとつが、具体的に画面を構成する部品で、ウィジェットと呼ばれます。ラベル、イメージビュー、テキストボックス、チェックボックスのような基本的な部品から、カレンダー、リストビュー、レイティングバーのようなリッチな部品まで、アプリでよく使うユーザーインターフェイスが標準で用意されています。

サンプルでは、TextViewがウィジェットの一種です。テキストの表示に利用します。

そして、これらのウィジェットをまとめたり、どのように配置したりするかを決めるのが、ビューグループ（またはレイアウト）です。

図2-18 ビューグループ（レイアウト）

レイアウトとは、ウィジェットをどのように並べるかを決めるためのしくみ

たとえば、サンプルではConstraintLayoutレイアウトが使われているので、ウィジェットの配置は相対的な位置関係[6]によって決まります。以下に、サンプルで利用している中でも、レイアウトに関わる属性の意味をまとめます（その他の属性の意味については、改めて後述します）。

属性（プロパティ）は、ウィジェット／レイアウトの配置や見栄え、挙動を決めるための情報です。

*6）たとえばあるウィジェットXに対して、ウィジェットYは左側の10px離れた位置に配置する、といったルール（制約）で、位置を決定します。

表2-4 レイアウトに関わる属性（リスト2-3で利用されているもの）

属性	概要
layout_width="match_parent"	幅を親要素に合わせる
layout_height="match_parent"	高さを親要素に合わせる
layout_constraintBottom_toBottomOf="parent"	自分と親要素の下端を揃える
layout_constraintLeft_toLeftOf="parent"	自分と親要素の左端を揃える
layout_constraintRight_toRightOf="parent"	自分と親要素の右端を揃える
layout_constraintTop_toTopOf="parent"	自分と親要素の上端を揃える

左寄せ／右寄せ、上寄せ／下寄せを同時に指定することで、それぞれ水平方向／垂直方向の中央寄せを意味します。

02-02-05 文字列リソースを管理する – strings.xml

ここで、activity_main.xmlから<TextView>要素のandroid:text属性の値を「Thank you world」のように変更してみましょう。

リスト2-4 activity_main.xml

```
<TextView ...
  android:text="Thank you World" />
```

該当行に黄色いマーカーが入るので、マウスポインターを当てると、以下のような警告メッセージが表示されるはずです。

図2-19 マウスポインターを当てると警告を表示

```
 9        <TextView
10            android:layout_width="wrap_content"
11            android:layout_height="wrap_content"
12        💡  android:text="Thank you World"
13        ap
14        ap        Hardcoded string "Thank you World", should use @string resource    ⋮
15        ap        Extract string resource  Alt+Shift+Enter     More actions...  Alt+Enter
```

「Hardcoded string "Thank you world", should use `@string` resource」は「"Thank you world"という文字列がハードコーディングされています。@stringリソースを利用すべきです」という意味の警告です[7]。初学者には一見して判りにくいメッセージかもしれませんが、今後もよく発生する警告なので、もう少し詳しく解説しておきます。

まず、結論から言ってしまうと、Androidの世界ではアプリで扱う文字列データをリソースとして外部化し、個別に管理するのが基本です。迂遠に感じるかもしれませんが、文字列データ(リソース)を分離しておくことで、以下のようなメリットがあります。

[7] 本来はそのままでも警告が表示されるはずですが、プロジェクトを立ち上げた直後では正しく警告が表示されません。そこで、本書では別の文字列に書き換えています。

・文字列を修正するのに、プログラムに影響が及ばない
・同じ文字列を一箇所で管理できるので、表記を統一しやすい
・複数言語に対応する場合も、リソースを入れ替えるだけで良い

図 2-20 strings.xml

＊8）もとのテキストと変えているのは、リソースファイルを参照していることを確認しやすくするためです。

実際にリソースを分離する方法も確認しておきましょう。ここでは、先ほどactivity_main.xmlに直書きした「Thank you world」を「こんにちは、世界！」に置き換えた上でリソースに移動してみます＊8。文字列リソースは、/res/valuesフォルダー配下のstrings.xmlで管理します。ファイルを開くと、まずはコードエディターが開きますが、Android Studioでは専用のリソースエディターも用意されています。右肩の [Open editor] リンクから起動してみましょう＊9。

＊9）あるいは、プロジェクトウィンドウからstrings.xmlを右クリックし、表示されたコンテキストメニューから [Open Translations Editor] を選択しても構いません。

図 2-21 リソースエディターを起動

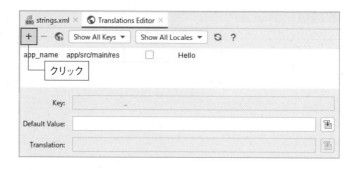

新規の文字列リソースを追加するには、左肩の [+] (Add Key) ボタンをクリックします。

図2-22 [Add Key] ダイアログ

[Add Key] ダイアログが開くので、Key（名前）／Default Value（既定値）に、それぞれ図のように値を入力してください[10]。[OK] ボタンをクリックすると、シートにもリソースが反映されます。

この状態で、コードエディターからもstrings.xmlの内容を確認してみましょう。

> *10) Resource Folderの値は、既定値の「app/src/main/res」のままとしておきます。

リスト2-5 strings.xml

```xml
<resources>
  <string name="app_name">Hello</string>
  <string name="hello_world">こんにちは、世界！</string>
</resources>
```

<resources>をルート要素として、配下の<string>要素で文字列リソースを列挙しているわけです。name属性がリソースの名前（キー）を、要素の本体がデータ本体を表します。たとえば、リソースエディターで追加した文字列リソースは、太字の部分で定義されています。

あとは、レイアウトファイルの側でもリソースを参照するように書き換えるだけです。@string/hello_worldとは、strings.xmlで定義されたhello_worldキーを引用しなさい、という意味です[11]。

> *11) ファイル名はstrings（複数形）ですが、参照する側は「@string/～」（単数形）である点に注意してください。

リスト2-6　activity_main.xml

```xml
<TextView
  android:layout_width="wrap_content"
  android:layout_height="wrap_content"
  android:text="@string/hello_world" ... />
```

この状態でサンプルアプリを実行すると、確かにアプリに表示される文字列が変化していることが確認できます。

図2-23　表示される文字列が変化した

参考

アプリを国際化するには？

たとえば、アプリを英語（既定の言語）、日本語、ドイツ語に対応させたいならば、リソースエディター上で 🌐（Add Locale）−[Japanese（ja）] ／ [German（de）] を選択します。
スプレッドシートにも「Japanese（ja）」「German（de）」列が追加され、英語／日本語／ドイツ語を編集できるようになります（英語は [Default Value] 欄から編集します）。

図2-24　複数言語対応したリソースエディター

```
🌐 Translations Editor ×

+ − 🌐   Show All Keys ▼   Show All Locales ▼   ↻  ?

Key          Resource Folder    Untranslatable  Default Value  German (de)  Japanese (ja)
app_name     app/src/main/res        ☐          Hello          Hello        Hello
hello_world  app/src/main/res        ☐          Hello World!   Hallo Welt!  こんにちは、世界！


        Key:  hello_world

Default Value:  Hello World!                                    🔲

  Translation:  こんにちは、世界！                                🔲
```

　ちなみに、複数言語対応した場合には、/res/values/strings フォルダーができて、配下に strings.xml（既定）、strings.xml（ja）、strings.xml（de）と、言語ごとに strings.xml ができていることを確認してください。これでデバイスの言語設定に応じて、表示言語も変化するようになります（既定の strings.xml は対応する言語がなかった場合に最終的に適用されるリソースです）。

02-02-06 アプリの基本情報を定義する - マニフェストファイル

マニフェストファイル（AndroidManifest.xml）は、パッケージ名やバージョン番号、アイコンなど、アプリの基本的な情報を定義するためのファイルです。最初のうちはあまり触れる機会もないかもしれませんが、今後のために最小限の基本項目くらいはおさえておくことにしましょう。

リスト2-7 AndroidManifest.xml

```xml
<?xml version="1.0" encoding="utf-8"?>
<manifest xmlns:android="http://schemas.android.com/apk/res/android"
  package="to.msn.wings.hello">                          アプリが属するパッケージ
  <application
    android:allowBackup="true"                           バックアップを有効にするか
    android:icon="@mipmap/ic_launcher"                   アプリの表示アイコン
    android:label="@string/app_name"                     アプリの表示名
    android:roundIcon="@mipmap/ic_launcher_round"        アプリの表示アイコン（角丸）
    android:supportsRtl="true"                           右→左（Right-to-Left）の
                                                         言語に対応するか
    android:theme="@style/Theme.Hello">                  アプリのテーマ
    <activity android:name=".MainActivity">              アクティビティの設定（08-01-02項）
      android:exported="true">                           外部アプリに公開するか
      <intent-filter>                                    インテントの設定
        <action android:name="android.intent.action.MAIN" />
        <category android:name="android.intent.category.LAUNCHER" />
      </intent-filter>
    </activity>
  </application>
</manifest>
```

＊12）android:label 属性には、既定では設定値が表示されています。エディター上でクリックすることで、「@string/app_name」に置き換わります。

android:icon ／ android:label ／android:themeなどの項目は「@style/Theme.Hello」のようにリソースを参照している点にも注目です＊12。「@style/Theme.Hello」は、styles.xmlのTheme.Helloキーを参照しなさい、という意味でした。

アプリ開発の基本キーワードを理解する

このセクションでは、Androidのプロジェクトを作成すると共に、その中身を確認し、Androidアプリの基本的な構造を理解します。

このセクションのポイント

1 Androidでは、さまざまなイベントに対応した処理を記述することで、アプリを組み立てていく。

2 ログを出力するにはLogクラスを利用する。出力されたログは、Logcatビューで確認できる。

3 ブレイクポイントを設置することで、デバッグ時に処理を中断できる。中断時には、ステップ実行でコードを行単位に進めたり、その時どきでの変数の値を確認したりすることができる。

プロジェクト既定で用意されたサンプルを修正して、ボタンをクリック（タップ）すると、現在時刻を表示するようにしてみましょう。プロジェクト名は「HelloEvent」とします。

図2-25　[現在時刻]ボタンをクリックすると、現在時刻を表示

14:43

HelloEvent

現在時刻

Fri Aug 06 14:43:19 GMT+09:00 2021

参考

サンプルアプリの構成

　本節からは、サンプルアプリもそれぞれ独立したプロジェクトとして用意しています。「MainActivity.kt（Xxxxxプロジェクト）」のような形式で、プロジェクト名とファイル名を併記しているので、完成版のコードは対応するプロジェクトから確認してください。プロジェクトの開き方はP.X「本書の読み方」で紹介しています。

02-03-01 画面をデザインする - レイアウトエディター

まずは、画面のレイアウトから始めます。

> **参考**
>
> ### ダウンロードサンプル内の手順動画
>
> 以降の手順[2]〜[6]について、ダウンロードサンプル内に操作紹介のための動画（process.mp4）を同梱しています。操作方法が分からない場合は、こちらの動画も参考にしてください。

[1] TextViewを削除する

既定のレイアウトファイルには、中央にTextViewが配置されています。このまま修正しても構わないのですが、一からレイアウトを組み立てていく手順を追うために、一旦、これを削除しておきます。

ウィジェットを削除するには、レイアウトエディターからTextViewを選択、右クリックし、表示されたコンテキストメニューから[Delete]を選択します。

図2-26　ウィジェットを削除

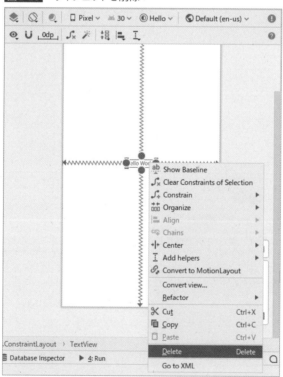

参考

コンポーネントツリーも有効活用しよう

　ウィジェットは、レイアウトエディターだけではなく、コンポーネントツリー（Component Tree）から操作することもできます。

　本文の例でも、レイアウトの表示が小さい場合にウィジェットをうまく削除できない場合があります（上下左右の補助線だけが消えてしまうことがよくあります）。そのような場合には、コンポーネントツリー上でTextViewを選択し、そのコンテキストメニューから［Delete］を選択しても構いません。

図2-27　コンポーネントツリーからウィジェットを削除

［2］ボタンを配置する

　デザイン画面の左には、アプリで利用できるウィジェットがパレットとして用意されています。

　ここでは［Buttons］を開き、［Button］（ボタン）を選択します。パレットからレイアウト画面に、ドラッグ＆ドロップで配置してみましょう。

図 2-28　レイアウトファイルにボタンを配置

*1) もう一点、
「Hardcoded Text」の
ような注意が表示
されますが、文字列
を strings.xml に分離
していない問題なの
で、現時点では無視
して構いません。

　ただし、そのままの状態ではボタンは仮置きされただけです。位置が定まって
いないため、デザインビューの右上に ⓘ が表示されます。これをクリックすると、
[Message] ウィンドウが開き、「Missing Constraints in ConstraintLayout」
（レイアウト上の制約が設定されていません）のような警告を確認できます[*1]。
　制約とは、レイアウト上の位置設定のことです。

[3] ボタンの配置を決定する

　ボタンをレイアウト上部に寄せて、幅いっぱいに広げてみましょう。
　まず、ウィジェットを選択した時に四方に表示される丸いアイコンに注目です。こ
れが位置関係を設定するためのハンドル（つまみ）で、**制約ハンドル**とも呼ばれます。

図2-29 制約ハンドルでウィジェットの位置を決める

　ここでは、上の制約ハンドルを親レイアウトの境界（上端）までドラッグします。これでButtonがレイアウトの上部に吸い寄せられます。

　更に、左の制約ハンドルをレイアウトの左端にドラッグしてみましょう。

図2-30 左への制約を追加

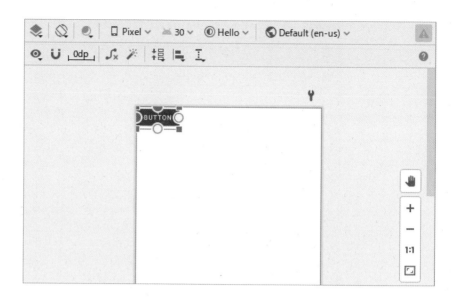

上、左への制約が設定されたことでウィジェットが左上に移動します。

[4] 属性ウィンドウを確認する

制約は、属性ウィンドウから編集することもできます。デザインビュー上でボタンが選択されていることを確認した上で、属性ウィンドウを参照してみましょう。

図2-31 属性ウィンドウでの見え方

[Layout] タブの配下に、制約の詳細が表示されています。この場合、ウィジェットの上／左に制約が設定されていること——具体的には、親レイアウトの上／左から、それぞれ0dpの余白が設定されていることが確認できます。

単位

Androidでは、余白／サイズなどを指定する際に、以下のような単位を利用できます。

表2-5　サイズ指定に利用できる単位

単位	概要
dp	解像度に依存しない単位（例：160dpiでは1px＝1dp、320dpiでは2px＝1dp）
sp	解像度に依存しない単位（文字サイズに利用する）
px	ピクセル数

　ただし、「px」は画素をベースとしているので、解像度によって表示サイズが変わってしまうという欠点があります。Androidアプリを開発する際には、「dp」がまず基本、文字サイズを設定する際には「sp」を利用すると良いでしょう。

*2）既存の制約を削除するには⊗アイコンをクリックします。

　また、制約そのものも追加できます*2。右側の ➕（Create Right Constraint）アイコンをクリックしてみましょう。右側の制約が追加されます。また、こちらも数値は0とします。

図2-32　右の制約を設定した場合

　このように左右に制約を設定すると、ウィジェットは水平方向に中央寄せされます。同じく垂直方向に中央寄せするならば、上下に制約を追加します。
　また、ここでは操作を理解するために属性ウィンドウから制約を追加しましたが、（もちろん）[3] と同じ要領で、レイアウトエディターから右制約を設定しても構いません。

参考

さまざまなレイアウト

その他にも、上／右に制約を付与したら右上に配置されますし、左右／下では中央下に配置されます。また、上下左右に制約を付与したら、水平／垂直方向に中央寄せされます。実際に制約を着脱して、さまざまなパターンを確認してみましょう。

図2-33 　左：右上に配置／中央：中央下に配置／右：中央寄せ

境界に隙間なく寄せるのではなく、空白を空けたい場合には [Layout] タブから上下左右の選択ボックスを指定してください。たとえば以下は上／左に制約を付与した上で、余白として 24dp を設定した例です。

図2-34 　上／左に制約を設定した例

デザインビューを確認すると、確かに上／左に余白ができることを確認できます。

[5] ウィジェットの幅を設定する

属性ウィンドウの [Layout] タブからウィジェットの幅を設定してみましょう。これには、ウィジェットを表すボックス内部の ≫／≪ をクリックします。≫／≪ はクリックすると、以下のように変化します。

表2-6　ウィジェットの幅／高さを設定する

アイコン	概要
≫	コンテンツの幅でウィジェットの幅を決める
⊢⊣	layout_width 属性の値で決まる
⊦⊬⊣	制約が許す範囲で親レイアウトの幅一杯まで広げる

＊3）あらかじめ下方向の制約も追加する必要があります。

ここでは ⊦⊬⊣ として、Button のレイアウト幅をいっぱいに広げます。同じく上下の ≫／≪ を ⊦⊬⊣ とした場合には、縦幅いっぱいにウィジェットが広がります[3]。

参考

layout_width ／ layout_height 属性

layout_width ／ layout_height 属性はウィジェットの幅／高さを表す属性で、[Layout] タブを下にスクロールすると入力項目が現れます。[Layout] タブのボックスは実はこれらの値を視覚的に設定するためのしくみなのです。

よって、入力欄から直接に値を設定しても構いません。それぞれ対応する値は、以下の通りです。

表2-7　アイコンと設定値の対応関係

アイコン	概要
≫	wrap_content
⊢⊣	任意の設定値
⊦⊬⊣	0dp（match_constraint）

＊4）あらかじめ下方向の制約も追加する必要があります。

ちなみに、本文では layout_height 属性（高さ）を wrap_content としていましたが、match_constraint とした場合には、親レイアウトいっぱいに広がります[4]。

図2-35　ボタンの高さをmatch_constraintに設定した場合

[6] TextViewを配置する

ここまでの手順に倣って、同じようにTextViewも配置してみましょう。パレットの [Text] タブから [TextView] を、デザインビューにドラッグ＆ドロップします。

図2-36　TextViewを配置

TextViewの上、左右に制約を設定します。ただし、左右は親レイアウトに対して紐づけますが、上の紐づけ先はボタンの下です。

図2-37 上、左右の制約を設定した状態

　水平方向に中央寄せされると共に、ボタンの下に吸い寄せられます。今後、この形式でのレイアウトをよく扱うので、手順を覚えておきましょう。

　続いて、TextView下の制約ハンドルを親レイアウトの下端までドラッグします。TextViewが垂直方向に中央寄せされることを確認してみましょう。

図2-38 下の制約を追加した状態

　これでTextViewの配置は完了です。

　今回は、高さ、幅は変更しない（＝wrap_contentのまま）としますが、テキストをレイアウト幅に広げたいならば、[5] の手順でlayout_width属性を設定してください。

[7] Button、TextViewの属性を設定する

　id値は、ウィジェットを識別するための名前です。あとからウィジェットを操作するのに利用するので、できるだけ識別しやすい名前を付けておきましょう[5]。画面に配置されたButton、TextViewを選択して、属性ウィンドウの [id] にそれぞれ

＊5）逆に言えば、プログラムから操作する必要がなければ、id値も不要ということです。

「btnCurrent」(Button)、「txtResult」(TextView) と設定しておきましょう。

図2-39　属性ウィンドウから属性値を入力

id値を変更すると以下のように [**Rename**] 画面が表示されるので、[**Refactor**] ボタンをクリックして変更を確定します。

図2-40　[Rename] 画面

参考

属性の探し方

　ウィジェットにはじつにさまざまな属性が用意されています。このため、属性ウィンドウでも、重要度／用途に応じて、属性を分類表示しています。

　1. Declared Attributes：レイアウトファイルで利用されている属性
　2. Layout：表示関係の属性
　3. Transforms：回転、拡大／縮小、透明度などに関わる属性
　4. Common Attributes：よく利用する属性
　5. All Attributes：すべての属性

　実際に設定する際にも、まずは1.～4.から目的の属性を探し、見当たらない場合には5.までスクロールして確認してみると良いでしょう。上の Q （Search）ボタンから属性を検索することもできます。

[8] キャプションを設定する（Button）

Buttonを選択して、属性ウィンドウから [Text] 右端の 🔲 ボタンをクリックしてください [6]。

図2-41　[Pick a Resources] 画面

02-02-05項でも触れたように、Androidアプリでは文字列データをリソースとして管理するのが基本です。表示された [Resources] 画面は、定義済みのリソースから文字列を選択するための画面です。

[＜プロジェクト名＞.app] グループ[7]では現在のアプリ（プロジェクト）で定義済みのリソースを、以降の [android] グループなどではAndroid共通で利用できるリソースを選択できます。ここでは新しいリソースを選択したいので、画面左上の [+]（Add resources to the module）－ [String Value] をクリックしてください。

*7) ここではHelloEventプロジェクトなので、グループ名も [HelloEvent.app] です。

図2-42　[New String Value] 画面

[New String Value]画面が表示されるので、表のように必要な情報を入力します。表にない項目は、そのままで構いません。

表2-8　[New String Value]画面の設定値

項目	概要	設定値
Resource name	リソースのキー名	btnCurrent
Resource value	設定する文字列リソース	現在時刻
File name	リソースを反映するファイル名	strings.xml
Create the resource in directories	リソースを保存するフォルダー	values(チェック)

リソースのキー名は、ここではボタンのid値と同じにしています。特定のウィジェットに割り当てるリソースであれば、id値と関連させておいた方が名前の管理が容易になります。

[OK]ボタンをクリックすると、リソースファイル(strings.xml)に新たなbtnCurrentキーが追加されると共に、Buttonウィジェットのtextプロパティにもリソースが紐づけられます。デザインビューからも、ボタンに[現在時刻]というキャプションが反映されたことが確認できます。

図2-43　ボタンにリソースで設定した値が反映(デザインビュー)

[9] 文字列リソースの参照を設定する(TextView)

[8]と同じく、TextViewウィジェットのText属性に対して、文字列リソースを紐づけます。[Pick a Resource]画面の[HelloEvent.app]グループから「app_name」キーを選択し、[OK]ボタンをクリックしてください。

図2-44 ［Pick a Resources］画面

［Pick a Resources］画面を閉じると、確かに文字列リソースapp_nameの内容（「HelloEvent」という文字列）がレイアウトにも反映されていることが確認できます。

図2-45 リソースで設定した値が反映された

［10］生成されたレイアウトファイルを確認する

これでレイアウトファイルは完成です。ここで、 ≡ Code ボタンから表示をコードエディターに切り替え、完成したレイアウトファイルの全体を一度確認してみましょう。

一般的に、レイアウトファイルはレイアウトエディターから編集することをお勧めしますが、それでもコードエディターが不要になるわけではありません。細かな修正はコードエディターの方が手軽な場合も少なくありませんし、思った並びにならない場合にコードの意味を理解していることが、意外と解決の手がかりにもなります。

リスト2-8　activity_main.xml（HelloEvent プロジェクト）

> ＊8）レイアウト配下のウィジェットで指定できる配置関係の layout_ 〜で始まる属性のことを、総称してレイアウト属性と言います。

```xml
<?xml version="1.0" encoding="utf-8"?>
<androidx.constraintlayout.widget.ConstraintLayout ...>
  <Button
    android:id="@+id/btnCurrent"
    android:layout_width="0dp"*8 ─────────────── 幅をレイアウトに合わせる
    android:layout_height="wrap_content" ─────── 高さをコンテンツに合わせる
    android:text="@string/btnCurrent" ────────── テキストはstrings.xmlを参照
    app:layout_constraintEnd_toEndOf="parent"
    app:layout_constraintStart_toStartOf="parent"  ── 上、左右の制約はレイアウトに
    app:layout_constraintTop_toTopOf="parent" />

  <TextView
    android:id="@+id/txtResult"
    android:layout_width="wrap_content"
    android:layout_height="wrap_content" ─────── 幅／高さともにコンテンツに合わせる
    android:text="@string/app_name" ──────────── テキストはstrings.xmlを参照
    app:layout_constraintBottom_toBottomOf="parent"
    app:layout_constraintEnd_toEndOf="parent" ── 左右、下の制約はレイアウトに
    app:layout_constraintStart_toStartOf="parent"
    app:layout_constraintTop_toBottomOf="@+id/btnCurrent" ── 上制約はボタンに
    />
</androidx.constraintlayout.widget.ConstraintLayout>
```

　ウィジェットの属性は、もちろん、すべて属性ウィンドウから設定できます。接頭辞「android:」「app:」を除去した名前で列挙されているので、それぞれ対応する値を確認してみると良いでしょう。

> ＊9）値が設定済みであれば、[Declared Attributes] タブからも確認できます。

　ちなみに、layout_constraint_ 〜系の属性は [All Attributes] タブの [layout_constraints] の配下に折りたたまれているので、展開して確認してください＊9。

図2-46 属性ウィンドウからも確認できる

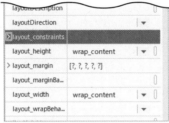

[11] アプリを実行する

　以上の操作結果をエミュレーターから確認してみましょう。02-01-01項と同じ手順で、アプリは起動できます。図2-47のような結果を得られれば、サンプルは正しく動作しています。まだボタンに処理を結び付けてはいないので、クリックしてもなにも動作しません。

図2-47 [現在時刻]ボタンが追加された

02-03-02 ボタンクリック時の処理を定義する（1）
- イベントハンドラー

Androidアプリでは、さまざまなイベントが発生します。**イベント**とは、たとえば「ボタンがクリックされた」「テキストボックスにフォーカスが移動した」「別の画面に切り替えた」など、アプリの上で発生するできごとのことです。

そして、このように随所で発生したイベントに応じて実行すべきコードを記述するプログラミングモデルのことを**イベントドリブンモデル（イベント駆動モデル）**と言います。Androidアプリでは、イベントドリブンモデルによって、ユーザーの操作やアプリの状態の変化を監視し、それぞれのタイミングで行うべきコードを記述していくのが基本です。

なお、イベントを発生したタイミングで実行すべきコード（メソッド）のことを**イベントハンドラー**と言います。

図2-48　イベントハンドラー

01
02
03
04
05
06
07
08
09
10
11

＊10）本書では、ボタンとハンドラーとの対応関係が明快となるよう、「＜ボタンのid＞＜イベント名＞」の形式で命名しています。

[1] イベントハンドラーの名前を決める

　レイアウトエディターでactivity_main.xmlを開き、ボタンを選択した状態で、属性ウィンドウから [onClick] を選択してください。onClick属性は、ボタンがクリックされた時（＝clickイベントが発生した時）に実行すべきメソッドの名前を表します。ここでは、右の値欄に「btnCurrentClick」と入力しておきます＊10。

図2-49　イベントハンドラーの紐づけ

[2] イベントハンドラーのコードを記述する

　呼び出すべきイベントハンドラーの名前が決まったので、あとはイベントハンドラーの本体（コード）を記述しましょう。イベントハンドラーはアクティビティで定義します。MainActivity.ktを開き、以下のようなコードを追加してください。

リスト2-9　MainActivity.kt（HelloEventプロジェクト）＊11

```
package to.msn.wings.helloevent
...中略...
import android.view.View
import android.widget.TextView

import java.util.Date

class MainActivity : AppCompatActivity() {
  ...中略...
  fun btnCurrentClick(v: View) {
    val txtResult = findViewById<TextView>(R.id.txtResult) ————————1
    txtResult.text = Date().toString() ————————————————————2
  }
}
```

＊11）「Parameter 'v' is never used」のような警告が表示されますが、引数vがメソッド配下で利用されていない、というだけの意味なので、まずは無視して構いません。

　clickイベントハンドラーの構文は、以下のとおりです。

構文　clickイベントハンドラー

```
fun handler(view: View): Unit { ...statements... }
    handler    ：ハンドラー名
    view       ：イベントの発生元
    statements ：イベントハンドラーとしての処理
```

　　　　　　　引数viewには、イベントの発生元がViewオブジェクトとして渡されます。Viewオブジェクトは、すべてのウィジェット／ビューグループの基底クラスです。ビューに関わる基本的な性質を定義したクラスと言っても良いでしょう。
　　　　　　　この場合であれば、引数viewにはクリックされたボタン（Buttonオブジェクト）が渡されます。サンプルでは利用していませんが、イベントハンドラーの中でボタンの情報を参照したり、キャプションを変更したりする場合には、引数viewを介して行います。
　　　　　　　それでは、メソッドの内容を確認していきましょう。
　　　　　　　まず、■では、現在時刻を表示させるTextViewオブジェクトを取得します。findViewByIdメソッドは現在のアクティビティからid値をキーにウィジェットを検索するためのメソッドです。

構文　findViewByIdメソッド

```
fun <T:View!> findViewById(id: Int): T
    T  ：取得したウィジェットの型
    id ：検索するウィジェットのID値
```

　　　　　　　引数idには、02-03-01項でも設定したid値を「R.id.<id値>」の形式で指定してください。文字列リソースやレイアウトファイルと同じく、id値もまた、Rクラスの定数として管理されているのです。

　　　　　　　findViewByIdメソッドの戻り値は、見つかったウィジェット型（この場合はTextView）のオブジェクトです。TextViewオブジェクトを取得できてしまえば、あとはtextプロパティで表示すべきテキストをセットするだけです（■）。

[3] アプリを実行する

　　　　　　　以上の操作結果をエミュレーターから確認してみましょう。起動したアプリから**[現在時刻]**ボタンを表示すると、画面中央に「Fri Aug 06 14:43:19 GMT+09:00 2021」のような形式で現在の時刻が表示されることを確認してください。

図2-50 ▸ ボタンクリックで現在時刻を表示

参考

アプリの再実行

　アプリを開発していると、修正／再実行と繰り返すことはよくあります。その際にも、常にアプリを再起動（▶）しなければならないわけではありません。

　たとえばクラスコードの修正だけであれば、≡（Apply Code Changes）ボタンを利用することで、コードの変更だけを即座に反映できます。

　レイアウトなどのリソースの変更を伴う場合には、◁（Apply Changes and Restart Activity）ボタンを利用します。こちらはリソースとコードの変更双方を反映します。

　大概は、これらの機能を利用することで、より素早くトライ&エラーを繰り返せるでしょう。もしもアプリの再起動が必要な場合[12]は、自動的に判断して、警告してくれるので心配は要りません。

＊12）たとえばリソース、メソッドそのものの追加／削除、マニフェストファイルの修正などはアプリを再起動するまでは反映できません。

02-03-03　ボタンクリック時の処理を定義する（2）
　　　　　　 - イベントリスナー

　もっとも、前項で紹介した「onClickプロパティによる登録」は、clickイベントでのみ使える特殊な方法です。clickイベントはよく利用されることから、このような簡易な手段が用意されているにすぎません。

　clickイベント以外のイベントを処理する場合には、イベントリスナーというしくみを利用する必要があります。イベントリスナーとは、なんらかのイベントが発生した時に呼び出されるメソッドが用意されたイベント処理専用のクラスです[13]。

　Androidの世界では、画面でなんらかのイベントが発生すると、発生元（ウィジェット）にイベントリスナーが登録されていないかを調べ、対応するイベントリスナーが見つかった場合には、そのメソッドを実行します[14]

＊13）アプリ側から呼び出されるメソッドという意味で、コールバックメソッドとも呼ばれます。

＊14）登録されているものがなければ、なにもしません。

図2-51　イベントリスナー

＊15）clickイベント
であれば、いずれを
利用しても構いま
せんが、本書では
以降、イベントリス
ナーを優先して利用
していきます。

たとえば、02-03-02項のリスト2-9はイベントリスナーを利用することで、以下のように書き換えることができます＊15。なお、このサンプルを動作させるには、レイアウトファイル (activity_main.xml) に配置したボタンのonClickプロパティは空にしておく必要があります。

リスト2-10 MainActivity.kt (HelloEventListenerプロジェクト＊16)

＊16）紙面上は、
HelloEventプロジェ
クトからの差分
だけを示していま
す。完全なコードは
HelloEventListenerプ
ロジェクトを参照し
てください。

```kotlin
import android.widget.Button
import android.widget.TextView
...中略...
override fun onCreate(savedInstanceState: Bundle?) {
  super.onCreate(savedInstanceState)
  setContentView(R.layout.activity_main)

  val btnCurrent = findViewById<Button>(R.id.btnCurrent)  ————————— 3
  btnCurrent.setOnClickListener( ————————————————
    object: View.OnClickListener { ————————————————
      override fun onClick(v: View?) {
        val txtResult = findViewById<TextView>(R.id.txtResult)
        txtResult.text = Date().toString()                         1    2
      }
    } ————————————————————————————————
  ) ————————————————————————————————————
}
```

clickイベントに対応するイベントリスナーは、View.OnClickListenerインターフェイス (android.viewパッケージ) として用意されています。onClickメソッドひとつが公開されている、シンプルなインターフェイスです。

構文 onClickメソッド

```
abstract fun onClick(v: View!): Unit
    v：クリックされたビュー
```

よって、ここではまず View.OnClickListener 実装クラスを用意し (**1**)、対象のウィジェット (サンプルであればボタン) に登録すれば良いということになります (**2**)。onClickメソッドの中身は、02-03-02項のリスト2-9でのそれと同じなので、特に目新しいことはありません。

イベントリスナーの登録には、Button#setOnClickListenerメソッドを利用します。イベントリスナーの登録先となるボタンは、あらかじめfindViewByIdメソッドで取得しておきます (**3**)。

構文　setOnClickListenerメソッド

```
fun setOnClickListener(l: View.OnClickListener?): Unit
    l：イベントリスナー
```

いかがですか。

書き換え前後のコードを較べてみればわかるように、レイアウトファイルで記述するのに比べて、イベントリスナー登録のコードは冗長になりがちです。しかし、冒頭でも述べたように、イベント処理の構文は、まずはイベントリスナーが基本です。今後もよく登場するので、ここで基本的な構文を理解してください。

参考

import命令の生成

Android Studioでは、import命令が不足していて、名前を認識できない場合、該当のコードが赤文字で表示されます。その際に、該当箇所にマウスポインターを当てると、以下のようなツールヒントが表示されます。ここで[Import]リンクをクリックすると、自動的にimport命令を追加してくれます。

図2-52　名前を認識できない場合のツールヒント

```
Unresolved reference: View                          ⋮
Import  Alt+Shift+Enter    More actions...  Alt+Enter
```

逆に、コード内で利用していないimport命令は灰色文字で表示されます。同じく該当箇所にマウスポインターを当て、表示されたツールヒントから[Optimize imports]を選択することで、不要なimport命令を削除できます。

これらの機能を利用すれば、アプリ開発者がimport命令を直接編集する機会はほとんど発生しないでしょう。

02-03-04　オブジェクト式と簡単化

今一度、リスト2-10の以下の部分に注目してみましょう。

```
btnCurrent.setOnClickListener(
  object: View.OnClickListener {
    override fun onClick(v: View?) { ... }
  }
)
```

先ほどは「View.OnClickListener実装クラスを用意して、登録する」とサラリと説明していた箇所です。この部分を、もう少し原始的に記述すると、以下のよう

になります。

```kotlin
class MainActivity : AppCompatActivity() {
  // リスナークラスを定義
  private inner class MyListener : View.OnClickListener {
    override fun onClick(v: View?) {
      val txtResult = findViewById<TextView>(R.id.txtResult)
      txtResult.text = Date().toString()
    }
  }
  override fun onCreate(savedInstanceState: Bundle?) {
    ...中略...
    val btnCurrent = findViewById<Button>(R.id.btnCurrent)
    // リスナーオブジェクトを登録
    btnCurrent.setOnClickListener(MyListener())
  }
}
```

View.OnClickListener実装クラスとしてMyListenerクラスを定義し（**1**）、そのインスタンスを改めてsetOnClickListenerメソッドで登録しているわけです（**2**）。

このようなコードは間違いではありませんが、冗長です。イベントリスナーは、一般的にはその場限りのクラスであり、他で再利用することはあまりありません。そのようなクラスをわざわざ別個に定義するのは面倒ですし、なにより名前付けしてしまうことで、名前が衝突する可能性も高まります[*17]。

そこで登場するのが**オブジェクト式**なのです。Javaを知っている人であれば、匿名クラスと言い換えても良いかもしれません。匿名クラスとは、まさに名前のないクラスです。名前がありませんから、特定の文の中でしか利用できません（あとから呼び出すということはできません）。しかし、クラスの定義からインスタンス化までをまとめて表現できるので、以下のようなメリットがあります。

- コードをシンプルに表現できる
- かたまりを把握しやすい
- いちいち名前付けする必要がない

イベントリスナーのように、あとから再利用する必要がないクラスは最大限、オブジェクト式を利用して表現することをお勧めします。

オブジェクト式の一般的な構文は、以下のとおりです。

*17) Kotlinに限らず、名前はできるだけ少なくするのが基本です。

構文 オブジェクト式

```
object: 基底クラス {
  メソッド定義
}
```

オブジェクト式には名前がないので、ブロックの先頭にも基底クラス（インターフェイス）の名前を渡すわけです。ブロック（{...}）配下には、classブロック同様にオブジェクトのメンバーを定義できます。

＊18）このようなインターフェイスのことを関数型インターフェイス、またはSAM（Single Abstract Method）インターフェイスと呼びます。

■ SAM変換による簡単化

対象となるインターフェイス（たとえば前項ではView.OnClickListener）がメソッドをひとつしか持たない場合＊18、オブジェクト式はラムダ式として書き換えることもできます。

以下は、リスト2-10－**2**をラムダ式で書き換えた例です。

リスト2-11 MainActivity.kt（HelloEventListenerプロジェクト）

```
btnCurrent.setOnClickListener({ v: View ->
  val txtResult = findViewById<TextView>(R.id.txtResult)
  txtResult.text = Date().toString()
})
```

ラムダ式の一般的な構文は、以下の通りです。

構文 ラムダ式

```
{ 引数, ... -> 本体 }
```

引数リストと本体ブロックを「->」で繋ぎます。上位の型（ここではView.OnClickListener）は、呼び出し元のメソッドから類推できるので、省略できてしまうわけです。

これだけでも簡単化できましたが、ラムダ式では特定の条件で更に簡単な記述が可能です。まず、ラムダ式に渡される引数の型が明らかな場合（ここではViewです）、引数型を省略できます。

```
btnCurrent.setOnClickListener({ v ->
  val txtResult = findViewById<TextView>(R.id.txtResult)
  txtResult.text = Date().toString()
})
```

そもそも引数そのものを利用していないならば、「引数 ->」を省略しても構いません。

```
btnCurrent.setOnClickListener({
  val txtResult = findViewById<TextView>(R.id.txtResult)
  txtResult.text = Date().toString()
})
```

最後の引数がラムダ式の場合、ラムダ式は丸カッコの外に出せます。

```
btnCurrent.setOnClickListener() {
  val txtResult = findViewById<TextView>(R.id.txtResult)
  txtResult.text = Date().toString()
}
```

更に、ラムダ式が唯一の引数であるならば、丸カッコを省略できます。

```
btnCurrent.setOnClickListener {
  val txtResult = findViewById<TextView>(R.id.txtResult)
  txtResult.text = Date().toString()
}
```

これは、いかにもKotlinらしいコードであり、今後よく見かけることになると思います。最初から簡単化されたコードを見てしまうと、「なにをしているのか?」と戸惑うかもしれませんが、簡単化のプロセスを実際に追って、馴れていきましょう。

本書でも、今後は最初から、この簡単化されたコードを優先して利用していきます。

02-03-05 ViewBindingによるビュー操作

findViewByIdメソッドは、Androidの初期バージョンから利用できる手法で、「findViewByIdでウィジェットを検索」→「ウィジェットを操作」という流れは、Androidアプリ開発の定番です。

ただし、操作すべきウィジェットが増えれば、列記すべきfindViewByIdの個数も増えて、コードも冗長になります。そこでウィジェットの値操作を簡単にすべく用意されたのが **ViewBinding** というしくみです。ViewBindingを利用することで、「binding.**txtResult**.text」のようなアクセスが可能になります[19]。findViewByIdメソッドが不要になるので、コードがぐんとシンプルになりますね。

以下に、ViewBindingの導入方法と、具体的な書き換え例を示します。紙面上

*19) txtResultはウィジェットのid値です。

は、前項（HelloEventListener プロジェクト）からの差分のみを示すので、完全な
コードは完成プロジェクト（HelloViewBinding プロジェクト）を参照してください。

[1] ViewBinding を有効化する

＊20）build.gradle は
複数存在しますが、
ここで編集するのは
build.gradle（Module:
HelloViewBinding.
app）です。

まずは現在のプロジェクト（モジュール）でViewBinding を有効にします。
「build.gradle（Module: HelloViewBinding.app）」を開き、以下のように追記
してください（太字部分が追記です＊20）。

リスト2-12 build.gradle（Module: HelloViewBinding.app）（HelloViewBinding プロジェクト）

```
android {
  compileSdkVersion 31
  buildFeatures {
    viewBinding true
  }
  ...中略...
}
```

エディター右上に **[Sync Now]** リンクが表示されるので、これをクリックします。
下のステータスバーに「Gradle sync finished ～」のようなメッセージが表示され
たら、設定は正しく反映されています。

[2] アクティビティを書き換える

ViewBinding 向けにアクティビティを書き換えてみましょう。

リスト2-13 MainActivity.kt（HelloViewBinding プロジェクト）

```
import to.msn.wings.helloviewbinding.databinding.ActivityMainBinding
...中略...
class MainActivity : AppCompatActivity() {
  private lateinit var binding: ActivityMainBinding ─────────────1

  override fun onCreate(savedInstanceState: Bundle?) {
    super.onCreate(savedInstanceState)
    binding = ActivityMainBinding.inflate(layoutInflater)────
    setContentView(binding.root) ───────────────2
    binding.btnCurrent.setOnClickListener {
      binding.txtResult.text = Date().toString() ────────3
    }
  }
  ...中略...
}
```

まず、■でバインディングクラスを格納するためのプロパティを準備します。バインディングクラスとは配下のウィジェット情報を管理するためのクラスで、レイアウトファイルひとつに対してひとつ自動的に準備されます。命名のルールは以下の通りです。

- レイアウトファイルの名前をPascal形式（＝単語の区切りはすべて大文字）に変換
- 接尾辞として「Binding」を付与

この例であれば「activity_main.xml」なので、ActivityMainBindingクラスがバインディングクラスの名前となります。lateinitは遅延初期化の意味で、プロパティが後から（ここではonCreateメソッドで）初期化されることを意味します。

実際にバインディングクラスをインスタンス化（初期化）し、プロパティに紐づけているのは②です。■、②はバインディングクラスの名前（ここではActivityMainBinding）が変化する点を除いては、定型文と考えても構いません。

あとは、個々のイベントリスナー（ハンドラー）で値を設定するだけです。冒頭でも触れたように、値を設定するならば「binding.＜id＞.text ＝ 値」とします（③）。

[3] サンプルを実行する

サンプルを実行し、02-03-03項と同じ結果を得られることを確認してみましょう。ここでは操作すべきウィジェットが2個なので、ViewBindingを準備する分、コードは冗長になっています。しかし、扱うウィジェットの個数が増えれば、効果が見えてくるはずです。

本書では下位互換性を優先して、旧来のfindViewByIdメソッドを優先して利用しますが、本格的なアプリではViewBindingのようなしくみの導入を検討してください。

02-03-06 端末の回転時に画面の状態を維持する

前項のサンプルを実行していて、あるいは「あれ?」と思った人がいたかもしれません。というのも、[**現在時刻**] ボタンをクリックして現在時刻を表示した後、画面を縦横回転すると、TextViewでの表示が「こんにちは、世界!」に戻ってしまうのです。

図2-53　回転するとTextViewの表示が初期化されてしまう

エミュレータの画面上部を下向きにスワイプすると、以下の図のように通知領域にいくつか
アイコンが表示されます。◎をクリックして画面の自動回転を有効にします。

図2-54　画面の回転を有効化

あとは、メニューバーから ◇ ◇ ボタンで画面を回転できるようになります。

*21) ただし、テキ
ストボックスやラジ
オボタンなどの内容
は例外的に維持され
ます。入力部品は、
内部的に情報を維
持するためのしくみ
が提供されているか
らです。

　直感的には、「画面を回転させるとレイアウトを調整した上で再描画される」と思
いがちですが、そうではありません。上の挙動を見てもわかるように、画面を回転
させた場合、画面はいったん破棄され、改めて再作成されているのです。結果、画
面の表示は初期化されてしまいます[21]。

　もっとも、これは Androidの内部的な事情で、ユーザーにとっては望ましい挙
動ではありません。そこで画面（Activity）が破棄される際に、画面の状態を保存
しておいて、再作成する際に復元するという処理が必要となります。

これには、以下のようなコードを書きます。リスト2-10からの差分のみを示すので、完全なコードは、ダウンロードサンプルからHelloRotateプロジェクトも合わせて確認してください。

リスト2-14 MainActivity.kt（HelloRotateプロジェクト）

```kotlin
class MainActivity : AppCompatActivity() {
  ...中略...
  // 画面が破棄される前に状態を保存
  override fun onSaveInstanceState(outState: Bundle) {
    super.onSaveInstanceState(outState)
    val txtResult = findViewById<TextView>(R.id.txtResult) ─────────┐
    outState.putString("txtResult", txtResult.text.toString())──────┤ 1
  }

  // 画面が復元される前に状態を取り出し
  override fun onRestoreInstanceState(savedInstanceState: Bundle) {
    super.onRestoreInstanceState(savedInstanceState)
    val txtResult = findViewById<TextView>(R.id.txtResult) ─────────┐
    txtResult.text = savedInstanceState.getString("txtResult")──────┤ 2
  }
}
```

Activityクラスには、まさに画面の破棄／復元の際に呼び出されるメソッドが用意されています。それが以下です。

表2-9 画面破棄／復元の際に利用するメソッド

メソッド	呼び出しのタイミング
onSaveInstanceState	画面が破棄される時
onRestoreInstanceState	画面が再生成される時

これらのメソッドには、引数としてBundle（android.os パッケージ）というオブジェクトが渡されます。Bundleは、アプリの状態をキー／値の組み合わせで管理するためのオブジェクトです。

サンプルでは、画面破棄のタイミング（1）でTextViewのテキストを取得し、これをtxtResultという名前で保存しています。Bundleオブジェクトに値をセットするには、putXxxxxメソッドを利用します。Xxxxxの部分はセットするデータの型に応じて、Boolean、Char、Int、Float、Stringなどを指定できます。

構文 putXxxxxメソッド

```
fun putXxxxx(key: String?, value: T): Unit
    key   :キー
    T     :保存する値の型（Boolean、Double、Int、Long、String?など）
    value :値
```

onSavedInstanceStateメソッドで保存された情報は、onRestoreInstanceStateメソッドの側では、引数savedInstanceState（Bundleオブジェクト）を介して取得できます。**2**では、getXxxxxメソッドでBundleオブジェクトに保存されたtxtResultの値を取り出し、それをTextViewの値としてセットしているわけです。

getXxxxxメソッドも、putXxxxxメソッドと同じく、取得したいデータの型に応じて、getBoolean、getChar、getIntなどのメソッドを使い分けなければなりません。

構文 getXxxxxメソッド

```
fun getXxxxx(key: String!): T
    T   :取得する値の型（Boolean、Double、Int、Long、String?など）
    key :キー
```

以上で、状態の保存と復元ができました。再度、サンプルを実行し、現在時刻を表示した上で、画面を回転してみましょう。図2-55のように、回転の前後で現在時刻が維持されれば、サンプルは正しく動作しています。

図2-55 回転の前後で現在時刻の表示が維持される

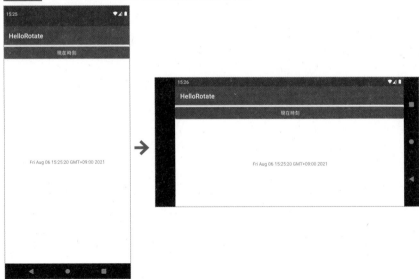

Androidの世界で画面が再作成されるのは、なにも回転の局面に限りません。たとえばメモリーが不足した場合などに、非表示になったアクティビティを強制的に終了させることがあります＊22。こうした場合にも、同じようにonSavedInstanceState／onRestoreInstanceStateメソッドの組み合わせで、状態を保存／復元できるようにしておかなければなりません＊23。

＊23）ただし、永続的に保存したい情報には不向きです。そうした情報は、データベースやPreferenceなどへの保存を検討してください。詳しくは第9章で解説します。

参考

画面を固定するには？

厳密に縦／横向きのデザインを提供するようなアプリでは、そもそも画面を縦／横向きで固定する（＝回転しないようにする）こともできます。これには、マニフェストファイルに以下のようなコードを記述してください。

リスト2-15 AndroidManifest.xml（HelloRotateプロジェクト）

```
<activity android:name=".MainActivity"
    android:screenOrientation="portrait">
```

これで画面が縦向きで固定となります。もしも横向きで固定としたい場合には、portraitをlandscapeに変更します。

参考

引数のヒント表示

Android Studioでは、メソッドの引数に既定で、その仮引数名が補って表示されます。ただし、これはあくまでコードを読みやすくするための、見た目だけの問題で、本来のコードに仮引数名が追加されているわけではありません。

図2-56 引数に仮引数名を補って表示

```
27  override fun onRestoreInstanceState(savedInstanceState: Bundle) {
28      super.onRestoreInstanceState(savedInstanceState)
29      val txtResult = findViewById<TextView>(R.id.txtResult)
30      txtResult.text = savedInstanceState.getString( key: "txtResult")
31  }
```

02-03-07 文字列をトースト表示する

トーストとは、Androidアプリで画面に短いメッセージを表示するための機能です。ダイアログ（セクション06-01）にも似ていますが、以下の点で異なります。

- 文字列しか表示できない（ボタンなどもない）
- 一定時間が経過すると、自動的にフェードアウトする

あくまで、成功メッセージなどのちょっとした通知で利用するしくみと考え、たとえばエラーメッセージなどユーザーの注意を強く促したいもの、はい／いいえなどユーザーの応答を受け取りたいものは、ダイアログで実装してください。

また、その性質上、トーストは開発時のちょっとしたログ表示にも重宝します。本書でも、主に動作確認などの用途で多用するので、ここできちんと構文を理解しておきましょう。

たとえば、以下はリスト2-9（P.89）のサンプルを、現在時刻をトースト表示するように改めた例です。例によって前掲からの差分のみを示すので、完全なコードは、ダウンロードサンプルからHelloToastプロジェクトも合わせて確認してください。

リスト2-16 MainActivity.kt（HelloToastプロジェクト）

```kotlin
import android.widget.Toast
...中略...
class MainActivity : AppCompatActivity() {
  ...中略...
  fun btnCurrentClick(v: View) {
    val toast = Toast.makeText(this,
      Date().toString(), Toast.LENGTH_LONG)          ①
    toast.show()                                      ②
  }
  ...中略...
}
```

↓

図2-57　現在時刻をトースト表示

トーストを利用するには、まずToastオブジェクトを生成しなければなりません。これには、Toast.makeTextメソッドを利用します（**1**）。

構文　makeTextメソッド

```
static fun makeText(context: Context!, text: CharSequence!, duration: Int): Toast!
    context　：コンテキスト
    text　　 ：トーストに表示する文字列
    duration：表示時間
```

　引数context（Contextオブジェクト）は、アプリの状態を管理するためのオブジェクトで、ウィジェット関連のメソッドなどでもよく利用します。アクティビティ（Activityクラス）はContextのサブクラスでもあるので、ここではthisで現在のアクティビティを渡しています。

*24）ウィジェットでも、テキストを受け取る属性／メソッドの多くは、代わりにリソースidを受け取れるようになっています。

　引数textには、トーストに表示する文字列を渡します。文字列の代わりに、以下のように、リソースのid値を指定することもできます*24。文字列リソースはまとめて管理すべきという基本からすれば、固定文字列を指定する際には、こちらの書き方を利用すべきでしょう。

```
val toast = Toast.makeText(this, R.string.message, Toast.LENGTH_LONG)
```

　引数durationは、トーストの表示時間を表します。以下の定数で指定します。

表2-10 トーストの表示時間（Toastクラスの定数）

定数	概要
LENGTH_LONG	長めにトーストを表示
LENGTH_SHORT	短めにトーストを表示

　Toastオブジェクトを生成できたら、あとはshowメソッドを呼び出すことで、トーストを表示できます（**2**）。

　ちなみに、Toastオブジェクトの生成からトーストの表示までは以下のように1文でまとめて記述することもできます。一般的には、以下のような書き方の方がシンプルなので、よく利用されます。

```
Toast.makeText(this, Date().toString(), Toast.LENGTH_LONG).show()
```

参考

this には要注意

　オブジェクト式の中で、thisを参照する場合には要注意です。たとえば、以下はリスト2-10のサンプルで、現在時刻をトースト表示するように改めた例です。

```
btnCurrent.setOnClickListener(
  object: View.OnClickListener {
    override fun onClick(v: View?) {
      val toast = Toast.makeText(this@MainActivity,
        Date().toString(), Toast.LENGTH_LONG)
      toast.show()
    }
  }
)
```

　makeTextメソッドの引数contextに対して、（this）ではなく、this@MainActivityを渡している点に注目です。オブジェクト式の配下ではthisはオブジェクト式それ自身を表すので、「MainActivityのthisである」と明示しているのです。

　ちなみに、ラムダ式の場合は宣言された場所のthisを引き継ぐので、thisのままで動作します。

```
btnCurrent.setOnClickListener() {
  val toast = Toast.makeText(this,
    Date().toString(), Toast.LENGTH_LONG)
  toast.show()
}
```

　ただし、オブジェクト式かラムダ式かでコードを書き分けるのは却って間違いのもとですし、リスナー内でのthis参照ではthis@MainActivityと明示した方が安全でしょう。

▐ 02-03-08　ログを出力する - Logcat ビュー

　簡易なログ出力の手段として、先ほどはトーストを利用する方法を紹介しました。
　しかし、トーストは一度にひとつずつしか表示できないという性質上、連続する
処理の中で続けてログを出力する用途には不向きです。そもそもログのための専用
のしくみではありませんので、ログを無効にするにもいちいちコードをコメントアウ
トしなければならない、という面倒臭さがあります。
　本格的な開発では、やはりログ専門のしくみであるLogクラス（android.util
パッケージ）と、ログを参照するためのツールである[Logcat]ビューを利用するの
が望ましいでしょう。Logクラスでは、ログレベルという概念もあるので、優先順
位に応じて、出力すべきログを絞り込むのも簡単です。

■ Logクラスの用法

　たとえば以下は、リスト2-10（P.92）を修正して、現在時刻をログ出力する例で
す。例によって前掲からの差分のみを示すので、完全なコードは、ダウンロードサ
ンプルからHelloLogプロジェクトも合わせて確認してください。

リスト2-17　MainActivity.kt（HelloLogプロジェクト）

```
import android.util.Log
...中略...
class MainActivity : AppCompatActivity() {
  ...中略...
  fun btnCurrentClick(v: View) {
    val txtResult = findViewById<TextView>(R.id.txtResult)
    txtResult.text = Date().toString()
    Log.d("CurrentTime", Date().toString())
  }
}
```

　ログを出力するには、Logクラス（android.utilパッケージ）の静的メソッドを呼
び出すだけです。Logクラスでは、出力の優先順位[25]に応じて、以下のようなメ
ソッドが用意されています。

＊25）ログレベルと
言います。

表2-11　Logクラスの主なメソッド

メソッド	出力内容	ログレベル
v	すべてのログ情報	VERVOSE
d	デバッグ情報	DEBUG
i	情報	INFO

w	警告（復旧可能な問題）	WARN
e	エラー情報（致命的な問題）	ERROR

　表では、優先順位の低い順に並べています。つまり、VERBOSEはもっとも低いログレベル、ERRORが最高レベルであるということです。

　いずれのメソッドも構文は共通なので、以下にdメソッドの構文を示します。

構文 dメソッド

```
static fun d(tag: String?, msg: String?, tr: Throwable?): Int
    tag：タグ文字列
    msg：ログメッセージ
    tr  ：例外情報
```

　引数tagは、あとからログを識別するためのキーとなるものです。たとえば「hellolog_main_activity」のように、プロジェクト／アクティビティの組み合わせをタグとして設定しておくことで、アクティビティごとのログを絞り込むのも簡単になります。

　引数msgはログメッセージです。引数trは、サンプルでは利用していませんが、バックトレースをログ出力するようなケースで利用します。

■ Logcatビューの使い方

＊26）USB経由でサンプルを実機から起動した場合も同様で、Logcatからログを確認できます。

　サンプルを起動して、出力したログを確認してみましょう。ログを確認するには、Logcatというビューを利用します。Logcatは、Android Studio下部の [Logcat] から表示できます＊26。

　サンプルから [現在時刻] ボタンをクリックして、図2-58のようなログが出力されることを確認してください。

図2-58 Logcatビューにログを表示

＊27）debugレベルのログだけが表示されるわけではありません。

　既定ではログの表示レベルが [Verbose]（すべて表示）になっているので、大量のログが表示されています。これを絞り込みたい場合には、Logcat上の選択ボックスからたとえば [Debug] と選択してください。これによって、Debug以上のログ（つまり、Debug ～ Error＊27）を表示できます。

より細かな条件でログを絞り込みたい場合には、Logcat右上の選択ボックスから「Edit Filter Configulation」を選択してください。

図 2-59 ［Create New Logcat Filter］画面

[Create New Logcat Filter] 画面が起動するので、タグ[28]、メッセージ、パッケージ名、PID、ログレベルなど、絞り込みに利用したい条件を追加してください。たとえばここでは、表2-12のような条件を追加しておきます。

表 2-12 ログのフィルター条件（例）

項目	設定値
Filter Name	HelloLog
Log Tag	CurrentTime
Package Name	to.msn.wings.hellolog
Log Level	Debug

［OK］ボタンで画面を閉じると、Logcat右上の選択ボックスで「HelloLog」フィルターが選択されていることを確認してください。ログには、CurrentTimeタグ付きのログだけが表示されていることが確認できます。

図 2-60 フィルターで絞り込まれたログ

作成したフィルターは、[Create New Logcat Filter] 画面で、該当のフィルターを選択した状態で、― (Delete) ボタンをクリックすることで削除できます。

02-03-09 アプリをデバッグする

デバッグとは、アプリを実際に実行して誤り（バグ）がないかを確認し、バグが見つかった場合には修正する作業のことを言います。また、デバッグを支援するためのツールのことをデバッガーと言います。

ここでは、Android Studioの標準デバッガーを利用して、アプリの実行を途中で停止し、アプリの状態を確認する方法について解説します。

[1] ブレイクポイントを設置する

ブレイクポイントとは、デバッグ時にアプリの動作を一時的に停止する機能、または、停止するポイントのことを言います。ブレイクポイントを設置しておくことで、アプリを段階を追いながら順番に実行できるようになりますので、アプリの問題を検出しやすくなります。

ブレイクポイントを設置するには、対象のコードをコードエディターで開きます。たとえば、ここでは02-03-08項で作成した MainActivity.ktを開いてみましょう。

そして、アプリの実行を止めたい行の左端（灰色の部分）をクリックします。

図2-61 ブレイクポイントを設置

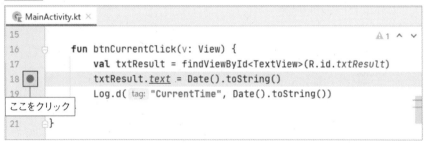

図のように、赤丸が表示されればブレイクポイントは正しく設置されています。

[2] アプリをデバッグ実行する

ブレイクポイントを有効な状態でアプリを実行するには、メニューバーから[Run]－[Debug 'app']を選択してください。アプリがデバッグモードで起動します。

[3] ステップ実行する

エミュレーターから[現在時刻]ボタンをクリックすると、アプリがブレイクポイントで中断します。

中断個所は中央のコードエディターから確認できます。コードエディターでは、現在止まっている行がチェックが付いた赤丸で表示されます。

また、[Variables]ビューからは、現在の変数の状態を確認できます。

図2-62　デバッグ画面（ブレイクポイントで中断）

更にデバッグビューの （ステップオーバー）ボタンをクリックしてみましょう。コードエディター上の赤丸が次の行に移動し、[Variables] ビューの内容も変化していくことが見て取れます。このような実行をステップ実行と言います。

図2-63　ステップオーバーで一行ずつ先に進めていく

このようにデバッグ実行では、ブレイクポイントでアプリを一時停止し、ステップ実行しながら、変数の変化を確認していくのが一般的です。

参考

ステップイン

似た機能として、（ステップイン）もあります。ステップオーバーと同じく行単位で実行しますが、メソッド呼び出しがあった場合の挙動に違いがあります。

・ステップイン：メソッドの中（イン）に入ってステップ実行
・ステップオーバー：メソッドの中には入らず、実行した上で（オーバー）その次の行へ移動

ステップインが最も単位の細かなステップ実行ですが、サンプルの例では、Androidが標準で提供しているメソッドの中にも入ってしまい、アプリそのものとしての流れを追いにくいため、ステップオーバーを利用しています。

[4] 実行を再開／終了する

ステップ実行を止めて、通常の実行を再開したい場合には、�（再開）ボタンをクリックしてください。また、デバッグ実行を終了したい場合には、■（終了）ボタンをクリックします。

コラム

Android Studio の日本語化

Android Studioを日本語化するには、そのベースとなっているIntelliJ IDEAを日本語化するプラグインを使います。本書では、まずは標準的な英語環境で手順を紹介していますが、日本語環境の方が使いやすいという方は、この手順であらかじめ日本語化しておくとよいでしょう。

[1] 日本語言語パックのプラグインを入手する

「IntelliJ IDEA」の日本語言語パック配布ページ（https://plugins.jetbrains.com/plugin/13964-japanese-language-pack------/）からプラグインを入手できます。
［Version History］リンクから各バージョンのダウンロードページを開いて、自分の環境にあったプラグインをダウンロードします。

図2-64 「IntelliJ IDEA」の日本語言語パック配布ページ

執筆時点での最新版Arctic Fox（2020.3.1）は、IntelliJ IDEAのバージョン203.7717〜がベースとなっているため、日本語言語パックも「ja.203.709.jar」を採用しました。IntelliJ IDEAのバージョンは、Android Studioの［Help］－［About］から表示される画面の「#AI」から始まるビルド番号で確認できます。

[2] プラグインをインストールする

[Welcome Android Studio] 画面の左ペインから [Plugins] タブをクリックして、プラグインの設定画面を開き、画面上部の ⚙ をクリックします。

図2-65 [Choose Plugin File] ダイアログ

図2-66 プラグインの設定画面

[Choose Plugin File] ダイアログが表示されるので、ダウンロードした .jar ファイルを選択して [OK] ボタンをクリックします。プラグインの設定画面に日本語言語パックが表示されるので、[Restart IDE] ボタンをクリックして Android Studio を再起動します。

[3] 日本語化を確認する

Android Studio が再起動し、メニューなどが日本語化されていることを確認しておきましょう。

図2-67 日本語化された Android Studio

ビュー開発（基本ウィジェット）

ウィジェットとは、画面を構成するさまざまな部品のことです。Androidでは、ラベル、テキストボックス、チェックボックスのような基本的な部品から、レイティングバー、Webビューのようなリッチな部品まで、さまざまなウィジェットが標準で豊富に提供されています。この章では、まずこれらウィジェットの中でも特によく利用する、基本的なウィジェットについて使い方を学んでいきます。

Contents

はじめてのAndroidアプリ開発 Kotlin編

Section 03-01 基本的な入力／出力を理解する

このセクションでは、テキスト／画像を表示するためのTextView ／ ImageView、
そして、テキストを入力するためのEditTextについて解説します。

このセクションのポイント

① TextViewはテキストを表示するためのウィジェットである。リンクを自動設置したり、表示する行数を制限
したりすることも可能である。
② ImageViewは画像を表示するためのウィジェットである。画像のサイズ、透明度を変更することもできる。
③ ImageButtonを利用することで、画像ボタンも設置できる。
④ EditTextはテキストボックスを作成するためのウィジェットである。必要に応じて、入力できるデータも制限
可能。

　前章では、TextView（ラベル）、Button（ボタン）を利用したサンプルを取り上
げました。しかし、Androidが提供するウィジェットは、（もちろん）これ以外にも
たくさんあります。Androidを理解するための第一歩は、まずこれらウィジェットを
理解することにあると言っても良いでしょう。

　このセクションではまず、数あるウィジェットの中でも、TextView、
ImageView ／ ImageButton、EditTextなど、基本中の基本とも言えるウィ
ジェットについて解説します。

03-01-01 テキストを表示する - TextView

　TextViewとは、テキストを表示するための、いわゆるラベルの役割を果たす
ウィジェットです。既に前章でも登場していますが、今後もよく利用するウィジェッ
トのひとつです。主な属性の用法と合わせて、理解を深めておきましょう。

■ TextViewの基本

　まずは、TextViewをレイアウトファイルに配置してみましょう。レイアウトエディ
ターを利用しているならば、パレットの [**Text**] から選択できます。
　配置したTextViewには、上、左右の制約を親レイアウトの境界に紐づけ、上、
中央寄せとしておきます。

図3-1 制約を設定

また、属性ウィンドウから最低限、以下の属性を設定しておきましょう。

表3-1 TextViewの属性設定

属性	概要
id	txt
layout_width	0dp（match_constraint）
text	サポートサイトは、https://wings.msn.to/ です。お問い合わせは、メール webmaster@wings.msn.to または、電話047-000-0000からお願いします。

　前章でも触れたように、文字列リソースはstrings.xmlに分離するのがまず基本です。ただし、サンプルなどでは簡単化のために、そのままプロパティ値に文字列を設定してしまうこともあります。推奨される書き方ではありませんが、「このようにも書ける」という程度には理解しておきましょう。

　レイアウトエディター上では右上に ⚠ のような注意が表示されるので、これをクリックすると、[**Message**] ウィンドウに「Hardcoded string "サポートサイトは、...", should use @string resource ~」（文字列がハードコーディングされているので、strings.xmlを利用してください）という警告が表示されますが、サンプルを実行する上では問題ありません（以降も同様です）。

図3-2　レイアウトエディター上での警告

[Code]ボタンを押して、自動生成されたコードも確認してみましょう。以下のようなコードが生成されていれば、正しくレイアウトできています。

リスト3-1　activity_main.xml（WidgetsTextViewプロジェクト）

```xml
<?xml version="1.0" encoding="utf-8"?>
<androidx.constraintlayout.widget.ConstraintLayout ...>
  <TextView
    android:id="@+id/txt"
    android:layout_width="0dp"
    android:layout_height="wrap_content"
    android:text="サポートサイトは、https://wings.msn.to/ です。お問い合わせは、メール →
webmaster@wings.msn.to または、電話047-000-0000からお願いします。"
    app:layout_constraintEnd_toEndOf="parent"
    app:layout_constraintStart_toStartOf="parent"
    app:layout_constraintTop_toTopOf="parent" />
</androidx.constraintlayout.widget.ConstraintLayout>
```

この状態でサンプルを実行し、まずは、以下のような結果が表示されることを確認してください。以降では、このサンプルをもとに主な属性の用法を理解していきます。

図3-3　サンプルの実行結果

注意

　以降、紙面上では、新出の操作、複雑なレイアウトを除いては、最終イメージと生成されたコードだけを掲載するものとします。とは言っても、当面は配置したウィジェットを親レイアウト、または上部のウィジェットに紐づける場合がほとんどです。

図3-4　ウィジェットの紐づけ

　詳しい操作手順については、02-03-01項も参考にして段々と慣れていきましょう。

■ テキストにリンクを設置する - autoLink属性

　autoLink属性を利用することで、TextViewに含まれるメールアドレスやURL、電話番号などに対して自動的にリンクを設置できます。

リスト3-2　activity_main.xml（WidgetsTextViewプロジェクト）

```
<TextView
  android:id="@+id/txt"
  android:layout_width="0dp"
  android:layout_height="wrap_content"
  android:autoLink="all"
  android:text="サポートサイトは、https://wings.msn.to/ です。お問い合わせは、メール →
webmaster@wings.msn.to または、電話047-000-0000からお願いします。"
  app:layout_constraintEnd_toEndOf="parent"
  app:layout_constraintStart_toStartOf="parent"
  app:layout_constraintTop_toTopOf="parent" />
```

図3-5　文字列内のメールアドレスやURLがリンクに

autoLink属性で指定できる値には、以下のようなものがあります。

表3-2　autoLink属性の設定値

設定値	リンク化する対象
none	リンクは設置しない（既定）
web	URL
email	メールアドレス
phone	電話番号
all	すべてをリンク化

　autoLinkのように複数の値を指定できる属性は、属性ウィンドウ上、以下のように表示されます。autoLink属性の配下に、指定可能なオプションが表示されているイメージです。目的のオプションにチェックを付与してください。

図3-6　autoLink属性の表示

　複数の値を設定した場合、コード上は「autoLink="web|email"」のように「|」区切りで列記されます。

■ テキストの行間を調整する - lineSpacingMultiplier属性

　lineSpacingMultiplier属性は、テキストの行間（余白）を表します。複数行に跨るテキストでは、行間を心持ち空けるだけでも、ぐんとコンテンツが読みやすくなります。

リスト3-3 activity_main.xml（WidgetsTextViewプロジェクト）

```
<TextView
  android:id="@+id/txt"
  ...中略...
  android:lineSpacingMultiplier="1.5"
  android:text="サポートサイトは、..."
  ...中略...
  app:layout_constraintTop_toTopOf="parent" />
```

図3-7 テキストの行間が空いた

6:19 ⚙ ·

WidgetsTextView

サポートサイトは、https://wings.msn.to/ です。お問い合

わせは、メール webmaster@wings.msn.to または、電話

047-000-0000からお願いします。

　　lineSpacingMultiplier属性は、フォントサイズに対する割合が行の高さ（行間）となります。もしも行間を単位付きの値で指定したい場合には、lineSpacingExtra属性を利用してください。

```
android:lineSpacingExtra="14sp"*1
```

＊1）単位「sp」については、02-03-01項も参照してください。

＊2）ただし、autoLink属性を有効にしている場合、ellipsize属性は正しく動作しないようです。ellipsize属性を利用する場合、autoLink属性は解除してください。

■ 最大の表示行数を指定する - maxLines & ellipsize 属性

　　maxLines属性を利用することで、TextViewに表示する最大行数を指定できます。指定行数を超えたテキストは切り捨てられます。ListView（第4章）のように、表示領域が限られた局面で活用できるでしょう。

　　また、ellipsize属性を指定することで、切り捨てられたテキストの末尾に「…」を付与できます＊2。

リスト3-4　activity_main.xml（WidgetsTextViewプロジェクト）

```
<TextView
  android:id="@+id/txt"
  ...中略...
  android:ellipsize="end"
  android:maxLines="2"
  ...中略...
  app:layout_constraintTop_toTopOf="parent" />
```

図3-8　テキストを最大2行で切り捨て

　ellipsize属性では、end（末尾に「…」を付与）の他に、

・start（先頭に「…」を付与）
・middle（テキストの真ん中に「…」を付与）

などを指定できます。ただし、end以外の設定値は複数行モードでは正しく表示されません。これらの設定値を利用する際には、singleLine属性（単一行で表示）をtrueに設定してください。

図3-9　ellipsize属性をmiddleに設定した場合

03-01-02 画像を表示する - ImageView

TextViewがテキストを表示するためのウィジェットであるのに対して、ImageViewは画像を表示するためのウィジェットです。あらかじめ用意された画像ファイル（リソース）をそのまま表示するだけでなく、サイズや透明度を変化させることもできます。

■ ImageViewの基本

それではさっそく、具体的な例を見てみましょう。画像ファイルbird.jpgをImageViewを使って画面に表示します。

図3-10 ImageViewを使って表示した画像ファイル

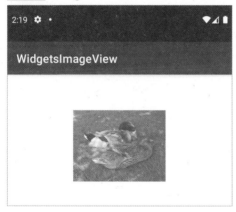

[1] 画像をプロジェクトに登録する

アプリで利用する画像ファイルは、あらかじめプロジェクトに登録しておく必要があります。保存先は、/res/drawableフォルダーです。

画像ファイルを登録するには、エクスプローラーでダウンロードサンプルの/imagesフォルダーを開き、配下のbird.jpgを右クリックし、コンテキストメニューから[コピー]を選択してください。そのうえで、プロジェクトウィンドウの/res/drawableフォルダーを右クリックし、コンテキストメニューから[Paste]を選択します*3。[Choose Destination Directory]画面が表示されるので、図のように「～¥res¥drawable」フォルダーを選択したうえで、[OK]ボタンをクリックします*4。

*3）エクスプローラーからドラッグ＆ドロップでの登録も可能です。

*4）drawable-v24フォルダーは、APIバージョン24以降でのみ利用する画像を保存するフォルダーです。

図3-11　[Choose Destination Directory] 画面

以下のような [Copy] 画面が表示されるので、ファイル名やコピー先フォルダーが正しいことを確認した上で、[OK] ボタンをクリックしてください。

図3-12　[Copy] 画面

図3-13　プロジェクトに画像ファイルが登録された

プロジェクトウィンドウから図3-13のように見えていれば、画像ファイルは正しく登録されています。

[2] レイアウトファイルを用意する

あとは、レイアウトファイルにImageViewを配置するだけです。レイアウトエディターを利用しているならば、パレットの [Widgets] から選択できます。

図3-14　[Pick a Resource]画面

ImageViewを配置すると [**Pick a Resource**] 画面が表示されるので、ここでは WidgetsImageView.app 配下の「bird」を選択して [**OK**] ボタンをクリックしてください。これで bird.jpg を参照する ImageView が配置されたことになります。

その後、親レイアウトに向けて上、左右に制約を設定する点は、これまでと同じです。完成したコードは、以下の通りです。

リスト3-5　activity_main.xml（WidgetsImageViewプロジェクト）

```xml
<?xml version="1.0" encoding="utf-8"?>
<androidx.constraintlayout.widget.ConstraintLayout ...>
  <ImageView
    android:id="@+id/img"
    android:layout_width="wrap_content"
    android:layout_height="wrap_content"
    android:alpha="0.7"
    android:contentDescription="カモ"
    android:scaleX="0.5"
    android:scaleY="0.5"
    app:layout_constraintEnd_toEndOf="parent"
    app:layout_constraintStart_toStartOf="parent"
    app:layout_constraintTop_toTopOf="parent"
    app:srcCompat="@drawable/bird" />
</androidx.constraintlayout.widget.ConstraintLayout>
```

図3-15　レイアウト完成図

ImageViewで利用できる主な属性は、以下のとおりです。

表3-3	ImageViewの主な属性

属性	概要
srcCompat	表示する画像リソース
contentDescription	代替テキスト
scaleX	水平方向の倍率
scaleY	垂直方向の倍率
alpha	透明度（0.0 〜 1.0）

　srcCompat属性に指定する画像リソースは「@drawable/ベース名」の形式で表します。ベース名とは、ファイル名から拡張子を取り除いた名前のことです。レイアウトエディター上で操作する限り、あまり意識することはありませんが、これからもよく利用する形式ですので、きちんと覚えておきましょう。利用できる画像形式は、PNG、JPEGです[*5]。

*5）GIFも可能ですが、現在は非推奨の扱いです。

　contentDescription属性は、デバイス側で画像を表示できなかった場合に、代替として表示する文字列を指定します。文字列リソースは strings.xmlに分離するのが基本ですが、ここでは簡単化のために、先ほどと同様、ハードコーディングしておきます。

　画像を拡大／縮小するならば、scaleX ／ scaleY属性を利用します。片方しか指定しなかった場合、縦長、または横長に引き延ばされます。alpha属性は、画像の透明度を指定します。0が完全に透明を、1は不透明（既定）を表します。

参考

リソースマネージャー

　リソースマネージャーを利用することで、プロジェクト上のリソースを視覚的に確認できます。リソースマネージャーはAndroid Studio左端の ｜ Resource Manager ｜ をクリックすることで、表示状態にできます。

図3-16	リソースマネージャー

　リソースマネージャー上の画像は、そのままレイアウトエディターにドラッグ＆ドロップすることで、ImageViewとして配置することも可能です。

■ 画像ボタンを作成する

ImageViewを継承したImageButtonを利用することで、画像ボタンも作成できます。

図3-17 ImageButtonで作成した画像ボタン（左から、起動時、フォーカス時、クリック時）

機能そのものは誤解のしようもないものですが、利用にはひと手間必要な箇所もあります。以下に具体的な手順を見ていきましょう。

[1] ボタン画像をインポートする

> ＊6）コピーの方法は、03-01-02項も参照してください。

ダウンロードサンプルから以下の画像をプロジェクトにコピーしてください[6]。画像リソースは、/samples/imagesフォルダーに配置しています。

表3-4　インポートする画像ファイル

ファイル名	概要
btn1.png	通常状態の表示
btn2.png	フォーカスした時の表示
btn3.png	押下した時の表示

ImageButtonを利用するにあたって、画像ファイルは1枚だけでも構いませんが、それでは押したこと（または押せること）が視覚的に判りにくいことがあります。一般的には、表3-4のような画像を用意しておくのが望ましいでしょう。

[2] リソースファイルを準備する

リソースファイル（画像セレクター）とは、この場合、ボタンの状態——通常時、押下時、フォーカス時に応じて、それぞれどの画像を表示するかを選択するための定義ファイルです。リソースファイルは、プロジェクトルート配下の/res/drawableフォルダーに保存します。/res/drawableフォルダーのコンテキストメニューから[New]－[Drawable resource file]を選択してください。画面が起動するので、以下図の手順で必要な情報を入力します。

図3-18 ［New Resource File］画面

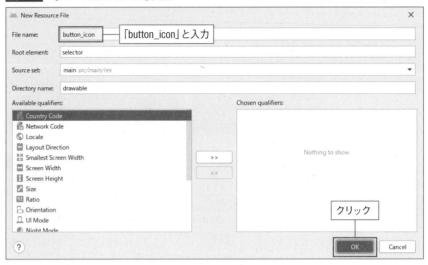

［**OK**］ボタンをクリックすると、リソースファイルがコードエディターで開くので、以下のようにコードを入力してください。

リスト3-6 button_icon.xml（WidgetsImageButtonプロジェクト）

```xml
<?xml version="1.0" encoding="utf-8"?>
<selector xmlns:android="http://schemas.android.com/apk/res/android">
  <item android:drawable="@drawable/btn3"
    android:state_pressed="true" />
  <item android:drawable="@drawable/btn2"
    android:state_focused="true" />
  <item android:drawable="@drawable/btn1" />
</selector>
```

利用する画像は、＜selector＞－＜item＞要素のandroid:drawable属性で表します。画像リソースは「@drawable/ファイル名」（拡張子を除いたもの）の形式で指定するのでした。

「android:state_pressed="true"」属性は、その＜item＞要素がボタン押下時に適用される画像であることを、「android:state_focused="true"」属性はボタンフォーカス時に適用される画像であることを、それぞれ表します。

android:state_xxxxx属性のない＜item＞要素は、既定で表示される画像を表します。

［3］レイアウトファイルを準備する

あとは、レイアウトファイルにImageButtonを配置するだけです。レイアウトエ

ディターを利用しているならば、パレットの[**Buttons**]から選択できます。

図3-19　[Pick a Resource]画面

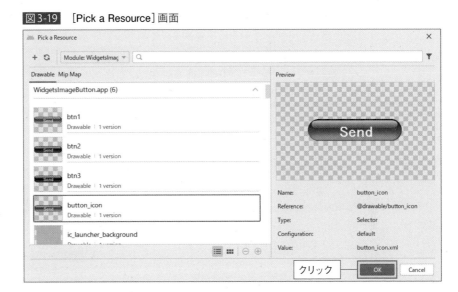

ImageButtonを配置すると、先ほどと同じく、[**Pick a Resource**]画面が表示されるので、ここではWidgetsImageButton.app配下の「button_icon」を選択して[**OK**]ボタンをクリックしてください。これでbutton_icon.xmlを参照するImageButtonが配置されたことになります。

その他、制約を含む属性の指定については、以下の図／コードを参考にしてください。

リスト3-7　activity_main.xml（WidgetsImageButtonプロジェクト）

```xml
<?xml version="1.0" encoding="utf-8"?>
<androidx.constraintlayout.widget.ConstraintLayout ...>
  <ImageButton
    android:id="@+id/img"
    android:layout_width="wrap_content"
    android:layout_height="wrap_content"
    android:layout_marginTop="50dp"
    android:background="@android:color/transparent"
    android:contentDescription="送信"
    app:layout_constraintEnd_toEndOf="parent"
    app:layout_constraintStart_toStartOf="parent"
    app:layout_constraintTop_toTopOf="parent"
    app:srcCompat="@drawable/button_icon" />
</androidx.constraintlayout.widget.ConstraintLayout>
```

図3-20　レイアウト完成図

ほとんどの属性はImageViewと共通していますが、以下の点に注目です。

・srcCompat属性

画像リソースそのものではなく、手順 [2] で作成したリソースファイル（画像セレクター）を指定している点に注目です。これによって、ボタンの状態に応じて適切な画像が表示されるようになります。

srcCompat属性に単一の画像リソースを割り当てても構いませんが、本項冒頭で述べたような理由からも、ボタンの状態に応じて画像を切り替えた方が、ユーザーにもボタンらしさが伝わり、親切です。

・background属性

ImageButtonの背景を表します。「@android:color/名前」でAndroidであらかじめ用意したカラーを指定できます*7。transparent（透明）と指定しているのは、さもないと、ボタンの周囲に灰色の枠ができてしまうためです。あるいは、単に「@null」としても構いません。

> *7）指定できるカラーは、「R.color（https://developer.android.com/reference/android/R.color）」を参照してください。

・layout_marginTop属性

上方向のマージンです。指定しなくても機能上の問題はありませんが、実行時にアクションバーと接してしまうため、設定しています。マージンの設定は、属性ウィンドウの [Layout] タブから設定するのでした（02-03-01項）。

図3-21　[Layout] タブ

03-01-03　自由テキストを入力する - EditText

EditTextは、入力ウィジェットの中でも最も汎用的なテキストボックスを生成します。一般的な文字列の入力からパスワード入力ボックス、複数行テキストエリアなどの作成にも利用できます。

■ EditTextの基本

EditTextの基本的な用法を理解するために、まずは簡単なサンプルを作成してみましょう。以下で作成するのは、テキストボックスに名前を入力して、[送信] ボタンをクリックすると、「こんにちは、●○さん！」というメッセージを表示するサンプルです。

図3-22 入力された名前に応じてメッセージを表示

[1] レイアウトを準備する

レイアウトファイルにEditText、Button、TextViewを配置します。EditText
は、パレットの[**Text**]から選択できます。[**Plain Text**]はじめ、[**E-Mail**] [**Password**]
など、さまざまなウィジェットが用意されていますが、入力できるデータの種類[8]
によって区別されているだけで、実体はすべてEditTextです。データの種類に応
じて、適切なものを選択してください。ここでは最も一般的な[**Plain Text**]を配置
しておきます。

*8) 利用できる
データの種類につい
ては、改めて後述し
ます。

リスト3-8 activity_main.xml（WidgetsEditTextプロジェクト）

```xml
<?xml version="1.0" encoding="utf-8"?>
<androidx.constraintlayout.widget.ConstraintLayout ...>
  <EditText
    android:id="@+id/txtName"
    android:layout_width="0dp"
    android:layout_height="wrap_content"
    android:ems="10"
    android:inputType="textPersonName"
    app:layout_constraintEnd_toEndOf="parent"
    app:layout_constraintStart_toStartOf="parent"
    app:layout_constraintTop_toTopOf="parent" />
  <Button
    android:id="@+id/btnSend"
    android:layout_width="0dp"
    android:layout_height="wrap_content"
    android:text="送信"
    app:layout_constraintEnd_toEndOf="parent"
    app:layout_constraintStart_toStartOf="parent"
    app:layout_constraintTop_toBottomOf="@+id/txtName" />
  <TextView
    android:id="@+id/txtResult"
    android:layout_width="0dp"
    android:layout_height="wrap_content"
```

図3-23 レイアウト完成図

EditText

Button ── 送信

TextView

```
      app:layout_constraintEnd_toEndOf="parent"
      app:layout_constraintStart_toStartOf="parent"
      app:layout_constraintTop_toBottomOf="@+id/btnSend" />
</androidx.constraintlayout.widget.ConstraintLayout>
```

参考

EditTextの警告

EditTextを配置した初期状態では、「Missing accessibility label: 〜」「Missing `autofillHints` attribute」といった警告が表示されます。

「Missing accessibility label: 〜」は、テキストボックスに意味あるラベルを付けなさいという意味です。この対処策については、P.134にて後述します。

「Missing `autofillHints` attribute」は、メッセージの通り、autofillHints属性を設定しなさい、という意味の警告です。autofillHints属性に（たとえば）usernameのような値を設定することで、以前に入力したことのあるユーザー名を入力候補表示します[9]。こちらは、本書では設定しません。

*9）API 26以降の機能です。他にも、password、phoneNumber、emailAddressなどの値を設定できます。

[2] アクティビティを準備する

[送信]ボタンをクリックした時に呼び出されるイベントリスナーを、アクティビティに追加します。

リスト3-9 MainActivity.kt（WidgetsEditTextプロジェクト）

```
package to.msn.wings.widgetsedittext

import android.os.Bundle
import android.widget.Button
import android.widget.EditText
import android.widget.TextView
import androidx.appcompat.app.AppCompatActivity

class MainActivity : AppCompatActivity() {
  override fun onCreate(savedInstanceState: Bundle?) {
    super.onCreate(savedInstanceState)
    setContentView(R.layout.activity_main)

    // ボタンクリック時にメッセージを表示
    val btnSend = findViewById<Button>(R.id.btnSend)
    val txtName = findViewById<EditText>(R.id.txtName)
    val txtResult = findViewById<TextView>(R.id.txtResult)
    btnSend.setOnClickListener {
      txtResult.text = "こんにちは、${txtName.text}さん！"
    }
  }
}
```

　テキストボックスtxtNameへの入力値は、textプロパティで取得できます。ここでは、取得した文字列をもとに「こんにちは、●○さん！」という文字列を生成し、TextView（txtResult）に反映させています。TextViewにテキストをセットするのも、textプロパティの役割です。

[3] サンプルを実行する

　サンプルを実行し、P.129の図3-22のように、入力した名前に応じて挨拶メッセージが表示されることを確認してみましょう。

　EditTextの基本を理解したところで、以降では、EditTextの主な属性の用法を理解していきます。

■ 補足：文字列リソースへの文字列の反映

　リスト3-9では、太字の箇所で「Do not concatenate text displayed with `setText`. Use resource string with placeholders」のような警告が発生するはずです。これは、文字列を文字列テンプレートで組み立てていることに対する警告です。

　これまでにも何度か触れているように、文字列はリソースファイルに切り出すのが基本ですが、これは入力値から動的に文字列を組み立てる場合も同様です。ただし、文字列リソースに、あとから文字列を埋め込めるように**プレイスホルダー**（変数の置き場所）を設置しておく必要があります。具体的には、以下の通りです。

`リスト3-10` strings.xml（WidgetsEditTextプロジェクト）

```
<string name="greet">こんにちは、%1$sさん！</string>
```

　「%1$s」は「1番目の文字列（s）」という意味です。このような文字列リソースgreetを取得するには、getStringメソッドを利用します。

`構文` getStringメソッド

```
fun getString(resId: Int, vararg formatArgs: Any!): String
    resId    ：フォーマット文字列のリソースID
    formatArgs ：置換に使用されるフォーマット引数
```

```
txtResult.text = getString(R.string.greet, txtName.text)
```

　これで文字列リソースgreetに対して、入力値（txtName.text）を埋め込みなさい、という意味になります。

■ 入力値の型を特定する - inputType 属性

inputType 属性を指定することで、テキストボックスに入力するデータの種類を限定できます。指定できる値には、以下のようなものがあります。

表3-5　inputType 属性の主な設定値

設定値	概要
none	編集不可
text	一般的な文字列
textCapCharacters	大文字のみのテキスト
textAutoCorrect	スペルチェック機能付き
textAutoComplete	自動補完機能付き
textMultiLine	複数行テキストエリア
textImeMultiLine	複数行テキストエリア（IME有効）
textUri	URI
textEmailAddress	メールアドレス
textEmailSubject	メールの件名
textShortMessage	ショートメッセージ
textLongMessage	ロングメッセージ
textPersonName	氏名
textPostalAddress	住所
textPassword	パスワード
textVisiblePassword	パスワード（伏字にしない）
textWebEditText	HTMLテキスト
textPhonetic	発音記号テキスト
number	数字
numberSigned	数字（符号付き）
numberDecimal	小数
numberPassword	パスワード（数字）
phone	電話番号
datetime	日付／時刻
date	日付
time	時刻

適切な値を指定しておくことで、Android側でも適切なソフトウェアキーボードを切り替えて表示するので、入力生産性も向上します（たとえば、number指定では図3-24のように数値キーボードが表示されます[10]）。特に入力内容を限定しない、一般的なテキストを入力するには「text」を設定してください。

＊10）ただし、datetime／date／timeはセクション06-01で後述するダイアログを利用した方が良いでしょう。

冒頭述べたように、inputType属性は、（属性ウィンドウだけでなく）パレットから専用のEditTextを配置することでも指定できます。たとえば、パスワード入力ボックスを配置したいならば、[**Text**] タブから [**Password**] を選択してください。

図3-25 [**Text**] タブ（レイアウトエディターのパレット）

図3-24 inputType属性が「number」「phone」の場合

WidgetsEditText

図3-26 パスワード入力ボックス

WidgetsEditText

パスワード入力ボックスでは、図3-26のように最後のひと文字だけを除いて、残りの文字列は伏せ字で表示されます。

■ テキストボックスに入力ヒントを表示する - hint属性

入力ヒントとは、テキストボックスになにも入力されていない場合に既定で表示する文字列のことを言います。フォーカスを当てたり、なにかしらテキストを入力した場合には、ヒントも非表示になるので入力の妨げになることはありません。一般的に、入力すべき内容や補足説明を表示するのに利用します[11]）。

＊11）ウォーターマーク、透かし文字などと呼ばれることもあります。

リスト3-11　activity_main.xml（WidgetsEditTextプロジェクト）

```
<EditText
    android:id="@+id/txtName"
    android:layout_width="0dp"
    android:layout_height="wrap_content"
    android:ems="10"
    android:hint="氏名を入力してください。"
    android:inputType="textPersonName"
    app:layout_constraintEnd_toEndOf="parent"
    app:layout_constraintStart_toStartOf="parent"
    app:layout_constraintTop_toTopOf="parent" />
```

図3-27　テキストボックスに入力ヒントを表示

hint属性を指定することで、P.130の参考で説明した「Missing accessibility label: ～」警告も解消します。一般的には、テキストボックスに何を入力すべきかは、ユーザーに明記すべきであり、hint属性は常に指定しておくべきです。

> **参考**
>
> ### labelFor属性
>
> hint属性の代替として、labelFor属性を指定しても構いません。labelFor属性は、EditTextのラベルとなるようなウィジェット（大概はTextViewであるはずです）を示すための属性。EditTextそのものではなく、対となるウィジェットに「@id/txtName」のように、id値でもって示します。

■ 複数行のテキストエリアを作成する - lines属性

複数行のテキストエリアを作成するには、inputType属性に「textMultiLine」を指定した上で、lines属性で行数を指定してください。lines属性を指定しただけでは、表示そのものは複数行にはなりません。

gravity属性をtopに設定しているのは、EditTextに入力したテキストを上寄せするためです（既定では、上下中央に表示されます）。

リスト3-12　activity_main.xml（WidgetsEditTextプロジェクト）

```
<EditText
    android:id="@+id/txtName"
    android:layout_width="0dp"
    android:layout_height="wrap_content"
    android:ems="10"
    android:inputType="textMultiLine"
    android:lines="3"
    app:layout_constraintEnd_toEndOf="parent"
    app:layout_constraintStart_toStartOf="parent"
    app:layout_constraintTop_toTopOf="parent" />
```

図3-28　複数行対応のテキストエリア

■ アプリ起動時にフォーカスをセットする - <requestFocus>要素

<EditView>要素の配下に、<requestFocus>要素を明記しておくことで、アプリ起動時に既定でフォーカスをセットできます。

正確には、他のビューでも利用できますが、EditTextと合わせて利用する機会が多いと思われることから、合わせて紹介しておきます。

| リスト3-13 | activity_main.xml（WidgetsEditTextプロジェクト）

```xml
<EditText
    android:id="@+id/txtName"
    android:layout_width="0dp"
    android:layout_height="wrap_content"
    android:ems="10"
    android:inputType="textPersonName"
    app:layout_constraintEnd_toEndOf="parent"
    app:layout_constraintStart_toStartOf="parent"
    app:layout_constraintTop_toTopOf="parent">
    <requestFocus />
</EditText>
```

図3-29 アプリ起動時に自動的にフォーカスをセット

<requestFocus>要素は、レイアウトビューからは配置できないので、上のリストを参考にコードエディターから追加してください。

Section 03-02 入力ウィジェットを理解する

このセクションでは、入力フォームで利用できるさまざまなウィジェットについて解説します。

このセクションのポイント

■1 CheckBox ／ ToggleButtonは、オンオフの選択をさせる場合に利用する。

■2 RadioButtonは、決められた選択肢の中からひとつだけを選択させたい場合に利用する。

■3 SeekBarは、ある決められた範囲内の連続した数値を入力するのに適している。

■4 Spinnerは単一選択に利用する。RadioButton に似ているが、リストをポップアップ表示するので、たくさんの項目表示にも向いている。

EditText(テキストボックス)を理解することで、最低限、ユーザーからの入力を受け取ることはできます。しかし、なにからなにまでテキストボックスで、というのではなく、用途に応じてフォーム部品を使い分けることで、よりユーザーフレンドリーなアプリを構築することができるでしょう。

この節では、そんなさまざまな入力ウィジェットについて学んでいきます。用法を理解することももちろんですが、それぞれのウィジェットの使いどころも意識しながら、理解を深めてください。

03-02-01 オン／オフのボタンを作成する（1）- CheckBox

CheckBox(チェックボックス)は、ある項目のオンオフを表すためのウィジェットです。チェックボックスを列挙することで、いわゆる複数選択できる設問を設けることもできますが、そのような用途ではListView(第4章)を利用した方がスマートです。

ここでも、あくまで単一で利用する前提で、サンプルを作成してみましょう。以下で作成するのは、チェックボックスのオンオフを切り替えると、その結果をトースト表示するサンプルです。

図3-30 チェックボックスのオンオフに応じてトースト表示

[1] レイアウトを準備する

レイアウトファイルにチェックボックスを配置します。レイアウトエディターを利用しているならば、パレットの [Buttons] タブから選択できます。

リスト3-14　activity_main.xml（WidgetsCheckBoxプロジェクト）

```xml
<?xml version="1.0" encoding="utf-8"?>
<androidx.constraintlayout.widget.ConstraintLayout ...>
  <CheckBox
    android:id="@+id/chk"
    android:layout_width="wrap_content"
    android:layout_height="wrap_content"
    android:checked="true"
    android:text="メール通知"
    app:layout_constraintStart_toStartOf="parent"
    app:layout_constraintTop_toTopOf="parent" />
</androidx.constraintlayout.widget.ConstraintLayout>
```

図3-31　レイアウト完成図

✓ メール通知

*1）警告が表示されますが、これは文字列リソースをハードコーディングしているためです。本来は、文字列リソースはstrings.xmlで定義すべきです。

　text属性でチェックボックスのラベルを*1、checked属性で既定のチェック状態を、それぞれ表します。

[2] アクティビティを準備する

　チェックボックスのオンオフが変化したタイミングで、トーストを表示してみましょう。これには、チェックボックスに対してOnCheckedChangeListenerイベントリスナーを登録します。

リスト3-15　MainActivity.kt（WidgetsCheckBoxプロジェクト）

```kotlin
package to.msn.wings.widgetscheckbox

import android.os.Bundle
import android.widget.CheckBox
import android.widget.Toast
import androidx.appcompat.app.AppCompatActivity

class MainActivity : AppCompatActivity() {
  override fun onCreate(savedInstanceState: Bundle?) {
    super.onCreate(savedInstanceState)
    setContentView(R.layout.activity_main)

    // チェックボックスを取得
    val chk = findViewById<CheckBox>(R.id.chk)
    // チェックボックスに対してイベントリスナーを登録
    chk.setOnCheckedChangeListener { buttonView, isChecked ->
      Toast.makeText(
        this@MainActivity,
        if (isChecked) "メール送信をオン" else "メール送信をオフ",
```

2

1

```
            Toast.LENGTH_SHORT
        ).show()
    }
  }
}
```

*2) 02-03-04項で
も触れたように、ラ
ムダ式として簡単化
された記述なので、
onCheckedChangedと
いう名前はコード上
には現れていません。

OnCheckedChangeListenerには、onCheckedChangedというメソッドが
ひとつだけ用意されており、チェックボックスのオンオフが反転したタイミングで呼
び出されます（**1**の太字*2）。定義したリスナーは、setOnCheckedChange
Listenerメソッドで登録します。

構文 onCheckedChangedメソッド

```
abstract fun onCheckedChanged(buttonView: CompoundButton!,
    isChecked: Boolean): Unit
    buttonView : イベントの発生元
    isChecked  : チェックされているか
```

引数buttonViewのCompoundButtonオブジェクトは、チェックボックスやラ
ジオボタン、トグルボタンなど、オンオフの状態を持つボタンの基底クラスです。サ
ンプルでは利用していませんが、CheckBoxクラス固有のメンバーにアクセスした
い場合には、あらかじめ型キャストした上でアクセスしてください。

*3) CheckBox#isCh
eckedメソッドでも
取得できます。

チェックの状態は、引数isCheckedに渡されます*3。**2**では、isCheckedの値
に応じて「メール送信をオン」または「メール送信をオフ」という文字列をトースト表
示しています。

注意

CheckBoxでも、ボタンと同じくonClickイベントを利用できます。ただし、利用すべきではあ
りません。
というのも、チェックボックスのオンオフが切り替わるのはクリックされた場合だけではな
いからです。たとえば、Kotlinのコードからオンオフを切り替える場合もあります。そのような
場合に、onClickイベントではオンオフの変化を検知できません。
一般的には、チェックボックスのチェック状態を監視する目的では、onCheckedChangedイ
ベント（メソッド）を利用すべきです。

参考

未使用の引数

リスト3-15の以下部分（太字）を見ると、灰色の波線が引かれ、弱い警告（weak warning）
が表示されていることが確認できます。

```
chk.setOnCheckedChangeListener { buttonView, isChecked ->
```

「Parameter 'buttonView' is never used, could be renamed to _」(buttonViewが利用されていない)というわけです。利用しない引数が含まれている場合、メッセージにもあるように「_」(アンダースコア)で置き換えるのが、本来のお作法です。これで未使用であることを明示できます。

```
chk.setOnCheckedChangeListener { _, isChecked ->
```

ただし、本書では受け取っている引数を判りやすくするために、未使用の引数であってもアンダースコアは利用しません。

03-02-02 オン／オフのボタンを作成する(2) - ToggleButton

ToggleButton(トグルボタン)もまた、チェックボックスと同じく、オンオフの状態を表すためのウィジェットです。チェックボックスよりもオンオフの状態が視覚的にわかりやすいというメリットはありますが、本質的な用途は同じです。レイアウト上のバランス、好みに応じて使い分けると良いでしょう。

以下は、前項のサンプルをトグルボタンで書き換えた例です。

図3-32 トグルボタンのオンオフに応じてトースト表示

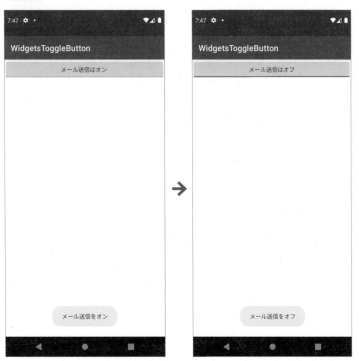

[1] レイアウトを準備する

レイアウトファイルにトグルボタンを配置します。レイアウトエディターを利用しているならば、パレットの [**Buttons**] タブから選択できます。

リスト3-16　activity_main.xml（WidgetsToggleButtonプロジェクト）

```xml
<?xml version="1.0" encoding="utf-8"?>
<androidx.constraintlayout.widget.ConstraintLayout ...>
  <ToggleButton
    android:id="@+id/toggle"
    android:layout_width="0dp"
    android:layout_height="wrap_content"
    android:checked="true"
    android:textOff="メール送信はオフ"
    android:textOn="メール送信はオン"
    app:layout_constraintEnd_toEndOf="parent"
    app:layout_constraintStart_toStartOf="parent"
    app:layout_constraintTop_toTopOf="parent" />
</androidx.constraintlayout.widget.ConstraintLayout>
```

図3-33　レイアウト完成図

ToggleButtonでは、オンオフの状態に応じてキャプションも切り替わるのが特長です。それぞれのキャプションは、textOff ／ textOn 属性で指定できます[4]。

＊4）警告が表示されますが、これは文字列リソースをハードコーディングしているためです。本来は、文字列リソースはstrings.xmlで定義すべきです。

[2] アクティビティを準備する

トグルボタンのオンオフが変化したタイミングで、トーストを表示してみましょう。この手順は、チェックボックスの場合とまったく同じで、OnCheckedChangedListener イベントリスナーを利用します。

具体的なコードは、リスト3-15、またはダウンロードサンプルを参照してください。

■ Switchウィジェット

ToggleButton ／ CheckBoxとよく似たウィジェットとして、Switchというウィジェットもあります。スイッチのようなインターフェイスを左右にスライドすることで、オンオフを切り替えることができます。

リスト3-17 activity_main.xml（WidgetsSwitchプロジェクト）

```xml
<?xml version="1.0" encoding="utf-8"?>
<androidx.constraintlayout.widget.ConstraintLayout ...>
  <Switch
    android:id="@+id/sw"
    android:layout_width="wrap_content"
    android:layout_height="wrap_content"
    android:checked="true"
    android:minHeight="32dp"
    android:showText="true"
    android:text="メール送信？"
    android:textOff="いいえ"
    android:textOn="はい"
    app:layout_constraintStart_toStartOf="parent"
    app:layout_constraintTop_toTopOf="parent" />
</androidx.constraintlayout.widget.ConstraintLayout>
```

図3-34 レイアウト完成図

↓

図3-35 Switchウィジェットで作成したスイッチ

＊5）showText属性はAPI 21以降で利用できます（配布サンプルもMinimum SDKを21で作っています）。

　textOn／textOff属性で指定されたテキストを表示するには、showText属性をtrueに設定してください＊5。

03-02-03 単一選択のボタンを作成する - RadioButton

RadioButton（ラジオボタン）は、あらかじめ用意された選択肢から特定の項目を単一選択させるためのウィジェットです。ListView（第4章）を利用しても同じことができますが、より簡易に実装できる方法として、こちらのアプローチも理解しておきます。

以下で作成するのは、ラジオボタンの選択を切り替えると、その結果をトースト表示するサンプルです。

図3-36 ラジオボタンの選択に応じてトースト表示

[1] レイアウトファイルを準備する

レイアウトファイルにラジオボタンを配置します。ただし、この際に注意しなければならないのは、RadioButtonを単体で利用することはない、という点です。

まずは、RadioButtonを束ねるためのRadioGroupを、[Buttons]タブから配置します。続いて、RadioGroupの配下にRadioButtonを必要な数だけ配置します。

ただし、デザインビュー上では初期状態でRadioGroupは小さく表示されているため、配置操作が困難です。このような場合には、コンポーネントツリーからRadioButtonがRadioGroupの配下に来るように、配置した方が間違いが少ないでしょう[6]。

*6）ここでは3個のRadioButtonを配置していますが、増減は自由です。

図3-37 RadioButtonはコンポーネントツリーから配置

*7）警告が表示されますが、これは文字列リソースをハードコーディングしているためです。本来は、文字列リソースはstrings.xmlで定義すべきです。

あとは、

・RadioGroupの上、左右の制約ハンドルを親レイアウトの境界に紐づけ
・RadioGroupのid属性にrgroup
・RadioButtonのid／Text属性に、それぞれrb1／Windows、rb2／Linux、rb3／macOSを設定[7]

するだけです。自動生成されたコードは、以下の通りです。

リスト3-18 activity_main.xml（WidgetsRadioButtonプロジェクト）

```xml
<?xml version="1.0" encoding="utf-8"?>
<androidx.constraintlayout.widget.ConstraintLayout ...>
  <RadioGroup
    android:id="@+id/rgroup"
    android:layout_width="wrap_content"
    android:layout_height="wrap_content"
    app:layout_constraintStart_toStartOf="parent"
    app:layout_constraintTop_toTopOf="parent">
    <RadioButton
      android:id="@+id/rb1"
      android:layout_width="wrap_content"
      android:layout_height="wrap_content"
      android:checked="true"
      android:text="Windows" />
    <RadioButton
      android:id="@+id/rb2"
      android:layout_width="wrap_content"
      android:layout_height="wrap_content"
      android:text="Linux" />
    <RadioButton
      android:id="@+id/rb3"
      android:layout_width="wrap_content"
      android:layout_height="wrap_content"
      android:text="macOS" />
  </RadioGroup>
</androidx.constraintlayout.widget.ConstraintLayout>
```

図3-38 レイアウト完成図

- Windows —— RadioButton（rb1）
- Linux —— RadioButton（rb2）
- macOS —— RadioButtonr（rb3）

RadioGroup

[2] アクティビティを準備する

ラジオボタンの選択が変化したタイミングで、トーストを表示してみましょう。

リスト3-19 MainActivity.kt（WidgetsRadioButtonプロジェクト）

```kotlin
package to.msn.wings.widgetsradiobutton

import android.os.Bundle
import android.widget.RadioButton
import android.widget.RadioGroup
import android.widget.Toast
import androidx.appcompat.app.AppCompatActivity
```

```
class MainActivity : AppCompatActivity() {
  override fun onCreate(savedInstanceState: Bundle?) {
    super.onCreate(savedInstanceState)
    setContentView(R.layout.activity_main)

    // RadioGroupを取得
    val rgroup = findViewById<RadioGroup>(R.id.rgroup)
    // RadioGroupに対してイベントリスナーを登録
    rgroup.setOnCheckedChangeListener { group, checkedId ->
      // 選択状態に応じてトーストを表示
      val radio = group.findViewById<RadioButton>(checkedId)        2
      Toast.makeText(
        this@MainActivity,                                                        1
        String.format("「%s」が選択されました。", radio.text),
        Toast.LENGTH_SHORT
      ).show()
    }
  }
}
```

　ラジオボタンの状態を監視するのは、チェックボックスの場合と同じく、OnCheckedChangeListenerイベントリスナーの役割です（**1**）。名前は同じですが、処理を実装すべきonCheckedChangedメソッドの構文は微妙に異なります。

| 構文 | onCheckedChangedメソッド |

```
abstract fun onCheckedChanged(group: RadioGroup!, checkedId: Int): Unit
    group   : イベントの発生元
    checkedId: チェックされたラジオボタン（id値）
```

　引数groupに渡されるのは、チェックされたラジオボタンそのものではなく、ラジオボタンが属するボタングループ（RadioGroupオブジェクト）です。
　チェックされたラジオボタンを取得するには、**2**のように、引数checkedIdに渡されたid値をキーにfindViewByIdメソッドで検索しなければなりません。ここでは、取得したRadioButtonオブジェクトのtextプロパティでラジオボタンのラベルをトースト表示しているだけですが、以下のように、id値に応じて処理を分岐するようなことも可能です。

```
when (checkedId) {
  R.id.rb1 -> // rb1選択時の処理
  R.id.rb2 -> // rb2選択時の処理
  R.id.rb3 -> // rb3選択時の処理
}
```

03-02-04 シークバーを作成する - SeekBar

SeekBar(シークバー) は、「ある範囲内の連続した数値」を入力するのに適したウィジェットです。EditTextでinputType属性を「number」に指定しても、数値専用の入力ボックスを準備することはできます。しかし、シークバーを利用することで、わざわざ数値を入力しなくても、つまみをドラッグするだけで値を変更できるので、より手軽です。スライダーと呼ばれることもあります。

具体的なサンプルも作成してみましょう。以下は、シークバーの値を変更すると、現在値をトースト表示する例です。

[1] レイアウトを準備する

レイアウトファイルにシークバーを配置します。レイアウトエディターを利用しているならば、パレットの [Widgets] タブから選択できます。

図3-39 シークバーの値に応じてトースト表示

リスト3-20 activity_main.xml(WidgetsSeekBarプロジェクト)

```xml
<?xml version="1.0" encoding="utf-8"?>
<androidx.constraintlayout.widget.ConstraintLayout ...
  tools:context=".MainActivity">
  <SeekBar
    android:id="@+id/seek"
    android:layout_width="0dp"
    android:layout_height="wrap_content"
    android:max="300"
    android:progress="150"
    app:layout_constraintEnd_toEndOf="parent"
    app:layout_constraintStart_toStartOf="parent"
    app:layout_constraintTop_toTopOf="parent" />
</androidx.constraintlayout.widget.ConstraintLayout>
```

図3-40 レイアウト完成図

シークバーでは、max属性で最大値を、progress属性で現在値を設定します。最小値を表す、いわゆるmin属性はありません[8]。progress属性を省略した場合、現在値は0と見なされます。

[2] アクティビティを準備する

シークバーのつまみを動かしたタイミングで、現在値をトースト表示してみましょう。これには、シークバーに対してOnSeekBarChangeListenerイベントリスナーを登録します。

リスト3-21　MainActivity.kt（WidgetsSeekBarプロジェクト）

```kotlin
package to.msn.wings.widgetsseekbar

import android.os.Bundle
import android.widget.SeekBar
import android.widget.SeekBar.OnSeekBarChangeListener
import android.widget.Toast
import androidx.appcompat.app.AppCompatActivity
import java.util.Locale

class MainActivity : AppCompatActivity() {
  override fun onCreate(savedInstanceState: Bundle?) {
    super.onCreate(savedInstanceState)
    setContentView(R.layout.activity_main)

    // シークバーを取得
    val seek = findViewById<SeekBar>(R.id.seek)
    // シークバーに対してイベントリスナーを登録
    seek.setOnSeekBarChangeListener(object : OnSeekBarChangeListener {
      // 現在値に応じてトーストを表示
      override fun onProgressChanged(
        seekBar: SeekBar, progress: Int, fromUser: Boolean) {
        Toast.makeText(
          this@MainActivity,
          String.format(Locale.JAPAN, "現在値：%d", progress),
          Toast.LENGTH_SHORT
        ).show()
      }

      override fun onStartTrackingTouch(seekBar: SeekBar) {}
      override fun onStopTrackingTouch(seekBar: SeekBar) {}
    })
  }
}
```

■1

OnSeekBarChangedイベントリスナーには、以下のようなメソッドが用意され
ています[9]）。

表3-6 OnSeekBarChangedイベントリスナーのメソッド

メソッド	実行されるタイミング
onProgressChanged	つまみを動かしている間
onStartTrackingTouch	つまみをクリック（タッチ）した時
onStopTrackingTouch	つまみを離した時

1では、最低限、onProgressChangedメソッドをオーバーライドして、シーク
バーの現在値をトースト表示しています。シークバーの現在値は、引数progress
で取得できます。

引数fromUserには、現在値の変化がユーザーの操作によるものである場合に
trueが、それ以外の場合にはfalseがセットされます。ユーザーによる操作に対し
てのみ、なんらかのアクションを起こしたい場合には、この値で処理を分岐するこ
とになるでしょう。

構文 onProgressChangedメソッド

```
abstract fun onProgressChanged(seekBar: SeekBar!, progress: Int,
  fromUser: Boolean): Unit
    seekBar ：イベントの発生元
    progress：現在値
    fromUser：ユーザー操作による変更であるか
```

■ シークバーの最小値／値間隔を指定する

先ほども見たように、SeekBarには、最小値や値間隔を表すminやstepのよう
な属性はありません。つまり、既定では「0 ～ max属性の範囲で1区切りの数値」
しか表現できないということです。

もしも「-100 ～ 100の範囲で10区切りで変化する」ようなシークバーを作成した
い場合には、アプリ側で一工夫する必要があります。

リスト3-22 activity_main.xml（WidgetsSeekBarプロジェクト）

```
<SeekBar
  android:id="@+id/seek"
  android:layout_width="0dp"
  android:layout_height="wrap_content"
  android:max="20"
  app:layout_constraintEnd_toEndOf="parent"
  app:layout_constraintStart_toStartOf="parent"
  app:layout_constraintTop_toTopOf="parent" />
```

リスト3-23 MainActivity.kt（WidgetsSeekBarプロジェクト）

```
override fun onProgressChanged(
  seekBar: SeekBar?, progress: Int, fromUser: Boolean) {
  val current = (progress - 10) * 10
  Toast.makeText(
    this@MainActivity, "現在値：${current}", Toast.LENGTH_SHORT
  ).show()
}
```

シークバーでは、max属性を20とし、まず0 ～ 20の値範囲を確保します。その上で、イベントリスナーでは「(現在値 - 10)×10」とすることで値を「10区切りの-100 ～ 100」範囲に変換しているわけです。

同じ設定で「現在値 - 10」とすれば「1区切りの-10 ～ 10」を、「現在値×10」であれば「10区切りの0 ～ 200」を、それぞれ表現できます。

03-02-05 スピナーを作成する - Spinner

Spinner（スピナー）とは、Windowsアプリで言うところのドロップダウンリストです。画面上に表示されたボタンをタップすることで、リストがポップアップして項目を選択できるようになります。

単一選択用途のウィジェットという意味では、RadioButtonにも似ていますが、既定では項目リストは表示されず、必要な時だけポップアップされるので、項目数が多くなった場合にも画面レイアウトに影響を及ぼしにくいというメリットがあります。

反面、RadioButtonではワンクリックで選択できるのに対して、Spinnerはリストのポップアップ→選択とステップを2度踏む必要があります。小さなリストであれば、RadioButtonの方が手軽に選択できます。

項目数、レイアウトを勘案して、いずれを利用するかを決めてください。

■ Spinnerの基本

まずは、Spinnerの基本的な用法から理解していきます。以下のサンプルは、画面にSpinnerを配置し、選択した項目をトースト表示する例です。

図3-41 ドロップダウンリストから選択された項目をトースト表示

[1] レイアウトファイルを準備する

レイアウトファイルにスピナーを配置します。レイアウトエディターを利用しているならば、パレットの [**Containers**] タブから選択できます。

リスト3-24 activity_main.xml（WidgetsSpinnerプロジェクト）

```xml
<?xml version="1.0" encoding="utf-8"?>
<androidx.constraintlayout.widget.ConstraintLayout ...>
  <Spinner
    android:id="@+id/spnOs"
    android:layout_width="0dp"
    android:layout_height="wrap_content"
    android:entries="@array/spnOs_items"
    android:minHeight="32dp"
    android:prompt="@string/spnOs_prompt"
    app:layout_constraintEnd_toEndOf="parent"
    app:layout_constraintStart_toStartOf="parent"
    app:layout_constraintTop_toTopOf="parent" />
</androidx.constraintlayout.widget.ConstraintLayout>
```

図3-42 レイアウト完成図

Windows

*10）ダイアログで選択オプションを表示する方法については、この後触れます。既定では、prompt属性の値は表示されません。

prompt 属性は選択ダイアログに表示するテキスト[10]を、entries 属性はポップアップリストに表示される項目を、それぞれ表します。

prompt 属性には、属性ウィンドウから ▯ ボタンをクリックすることで、文字列リソースを設定できます。02-03-01項の手順に沿って、キー「spnOs_prompt」、

＊11）prompt属性
では、文字列をハー
ドコーディングでき
ないようです。

値「OSを選択してください」であるリソースを作成してください＊11。

entries属性の「@array/spnOs_items」は、「strings.xmlで管理された配列リソースspnOs_items」という意味です。項目リストもまた、配列であるというだけで、文字列リソースの一種なので、strings.xmlで管理でき、また、管理するのがあるべき姿です。

Spinnerの警告

Spinnerの初期状態では「This item's height is 24dp. Consider making the height of this touch target 32dp or larger.」（タッチするには高さが少ないので32dp以上を指定すべき）のような警告が表示されます。ここでは、警告に従ってminHeight属性（最小の高さ）を32dpと明示しています。

[2] 選択リソースを準備する

配列リソースspnOs_itemsをstrings.xmlに追加しましょう。ただし、配列リソースを追加するために、02-03-01項のようなリソースエディターは利用できません。コードエディターからstrings.xmlを開いて、以下のように編集してください。

リスト3-25 strings.xml（WidgetsSpinnerプロジェクト）

```xml
<resources>
  ...中略...
  <string name="spnOs_prompt">OSを選択してください</string>
  <string-array name="spnOs_items">
    <item>Windows</item>
    <item>Linux</item>
    <item>macOS</item>
  </string-array>
</resources>
```

<string-array>要素で配列リソース全体と、その名前（name属性）を表し、配下の<item>要素で個々の配列要素を表します。手順 [1] では文字列リソースspnOs_promptを [Pick a Resource] 画面から設定していますが、もちろん、まとめてコードエディターから設定しても構いません。

[3] アクティビティを準備する

スピナーで項目を選択したタイミングで、現在値をトースト表示してみましょう。これには、スピナーに対してOnItemSelectedListenerイベントリスナーを登録します。

リスト3-26 MainActivity.kt（WidgetsSpinnerプロジェクト）

```kotlin
package to.msn.wings.widgetsspinner

import android.os.Bundle
import android.widget.AdapterView
import android.widget.Spinner
import android.widget.Toast
import androidx.appcompat.app.AppCompatActivity
import android.view.View;

class MainActivity : AppCompatActivity() {
  override fun onCreate(savedInstanceState: Bundle?) {
    super.onCreate(savedInstanceState)
    setContentView(R.layout.activity_main)

    // スピナーを取得
    val spn = findViewById<Spinner>(R.id.spnOs)
    // スピナーに対してイベントリスナーを登録
    spn.setOnItemSelectedListener(
      object : AdapterView.OnItemSelectedListener {
      // 項目が選択された場合の処理
      override fun onItemSelected(parent: AdapterView<*>, view: View?,
        position: Int, id: Long) {
        // 選択項目を取得し、その値をトースト表示
        Toast.makeText(
          this@MainActivity,
          "選択項目：${(parent as Spinner).selectedItem}",
          Toast.LENGTH_SHORT
        ).show()
      }
      // 項目が選択されなかった場合の処理（今回は空）
      override fun onNothingSelected(parent: AdapterView<*>?) { }
    })
  }
}
```

OnItemSelectedListenerイベントリスナーには、以下の表のようなメソッドが用意されています。

表3-7　OnItemSelectedListenerイベントリスナーのメソッド

メソッド	概要
onItemSelected	リスト項目が選択された時
onNothingSelected	項目が選択されなかった時

＊12）SAM（Single Abstract Method）ではないので、ラムダ式ではなく、オブジェクト式で定義しています。

■1では、最低限、onItemSelectedをオーバーライドして＊12、スピナーでの選択値をトースト表示しています。

構文　onItemSelectedメソッド

```
abstract fun onItemSelected(parent: AdapterView<*>!, view: View!,
  position: Int, id: Long): Unit
    parent    ：選択されたリストの親となるウィジェット（ここではSpinner）
    view      ：選択された項目
    position  ：選択された項目の位置（先頭項目が0）
    id        ：選択された項目のid値
```

ウィジェットそのものには引数parentでアクセスする点に注意してください（■2）。これまで見てきたイベントリスナーでは、引数viewにイベントの発生元が格納されていましたが、onItemSelectedメソッドでは選択された項目が格納されているのです。

Spinnerが取得できてしまえば、あとはそのselectedItemプロパティで選択された項目を取得できるので、これを整形してトースト表示するだけです（■3）。selectedItemプロパティの戻り値はAny型なので、取得した値は、必要に応じてString型にキャストしてください。

■ 選択オプションをダイアログ表示する

＊13）既定はdropdownです。

Spinnerでは、spinnerMode属性にdialogを設定することで、選択オプションをダイアログ表示することもできます＊13。先ほどのリスト3-24を以下のように書き換えてみましょう（追記部分は太字）。

リスト3-27　activity_main.xml（WidgetsSpinnerプロジェクト）

```
<?xml version="1.0" encoding="utf-8"?>
<androidx.constraintlayout.widget.ConstraintLayout ...>
  <Spinner
    android:id="@+id/spnOs"
    android:layout_width="0dp"
    android:layout_height="wrap_content"
    android:entries="@array/spnOs_items"
    android:minHeight="32dp"
```

```
    android:prompt="@string/spnOs_prompt"
    android:spinnerMode="dialog"
    app:layout_constraintEnd_toEndOf="parent"
    app:layout_constraintStart_toStartOf="parent"
    app:layout_constraintTop_toTopOf="parent" />
</androidx.constraintlayout.widget.ConstraintLayout>
```

図3-43 選択オプションを
ダイアログ表示

果たして、選択オプションがダイアログ表示
されていることが確認できます。また、ダイア
ログ上部には、先ほどprompt属性で指定した
テキストが表示されている点にも注目です。

■ リスト項目を動的に設定する

Spinnerに表示するリスト項目は、リソースファイルで設定するばかりではありま
せん。アクティビティから動的にリスト項目を登録することもできます。

たとえば以下は、明日から10日後までの日付をSpinnerに表示する例です。

リスト3-28　MainActivity.kt（WidgetsSpinnerDynamicプロジェクト[*14]）

```
package to.msn.wings.widgetsspinnerdynamic

import android.os.Bundle
import android.view.View
import android.widget.AdapterView
import android.widget.ArrayAdapter
import android.widget.Spinner
import android.widget.Toast
import androidx.appcompat.app.AppCompatActivity
import java.text.SimpleDateFormat
import java.util.Calendar
```

＊14）対応するレ
イアウトファイル
activity_main.xml
は、ダウンロードサ
ンプルの方から参照
してください。

```kotlin
import java.util.Locale

class MainActivity : AppCompatActivity() {
  override fun onCreate(savedInstanceState: Bundle?) {
    super.onCreate(savedInstanceState)
    setContentView(R.layout.activity_main)
    createSpinner()
  }

  // Spinnerに項目リストを登録するメソッド
  private fun createSpinner() {
    val list = mutableListOf<String>()
    val format = SimpleDateFormat("yyyy/MM/dd", Locale.JAPAN)
    val cal = Calendar.getInstance()
    // 明日～10日後の日付リストを生成
    for (i in 1..10) {
      cal.set(Calendar.DAY_OF_MONTH, cal.get(Calendar.DAY_OF_MONTH) + 1)
      list.add(format.format(cal.time))
    }

    // 配列をウィジェットに渡す準備
    val spn = findViewById<Spinner>(R.id.spnArch)
    // アダプター経由でSpinnerにリストを登録
    spn.adapter = ArrayAdapter(
      this,
      android.R.layout.simple_spinner_dropdown_item, list
    )

    // Spinner選択時の処理を定義（P.151を参照）
    spn.setOnItemSelectedListener(object : AdapterView.OnItemSelectedListener {
      ...中略...
    })
  }
}
```

1

↓

Kotlinのコード経由で項目リストを登録するには、アダプターというしくみを利用します。アダプターとは、配列 (リスト) やマップのようなデータとウィジェットとの間を受け渡しするためのオブジェクトです。ウィジェットにデータを渡す際には、いったんアダプターにデータをセットした上で、ウィジェットにはアダプターとして引き渡す必要があるのです。

Android SDKには標準でさまざまなアダプターが用意されていますが、ここでは配列を渡すので、ArrayAdapter<T>クラス (android. widget パッケージ) を利用します (**1**)。

図3-44　明日から10日後までの日付をSpinnerに表示

構文　ArrayAdapter<T> クラス (コンストラクター)

```
ArrayAdapter(context: Context, resource: Int, objects: Array<T>)
    context  ：コンテキスト
    resource ：項目表示のためのレイアウト
    objects  ：ウィジェットに渡す配列
```

引数 resource の「android.R.layout.simple_spinner_dropdown_item」はレイアウトのリソース ID です。ArrayAdapter では、現在の項目リストをどのように表示するかをレイアウトとしてあらかじめ指定しておかなければならないのです。レイアウトは自分で用意することもできますが、ここでは Android SDK 標準で用意されているレイアウトを指定しておきます[15]。他に「android.R.layout.simple_spinner_item」も指定できます[16]。

アダプターを用意できたら、あとはadapterプロパティでSpinnerにアダプターを登録するだけです。

[15] 一般的には、標準のレイアウトで十分でしょう。

[16] simple_spinner_item は、やや高さの狭いレイアウトです。

Section 03-03 便利ウィジェットを活用する

このセクションでは、知っていると便利な小粒のウィジェットとして、RatingBar、WebViewについて解説します。

以上で、基本的な入出力のウィジェットは理解できました。

このセクションでは、目的特化した――汎用的ではないが、知っていると便利ないくつかのウィジェットについて解説しておきます。

03-03-01 評価を★印で表示／入力する - RatingBar

RatingBar（レーティングバー）は、レート（評価）の表示／更新を行うためのウィジェットです。レート値は、★マークで表されます。連続した値を表すという意味ではシークバーにも似ていますが、用途としてはより限定されており、その分、「評価」という意味合いを視認しやすいというメリットがあります。

それではさっそく、サンプルも見てみましょう。以下は、レーティングバーを選択したタイミングで、現在のレート値をトースト表示する例です。

図3-45　レート値の変化に応じてトースト表示

[1] レイアウトを準備する

レイアウトファイルにレーティングバーを配置します。レイアウトエディターを利用しているならば、パレットの [Widgets] タブから選択できます。

リスト3-29　activity_main.xml（WidgetsRatingプロジェクト）

```xml
<?xml version="1.0" encoding="utf-8"?>
<androidx.constraintlayout.widget.ConstraintLayout ...>
  <RatingBar
    android:id="@+id/rating"
    android:layout_width="wrap_content"
    android:layout_height="wrap_content"
    android:contentDescription="4"
    android:numStars="6"
    android:rating="4"
    android:stepSize="0.5"
    app:layout_constraintStart_toStartOf="parent"
    app:layout_constraintTop_toTopOf="parent" />
</androidx.constraintlayout.widget.ConstraintLayout>
```

図3-46　レイアウト完成図

RatingBarで利用できる主な属性は、以下の表のとおりです。

表3-8　RatingBarの主な属性

属性	概要
numStars	表示する★の数
rating	現在のレート値
stepSize	レート値の増減分

　サンプルでは最大値6、現在値4、0.5単位でレート値を変更できるレーティングバーを定義しています。レーティングバーでは0.5は星半分で表されます。

参考

RatingBarの警告

　RatingBarを配置した初期状態では、「This item may not have a label readable by screen readers」（スクリーンリーダー[*1]が読むためのラベルがない）のような警告が表示されます。そのままでも最低限動作はしますが、万人が利用できるアプリを目指すならば、代替テキストを用意しておくべきでしょう。

　これには、contentDescription属性を指定してください。これはImageView（03-01-02項）で利用したものと同じです。

　ここでは、レーティングバーの初期値を設定していますが、もちろん、固定値を設定したままでは意味がありません。適宜、レーティングバーの現在値を反映させる必要があるでしょう（その方法はこの後触れます）。

*1）視覚障害者のための画面読み取りソフトウェアのことです。

[2] アクティビティを準備する

レーティングバーのレート値を変更したタイミングで、現在の値をトースト表示してみましょう。これには、OnRatingBarChangeListener イベントリスナーを利用します。

リスト3-30 MainActivity.kt（WidgetsRating プロジェクト）

```kotlin
package to.msn.wings.widgetsrating

import android.os.Bundle
import android.widget.RatingBar
import android.widget.RatingBar.OnRatingBarChangeListener
import android.widget.Toast
import androidx.appcompat.app.AppCompatActivity
import java.util.Locale

class MainActivity : AppCompatActivity() {
  override fun onCreate(savedInstanceState: Bundle?) {
    super.onCreate(savedInstanceState)
    setContentView(R.layout.activity_main)

    // レーティングバーを取得
    val rate = findViewById<RatingBar>(R.id.rating)
    // レーティングバーにイベントリスナーを登録
    rate.setOnRatingBarChangeListener { ratingBar, rating, fromUser ->
      // 代替テキストを設定
      ratingBar.contentDescription = rating.toString()
      Toast.makeText(
        this@MainActivity,
        String.format(Locale.JAPAN, "現在の評価は%fです。", rating),
        Toast.LENGTH_SHORT
      ).show()
    }
  }
}
```
■1

*2) 02-03-04項でも触れたように、ラムダ式として簡単化された記述なので、onRatingChangedという名前はコード上には現れていません。

OnRatingBarChangeListenerには、onRatingChangedというメソッドがひとつだけ用意されており、レーティングバーの値が変化したタイミングで呼び出されます（■1 *2）。

構文 onRatingChangedメソッド

```
abstract fun onRatingChanged(ratingBar: RatingBar!, rating: Float,
  fromUser: Boolean): Unit
    ratingBar：イベントの発生元
    rating    ：現在のレート値
    fromUser  ：ユーザー操作による変更か
```

レーティングバーの現在値は、引数rating、もしくは引数ratingBarから ratingプロパティを呼び出すことで取得できます。ここでは、トーストに表示すると共に、contentDescriptionプロパティに反映させておきます。

03-03-02 アプリに Web ページを埋め込む - WebView

WebViewを利用することで、アプリにWebページを埋め込めるようになります。アプリにWebブラウザーの機能を与えるためのウィジェット、と言っても良いかもしれません。

既にHTMLで作成済みのページ、ドキュメント中心のページなどは、WebViewでアプリに組み込むことで、なにからなにまでネイティブに実装するよりも開発を効率化できるでしょう。

それではさっそく、具体的なサンプルを見ていきましょう。以下で紹介するのは、選択されたボタンに応じて、WebViewに決められたページを表示する例です。

図3-47 ボタンに対応するページを表示

[1] マニフェストファイルを編集する

Androidでは、セキュリティ上の理由から、アプリでインターネットに接続することを既定では禁止しています。そこで、WebViewを利用する際には、マニフェストファイルからこの制限を解除する必要があります。

マニフェストファイルとは、02-02-06項でも触れたように、アプリの基本的な構成情報やアプリの権限などを定義するための設定ファイルです。/app/manifestsフォルダー配下にAndroidManifest.xmlという名前で配置されています。

インターネット接続を許可するには、以下のような記述を追加してください。

リスト3-31 AndroidManifest.xml（WidgetsWebViewプロジェクト）

```
<manifest ...>
  <uses-permission android:name="android.permission.INTERNET" />
  <application...>
    ...中略...
  </application>
</manifest>
```

[2] レイアウトファイルを準備する

レイアウトファイルには、3個のButtonとWebViewを配置します。WebViewは、パレットの[Widgets]タブから選択できます。

ウィジェットを縦に並べるには、下のウィジェットの上制約を上のウィジェットの下制約に紐づけるのでした。また、WebViewは、レイアウトの空き幅いっぱいに広げたいので、layout_width／layout_height属性共に「0dp（match_constraint）」としておきます。

最終的に生成されるコードは、以下の通りです。

図3-48 レイアウトエディターへの配置

Button (btnHome)
Button (btnEnv)
Button (btnPub)
WebView

リスト3-32 activity_main.xml（WidgetsWebViewプロジェクト）

```xml
<?xml version="1.0" encoding="utf-8"?>
<androidx.constraintlayout.widget.ConstraintLayout ...>
  <Button
    android:id="@+id/btnHome"
    android:layout_width="match_parent"
    android:layout_height="wrap_content"
    android:text="ホーム"
    app:layout_constraintEnd_toEndOf="parent"
    app:layout_constraintStart_toStartOf="parent"
    app:layout_constraintTop_toTopOf="parent" />
  <Button
    android:id="@+id/btnEnv"
    android:layout_width="match_parent"
    android:layout_height="wrap_content"
    android:text="環境構築"
    app:layout_constraintEnd_toEndOf="parent"
    app:layout_constraintStart_toStartOf="parent"
    app:layout_constraintTop_toBottomOf="@+id/btnHome" />
  <Button
    android:id="@+id/btnPub"
    android:layout_width="match_parent"
    android:layout_height="wrap_content"
    android:text="出版社"
    app:layout_constraintEnd_toEndOf="parent"
    app:layout_constraintStart_toStartOf="parent"
    app:layout_constraintTop_toBottomOf="@+id/btnEnv" />
  <WebView
    android:id="@+id/wv"
    android:layout_width="0dp"
    android:layout_height="0dp"
    app:layout_constraintBottom_toBottomOf="parent"
    app:layout_constraintEnd_toEndOf="parent"
    app:layout_constraintStart_toStartOf="parent"
    app:layout_constraintTop_toBottomOf="@+id/btnPub" />
</androidx.constraintlayout.widget.ConstraintLayout>
```

WebViewを最低限利用するにあたって、プロパティの設定は不要です。配置するだけで、そのまま利用できます。

[3] アクティビティを準備する

[ホーム][環境構築][総合FAQ]ボタンをクリックした時に呼び出される処理を、アクティビティ側に準備します。

リスト3-33　MainActivity.kt（WidgetsWebViewプロジェクト）

```kotlin
package to.msn.wings.widgetswebview

import android.os.Bundle
import android.webkit.WebView
import androidx.appcompat.app.AppCompatActivity

class MainActivity : AppCompatActivity() {
  override fun onCreate(savedInstanceState: Bundle?) {
    super.onCreate(savedInstanceState)
    setContentView(R.layout.activity_main)

    val btnHome = findViewById<Button>(R.id.btnHome)
    val btnEnv = findViewById<Button>(R.id.btnEnv)
    val btnPub = findViewById<Button>(R.id.btnPub)
    val wv = findViewById<WebView>(R.id.wv)
    // ボタンクリック時の処理
    btnHome.setOnClickListener {
      wv.loadUrl("https://wings.msn.to/")
    }
    btnEnv.setOnClickListener {
      wv.loadUrl("https://wings.msn.to/index.php/-/B-08/")
    }
    btnPub.setOnClickListener {
      wv.loadUrl("https://www.shuwasystem.co.jp/smp/")
    }
  }
}
```

1

WebViewでページを読み込むには、loadUrlメソッドを利用します。

構文　loadUrlメソッド

```
fun loadUrl(url: String): Unit
    url：読み込むページ
```

　この例であれば、[ホーム] [環境構築] [総合FAQ] ボタンをクリックしたタイミングで、それぞれ異なるページを読み込んでいるわけです（**1**）。
　複数のイベントリスナーが、共通した機能を担っている場合には、ひとつにまとめてしまっても構いません。以下は**1**の書き換えです。

リスト3-34 イベントリスナーをひとつにまとめた例（MainActivity.kt）

```
import android.view.View
...中略...
val listener = View.OnClickListener { view ->
  wv.loadUrl(
    when (view?.id) {
      R.id.btnHome -> "https://wings.msn.to/"
      R.id.btnEnv -> "https://wings.msn.to/index.php/-/B-08/"
      R.id.btnPub -> "https://www.shuwasystem.co.jp/smp/"
      else -> "https://wings.msn.to/"
    }
  )
}
btnHome.setOnClickListener(listener)
btnEnv.setOnClickListener(listener)
btnPub.setOnClickListener(listener)
```

イベントリスナーの引数viewには、イベントの発生元——ここではボタンが渡されるのでした。ここでは、View#getIdメソッドでid値を取得し、その戻り値によってloadUrlメソッドに渡すURLを振り分けています[3]。

> ＊3）when命令は式なので、分岐の結果（＝最後に表記された式）を戻り値として返します。

参考

ラムダ式の暗黙的な引数

　ラムダ式では、引数が単一の場合、これを暗黙的な引数itで受け取ることができます。暗黙的、ということは、引数リストでの宣言が不要ということです。つまり、リスト3-34は、以下のようにも表せます。

```
val listener = View.OnClickListener {
  wv.loadUrl(
    when (it?.id) { ... }
  )
}
```

　今後もよく登場する表現なので、覚えておくようにしましょう。

コラム

日本語化したAndroid Studioを元に戻すには？

　P.111では、Android Studioを日本語化する方法について紹介しました。英語に戻したい場合は、プラグインの設定画面で日本語言語パックのチェックを外して再起動します。プラグイン自体をアンインストールしたい場合は、日本語言語パック欄の右上にある ⚙ をクリックし、表示されたコンテキストメニューから［アンインストール］をクリックして、再起動します。

図3-49　プラグインの設定画面

Chapter
04 →

ビュー開発
(ListView ／ RecyclerView)

ListViewは、複数の項目をリストとして整形するためのウィジェットです。リストといっても、単に項目を列挙するばかりではありません。クリック可能なリスト、ラジオボタン／チェックボックス付きのリストなど、目的に応じて、さまざまな形式のリストを標準で生成できますし、ひと手間かければ、リスト項目そのものをカスタマイズすることも可能です。アプリを開発する上で、とても使いでのあるウィジェットのひとつなので、この章で基本的な用法をきちんと理解しておきましょう。

Contents

Section

04-01 リスト作成の基本を理解する

このセクションでは、ListView でリストを整形するための基本的な手順を学びます。

このセクションのポイント

1 ListView では、リソース、またはKotlin コードからリストを生成できる。
2 リスト項目を静的に設定するには、<ListView> 要素のentries 属性を指定する。
3 Kotlin コードからリスト項目を設定するには、アダプタークラスを利用する。

ListViewでは、大きく (1) リソース、または (2) Kotlinコードからリストを生成できます。まずは、この2つのアプローチを通じて、ListViewによるリスト生成の基本を理解してみましょう。

ListView と RecyclerView

Android Studio Arctic Fox (2020.3.1) のレイアウトエディター (パレット) では、ListView は [Legacy] に分類されています。非推奨というわけではありませんが、より柔軟なレイアウト機能を備えたRecyclerView を推奨するということなのでしょう。

もっとも、セクション04-04で後述するように、RecyclerView は自由度が高い反面、扱うべきクラスは増え、コードも冗長になりがちです。これまでListView を利用してきたアプリも多いことを考えると、少なくとも当面は、シンプルな用途には ListView、ListView で賄えない複雑なリストには RecyclerView、という使い分けになると思われます。

04-01-01 配列リソースをリストに整形する

よりシンプルな方法です。あらかじめリストに表示すべき内容が決まっている場合には、この方法を利用できます。

[1] 配列リソースを用意する

配列リソースは、strings.xmlで定義します。02-02-05項でも触れたように、文字列配列は<string-array> 要素で定義するのでした。

リスト4-1 strings.xml（ListBasic プロジェクト）

```
<resources>
  <string name="app_name">ListBasic</string>
  <string-array name="spice">
    <item>胡椒</item>
```

```
      <item>ターメリック</item>
      <item>コリアンダー</item>
      <item>生姜</item>
      <item>ニンニク</item>
      <item>サフラン</item>
   </string-array>
</resources>
```

[2] レイアウトファイルを用意する

あとは、レイアウトファイルで配列リソースとListViewを関連付けるだけです。ListViewは、レイアウトエディターを利用しているならば、パレットの [**Legacy**] から選択できます。

リスト4-2　activity_main.xml（ListBasicプロジェクト）

```xml
<?xml version="1.0" encoding="utf-8"?>
<androidx.constraintlayout.widget.ConstraintLayout ...>
  <ListView
     android:id="@+id/list"
     android:layout_width="0dp"
     android:layout_height="0dp"
     android:entries="@array/spice"
     app:layout_constraintBottom_toBottomOf="parent"
     app:layout_constraintEnd_toEndOf="parent"
     app:layout_constraintStart_toStartOf="parent"
     app:layout_constraintTop_toTopOf="parent" />
</androidx.constraintlayout.widget.ConstraintLayout>
```

図4-1　レイアウト完成図

図4-2　配列リソースの内容をリスト表示

ListViewに配列リソースを紐付けるには、entries属性に「@array/リソース名」を設定するだけです＊1。

04-01-02 Kotlinコードからリストを生成する

＊2) ここではデータをハードコーディングしていますが、実際にはデータベースや外部サービスなどから取り出すことになるでしょう。

配列リソースによるリスト生成は、その性質上、表示すべき項目があらかじめ決まっている場合にしか利用できません。一般的には、レイアウト上ではListViewだけを準備しておいて、表示項目はコード側から動的に設定することになるでしょう。

以下では、コード上で準備した配列dataの内容をListViewに表示してみます＊2。

[1] レイアウトファイルを用意する

レイアウトファイルには、空のListViewだけを配置します。ただし、先ほどのリスト4-2と異なり、entries属性は指定していない点に注意してください。

リスト4-3 activity_main.xml (ListDynamicプロジェクト)

```xml
<?xml version="1.0" encoding="utf-8"?>
<androidx.constraintlayout.widget.ConstraintLayout ...>
  <ListView
    android:id="@+id/list"
    android:layout_width="0dp"
    android:layout_height="0dp"
    app:layout_constraintBottom_toBottomOf="parent"
    android:layout_height="wrap_content"
    app:layout_constraintEnd_toEndOf="parent"
    app:layout_constraintStart_toStartOf="parent"
    app:layout_constraintTop_toTopOf="parent" />
</androidx.constraintlayout.widget.ConstraintLayout>
```

図4-3 レイアウト完成図

[2] アクティビティを用意する

ListViewにデータ項目を登録する方法は、Spinnerでのそれによく似ています。アダプターを介して配列データをListViewに登録するのです。**アダプター**とは、言うなればウィジェットと生のデータとの橋渡し役です。

リスト4-4 MainActivity.kt（ListDynamicプロジェクト）

```kotlin
package to.msn.wings.listdynamic

import android.os.Bundle
import android.widget.ArrayAdapter
import android.widget.ListView
import androidx.appcompat.app.AppCompatActivity

class MainActivity : AppCompatActivity() {
  override fun onCreate(savedInstanceState: Bundle?) {
    super.onCreate(savedInstanceState)
    setContentView(R.layout.activity_main)

    // リスト項目をリストとして準備＊3
    val data = mutableListOf("胡椒", "ターメリック",
      "コリアンダー", "生姜", "ニンニク", "サフラン")

    // 配列アダプターを作成＆ListViewに登録
    val list = findViewById<ListView>(R.id.list)
    list.adapter = ArrayAdapter(
      this,
      android.R.layout.simple_list_item_1, data
    )
  }
}
```

> ＊3）配列ではなく、MutableList（可変リスト）を利用しているのは、あとから項目を追加／削除するためです。項目の操作が不要であれば、配列を利用しても構いません。

> ＊4）Android標準で用意されているレイアウトについては、R.layout（https://developer.android.com/reference/android/R.layout.html）も参照してください。また、その他のレイアウトを利用した例は、次セクション以降でも紹介しています。

　ArrayAdapter（03-02-05項）は、データソースとして配列を扱うためのクラスでした。第2引数の「android.R.layout.simple_list_item_1」は、あらかじめAndroid側で用意されたレイアウトリソースの名前で、もっともシンプルなリスト用レイアウトを表します＊4。

　アダプターの準備ができたら、あとはadapterプロパティでListViewに登録して完了です。

ListViewのイベント処理を理解する

このセクションでは、ListViewでクリック（タップ）やスクロール動作を検出する方法を学びます。

このセクションのポイント

1 ListViewでクリック／選択動作を検知するには、OnItemClickListenerイベントリスナーを利用する。
2 リストを選択可能にするには、choiceMode属性で選択モードを指定する。
3 ListViewでスクロール動作を検知するには、OnScrollListenerイベントリスナーを利用する。
4 ListViewとSearchViewとを組み合わせることで、絞り込み機能付きリストを作成できる。

　ListViewでは、リストを表示して終わりということはあまりありません。一般的には、リスト項目をクリックすることで対応する処理を実行させたり、リストの中から単一／複数の項目を選ばせたり、とメニューや入力要素としての役割を与えることになるでしょう。このセクションでは、そのようなクリック／選択動作（イベント）を受けて処理を実行する方法について学びます。また、後半ではイベント理解の一環として、リストのスクロール動作が行われた時の処理についても触れます。

　なお、本セクションのレイアウトファイルは、特筆しない限り、前項のListDynamicプロジェクトで利用したものを利用します。

04-02-01　クリック可能なリストを作成する

　OnItemClickListenerイベントリスナーを利用することで、クリック可能なリストを作成できます。リスト4-5は、リストクリックによって、該当する項目を削除するサンプルです。

リスト4-5　MainActivity.kt（ListClickプロジェクト）

```
package to.msn.wings.listclick

import android.os.Bundle
import android.widget.AdapterView.OnItemClickListener
import android.widget.ArrayAdapter
import android.widget.ListView
import android.widget.TextView
import androidx.appcompat.app.AppCompatActivity

class MainActivity : AppCompatActivity() {
  override fun onCreate(savedInstanceState: Bundle?) {
```

```
    super.onCreate(savedInstanceState)
    setContentView(R.layout.activity_main)

    // リスト項目をリストとして準備
    val data = mutableListOf("胡椒", "ターメリック",
      "コリアンダー", "生姜", "ニンニク", "サフラン")

    // 配列アダプターを作成＆ListViewに登録
    val adapter = ArrayAdapter(
      this,
      android.R.layout.simple_list_item_1, data ——————————————2
    )
    val list = findViewById<ListView>(R.id.list)
    list.adapter = adapter

    // リスト項目をクリックした時の処理を定義
    list.setOnItemClickListener { av, view, position, id ->
      // リスト項目を取得＆削除
      adapter.remove((view as TextView).text as String) ————3      1
    }
  }
}
```

図4-4　クリックした項目（胡椒）を削除

　リストをクリック時の処理は、setOnItemClickListenerメソッドから設定します（**1**）。ラムダ式（正しくはOnItemClickListener#onItemClickメソッド）の構文は、以下の通りです。

構文　onItemClick メソッド

```
abstract fun onItemClick(parent: AdapterView<*>!, view: View!,
  position: Int, id: Long): Unit
  parent  ：選択されたリストの親となるウィジェット（ここではListView）
  view    ：選択された項目
  position：選択された項目の位置（先頭項目が0）
  id      ：選択された項目のid値
```

　　　　選択された項目には、onItemClick メソッドの引数 view を介してアクセスできます。引数 view（View オブジェクト）の実体は、ArrayAdapterのレイアウトとしてなにを選択したかによって変化します。**2**で選択している「android.R.layout.simple_list_item_1」であれば、リスト項目は TextView としてレイアウトされるので、引数 view も TextView オブジェクトです。

　　　　よって、**3**でも引数 view をまず TextView に型キャストした上で、その text プロパティでテキストを取得しているわけです。

　　　　あとは、ArrayAdapter#remove メソッドでリスト項目を削除できます。

構文　remove メソッド

```
fun remove(object: T?): Unit
  object：削除するオブジェクト
```

　　　　リストの操作は、ListView に対してではなく、あくまでアダプターに対して行う点に注目です。

　　　　ここではリスト項目を削除していますが、追加したいならば、**3**を以下のように書き換えてください。

```
adapter.add("ナツメグ")
```

参考

長押しイベントを検知する

　リスト項目の削除のように元に戻せない操作では、ユーザーの誤操作を防ぐために、（一般的なクリックイベントではなく）長押しイベントを利用することもよくあります。長押しとは、単なるクリックではなく、対象をクリックした後、その状態をいくらかの時間維持することを言います。

　たとえば、本文のリスト4-5を長押しイベントに対応させるには、**1**の部分を以下のように書き換えてください。

```
list.setOnItemLongClickListener { av, view, position, id ->
  adapter.remove((view as TextView).text as String)
  false
}
```

*1) これをイベント
を消費する、と言い
ます。

戻り値のfalseは、現在のイベントを処理した後、同種のイベント――たとえば（長押しでな
い）クリックイベントも処理することを意味します。長押しイベントもまたクリックイベントの
一種なので、OnItemLongClickイベントのあとにはOnItemClickイベントも発生することを覚え
ておいてください。

もしも長押しイベントで、クリックイベントまでは処理したくない[*1]という場合には、戻り
値としてtrueを指定します[*2]。

*2) ラムダ式では、
末尾の式がそのまま
戻り値と見なされま
す。return命令は不
要です。

04-02-02 単一選択可能なリストを生成する

ListViewでは、クリックで項目を選択させる
ばかりではありません。choiceMode属性を利
用することで、複数のリスト項目から選択可能な
リストも作成できます。

たとえば以下は、リスト項目を選択可能にする
と共に、選択時に選択された項目をトースト表示
する例です。

図4-5　選択された項目をトー
スト表示

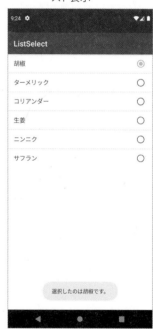

[1] レイアウトファイルを用意する

まずは、レイアウトファイルでListViewが選
択可能であることを宣言します。

リスト4-6　activity_main.xml（ListSelectプロジェクト）

```xml
<?xml version="1.0" encoding="utf-8"?>
<androidx.constraintlayout.widget.ConstraintLayout ...>
  <ListView
    android:id="@+id/list"
    android:layout_width="0dp"
    android:layout_height="0dp"
    android:choiceMode="singleChoice"
    app:layout_constraintBottom_toBottomOf="parent"
    app:layout_constraintEnd_toEndOf="parent"
    app:layout_constraintStart_toStartOf="parent"
    app:layout_constraintTop_toTopOf="parent" />
</androidx.constraintlayout.widget.ConstraintLayout>
```

＊3）Kotlinのコードから設定するならば、ListView #choiceMode プロパティを利用しても構いません。

冒頭触れたように、選択モードを指定するにはchoiceMode属性を利用します[3]。

表4-1 choiceMode属性の主な設定値

設定値	概要
none	選択できない（既定）
singleChoice	単一選択が可能
multipleChoice	複数選択が可能
multipleChoiceModal	カスタムの選択モードで複数選択が可能

[2] アクティビティを用意する

　リスト選択時の処理を実装するには、OnItemClickListenerイベントリスナーを利用します。OnItemClickListenerは、前項でも見たように、リスト項目をクリックした時の処理を決めるイベントリスナーです。

　似たようなイベントリスナーとしてOnItemSelectedListenerもありますが、こちらはクリックによる選択では処理されず、[↑][↓]ボタンによる選択のみを捕捉します。一般的には、スマホ環境でキーを利用する機会は少ないので、まずはOnItemClickListenerイベントリスナーを優先して利用してください。

リスト4-7 MainActivity.kt（ListSelectプロジェクト）

```kotlin
package to.msn.wings.listselect

import android.os.Bundle
import android.widget.ArrayAdapter
import android.widget.ListView
import android.widget.TextView
import android.widget.Toast
import androidx.appcompat.app.AppCompatActivity

class MainActivity : AppCompatActivity() {
  override fun onCreate(savedInstanceState: Bundle?) {
    super.onCreate(savedInstanceState)
    setContentView(R.layout.activity_main)

    // リスト項目をリストとして準備
    val data = arrayOf("胡椒", "ターメリック",
      "コリアンダー", "生姜", "ニンニク", "サフラン")

    // 配列アダプターを作成&ListViewに登録
    val list = findViewById<ListView>(R.id.list)
    list.adapter = ArrayAdapter(
```

```
    this,
    android.R.layout.simple_list_item_single_choice, data──────────────1

  )

  // リスト項目をクリックした時の処理を定義
  list.setOnItemClickListener { av, view, position, id ->
    Toast.makeText(
      this@MainActivity,
      "選択したのは${(view as TextView).text}です。",                    2
      Toast.LENGTH_LONG
    ).show()
  }
 }
}
```

ListViewを選択可能にする場合、アダプター側でのレイアウトも変更しておく必要があります（**1**）。「android.R.layout.simple_list_item_single_choice」は、リスト項目にラジオボタンを追加するためのレイアウトです。

あとは、setOnItemClickListenerメソッド[*4]でリスト項目が選択（クリック）された場合の処理を定義しておきます（**2**）。選択されたリスト項目は、onItemClickメソッドの引数view（Viewオブジェクト）として渡されます。

android.R.layout.simple_list_item_single_choiceレイアウトでは、リスト項目はTextViewとして表されるので、引数viewをTextViewに型キャストした上で、textプロパティで項目テキストを取得します。

> *4）正しくは、そこで設定されたOnItemClickListener#onItemClickメソッド（ラムダ式）です。

🔲 04-02-03 複数選択可能なリストを生成する

ほとんど同じ要領で複数選択が可能なリストを生成することもできます。以下は、リスト4-6、4-7からの変更部分を太字で表しています。

リスト4-8 activity_main.xml（ListMultiSelectプロジェクト）

```xml
<?xml version="1.0" encoding="utf-8"?>
<androidx.constraintlayout.widget.ConstraintLayout ...>
  <ListView
    android:id="@+id/list"
    android:layout_width="0dp"
    android:layout_height="0dp"
    android:choiceMode="multipleChoice"────────────────────────1
    app:layout_constraintBottom_toBottomOf="parent"
    app:layout_constraintEnd_toEndOf="parent"
```

```
      app:layout_constraintStart_toStartOf="parent"
      app:layout_constraintTop_toTopOf="parent" />
</androidx.constraintlayout.widget.ConstraintLayout>
```

リスト4-9　MainActivity.kt（ListMultiSelect プロジェクト）

```
package to.msn.wings.listmultiselect

import android.os.Bundle
import android.widget.ArrayAdapter
import android.widget.CheckedTextView
import android.widget.ListView
import android.widget.Toast
import androidx.appcompat.app.AppCompatActivity
import androidx.core.view.forEach

class MainActivity : AppCompatActivity() {
  override fun onCreate(savedInstanceState: Bundle?) {
    super.onCreate(savedInstanceState)
    setContentView(R.layout.activity_main)
    ...中略...
    val list = findViewById<ListView>(R.id.list)
    list.adapter = ArrayAdapter(
      this,
      android.R.layout.simple_list_item_multiple_choice, data      ■2
    )
    list.setOnItemClickListener { av, view, position, id ->
      val msg = mutableListOf<CharSequence>()
      list.forEach {
        val check = it as CheckedTextView
        if (check.isChecked) msg.add(check.text)              ■4
      }
      Toast.makeText(                                          ■3
        this@MainActivity,
        "選択したのは、${msg.joinToString()}",                   ■5
        Toast.LENGTH_SHORT
      ).show()
    }
  }
}
```

↓

図4-6　選択された項目をトースト表示

　まず、**1**でListViewの複数選択を有効にすると共に、**2**で複数選択に対応した
レイアウト「android.R.layout.simple_list_item_multiple_choice」を適用し
ます。「android.R.layout.simple_list_item_multiple_choice」は、リスト項
目にチェックボックスを追加するためのレイアウトです。

　そして、**3**がポイントです。複数値の取得には専用のメソッドはありません。リス
ト配下の項目をすべて取り出して、それぞれの項目が選択されていればその値を取
り出す、という処理が必要となります。

　ListView配下の項目はforEachメソッドで順に取り出せます（**4**）。forEachメ
ソッドはJavaの拡張for命令のようなもので、個々の要素はラムダ式の暗黙的な引
数it（P.163）によって参照できます。

　取り出せる要素は、項目レイアウトによって変化します。この例ではandroid.
R.layout.simple_list_item_multiple_choiceを 利 用 し て い る の で、
CheckedTextView（＝チェック可能なTextView）です。取得したリスト項目を
CheckedTextViewに型キャストした上で、isCheckedプロパティでチェックさ
れているかどうかを判定しましょう。チェックされている場合には、項目テキスト
（textプロパティ）を変数msgに追加していきます。

　これでforEachループを終えた後は「胡椒，生姜，ニンニク」のような配列がで
きあがっているはずです。**5**ではこれをカンマ区切りで連結したものをトースト表示
しています。

04-02-04 専用の選択画面を持ったリストを準備する

ListViewではもうひとつ、multipleChoiceModalという選択モードがあります。これは標準のリスト画面で項目を長押しすることで、専用の選択画面（アクションモード）に遷移し、項目の複数選択が可能になるモードです。また、選択を終えてもとのリストに戻る際に、選択終了時の処理を実装できます。リストの参照／選択を明確に分けたい場合に重宝するモードです。

ここでは、このmultipleChoiceModalモードを利用して、以下のようなアプリを作成してみましょう。アクションモードからもとのリストに戻る際に、選択された項目をトースト表示します。

図4-7 左：参照モード、中央：アクションモード、右：選択決定時に選択内容をトースト表示

以下は、リスト4-8、4-9からの変更／追加部分を太字で表しています。

リスト4-10 activity_main.xml（ListMultiChoiceModalプロジェクト）

```xml
<?xml version="1.0" encoding="utf-8"?>
<androidx.constraintlayout.widget.ConstraintLayout ...>
  <ListView
    android:id="@+id/list"
    android:layout_width="0dp"
    android:layout_height="0dp"
    android:choiceMode="multipleChoiceModal"
    app:layout_constraintBottom_toBottomOf="parent"
```

```
    app:layout_constraintEnd_toEndOf="parent"
    app:layout_constraintStart_toStartOf="parent"
    app:layout_constraintTop_toTopOf="parent" />
</androidx.constraintlayout.widget.ConstraintLayout>
```

リスト4-11　MainActivity.kt（ListMultiChoiceModalプロジェクト）

```
package to.msn.wings.listmultichoicemodal

import android.os.Bundle
import android.view.ActionMode
import android.view.Menu
import android.view.MenuItem
import android.widget.AbsListView.MultiChoiceModeListener
import android.widget.ArrayAdapter
import android.widget.CheckedTextView
import android.widget.ListView
import android.widget.Toast
import androidx.appcompat.app.AppCompatActivity
import androidx.core.view.forEach

class MainActivity : AppCompatActivity() {
  override fun onCreate(savedInstanceState: Bundle?) {
    super.onCreate(savedInstanceState)
    setContentView(R.layout.activity_main)

    val data = arrayOf("胡椒", "ターメリック",
      "コリアンダー", "生姜", "ニンニク", "サフラン")
    val list = findViewById<ListView>(R.id.list)
    list.adapter = ArrayAdapter(
      this, android.R.layout.simple_list_item_checked, data
    )
    list.setMultiChoiceModeListener(object : MultiChoiceModeListener { ————2
      // アクションモードを起動する時
      override fun onCreateActionMode(
        mode: ActionMode?, menu: Menu?): Boolean {
        return true
      }

      // アクションモードの準備時
      override fun onPrepareActionMode(
        mode: ActionMode?, menu: Menu?): Boolean {
        return true
      }
```

```
    // 選択項目のチェック状態が変化した時
    override fun onItemCheckedStateChanged(
      mode: ActionMode?, position: Int, id: Long, checked: Boolean) {
    }

    // 項目をクリックした時
    override fun onActionItemClicked(
      mode: ActionMode?, item: MenuItem?): Boolean {
      return true
    }

    // アクションモードを終了した時
    override fun onDestroyActionMode(mode: ActionMode?) {
      val msg = mutableListOf<CharSequence>()
      list.forEach {
        val check = it as CheckedTextView
        if (check.isChecked) msg.add(check.text)
      }
      Toast.makeText(
        this@MainActivity,
        "選択したのは、${msg.joinToString()}",
        Toast.LENGTH_SHORT
      ).show()
    }
  })
 }
}
```

1

multipleChoiceModalモードを利用する場合には、MultiChoice
ModeListenerインターフェイス（android.widgetパッケージ）でリストの挙動
を定義します。複数のメソッドが定義されていますが、ここで実装しているのは
onDestroyActionModeメソッドだけです[5]。onDestroyActionModeメソッ
ドは、アクションモードを確定し、元のリストに戻る際に呼び出されます。

ここでは、onDestroyActionModeメソッドのタイミングで、選択された項目を
取得し、そのテキストをトースト表示しています（**1**）。選択テキストを取得するため
のコードは前項とほぼ同じなので、特筆すべき点はありません。

準備したMultiChoiceModeListenerイベントリスナーは、setMultiChoice
ModeListenerメソッドでListViewに登録できます（**2**）。

*5) onCreateActionMode
／onPrepareActionMode
／onActionItemClicked メ
ソッドでは、最低限
true（正常に終了）を
返すようにしておきま
しょう。

04-02-05 リストのスクロールを検知する

OnScrollListenerイベントリスナーを利用することで、リストのスクロールを検知できます。表示するリスト項目が多い場合などは、OnScrollListenerを利用することで「初期状態では最初の10件だけを表示しておき、リストの末尾までスクロールしたら次の10件を表示する」というような機能も実装できます。

図4-8 リスト末尾までスクロールしたら、続きの項目を表示

以下が、具体的なコードです。レイアウトファイルはリスト4-3と同じなので、ここでは割愛します。

リスト4-12 MainActivity.kt（ListScrollプロジェクト）

```kotlin
package to.msn.wings.listscroll

import android.os.Bundle
import android.widget.AbsListView
import android.widget.ArrayAdapter
import android.widget.ListView
import androidx.appcompat.app.AppCompatActivity

class MainActivity : AppCompatActivity() {
  override fun onCreate(savedInstanceState: Bundle?) {
```

```
    super.onCreate(savedInstanceState)
    setContentView(R.layout.activity_main)

    val data = mutableListOf("胡椒", "ターメリック",
      "コリアンダー", "生姜", "ニンニク", "サフラン", ...)
    val adapter = ArrayAdapter(
      this, android.R.layout.simple_list_item_1, data
    )
    val list = findViewById<ListView>(R.id.list)
    list.adapter = adapter
    // リスト末尾までスクロールしたら、次の項目を追加
    list.setOnScrollListener(
      object : AbsListView.OnScrollListener {
        override fun onScroll(av: AbsListView, firstVisibleItem: Int,
          visibleItemCount: Int, totalItemCount: Int) {
          if (firstVisibleItem + visibleItemCount + 3 > totalItemCount) {  ────■1
            adapter.add("新 胡椒")
            adapter.add("新 ターメリック")
            adapter.add("新 コリアンダー")
          }
        }
        override fun onScrollStateChanged(arg0: AbsListView, arg1: Int) {}
      }
    )
  }
}
```

　　OnScrollListenerイベントリスナーには、以下のようなメソッドが用意されています。

表4-2　OnScrollListenerイベントリスナーのメソッド

メソッド	呼び出しタイミング
onScroll	スクロールが完了したタイミング
onScrollStateChanged	スクロールされている間

　　ここでは、onScrollメソッドを利用して、リストのスクロールが完了したところで、リストが末尾に到達していたら、新たなリスト項目を追加しています。サンプルでは、固定で用意された項目を追加しているだけですが、本来のアプリであれば、このタイミングでデータベースや外部サービスからデータを取得することになるでしょう。

構文　onScroll メソッド

```
abstract fun onScroll(view: AbsListView!, first: Int,
  visible: Int, total: Int): Unit
view    :スクロールするビュー
first   :項目の先頭インデックス
visible :表示する項目数
total   :項目の総数
```

■の条件式「firstVisibleItem + visibleItemCount + 3 > totalItemCount」の、「firstVisibleItem + visibleItemCount」は、現在表示されているリスト末尾を表します。よって、条件式全体では、「表示中のリスト末尾の3項目先がリストの最終項目（totalItemCount）を越えたらリスト項目を追加しなさい、という意味になります。「+ 3」しているのは、画面がリスト末尾に到達する直前を表すためです。

もちろん、アプリの実際の動きを見ながら、「+ 3」の部分は適宜増減しても良いでしょう。

図4-9　条件式の意味

参考

リストを自動スクロールする

ListView では、指定の位置までリストを自動スクロールさせることもできます。

```
list.setSelection(5)
```

これによって、リストの6個目が画面の先頭に来るようにスクロールします。リストの末尾までスクロールしたい場合には、「全項目数－1画面当たりの表示数」で先頭のインデックス番号を求めてください。

04-02-06 検索機能付きのリストを作成する - SearchView

SearchViewは、検索ボックスを生成するためのウィジェットです。ListViewと組み合わせることで、カンタンに検索機能付きリストを実装できるようになります。

図4-10 入力キーワードに対応する項目のみを絞り込み表示

さっそく、具体的な実装の手順を見ていきます。

[1] レイアウトファイルを準備する

レイアウトファイルにSearchView／ListViewを配置します（SearchViewは、パレットの [**Widgets**] から選択できます）。

リスト4-13 activity_main.xml（ListSearchプロジェクト）

```xml
<?xml version="1.0" encoding="utf-8"?>
<androidx.constraintlayout.widget.ConstraintLayout ...>
  <!--検索ボックスを追加-->
  <SearchView
    android:id="@+id/search"
    android:layout_width="0dp"
    android:layout_height="wrap_content"
    android:iconifiedByDefault="false"
    android:queryHint="検索文字列を入力"
    app:layout_constraintEnd_toEndOf="parent"
    app:layout_constraintStart_toStartOf="parent"
    app:layout_constraintTop_toTopOf="parent">
  </SearchView>
  <ListView
    android:id="@+id/list"
```

```
    android:layout_width="0dp"
    android:layout_height="0dp"
    app:layout_constraintBottom_toBottomOf="parent"
    app:layout_constraintEnd_toEndOf="parent"
    app:layout_constraintStart_toStartOf="parent"
    app:layout_constraintTop_toBottomOf="@+id/search" />
</androidx.constraintlayout.widget.ConstraintLayout>
```

図4-11 レイアウト完成図

iconifiedByDefault属性は、既定で虫メガネのアイコンだけを表示するかどうかを指定します。trueの場合は、アイコンをクリックして初めて、検索ボックスが表示されます。falseでは最初から検索ボックスが表示されます。

queryHint属性は、空の検索ボックスに表示される透かし文字を表します。一般的には「検索キーワードを入力してください」のような入力のためのヒントを表します。

[2] アクティビティを準備する

アクティビティで、検索ボックスとリストとを関連付けます。

リスト4-14 MainActivity.kt（ListSearchプロジェクト）

```kotlin
package to.msn.wings.listsearch

import android.os.Bundle
import android.widget.ArrayAdapter
import android.widget.ListView
import android.widget.SearchView
import androidx.appcompat.app.AppCompatActivity

class MainActivity : AppCompatActivity() {
  override fun onCreate(savedInstanceState: Bundle?) {
    super.onCreate(savedInstanceState)
    setContentView(R.layout.activity_main)

    // リスト項目をリストとして準備
    val data = arrayOf("胡椒", "ターメリック",
      "コリアンダー", "生姜", "ニンニク", "サフラン", ...)

    // 配列アダプターを作成&ListViewに登録
```

```
val list = findViewById<ListView>(R.id.list)
list.adapter = ArrayAdapter(
  this, android.R.layout.simple_list_item_1, data
)
// フィルター機能を有効化
list.isTextFilterEnabled = true ──────────────────────────── 1

// 検索ボックスに入力された時の処理を定義
val sv = findViewById<SearchView>(R.id.search)
sv.setOnQueryTextListener( ──────────────────────────
  object : SearchView.OnQueryTextListener {
    override fun onQueryTextChange(text: String?): Boolean { ──
      if (text.isNullOrBlank()) {
        list.clearTextFilter()
      } else {
        list.setFilterText(text)                              3
      }
      return false
    } ──────────────────────────                                2
    override fun onQueryTextSubmit(arg0: String?): Boolean {
      return false
    }
  }
) ──────────────────────────
}
}
```

　まず、ListView#isTextFilterEnabledプロパティでリストのフィルター機能を有効にしておきます（**1**）。

　フィルターに検索ボックスからの入力値を引き渡すには、OnQueryTextListenerイベントリスナーを利用します（**2**）。これは、SearchViewへの入力を検知するためのイベントリスナーで、以下のメソッドを公開しています。

表4-3　OnQueryTextListenerイベントリスナーのメソッド

＊6）SearchViewの
サブミットボタンを
有効にするには、
SearchView#isSubmit
ButtonEnabled プロパ
ティを呼び出します。

メソッド	呼び出すタイミング
onQueryTextChange	検索ボックスの内容が変化した時
onQueryTextSubmit	サブミットボタンをクリックした時[6]

　このサンプルではサブミットボタンは利用していないので、onQueryTextSubmit メソッドの中身は空のままとし、onQueryTextChange メソッドだけを実

装します（**3**）。

　onQueryTextChangeメソッドは、引数textとして検索ボックスへの入力値を受け取ります。そこでここでは、テキストが空でないかどうかを調べ、空の場合はフィルター文字列もクリアし（clearTextFilterメソッド）、さもなければ、setFilterTextメソッドで入力された検索文字列をリストに紐づけています。

　これによって、検索ボックスに検索文字列を入力すると、リアルタイムにリストの内容が絞り込まれるようになります。

Section 04-03 リストのレイアウトを カスタマイズする

このセクションでは、リスト項目のレイアウトをカスタマイズする方法について学びます。

このセクションのポイント

1 SimpleAdapterを利用することで、リスト項目を表示するためのレイアウトファイルとテキスト表示すべきデータとの関連付けを自由に変更できる。

2 BaseAdapterクラスを継承することで、リスト表示のためのアダプタークラスを自作できる。

ListViewは、あらかじめ決められたレイアウトでリストを表示するばかりではありません。自分でリスト項目を表すレイアウトを準備することで、（たとえば）以下のような段組みリストを生成することもできます。

図4-12 タイトル、サブタイトル、詳細から構成されるリスト

リストをカスタマイズするには、（1）標準のSimpleAdapterクラス、または（2）自作のアダプタークラスを利用します。そろそろ関連するファイルも多くなってきて、頭も混乱しがちかもしれませんが、それぞれのファイルの関係を常に頭に置きながら学習を進めていきましょう。

04-03-01 SimpleAdapterでListViewをカスタマイズする

まずは、よりシンプルな方法からです。アダプターを自作することに較べれば、できることは制限されますが、テキスト主体のリストであれば、SimpleAdapterだけでも賄える状況は意外と多いはずです。

さっそく、具体的な利用の手続きを見ていきます。

[1] レイアウトファイルを用意する

ListViewをカスタマイズする場合、リスト項目の表示方法を決めるためのレイアウトファイルを準備する必要があります。これまで作成してきたレイアウトファイル（activity_main.xml[*1]）は画面全体のレイアウトを定義するもので、これとは別ものなので、混同しないようにしてください。

＊1）activity_mainはリスト4-3と同じなので、ここでは割愛します。

図4-13 レイアウトファイルの構造

レイアウトファイルを一から作成するには、プロジェクトウィンドウから/res/layoutフォルダーを右クリックし、表示されたコンテキストメニューから[New]－[Layout resource file]を選択してください。

表示された[New Resource File]画面から以下の図のように必要な情報を入力し、[OK]ボタンをクリックします。

図4-14 [New Resource File]画面

これで、/res/layoutフォルダーにlist_item.xmlが作成されます。合わせてレイアウトエディターを起動するので、以下のように編集してください。

図4-15 list_item.xmlのレイアウト

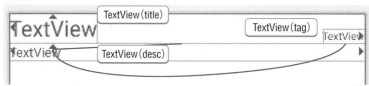

また、TextView（title ／ tag ／ desc）それぞれに対して、textSize属性を25sp ／ 12sp ／ 15spに設定しておきます。
レイアウトファイルの完成コードは、以下の通りです。

リスト4-15 list_item.xml（ListCustom プロジェクト）

```
<androidx.constraintlayout.widget.ConstraintLayout ...
  android:layout_height="match_parent">
  <TextView
    android:id="@+id/title"
    android:layout_width="wrap_content"
    android:layout_height="wrap_content"
    android:text="TextView"
    android:textSize="25sp"
    app:layout_constraintStart_toStartOf="parent"
    app:layout_constraintTop_toTopOf="parent" />
  <TextView
    android:id="@+id/tag"
    android:layout_width="wrap_content"
    android:layout_height="wrap_content"
    android:text="TextView"
    android:textSize="12sp"
    app:layout_constraintBottom_toBottomOf="@+id/title"
    app:layout_constraintEnd_toEndOf="parent" />
  <TextView
    android:id="@+id/desc"
    android:layout_width="0dp"
    android:layout_height="wrap_content"
    android:text="TextView"
    android:textSize="15sp"
    app:layout_constraintEnd_toEndOf="parent"
    app:layout_constraintStart_toStartOf="parent"
    app:layout_constraintTop_toBottomOf="@+id/title" />
</androidx.constraintlayout.widget.ConstraintLayout>
```

制約の紐づけが複雑に思えるかもしれませんが、どこを基点に位置取りするかを意識していれば、ルールは単純です。たとえばtag(タグ)は、

・レイアウト全体に対して右寄せしたいので、右制約を親レイアウト右に紐づけ
・下辺をtitle(タイトル)の下辺に揃えたいので、下制約をtitleの下部に紐づけ

すれば良いことになります。

この辺は慣れもあるので、たまにはレイアウトファイルに複数のウィジェットを配置して、さまざまな紐づけの組み合わせを試してみると、感覚を培うことができるはずです。

[2] アクティビティを用意する

ListViewに表示すべきデータを用意し、[1]で作成したレイアウトファイルと関連付けます。

リスト4-16 MainActivity.kt(ListCustomプロジェクト)

```
package to.msn.wings.listcustom

import android.os.Bundle
import android.widget.ListView
import android.widget.SimpleAdapter
import androidx.appcompat.app.AppCompatActivity

class MainActivity : AppCompatActivity() {
  override fun onCreate(savedInstanceState: Bundle?) {
    super.onCreate(savedInstanceState)
    // メインのレイアウトファイルactivity_main.xmlを関連付け
    setContentView(R.layout.activity_main)

    // ListViewに表示するデータを準備
    val data = listOf(
      mapOf("title" to "革命のエチュード", "tag" to "ピアノ",
        "desc" to "ピアノの詩人と言われたショパンの代表的なピアノ曲です。"),
      mapOf("title" to "G線上のアリア", "tag" to "バイオリン",
        "desc" to "バッハの作品。バイオリンのG線のみで演奏できること..."),
      mapOf("title" to "シャコンヌ", "tag" to "チェロ",
        "desc" to "バッハの作品。パルティータ第2番の終曲です。"),
      mapOf("title" to "夜の女王のアリア", "tag" to "声楽",
        "desc" to "モーツァルト作曲のオペラ「魔笛」の中のアリアです。"),
      mapOf("title" to "春の海", "tag" to "箏",
        "desc" to "宮城道雄の作品です。曲の舞台は鞆の浦と言われています。")
    )
```

■1

```
// アダプターをもとにリストを生成
val list = findViewById<ListView>(R.id.list)
// Map配列とレイアウトとを関連付け
list.adapter = SimpleAdapter(
    this,
    data,
    R.layout.list_item,
    arrayOf("title", "tag", "desc"),
    intArrayOf(R.id.title, R.id.tag, R.id.desc)
)                                               ②
  }
}
```

①はListViewに表示するためのデータです。タイトル（title）／タグ（tag）／詳細（desc）を表すマップの配列を準備します。もちろん、そのままではListViewには引き渡せないので、ListViewとマップ配列との橋渡しをするのがSimpleAdapterクラスです（②）。

構文 SimpleAdapterクラス（コンストラクター）

```
SimpleAdapter(context: Context!,
  data: MutableList<out MutableMap<String!, *>!>!,
  resource: Int, from: Array<String!>!, to: IntArray!)
  context  ：コンテキスト（アクティビティ）
  data     ：データソース
  resource ：レイアウトファイル
  from     ：表示に利用するデータのキー
  to       ：データを割り当てるウィジェット（id値）
```

この例であれば、マップ配列dataの内容を、レイアウトファイルlist_item.xmlを使ってリスト項目に整形しなさいという意味になります。その際、マップ上のキーtitle ／ tag ／ descの内容は、それぞれレイアウト上のTextView（title ／ tag ／ desc）にセットされます。

図4-16 データ項目のマッピング

アダプターを準備できたら、あとはArrayAdapterの場合と同じ。adapterプロパティでListViewにセットして完了です。

04-03-02 自作のアダプターを利用する

SimpleAdapterアダプターによるカスタマイズは、比較的カンタンに実装できます。しかし、データはTextViewにしか割り当てられない、データソースはMap型のオブジェクトでなければならないなど、いくつかの制約もあります。

データソースとして独自のクラスを利用したい、データ項目に（たとえば）ImageViewなどを割り当てたい——など、より柔軟なカスタマイズを望む場合には、自作のアダプターを作成するのが良いでしょう。以下では、先ほどのリストを自作のMyListAdapterアダプターを介して実装してみます。

関連するファイルも多くなってくるので、最初に登場するファイルの関連を図にまとめておきます。2種類のレイアウトファイルは、ここではリスト4-3、4-15で利用したものを再利用させてもらいます。

図4-17 サンプルファイルの構造

[1] データクラスを用意する

アダプターに渡すオブジェクトを、ListItem.ktで定義します。ListItemは、id、title、tag、descというプロパティを持つデータクラスです[*2]。

Kotlinクラスを作成するには、プロジェクトウィンドウから/app/java/to.msn.wings.listmyadapterフォルダーを右クリックし、表示されたコンテキストメニューから[New]－[Kotlin Class/File]を選択してください。

＊2）データクラスとは、データの受け渡しに特化したクラスのこと。data classブロックで定義します。

図4-18　［New Kotlin Class/File］ダイアログ

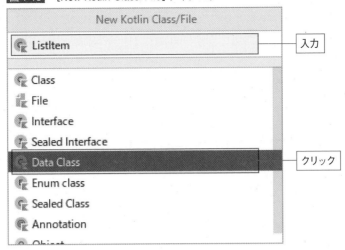

［New Kotlin Class/File］ダイアログが開くので、クラス名（Name）を入力した上で、［Data Class］を選択、［Enter］ボタンで確定します。これでKotlinクラスの骨格が生成されます。

リスト4-17　ListItem.kt（ListMyAdapterプロジェクト）

```kotlin
package to.msn.wings.listmyadapter

data class ListItem(
  val id: Long,
  val title: String,
  val tag: String,
  val desc: String
)
```

［2］アダプタークラスを用意する

　アダプタークラスは、BaseAdapter（android.widgetパッケージ）を継承して定義するのが基本です。先ほどと同じく、/app/java/to.msn.wings.listmyadapterフォルダー配下にMyListAdapterクラスを作成します。

　クラスの骨格ができますが、Android Studioのコード生成機能を使って、もう少し骨組みを補っておきましょう。

リスト4-18 MyListAdapter.kt（ListMyAdapterプロジェクト）

```
package to.msn.wings.listmyadapter

import android.widget.BaseAdapter

class MyListAdapter : BaseAdapter() {
}
```

ここまで入力できたら、「class MyListAdapter」に赤い波線が引かれるので、そのツールヒントから [More actions...] － [implement members] を選択します[3]。

＊3）MyListAdapter クラスの配下で右クリックし、表示されたコンテキストメニューから [Generate...] － [Implements Methods...] を選択しても構いません。

図4-19 メンバーの実装

図4-20 [Implement Members] 画面

[Implement Members] 画面が開くので、配下のメンバー（4個）をすべて選択し、[OK] ボタンをクリックします。メソッドの骨組みが自動生成されるので、改めて以下のようにコードを追加しておきましょう。

リスト4-19 MyListAdapter.kt（ListMyAdapterプロジェクト）

```
package to.msn.wings.listmyadapter

import android.content.Context
import android.view.LayoutInflater
```

```
import android.view.View
import android.view.ViewGroup
import android.widget.BaseAdapter
import android.widget.TextView

class MyListAdapter (
  private val context: Context,
  private val data: List<ListItem>,
  private val resource: Int
) : BaseAdapter() {
  private val inflater = context.getSystemService(Context.LAYOUT_INFLATER_SERVICE) ▷
as LayoutInflater

  // データ項目の個数を取得
  override fun getCount(): Int {
    return data.size
  }

  // 指定された項目を取得
  override fun getItem(position: Int): ListItem {*4
    return data[position]
  }

  // 指定された項目を識別するためのid値を取得
  override fun getItemId(position: Int): Long {
    return data[position].id
  }

  // リスト項目を表示するためのViewを取得
  override fun getView(position: Int, convertView: View?, parent: ViewGroup): View {
    val item = getItem(position)
    val sview = convertView ?: inflater.inflate(resource, null)
    sview.findViewById<TextView>(R.id.title).text = item.title
    sview.findViewById<TextView>(R.id.tag).text = item.tag
    sview.findViewById<TextView>(R.id.desc).text = item.desc
    return sview
  }
}
```

1

5

2

3

4

6

※4）自動生成され
たコードの戻り値型
はAnyになっている
ので、ListItem型に
書き換えておきます。

BaseAdapterクラスで、最低限オーバーライドしなければならないメソッドは、
以下のとおりです。

表4-4　BaseAdapterクラスの主なメソッド

メソッド	概要
getCount()	リスト項目数を取得
getItem(*position*: Int)	position番目の項目を取得
getItemId(*position*: Int)	position番目の項目のid値を取得
getView(...)	position番目の項目を表示するためのViewを取得

　また、コンストラクター（**1**）では、リスト表示に必要な情報を受け取り、対応するプロパティにセットしています。必要な情報は作成するアダプターによって異なりますが、

- ・コンテキスト
- ・ListViewに表示するデータ（ListItemのリスト）
- ・項目表示のためのレイアウト

は最低限用意しておく必要があるでしょう。

　getCount／getItem／getItemIdメソッド（**2**）では、コンストラクターでセットされたListItemリストから、それぞれ要素数、指定の項目、id値を取得しています。

　そして、アダプタークラスの中心となるのがgetViewメソッドです（**3**）。

構文　getViewメソッド

```
abstract fun getView(position: Int, convertView: View!,
  parent: ViewGroup!): View!
  position   ：リスト項目（インデックス番号）
  convertView：再利用可能な古いビュー
  parent     ：Viewの親コンテナー（ListView）
```

　レイアウトファイルをViewオブジェクトに変換するには、LayoutInflater#inflateメソッドを利用します（**4**）。LayoutInflaterオブジェクトは、Context#getSystemServiceメソッドで取得できます（**5**）。

構文　inflateメソッド

```
fun inflate(resource: Int, root: ViewGroup?): View!
  resource：レイアウトファイル
  root    ：親レイアウト
```

　この場合は、レイアウトファイルlist_item.xmlを取得しているので、inflateメソッドの戻り値も、そのルート要素であるConstraintLayoutです。

なお、inflateメソッドによるレイアウトファイルの解析はそれなりにオーバーヘッドの大きな処理です。以前に利用したビューで再利用可能なものがgetViewメソッドの引数convertViewに渡されているので、呼び出しに先立っては、この値がnullでないかを確認しておきましょう[*5]。nullでない場合は、引数convertViewの値をそのまま利用できます（nullの場合にだけinflateメソッドを呼び出します）。

　レイアウトを取得できたら、あとはfindViewByIdメソッドで配下のウィジェットを取り出し、データソース（ListItemオブジェクト）から必要な情報をセットするだけです（**6**）。ここではTextViewの表示テキストを設定しているだけですが、もちろん、任意のウィジェットの任意の属性に対して値をセットすることもできます。

＊5）「?:」は左辺がnullであれば右辺を、さもなければ左辺を返します。エルビス＝プレスリーの顔文字に似ていることから、エルビス演算子とも呼ばれます。

[3] アクティビティを用意する

　アダプターができてしまえば、あとはアクティビティからこれを呼び出し、ListViewに紐付けるだけです。

リスト4-20　MainActivity.kt（ListMyAdapterプロジェクト）

```kotlin
package to.msn.wings.listmyadapter

import android.os.Bundle
import android.widget.ListView
import androidx.appcompat.app.AppCompatActivity
import java.util.Random

class MainActivity : AppCompatActivity() {
  override fun onCreate(savedInstanceState: Bundle?) {
    super.onCreate(savedInstanceState)
    // メインのレイアウトファイルactivity_main.xmlを関連付け
    setContentView(R.layout.activity_main)

    // ListViewに表示するデータを準備
    val data = listOf(
      ListItem(1, "革命のエチュード", "ピアノ",
        "ピアノの詩人と言われたショパンの代表的なピアノ曲です。"),
      ListItem(2, "G線上のアリア", "バイオリン",
        "バッハの作品。バイオリンのG線のみで演奏できること..."),
      ListItem(3, "シャコンヌ", "チェロ",
        "バッハの作品。パルティータ第2番の終曲です。"),
      ListItem(4, "夜の女王のアリア", "声楽",
        "モーツァルト作曲のオペラ「魔笛」の中のアリアです。"),
      ListItem(5, "春の海", "箏",
        "宮城道雄の作品です。曲の舞台は鞆の浦と言われています。")
    )
```

1

```
    // ListItem配列とレイアウトとを関連付け
    val list = findViewById<ListView>(R.id.list)
    list.adapter = MyListAdapter(this, data, R.layout.list_item) ──────────── 2
  }
}
```

　リスト4-16と異なるのは、アダプターに渡すべきデータをListItemのリストとして用意している点（1）、そして、アダプターとして自作のMyListAdapterクラスを指定している点（2）だけです。

　アダプタークラスを利用することで、関係するファイルも増えて複雑になったように感じますが、ほとんどの機能はアダプタークラス（その中でもgetViewメソッド）に集約されています。サンプルを理解できたら、レイアウトファイルとgetViewメソッドとを修正して、自分なりのリストを生成してみるのも良い勉強でしょう。

《◀TM》

Section 04-04

より柔軟性のあるリストを作成する

このセクションでは、自由度の高いリストを生成する RecyclerView の基本的な手順を学びます。

このセクションのポイント

■ RecyclerView では、アダプター／ビューホルダー／レイアウトマネージャーを利用してリストを生成する。
■ アダプターを定義するには、RecyclerView.Adapter<T> クラスを継承する。
■ ビューホルダーを定義するには、RecyclerView.ViewHolder クラスを継承する。
■ レイアウトマネージャーには、リストを縦／横並びに表示する LinearLayoutManager クラスや、グリッド表示するための GridLayuoutManager などがある。
■ CardView は、カード形式のビューを作成するためのウィジェットである。

RecyclerView は、一言で言うならば ListView よりも自由度の高いリストを生成するためのウィジェットです。Recycler という名前の通り、ビューを再利用 (recycle) しながらリストを処理するので、より大きなデータセットを効率的に処理できます。

また、ListView に比べて、リストを生成するための役割が個々のクラスに明確に分離されている点も、RecyclerView の特長です。このため、コードの見通しが良く、レイアウトに修正があった場合にも即応しやすくなっています[*1]。

*1) P.166の[参考]でも触れたように、ListViewにはListViewの良さがあるため、すぐさまにListViewがRecyclerViewで完全に置き換わることはないと思われますが、それでも今後は「リストはRecyclerViewで」という傾向は強まることでしょう。

図4-21 RecyclerViewによるアプリの構造

それぞれのクラスの詳細については、順番に解説していくので、まずは、互いの大まかな関係を把握しておいてください。

さて、それでは RecyclerView で具体的にリストを生成してみましょう。ここでは、04-03-01項で作成した曲目リストをカード状にリスト表示してみます。

図4-22 本節で作成するサンプルの実行結果

カード状のビュー生成には、CardViewを利用します。CardViewを利用することで、角丸／影付きのカードレイアウトを属性の指定だけで簡単に実装できます。

RecyclerViewの実装では、関連するファイルも増えてくるので、例によって、サンプルを構成するファイルの関係を図にまとめておきます。以降の解説で、自分がなにをしているのかを見失ってしまったら、ここまで戻ってきて、サンプル全体の構造を再度確認してみてください。

図4-23 サンプルファイルの構造

04-04-01 レイアウトファイルを作成する

P.202の図4-23でも見たように、サンプルを動作するのに必要なレイアウトファイルは、メインレイアウトと、リスト個々の項目を表すサブレイアウトの2点です。

[1] メインレイアウトを作成する

まずは、メインレイアウトを作成していきましょう。メインレイアウトに、RecyclerViewを配置して、以下のようにコードを編集します。RecyclerViewは、パレットの [**Containers**] タブから選択できます。

リスト4-21 activity_main.xml（RecyclerCardプロジェクト）

```xml
<?xml version="1.0" encoding="utf-8"?>
<androidx.constraintlayout.widget.ConstraintLayout ...>
  <androidx.recyclerview.widget.RecyclerView
    android:id="@+id/rv"
    android:layout_width="0dp"
    android:layout_height="wrap_content"
    app:layout_constraintEnd_toEndOf="parent"
    app:layout_constraintStart_toStartOf="parent"
    app:layout_constraintTop_toTopOf="parent" />
</androidx.constraintlayout.widget.ConstraintLayout>
```

図4-24 レイアウト完成図

[2] サブレイアウトを作成する

続いて、個々のリスト項目を表すサブレイアウトを作成します。P.202の手順に従って、新規のレイアウトファイルを作成しましょう。ただし、[**Root element**] の欄は「androidx.cardview.widget.CardView」[2] としておきます。

*2）実際に入力する際には「CardView」と入力すれば、候補リストが表示されます。

図4-25 [New Resource File] 画面

　　　レイアウトファイルの外枠ができるので、配下にConstraintLayoutを配置した上で、title（タイトル）／tag（タグ）／desc（詳細）を表示するためのTextViewを配置します。制約の設定は04-03-01項のそれに準じるので、合わせて参考にしてください。
　　　完成したコードは、以下の通りです。

リスト4-22　list_item.xml（RecyclerCard プロジェクト）

```xml
<?xml version="1.0" encoding="utf-8"?>
<androidx.cardview.widget.CardView
  xmlns:android="http://schemas.android.com/apk/res/android"
  xmlns:app="http://schemas.android.com/apk/res-auto"
  android:id="@+id/cardView"
  android:layout_width="match_parent"
  android:layout_height="wrap_content"
  android:layout_marginBottom="10dp"
  app:cardBackgroundColor="#ffc"
  app:cardCornerRadius="7dp"
  app:cardElevation="5dp">
  <androidx.constraintlayout.widget.ConstraintLayout
    android:layout_width="match_parent"
    android:layout_height="match_parent">
    <!--タイトル／サブタイトルを横並びで配置-->
    <TextView
      android:id="@+id/title"
      android:layout_width="wrap_content"
      android:layout_height="wrap_content"
      android:text="TextView"
      android:textSize="25sp"
      app:layout_constraintStart_toStartOf="parent"
      app:layout_constraintTop_toTopOf="parent" />
    <TextView
      android:id="@+id/tag"
      android:layout_width="wrap_content"
      android:layout_height="wrap_content"
      android:text="TextView"
      android:textSize="12sp"
      app:layout_constraintBottom_toBottomOf="@+id/title"
      app:layout_constraintEnd_toEndOf="parent" />
    <!--タイトルの下に詳細情報を配置-->
    <TextView
      android:id="@+id/desc"
      android:layout_width="0dp"
      android:layout_height="wrap_content"
      android:text="TextView"
```

```
    android:textSize="15sp"
    app:layout_constraintEnd_toEndOf="parent"
    app:layout_constraintStart_toStartOf="parent"
    app:layout_constraintTop_toBottomOf="@+id/title" />
  </androidx.constraintlayout.widget.ConstraintLayout>
</androidx.cardview.widget.CardView>
```

ここではCardViewで利用できる属性に注目しておきます。

表4-5　CardViewの主な属性

属性	概要
cardBackgroundColor	背景色
cardCornerRadius	角の丸め
cardElevation	高さ（指定値に応じて影を付与）
cardMaxElevation	最大の高さ

cardCornerRadius属性には、カード角の半径を指定します。数値が大きくなればなるほど、丸みが強くなります。

04-04-02　アダプタークラスを作成する

RecyclerViewにデータを橋渡しするためのアダプター、そして、アダプターで利用するためのビューホルダーを作成します。

[1] ビューホルダーを作成する

ビューホルダーとは、名前の通り、ビューを保持するためのクラスです。個々のリスト項目を生成する際に、配下のウィジェット（この例ではTextView）をfindViewByIdメソッドで毎度取得するのは無駄です。そこで、あらかじめViewHolderで個々のウィジェットへの参照を準備しておくわけです。

RecyclerViewのためのビューホルダーは、RecyclerView.ViewHolderクラス（androidx.recyclerview.widgetパッケージ）を継承して定義するのが基本です[3]。

＊3) クラスを生成する方法については、04-03-02項も合わせて参照してください。

リスト4-23　MyViewHolder.kt（RecyclerCardプロジェクト）

```
package to.msn.wings.recyclercard

import android.view.View
import android.widget.TextView
```

```
import androidx.recyclerview.widget.RecyclerView

class MyViewHolder(itemView: View) : RecyclerView.ViewHolder(itemView) {
  // ウィジェットへの参照をプロパティに格納
  val title = itemView.findViewById<TextView>(R.id.title)
  val tag = itemView.findViewById<TextView>(R.id.tag)
  val desc = itemView.findViewById<TextView>(R.id.desc)
}
```

　　　　　　ビューホルダーは、あくまでリスト項目そのものを表すビュー（レイアウト）で利用しているウィジェットを保持することが目的です。それ自身が、特に処理などを受け持つことはありません。

＊4）基底クラスをもとにメソッドの骨組みを生成する方法については、04-03-02項も参考にしてください。

[2] アダプタークラスを作成する

　　　　続いて、アダプタークラスを作成します。RecyclerViewのためのアダプタークラスは、RecyclerView.Adapter<T>クラス（androidx.recyclerview.widgetパッケージ）を継承して定義するのが基本です＊4。

リスト4-24　MyListAdapter.kt（RecyclerCardプロジェクト）

```
package to.msn.wings.recyclercard

import android.view.LayoutInflater
import android.view.ViewGroup
import androidx.recyclerview.widget.RecyclerView

class MyListAdapter(private val data: List<ListItem>) : ─────── 2
  RecyclerView.Adapter<MyViewHolder>() {  ─── 1
  // ビューホルダーを生成
  override fun onCreateViewHolder( ─────────
    parent: ViewGroup, viewType: Int): MyViewHolder {
    return MyViewHolder(
      LayoutInflater.from(parent.context)─────
        .inflate(R.layout.list_item, parent, false) ─── 6   3
    )
  } ───
  // ビューにデータを割り当て、リスト項目を生成
  override fun onBindViewHolder(holder: MyViewHolder, position: Int) { ───
    holder.title.text = data[position].title
    holder.tag.text = data[position].tag    4
    holder.desc.text = data[position].desc
  } ───
```

```
// データの項目数を取得
override fun getItemCount(): Int {
  return data.size                                                      5
}
}
```

　RecyclerView.Adapter派生クラスを定義する際、まずは型パラメーターとしてアダプターで利用するビューホルダーを割り当てておく必要があります。この例であれば、❶のRecyclerView.Adapter<**MyViewHolder**>が、それです。これでMyListAdapterアダプターでは、MyViewHolderクラスを利用してビューを処理する、という意味になります。

　具体的な実装も見てみましょう。

　まず、❷のコンストラクターでは、リスト表示に必要な情報をList<ListItem>型として受け取っています。ListItemクラスは、アダプターに引き渡すデータ一項目を表すデータオブジェクトです。内容は04-03-02項で扱ったものと同じなので、本項では割愛します。

　❸〜❺が、アダプターで最低限オーバーライドしなければならないメソッドです。

表4-6　RecyclerView.Adapterクラスの主なメソッド

メソッド	概要
onCreateViewHolder	リスト個々の項目を生成するためのビューホルダーを生成
onBindViewHolder	ビューホルダーに値を割り当て、個々のリスト項目を生成
getItemCount	リストの項目数を取得

　まずonCreateViewHolderメソッドは、レイアウトマネージャー（後述）によって呼び出され、新たなビューホルダーを生成します（❸）。アダプターでは、これを利用して、個々のリスト項目を生成していくことになるわけです。

　レイアウトファイルからViewオブジェクトを生成するには、LayoutInflator#inflateメソッド（P.198）を利用します（❻）。LayoutInflatorオブジェクトは、LayoutInflator#fromメソッドから取得できます。

構文　fromメソッド

```
static fun from(context: Context!): LayoutInflater!
  context：コンテキスト（アクティビティ）
```

　あとは生成されたViewオブジェクトをもとに、ビューホルダー（MyViewHolderオブジェクト）をインスタンス化して、戻り値として返すだけです。

4 のonBindViewHolderメソッドは、リスト内の個々の項目を生成する際に呼び出されます。既に **3** でビュー（正確にはビューホルダー）が用意されているので、データソースの値を、個々のプロパティ（holder.title、holder.tag、holder.descなど）に個々の項目を割り当てるだけです。onBindViewHolderメソッドには引数positionとして、現在処理しているリスト項目のインデックス番号が渡されているので、個々の値にはdata[position]でアクセスできます。

04-04-03 アクティビティを準備する

アダプター／レイアウトファイルができてしまえば、あとは、これをアクティビティから呼び出し、RecyclerViewに割り当てるだけです。

リスト4-25 MainActivity.kt（RecyclerCardプロジェクト）

```kotlin
package to.msn.wings.recyclercard

import android.os.Bundle
import androidx.appcompat.app.AppCompatActivity
import androidx.recyclerview.widget.LinearLayoutManager
import androidx.recyclerview.widget.RecyclerView

class MainActivity : AppCompatActivity() {
  override fun onCreate(savedInstanceState: Bundle?) {
    super.onCreate(savedInstanceState)
    setContentView(R.layout.activity_main)

    // リストに表示するデータを準備
    val data = listOf(
      ListItem(1, "革命のエチュード", "ピアノ",
        "ピアノの詩人と言われたショパンの代表的なピアノ曲です。"),
      ListItem(2, "G線上のアリア", "バイオリン",
        "バッハの作品。バイオリンのG線のみで演奏できること..."),
      ListItem(3, "シャコンヌ", "チェロ",
        "バッハの作品。パルティータ第2番の終曲です。"),
      ListItem(4, "夜の女王のアリア", "声楽",
        "モーツァルト作曲のオペラ「魔笛」の中のアリアです。"),
      ListItem(5, "春の海", "箏",
        "宮城道雄の作品です。曲の舞台は鞆の浦と言われています。")
    )
    val rv = findViewById<RecyclerView>(R.id.rv)
    // 固定サイズの場合にパフォーマンスを向上
    rv.setHasFixedSize(true)                                              ■1
    // レイアウトマネージャーの準備＆設定
```

```
rv.layoutManager= LinearLayoutManager(this).apply { ─────────────────
  orientation = LinearLayoutManager.VERTICAL                          ─2
}─────────────────────────────────────────────────────────────────
// アダプターをRecyclerManagerに設定
rv.adapter = MyListAdapter(data)───────────────────────────────── 3
  }
}
```

ListViewのサンプル (04-03-02項) と異なるのは太字の部分だけです。

1のsetHasFixedSizeメソッドはRecyclerViewのサイズが固定であることを宣言します。あらかじめ宣言しておくことでパフォーマンスを向上できます。

2では、レイアウトを制御するためのレイアウトマネージャーを準備しています。LinearLayoutManagerは、縦並び／横並びのリストを生成するためのレイアウトマネージャーです。

構文 LinearLayoutManagerコンストラクター

```
LinearLayoutManager(context: Context!)
    context : コンテキスト (アクティビティ)
```

LinearLayoutManagerオブジェクトでは、最低限、orientationプロパティでリストのスクロール方向を決定しておきましょう。VERTICALで一般的な縦スクロールのリストを生成します。HORIZONTALとするだけで、横方向にスクロールするリストも生成できます。

図4-26　横方向にスクロールするリスト (HORIZONTALに設定した場合)

生成したレイアウトマネージャーは、layoutManagerプロパティでRecyclerViewに設定できます。

あとは、ListViewの場合と同じく、アダプター (ここではMyListAdapter) を生成し、adapterプロパティでRecyclerViewに割り当てるだけです (**3**)。これで、LinearLayoutManager／MyListAdapterを利用したRecyclerViewの完成です。

参考

グリッド状にカードを配置する

GridLayoutManager を利用することで、グリッド状にカードを配置することもできます。

```
val manager = GridLayoutManager(this, 2)
rv.layoutManager = manager
```

↓

図4-27 グリッド状に配置された

GridLayoutManager コンストラクターの第2引数には、何列のグリッドを生成するかを指定します。

＊5）スコープ関数には、その他にもlet（06-01-01項）、apply、run、alsoなどがあります。

＊6）リスト4-25の例であれば、Linear Layout Manager オブジェクトです。

■ 補足：apply関数

リスト4-25 − **2**のコードで利用しているapplyは、Kotlinが標準で提供するスコープ関数＊5の一種です。スコープ関数を利用することで、配下のブロックに特定のスコープを割り当てることが可能になります。

具体的には、applyブロックの配下ではレシーバー＊6がthisとなります。thisは省略可能なので、そのまま「オブジェクト.メソッド(...)」のような記述を、単に「メソッド(...)」と表現できます。apply関数の戻り値は、ブロック内で処理済みのthis（レシーバー）です。

もしもapply関数を利用しないならば、**2**は以下のように表す必要があります。

```
val manager = LinearLayoutManager(this)
manager.orientation = LinearLayoutManager.VERTICAL
rv.layoutManager= manager
```

apply関数を利用することで、コード量が減るというだけではありません。オブジェクトの生成から初期化までのコードがひとつのブロックにまとまるので、コードの見通しが改善します。

図4-28　apply関数

Javaにはない構文なので、最初のうちは戸惑うかもしれませんが、馴れてくると手放せなくなる便利機能です。本書でも、以降の章ではどんどん活用していくので、少しずつでも親しんでいきましょう。

コラム

プロジェクトを.zipファイル化する

Android Studioで作成したプロジェクトはひとつのフォルダーにまとまっています。よって、これを誰かに配布する場合、フォルダーをまとめて圧縮すれば良いだけです。受け取った側では.zipファイルを解凍すれば、そのままプロジェクトを開けます。

もっとも、プロジェクトをそのまま.zip圧縮してしまうと、ファイルサイズが極端に大きくなってしまうので要注意です。具体的には、セクション02-01の手順で作成した既定のプロジェクトをそのまま.zipファイルとした場合、著者環境では17.8MBになりました。中身がほとんど空であることを思えば、大きいですね。

そこで.zipファイル化する場合には、Android Studioから[File] ー [Export] ー [Export to Zip File...] を選択してください。

図4-29 ［Save Project As Zip］ダイアログ

上のようなダイアログが開くので、出力先フォルダーとファイル名を指定して［OK］ボタンをクリックするだけです。この機能によって生成された.zipファイルは、僅かに105KBでした。不要なファイルを除いた上で作成された結果、サイズが劇的に縮減することが確認できます。

ビュー開発
（レイアウト＆複合ウィジェット）

レイアウト（ビューグループ）とは、複数のウィジェットをまとめたり、どのように配置すべきかを決めるためのビューです。レイアウトファイルを作成するにあたっては、ほぼ不可欠とも言えるしくみです。本章では、このレイアウトについてまとめると共に、タブパネルやフリップで切り替え可能なビューなど、複合的なレイアウトを実装するためのウィジェットについて学んでいきます。

はじめての Android アプリ開発 Kotlin 編

Section 05-01 ウィジェットの配置方法を理解する

このセクションでは、標準で利用できるレイアウト（ビューグループ）について解説します。

このセクションのポイント

■ レイアウトは、ウィジェットの配置を決めるためのビューである。

■ 配置を制約によって決めるConstraintLayoutの他、ウィジェットを一列に並べるLinearLayout、格子状に配置するTableLayoutなどがある。

レイアウトとは、名前のとおり、ウィジェットの配置（レイアウト）を決めるためのビューです。他のビュー（ウィジェット）をまとめるための入れ物[*1]となることからビューグループと呼ばれることもあります。

*1）コンテナーとも言います。

もっとも、このレイアウト、別に新たに登場する概念ではなく、ここまでにも何度も紹介しているものです。そう、これまでもレイアウトファイルの最上位要素として利用してきたConstraintLayoutがそれです。ConstraintLayoutは、ウィジェットを前後の相対的な位置関係（制約）によって配置するレイアウトです。

これまではなんとなく用意されてきたものを言われるがままに使ってきただけですが、本格的にアプリを開発していく上では、レイアウトの理解は基本中のキです。

標準で用意されているレイアウトには、以下のようなものがあります。

表5-1　主なレイアウト

レイアウト	概要
ConstraintLayout	ウィジェットの位置を互いの位置関係（制約）で指定
LinearLayout	ウィジェットを縦／横一列に配置
TableLayout	ウィジェットをテーブル（格子）状に配置
FrameLayout	ウィジェットを左上に重ねて配置

本書では、この中でもAndroid Studioが既定で採用しており、ほぼマウス操作だけでデザインが賄えるConstraintLayoutを優先して利用してきました。しかし、ConstraintLayoutは、自由度が高い分、制約が多くなると複雑になりがちです。

以下では、これまで使ってきたConstraintLayoutを優先して解説し、その後、よりシンプルなレイアウトを手軽に扱えるLinearLayout／TableLayoutを紹介します。ConstraintLayoutの普及によって、LinearLayout／TableLayoutの重要度は低くなっていますが、旧来からのコードにはまだまだよく登場します。他の

人が書いたコードを理解する意味でも、基本的な用法を知っておくことは無駄ではありません。

なお、FrameLayoutは、それ単体で利用することはほとんどなく、他のレイアウトとの組み合わせで利用するのが一般的です。本書でも、あとからセクション08-04でフラグメントと共に紹介します。

いずれのレイアウトも、パレットの [Layouts] タブから選択できます。

05-01-01 相対的な位置関係でウィジェットの配置を決める - ConstraintLayout

ConstraintLayoutの基本的な操作方法については、02-03-01項でも触れています。ここではその理解を前提に、より複雑なレイアウトを設計する方法についてまとめます。

■ 復習：制約のまとめ

ConstraintLayoutの基本は、ウィジェット同士の紐づけを定義することです。上下／左右の紐づけを組み合わせることで、さまざまな位置関係を表現できます。以下に、主なパターンをまとめておきます。

(1) 各辺の紐づけ

まずは各辺を接続した場合のパターンです。

図5-1 各辺の紐づけ

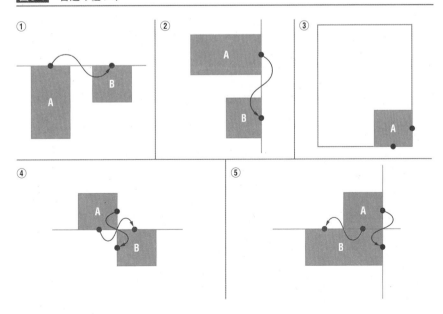

①のように上辺同士を繋いだ場合には上辺が揃いますし、右辺同士であれば右辺が揃います（②）。紐づけ先が親レイアウトの場合は、③のように下辺、右辺が揃った結果、右下に配置されることになります。

④〜⑤のように異なる辺を接続することもできます。たとえば、④のように下辺→上辺、右辺→左辺に接続すれば、右下と左上とが接するような配置になります。⑤であれば、下辺→上辺、右辺→右辺なので、右揃え／縦並びの配置となります。

（2）余白（マージン）

紐づけたウィジェット同士は、基準となる辺からの余白（マージン）を設定することもできます。たとえば図5-1の④の例で、ウィジェットBの上／左にそれぞれ100dpのマージンを設定した場合には、以下のような配置になります。

図5-2 余白（マージン）

マージンは、属性ウィンドウの [Layout] タブからも設定できますが、個々の項目に対して直接指定しても構いません[2]。

*2）その場合は [layout_margin] を展開して、その配下から該当する属性を選択してください。

表5-2 マージン関連の属性（「*」は [Layout] タブで指定できるもの）

属性	概要
layout_margin	上下左右の余白
*layout_marginTop	上の余白
*layout_marginBottom	下の余白
layout_marginLeft	左の余白
layout_marginRight	右の余白
*layout_marginStart	始端の余白
*layout_marginEnd	終端の余白

〜Start／〜End属性は、ロケール（地域情報）によって挙動が変化します。日

本語環境では、〜 Left ／〜 Right 属性と同じ意味ですが、地域によっては右→左方向に文字を並べる言語があります。そのような言語では、〜 Start ／〜 End はそれぞれ〜 Right ／〜 Left の意味になります（それぞれの並びに応じて、始端／終端に寄せるわけです）。国際化対応を意識するならば、〜 Left ／〜 Right 属性よりも〜 Start ／〜 End 属性を利用すべきです。

　〜 Start ／〜 End 属性はマージン以外でも登場するので、是非覚えておきましょう。

(3) パディング

　マージンによく似た概念として、パディングについても理解しておきましょう。

　ひと言で言ってしまうならば、マージンが「枠と他のウィジェットとの間の余白」を表すのに対して、パディングは「コンテンツそのものと枠との間の余白」を表します[3]。

*3）よって、正確にはレイアウトとは関係ありませんが、マージンと合わせた方が理解しやすいので、本項で扱っておきます。

図5-3　レイアウト属性

外枠のないウィジェットだと違いが判りにくいかもしれませんが、（たとえば）ボタンのように枠線や背景があるウィジェットでは、両者の違いは明らかです。以下は、図5-1の④の例で、ウィジェットBに対して（マージンの代わりに）上／左パディングを100dp設定した場合には、以下のような配置になります（図5-2と比べてみましょう）。

図5-4 マージンの代わりにパディングを設定

パディングは、以下の属性で指定できます。

表5-3 パディング関連の属性

属性	概要
padding	上下左右のパディング
paddingTop	上のパディング
paddingBottom	下のパディング
paddingLeft	左のパディング
paddingRight	右のパディング
paddingStart	始端のパディング
paddingEnd	終端のパディング

■ 例：ConstraintLayoutを利用した入力フォーム

ConstraintLayoutの基本を再確認できたところで、ここからはより具体的なアプリを作成する過程で理解を深めていきましょう。ここで作成するのは、右のような入力フォームです[4]。

> ＊4) 完成版のコードは、ダウンロードサンプルの **ConstraintForm** プロジェクトを参照してください。

[1] ウィジェットに制約を設定する

復習も兼ねて、まずは、配置したTextView／EditTextに対して、以下のような制約を追加しておきましょう。EditTextの種類は図のカッコ内で示しています。

図5-5 本項で作成する入力フォーム

図5-6 制約の設定

設定の内容は、以下の通りです。

- すべてのウィジェットに左方向の制約を、親レイアウトに対して接続します。
- txtName←editName←txtEmail←editEmail←txtBody←editBodyのように、上方向の制約をそれぞれ直前のウィジェットに対して接続していきます。
- txtNameの上制約、editBodyの下制約は、それぞれ親レイアウトに対して接続します。
- マージンに異なる値が設定されている場合には、8dpと設定しておきましょう。マージンは、属性ウィンドウの[Layout]タブから設定できます。

図5-7 マージンの設定

[2] ウィジェットの属性を設定する

EditTextの横幅を02-03-01項の手順に従って、レイアウトいっぱいに広げておきます。また、EditText（editBody）については縦幅もレイアウト下端まで広げてください。

図5-8 txtBodyの縦幅をレイアウトいっぱいに

また、txtBodyには、lines属性に10を設定しておきます。

この状態でサンプルを実行すると、図5-9のような結果が得られます。

図5-9 ここまでのレイアウトの結果

■ ウィジェット同士を横並びにする

ラベルと入力ボックスを横並びにすることもできます。これには、以下のように制約を設定してください。

- editName ／ editEmail ／ editBodyの左制約を、対応するtxtName ／ txtEmail ／ txtBodyの右に接続
- editName ／ editEmail ／ editBodyの上制約を、それぞれ直上の親レイアウト／editName ／ editEmailの下に接続

これでそれぞれのラベルと入力ボックスとが横並びになります。

図 5-10　ラベルと入力ボックスを横並びに

■ ベースラインを揃える

ただし、このままではラベルと入力要素のベースラインが揃っておらず、見た目にもよくないので、これを揃えてみます。これには、レイアウトエディター上でtxtNameを右クリックし、表示されたコンテキストメニューから [Show Baseline] を選択します。ベースラインを表す太線が表示されるので、これをドラッグするように動かすと、他のウィジェットにも同じくベースラインが表示されます。この状態で、txtNameとeditNameのベースラインを接続してみましょう。

図 5-11　ベースライン同士を接続する

これでtxtName／editNameのベースラインが揃います。txtEmail／editEmail、txtBody／editBodyも同じ要領でベースラインを揃えておきましょう。ここまでの内容を実行した結果が、図5-12です。

図5-12　ラベルと入力ボックスのベースラインを揃えた

■ ガイドラインに揃える

更に、EditText同士を縦に揃えてみましょう。これには、ガイドラインという機能を利用します。

レイアウトエディター上部のメニューバーから ⊥ （Guidelines）−[Vertical Guideline] を選択します。すると、レイアウトエディター上に縦の線が引かれます。これがガイドラインです[5]。

*5) 横のガイドラインを設置するならば [Horizontal Guideline] を利用します。

図5-13　ガイドラインを設置

ガイドラインは、◁ 下に表示された縦の線をドラッグすることで横方向に移動できます。ここでは、左から120dpの位置にガイドラインを移動します。

あとは、editName／editEmail／editBodyの左制約をそれぞれガイドラインに接続するだけです。これですべてのEditTextがガイドラインの基準に揃います。

図5-14　ガイドラインを基点に制約を設定

　設定は以上です。サンプルを実行して、冒頭の図5-5のように表示されることを確認してください。

参考

上下左右に揃える

　縦に並んだウィジェットを左揃えするには、対象のウィジェットをまとめて選択したうえで[*6] 右クリックし、表示されたコンテキストメニューから [Align] ー [Left Edges] を選択します。これでウィジェット同士が左揃えされます。同様に、右、上、中央揃えも可能です。

＊6)[Ctrl]ボタンを押しながら、対象のウィジェットを選択します。

図5-15　ウィジェット（TextView）を左揃えする

■ ウィジェットを均等配置する

　チェインという機能を利用することで、ウィジェットを均等に配置することもできます。まずは、以下のようにButtonを配置し、互いに以下のような制約を付与してみましょう。

- 両端のボタン左右から親レイアウトに接続（余白は8dp）
- すべてのボタン上から親レイアウトに接続（余白は32dp）
- 中央のボタンから左右のボタンに接続

図5-16 ウィジェットを配置

　この状態で、3個のButtonを選択状態にしたうえで右クリックし、表示されたコンテキストメニューから［**Chains**］－［**Create Horizontal Chain**］を選択します。すると、Button間の制約が鎖状のアイコンに変化し、チェインが適用されたことが判ります。この状態ではButtonが均等配置されているはずです。

図5-17 Buttonが均等配置された

　チェインによる配置は、あとから変更することもできます。これにはウィジェットを選択した状態で右クリックし、そのコンテキストメニューから［**Chain**］－［**Create Horizontal Chain Style**］を選択します。

- Spread Inside：両端のウィジェットが親レイアウトの境界に接する
- Packed：ウィジェット同士がまとまった配置
- Spread：均等配置（既定）

が循環的に切り替わることが確認できます。

図5-18 チェインの状態が変化（左上：spread inside、右上：packed、左下：spread）

05-01-02 ウィジェットを縦／横一列に配置する - LinearLayout

ここからは、ConstraintLayout以外のレイアウトについても触れていきます。まずはLinearLayoutからです。

LinearLayoutでは、配下のウィジェットを縦、または横一列に並べます。もっとも基本的なレイアウトです。

図5-19　LinearLayout

android:orientation="vertical"

android:orientation="horizontal"

■ レイアウトを変換する

ここまで見てきたように、プロジェクト既定ではConstraintLayoutでレイアウトファイルを作成します。ただし、ConstraintLayout**以外**のレイアウトを採用したい場合も、切り替えることはさほど難しいことではありません。

これには、レイアウトエディターで何も選択していない状態で右クリック、開いたコンテキストメニューから [**Convert view...**] を選択してください。

図5-20　レイアウトの変換

上のような画面が開くので、（たとえば）LinearLayoutを選択し、**[Apply]** ボタンをクリックしてください。これで現在のレイアウトがLinearLayoutに変換されます[7]。

■ ウィジェットを垂直方向に並べる

まずは、LinearLayoutのもっともシンプルな用法から見ていきます。

LinearLayoutを利用する場合、まずはウィジェットの並びを決めるorientation属性を指定しておきましょう。ここでは「vertical」（垂直方向）を指定しておきます。

あとは、配下にウィジェット（ここではボタン3個）を配置するだけです。この際、ConstraintLayoutと異なり、ウィジェット間の制約を意識する必要はない点に注目です。LinearLayoutの機能によって、（verticalでは）ウィジェットが垂直方向に順に並べられるからです。

図5-21　ボタンが垂直に並んだ

ボタンには、それぞれ属性を以下のように設定しておきます。

表5-4　Buttonウィジェットの属性

属性	設定値		
id	btn1	btn2	btn3
text	ボタン1	ボタン2	ボタン3

最終的に生成されたレイアウトファイルのコードは、以下の通りです。

リスト5-1　activity_main.xml（LinearBasicプロジェクト）

```xml
<?xml version="1.0" encoding="utf-8"?>
<LinearLayout xmlns:android="http://schemas.android.com/apk/res/android"
  android:orientation="vertical" ...>
  <Button
    android:id="@+id/btn1"
```

```
    android:layout_width="match_parent"
    android:layout_height="wrap_content"
    android:text="ボタン1" />
  <Button
    android:id="@+id/btn2"
    android:layout_width="match_parent"
    android:layout_height="wrap_content"
    android:text="ボタン2" />
  <Button
    android:id="@+id/btn3"
    android:layout_width="match_parent"
    android:layout_height="wrap_content"
    android:text="ボタン3" />
</LinearLayout>
```

layout_width／layout_height属性の意味は、02-03-01項でも触れた通り
です。レイアウトエディターで編集した場合には、layout_width属性はmatch_
parent（親要素の幅に従う）が既定なので、ボタンは横幅いっぱいに表示されます。

参考

match_parent

ConstraintLayoutでは、match_constraintと呼ばれていた値とほぼ同じ意味です。親要素の
サイズに合わせて、要素の幅／高さを広げます。

ちなみに、layout_width属性をwrap_content（コンテンツ幅に従う）とした場
合、見た目は以下のように変化します。

リスト5-2 activity_main.xml（LinearBasicプロジェクト）

```
<?xml version="1.0" encoding="utf-8"?>
<LinearLayout xmlns:android="http://schemas.android.com/apk/res/android"
  android:orientation="vertical"...>
  <Button
    android:id="@+id/btn1"
    android:layout_width="wrap_content"
    android:layout_height="wrap_content"
    android:text="ボタン1" />
  <Button
```

```
    android:id="@+id/btn2"
    android:layout_width="wrap_content"
    android:layout_height="wrap_content"
    android:text="ボタン2" />
  <Button
    android:id="@+id/btn3"
    android:layout_width="wrap_content"
    android:layout_height="wrap_content"
    android:text="ボタン3" />
</LinearLayout>
```

図5-22 「android:layout_width="wrap_content"」とした場合

以降のサンプルも、この例をベースに一部の属性を修正しています。自分で一から作成する場合も、リスト5-2をもとにすると作業を省力化できるはずです。

■ ウィジェットを水平方向に並べる

リスト5-2の例から、orientation属性を「horizontal」（水平）に変更してみましょう。

リスト5-3 activity_main.xml（LinearBasicプロジェクト）

```
<?xml version="1.0" encoding="utf-8"?>
<LinearLayout xmlns:android="http://schemas.android.com/apk/res/android"
  android:orientation="horizontal" ...>
  ...中略...
</LinearLayout>
```

図5-23 ウィジェットを横並びに配置（android:orientation="horizontal" の場合）

ただし、水平方向の配置では、ウィジェットが画面の横幅に収まりきらない場合、コンテンツが潰れたり、溢れたりしてしまうなど、うまく表示されなくなることもあります。横方向の配置では、コンテンツが画面の横幅を超えないように注意してください。

■ ウィジェットの配置位置を指定する

LinearLayoutの配下では、ウィジェットは左寄せ（vertical時）、上寄せ（horizontal時）で配置されるのが既定です。これらの表示位置は、LinearLayout配下の、個々のウィジェットでlayout_gravity属性を指定することで変更できます）。

リスト5-4 activity_main.xml（LinearGravityプロジェクト）

```xml
<?xml version="1.0" encoding="utf-8"?>
<LinearLayout xmlns:android="http://schemas.android.com/apk/res/android"
  android:orientation="vertical" ...>
  <Button
    android:id="@+id/btn1"
    android:layout_width="wrap_content"
    android:layout_height="wrap_content"
    android:layout_gravity="center_horizontal"
    android:text="ボタン1" />
  <Button
    android:id="@+id/btn2"
    android:layout_width="wrap_content"
    android:layout_height="wrap_content"
    android:layout_gravity="end"
    android:text="ボタン2" />
  <Button
    android:id="@+id/btn3"
    android:layout_width="wrap_content"
    android:layout_height="wrap_content"
```

```
    android:text="ボタン3" />
</LinearLayout>
```

図5-24　ボタンを中央／右寄せした結果

layout_gravity属性で設定できる値は、以下のとおりです。orientation属性の値に応じて、設定できる値も変化する点に注意してください。

また、この属性は後述するTableLayoutなどでも共通して利用できます。

表5-5　layout_gravity属性の主な設定値

分類	設定値	概要
horizontal	top	上寄せ
	center_vertical	垂直方向に中央寄せ
	bottom	下寄せ
vertical	left	左寄せ
	center_horizontal	水平方向に中央寄せ
	right	右寄せ
	start	コンテナーの先頭
	end	コンテナーの終端
両方	center	垂直／水平方向に中央寄せ

以下に「android:orientation="horizontal"」の場合の例も示します。

リスト5-5　activity_main.xml（LinearGravityプロジェクト）

```
<?xml version="1.0" encoding="utf-8"?>
<LinearLayout xmlns:android="http://schemas.android.com/apk/res/android"
  android:orientation="horizontal"
  android:layout_width="match_parent"
  android:layout_height="match_parent">
  <Button
```

```
      android:id="@+id/btn1"
      android:layout_width="wrap_content"
      android:layout_height="wrap_content"
      android:text="ボタン1"
      android:layout_gravity="top" />
    <Button
      android:id="@+id/btn2"
      android:layout_width="wrap_content"
      android:layout_height="wrap_content"
      android:text="ボタン2"
      android:layout_gravity="bottom" />
    <Button
      android:id="@+id/btn3"
      android:layout_width="wrap_content"
      android:layout_height="wrap_content"
      android:text="ボタン3"
      android:layout_gravity="center_vertical" />
</LinearLayout>
```

図5-25　ボタンを垂直方向に上、中央、下寄せした結果

参考

レイアウト配下の配置位置を一括指定する方法

レイアウト配下のウィジェットに対して、まとめて左右、中央寄せを指定するならば、（個々のウィジェットに対してではなく）LinearLayoutに対して、gravity属性を指定しても構いません。

```
<LinearLayout ...
  android:gravity="center_horizontal"
  android:orientation="vertical">
  ...中略...
</LinearLayout>
```

↓

図5-26 配下のウィジェットをまとめて中央寄せ

■ ウィジェットを画面いっぱいに広げる

layout_weight属性を利用することで、ウィジェットがレイアウトの残りの余白を埋めるように拡大されます。

リスト5-6 activity_main.xml（LinearWeightプロジェクト）

```xml
<?xml version="1.0" encoding="utf-8"?>
<LinearLayout xmlns:android="http://schemas.android.com/apk/res/android"
  android:orientation="vertical" ...>
  <Button
    android:id="@+id/btn1"
    android:layout_width="wrap_content"
    android:layout_height="wrap_content"
    android:text="ボタン1" />
  <Button
    android:id="@+id/btn2"
```

```
    android:layout_width="wrap_content"
    android:layout_height="wrap_content"
    android:layout_weight="3"
    android:text="ボタン2" />
  <Button
    android:id="@+id/btn3"
    android:layout_width="wrap_content"
    android:layout_height="wrap_content"
    android:layout_weight="2"
    android:text="ボタン3" />
</LinearLayout>
```

図5-27 　2～3番目のボタンの高さがそれぞれ3：2の割合で拡がる

layout_weight属性は、orientation属性がverticalの場合にはウィジェットの高さに、horizontalの場合は幅に影響します。

値は、全体に対する比重を表します。サンプルでは3、2という値を指定していますので、残りのスペースを3：2の割合で分け合います。

■ ウィジェット間の余白を設定する

前後のウィジェットとの余白（マージン）を設定するには、layout_marginXxxxx属性を利用します。余白の基点となるのは、ウィジェットの本来の位置（マージンを指定しなかった場合の位置）です。基本的な考え方は、ConstraintLayoutと同じなので、ここでは例を示すに留めます。

リスト5-7 activity_main.xml（LinearMarginプロジェクト）

```xml
<?xml version="1.0" encoding="utf-8"?>
<LinearLayout xmlns:android="http://schemas.android.com/apk/res/android"
  android:orientation="vertical" ...>
  <Button
    android:id="@+id/btn1"
    android:layout_width="wrap_content"
    android:layout_height="wrap_content"
    android:text="1" />
  <Button
    android:id="@+id/btn2"
    android:layout_width="wrap_content"
    android:layout_height="wrap_content"
    android:layout_marginStart="150dp"
    android:layout_marginTop="100dp"
    android:text="2" />
</LinearLayout>
```

図5-28 ボタンbtn2にマージンを設定した例

　ボタンbtn2の本来の位置から、それぞれ水平方向に150dp、垂直方向に100dpの余白が加えられていることが確認できます。

■ 補足：Kotlin コードからレイアウトを動的に生成する

　じつのところ、Androidアプリでレイアウトファイルは必須ではありません。ロジックとレイアウトとを分離することで、以下のようなメリットはありますが、かならず分離しなければいけないというものではないのです。

- コードの見通しが良くなる
- プログラマーとデザイナーとの分業を行いやすい

　試しに、レイアウトファイルを使わず、アクティビティだけで画面を定義してみましょう。

リスト5-8　MainActivity.kt（NoLayoutプロジェクト）

```kotlin
package to.msn.wings.nolayout

import android.os.Bundle
import android.view.Gravity
import android.view.ViewGroup
import android.widget.LinearLayout
import android.widget.TextView
import androidx.appcompat.app.AppCompatActivity

class MainActivity : AppCompatActivity() {
  override fun onCreate(savedInstanceState: Bundle?) {
    super.onCreate(savedInstanceState)
    // LinearLayoutを準備
    val layout = LinearLayout(this).apply {
      // LinearLayoutのレイアウト属性を設定
      layoutParams = ViewGroup.LayoutParams(
        ViewGroup.LayoutParams.MATCH_PARENT,
        ViewGroup.LayoutParams.MATCH_PARENT
      )
      orientation = LinearLayout.VERTICAL
      gravity = Gravity.CENTER
    }
    // TextViewを準備
    val txt = TextView(this).apply {
```

```
    // TextViewのレイアウト属性を設定（高さ＆幅、中央寄せ）
    layoutParams = LinearLayout.LayoutParams(
      ViewGroup.LayoutParams.WRAP_CONTENT,
      ViewGroup.LayoutParams.WRAP_CONTENT
    )
    text = "Hello World!"
  }
  // LinearLayoutにTextViewをセット
  layout.addView(txt)
  // LinearLayoutをアクティビティにセット
  setContentView(layout)
  }
}
```

レイアウトをコードから生成する際には、以下の手順を踏みます。

- ビューグループ、ウィジェットをインスタンス化
- レイアウト属性をはじめ、必要な情報を定義
- addViewメソッドで互いに関連付け（親子関係を定義）
- setContentViewメソッドで最上位のビュー（グループ）をアクティビティに登録

　レイアウトファイルではタグ同士の入れ子で表現していたビュー階層を、コードではaddViewメソッドで表現しているわけですね。ここではこれ以上の詳しい解説は省きますが、これまで作成してきたレイアウトファイルと見比べながら理解を深めてください。

　画面定義には、まずレイアウトファイルを利用すべきですが、画面を動的に操作（生成）したい状況では、ここでの知識が役立ちます。

05-01-03　ウィジェットを格子状に配置する - TableLayout

*8）ただし、縦方向のセル跨ぎはできないなど、異なる点もあります。

*9）レイアウトを変換する方法は05-01-02項も合わせて参照してください。

　TableLayoutは、ウィジェットをテーブル（格子）状に配置するためのレイアウトです。HTMLを知っている人であれば、<table>要素のようなレイアウトだと考えればイメージしやすいかもしれません[8]。

　まずは、もっともシンプルな例を見てみましょう[9]。

■ TableLayoutの基本

　TableLayout（テーブル）は、各行を表すTableRowとセットで利用します。レイアウトに配置するウィジェットは、TableRowの配下に配置するという関係です。

図5-29　TableLayoutの基本

TableLayout

> **TableRow**
>
> | ウィジェット | ウィジェット | ウィジェット |
>
> **TableRow**
>
> | ウィジェット | ウィジェット | ウィジェット |
>
> ● ● ●

　ただし、レイアウトエディター上、初期状態のTableRowは高さのない状態で表示されるので、配下にウィジェットを配置するのは困難です。各行最低限ひとつは、コンポーネントツリーからウィジェットを配置することをお勧めします（以降は、レイアウトエディターからも作業できます）。

図5-30　コンポーネントツリー上での配置

　ここでは、TableLayoutに3×3のボタンを配置し、id ／ text属性を設定しています。属性の設定はこれまでと同じなので、以下の完成コードを参考に属性ウィンドウから入力してみましょう。

リスト5-9　activity_main.xml（TableBasicプロジェクト）

```xml
<?xml version="1.0" encoding="utf-8"?>
<TableLayout xmlns:android="http://schemas.android.com/apk/res/android"
  android:layout_width="match_parent"
  android:layout_height="match_parent">
  <TableRow
```

```
      android:layout_width="match_parent"
      android:layout_height="match_parent">
      <Button
        android:id="@+id/btn1" ...
        android:text="[0,0]" />    *10
      <Button
        android:id="@+id/btn2" ...
        android:text="[0,1]" />
      <Button
        android:id="@+id/btn3" ...
        android:text="[0,2]" />
    </TableRow>
    <TableRow
      android:layout_width="match_parent"
      android:layout_height="match_parent">
      <Button
        android:id="@+id/btn4" ...
        android:text="[1,0]" />
      <Button
        android:id="@+id/btn5" ...
        android:text="[1,1]" />
      <Button
        android:id="@+id/btn6" ...
        android:text="[1,2]" />
    </TableRow>
    <TableRow
      android:layout_width="match_parent"
      android:layout_height="match_parent">
      <Button
        android:id="@+id/btn7" ...
        android:text="[2,0]" />
      <Button
        android:id="@+id/btn8" ...
        android:text="[2,1]" />
      <Button
        android:id="@+id/btn9" ...
        android:text="[2,2]" />
    </TableRow>
</TableLayout>
```

*10）「Buttons in button bars should be borderless」のような警告が表示されますが、これはデザインの統一に関わる警告です。TableLayout の動作には関係ないため、ここでは無視します。

図 5-31　ボタンを格子状に配置

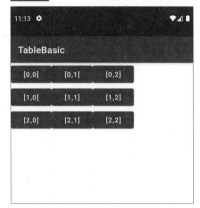

　TableRow の配下はウィジェットを並べるだけで、暗黙的に列ごとにウィジェットが縦に揃う点に注目です（暗黙的にセルのようなものができているわけです）。

■ 画面幅いっぱいにウィジェットを配置する

　stretchColumns 属性を利用することで、特定の列を画面幅に合わせて横に引き延ばすこともできます。たとえば以下は、先ほどのリスト 5-9 の 2 列目を横に引き延ばした例です。前の結果と見較べてみましょう。

リスト 5-10　activity_main.xml（TableStretch プロジェクト）

```xml
<?xml version="1.0" encoding="utf-8"?>
<TableLayout xmlns:android="http://schemas.android.com/apk/res/android"
  android:layout_width="match_parent"
  android:layout_height="match_parent"
  android:stretchColumns="1">
  ...中略...
</TableLayout>
```

図5-32　2列目のボタンを横幅いっぱいになるよう拡大

　　TableLayoutでは、列番号は左側から0、1、2...と数える点に注意してください。複数列を拡げたい場合には、stretchColumns="1,2"のように列番号をカンマ区切りで指定することもできます。

図5-33　「android:stretchColumns="1,2"」と指定した場合の結果

　　逆に、TableLayoutの幅が画面幅を超えた場合に特定の列幅を縮めることもできます。これには、shrinkColumns属性を指定してください。
　　stretchColumns属性と同じく、対象の列番号をカンマ区切りで設定できます。

リスト5-11　activity_main.xml（TableShrinkプロジェクト）

```xml
<?xml version="1.0" encoding="utf-8"?>
<TableLayout xmlns:android="http://schemas.android.com/apk/res/android"
  android:layout_width="match_parent"
  android:layout_height="match_parent"
  android:shrinkColumns="1,2">
  <TableRow
```

```
    android:layout_width="match_parent"
    android:layout_height="match_parent">
    <Button
      android:id="@+id/btn1" ...
      android:text="ボタン [0,0]" />
    <Button
      android:id="@+id/btn2" ...
      android:text="ボタン [0,1]" />
    ...中略...
  </TableRow>
  ...中略...
</TableLayout>
```

図5-34　2、3列目の表示幅を狭める

　もしもshrinkColumns属性を指定しなかった場合には、以下のように画面幅を超えた分ははみ出てしまいます。

図5-35　shrinkColumns属性を指定しなかった場合

参考

横幅は最大幅に揃えられる

TableLayoutでウィジェットの横幅を変更した場合、同じ列のウィジェットは最大幅で揃えられます。たとえば、以下はリスト5-9でbtn2の横幅を変更した例です。

リスト5-12　activity_main.xml（TableBasicロジェクト）

```xml
<?xml version="1.0" encoding="utf-8"?>
<TableLayout xmlns:android="http://schemas.android.com/apk/res/
android"
  android:layout_width="match_parent"
  android:layout_height="match_parent">
  <TableRow
    android:layout_width="match_parent"
    android:layout_height="match_parent">
    ...中略...
    <Button
      android:id="@+id/btn2"
      android:layout_width="wrap_content"
      android:layout_height="wrap_content"
      android:width="150dp"
      android:text="[0,1]" />
    ...中略...
  </TableRow>
</TableLayout>
```

図5-36　2列目のボタンはすべて btn2の横幅に揃う

＊11）ウィジェットの高さが、ではない点に注意です。

ちなみに、ウィジェットの高さを変更した場合には、同じ行のセルは最大の高さで揃います[11]。

図5-37 btn2の高さを変更した場合

■ 特定のセルを空白にする

まずは、リスト5-9のbtn2、8、9を削除してみましょう。

リスト5-13 activity_main.xml（TableSpaceプロジェクト）

```xml
<?xml version="1.0" encoding="utf-8"?>
<TableLayout xmlns:android="http://schemas.android.com/apk/res/android"
  android:layout_width="match_parent"
  android:layout_height="match_parent">
  <TableRow
    android:layout_width="match_parent"
    android:layout_height="match_parent">
    <Button
      android:id="@+id/btn1" ...
      android:text="[0,0]" />
    <Button
      android:id="@+id/btn3" ...
      android:text="[0,2]" />
  </TableRow>
  <TableRow
    android:layout_width="match_parent" ...>
    <Button
      android:id="@+id/btn4" ...
      android:text="[1,0]" />
    <Button
      android:id="@+id/btn5" ...
```

```
        android:text="[1,1]" />
    <Button
        android:id="@+id/btn6" ...
        android:text="[1,2]" />
  </TableRow>
  <TableRow
    android:layout_width="match_parent" ...>
    <Button
        android:id="@+id/btn7" ...
        android:text="[2,0]" />
  </TableRow>
</TableLayout>
```

図5-38 テーブル自体は 3×3レイアウトを維持

　この場合でも、TableLayoutは行あたりの最大セル数を基準にレイアウトを整形します。この例であれば、2行目が3個のセルを持っているので、これを基準に3×3のレイアウトを生成します。3列に満たない1、3行目は、ウィジェットは左詰めされて余ったセルは空白として表示されます。

　もしも途中のセルを空白にしたいならば、layout_column属性を指定してください。

リスト5-14　activity_main.xml（TableSpaceプロジェクト）

```
<?xml version="1.0" encoding="utf-8"?>
<TableLayout xmlns:android="http://schemas.android.com/apk/res/android"
  android:layout_width="match_parent"
  android:layout_height="match_parent">
  <TableRow
    android:layout_width="match_parent"
    android:layout_height="match_parent">
```

```
    ...中略...
    <Button
      android:id="@+id/btn3" ...
      android:layout_column="2"
      android:text="[0,2]" />
    ...中略...
  </TableRow>
</TableLayout>
```

図5-39 btn3を1行3列目に配置

layout_column属性にはウィジェットの表示列を列番号で指定します。列番号は、0、1、2...と左端を0とする数値で表します。

これによって、既定では1行2列目に表示されるべきbtn3が、1行3列目に表示され、1行2列目は空白セルになります。

■ セルを跨いでウィジェットを配置する

行ごとに配置するウィジェットの個数が異なる場合、図5-38、5-39のようにセル単位に空白ができてしまいます。これを避けるために、ウィジェットを複数の列に跨いで配置することもできます。

たとえば、以下はリスト5-13でbtn2を横2列、btn7を横3列に跨いで配置した例です。

リスト5-15 activity_main.xml（TableSpanプロジェクト）

```
<?xml version="1.0" encoding="utf-8"?>
<TableLayout xmlns:android="http://schemas.android.com/apk/res/android"
  android:layout_width="match_parent"
  android:layout_height="match_parent">
  <TableRow
    android:layout_width="match_parent"
```

```
    android:layout_height="match_parent">
    <Button
      android:id="@+id/btn1" ...
      android:text="[0,0]" />
    <Button
      android:id="@+id/btn2" ...
      android:layout_span="2" ──────────────────────────────■
      android:text="[0,1]" />
  </TableRow>
  ...中略...
  <TableRow
    android:layout_width="match_parent" ...>
    <Button
      android:id="@+id/btn7" ...
      android:layout_span="3" ──────────────────────────────❷
      android:text="[2,0]" />
  </TableRow>
</TableLayout>
```

図5-40　btn2、7をセル跨ぎで配置

　　ウィジェットをセル跨ぎで配置するには、layout_span属性を利用します。この例では、■で横方向2セル分、❷で3セル分のサイズを設定しています。ただし、セルを跨げるのは横方向だけで縦方向にセルを跨ぐような機能は、TableLayoutにはありません。よって、縦方向にセルを跨ぐには、以下のようにTableLayoutとLinearLayoutを併用する必要があります。

リスト5-16 activity_main.xml（TableSpanプロジェクト）

```xml
<?xml version="1.0" encoding="utf-8"?>
<TableLayout xmlns:android="http://schemas.android.com/apk/res/android"
  android:layout_width="match_parent"
  android:layout_height="match_parent">
  <TableRow
    android:layout_width="match_parent"
    android:layout_height="match_parent">
  ...中略...
  </TableRow>
  <TableRow
    android:layout_width="match_parent"
    android:layout_height="match_parent">
    <LinearLayout
      android:layout_width="match_parent" ...
      android:orientation="vertical">
      <!-- btn4,7を縦に配置 -->
      <Button
        android:id="@+id/btn4" ...
        android:text="[1,0]" />
      <Button
        android:id="@+id/btn7" ...
        android:text="[2,0]" />
    </LinearLayout>
    <!-- btn5,8を縦に配置 -->
    <LinearLayout
      android:layout_width="match_parent" ...
      android:orientation="vertical">
      <Button
        android:id="@+id/btn5" ...
        android:text="[1,1]" />
      <Button
        android:id="@+id/btn8" ...
        android:text="[2,1]" />
    </LinearLayout>
    <!-- btn6を縦幅いっぱいに配置 -->
    <Button
      android:id="@+id/btn6"
      android:layout_width="wrap_content"
```

```
        android:layout_height="match_parent"
        android:text="[1,2]" />
    </TableRow>
</TableLayout>
```

図 5-41　btn6を縦方向にセル跨ぎ

　このように、レイアウトは入れ子に配置することもできます。この例では、ウィジェットを縦並びに配置した LinearLayoutを、TableRow（TableLayout）の配下で列記することで、ひとつのテーブル行に擬似的に複数行を詰め込んでいるのです。ボタンbtn6は、「android:layout_height="match_parent"」属性を指定し、LinearLayoutの高さに合わせることで、いわゆる行跨ぎを表現できます。

図 5-42　LinearLayout を利用した疑似的な行跨ぎ

ただし、入れ子のレイアウトは判り難く、パフォーマンスに悪影響を及ぼす場合もあります。それで賄えるならば、より高機能なConstraintLayoutを利用して、レイアウトそのものはフラットにすることをお勧めします。

■ 特定の列を非表示にする

collapseColumns属性を利用することで、特定の列を非表示にすることもできます。たとえば、以下は2列目を非表示にしておき、[表示／非表示]ボタンをクリックすることで、列の表示／非表示を切り替えるサンプルです。

リスト5-17 activity_main.xml（TableCollapsedプロジェクト）

```xml
<?xml version="1.0" encoding="utf-8"?>
<LinearLayout xmlns:android="http://schemas.android.com/apk/res/android"
  android:orientation="vertical" ...>
  <TableLayout
    android:id="@+id/tbl"
    android:layout_width="wrap_content"
    android:layout_height="wrap_content"
    android:collapseColumns="1">                                          ——1
    ...中略...
  <Button
    android:id="@+id/btnflag"
    android:layout_width="match_parent"
    android:layout_height="wrap_content"
    android:text="表示／非表示" />
```

リスト5-18 MainActivity.kt（TableCollapsedプロジェクト）

```kotlin
package to.msn.wings.tablecollapsed

import android.os.Bundle
import android.widget.Button
import android.widget.TableLayout
import androidx.appcompat.app.AppCompatActivity

class MainActivity : AppCompatActivity() {
  private var flag = false
  override fun onCreate(savedInstanceState: Bundle?) {
    super.onCreate(savedInstanceState)
    setContentView(R.layout.activity_main)
```

```
val btnflag = findViewById<Button>(R.id.btnflag)
// ［表示/非表示］ボタンで列を開閉
btnflag.setOnClickListener {
  val tbl = findViewById<TableLayout>(R.id.tbl)
  tbl.setColumnCollapsed(1, flag)
  flag = !flag
}
}
}
```

↓

図5-43　ボタンクリックで列を開閉

collapseColumns属性は、閉じるべき列番号を0、1、2...で指定します（**1**）。複数の列を指定する場合には、stretchColumns属性と同じく、"1,3"のようにカンマ区切りで列番号を指定してください。

2は［**表示／非表示**］ボタンをクリックした時に呼び出されるイベントリスナーです。テーブル列を開閉するには、setColumnCollapsedメソッドを利用します。

構文　setColumnCollapsedメソッド

```
fun setColumnCollapsed(columnIndex: Int, isCollapsed: Boolean): Unit
  columnIndex：開閉する列番号
  isCollapsed：閉じるのか
```

setColumnCollapsedメソッドの引数isCollapsedは、閉じる際にtrueを指定する点に注意してください[12]。ここでは、あらかじめboolean型の変数flagを用意しておき、クリック都度に反転させることで、列の表示／非表示を切り替えています。

＊12）開く場合がfalseです。

ViewPager2・TabLayout・ScrollView

Section 05-02 タブパネルやフリップ可能なビューを作成する

このセクションでは、複合的なレイアウトを作成するためのウィジェットとして、ViewPager2 ／ TabLayout ／ ScrollViewについて解説します。

このセクションのポイント

1 ViewPager2は、ビューをフリップ操作で切り替えるためのウィジェットである。
2 TabLayoutはタブパネルを作成するためのウィジェットである。
3 ScrollViewは、画面に対してスクロール機能を追加する。

スマホアプリの世界では、常に画面サイズという制約のもとで画面をデザインしなければなりません。限られた画面の中で、どれだけ見やすく、かつ、ふんだんに情報を盛り込めるかは、画面を設計する上での大きな課題です。

そこで、このセクションでは、複合的なレイアウトを作成するためのViewPager2（フリップ可能なビュー）、TabLayout（タブパネル）、ScrollView（スクロールバー）といったウィジェットについて解説します。これらのウィジェットを利用することで、よりスマートな情報の配置が可能になります。

05-02-01 フリップ可能なパネルを生成する - ViewPager2

> *1）タッチパネル上で指をスライドさせる操作のこと。エミュレーター上ではマウスのドラッグ操作によって代替できます。

ViewPager2は、左右にフリップ*1可能なレイアウトを管理するためのウィジェット。ViewPager2を利用することで、ページを「左右にめくる」ような動作が可能になります。たとえば以下は、簡易なフォトギャラリーの例です。

図5-44 フリップ操作で左右に画面を弾くと、表示が切り替わる

ViewPager2では、RecyclerViewと同じくビューホルダー／アダプタークラスの組み合わせによって、スライドを管理します。互いの関連性を忘れてしまったという人は、改めてセクション04-04を見直すと、ViewPager2の理解も深まるでしょう。

関連するファイルの個数も増えているので、以下にサンプルを構成するファイルの関係も図にまとめておきます。

図5-45　サンプルファイルの構造

[1] 画像ファイルをインポートする

アプリで利用する画像ファイルをダウンロードサンプル配下の/samples/imagesフォルダーから、プロジェクト配下の/res/drawableフォルダーにコピーしておきます（コピーの方法は03-01-02項も参照してください）。

- elephant.png
- pet.png
- seal.png

[2] メインレイアウトを作成する

メインレイアウトには、ViewPager2を配置しておきます。

リスト5-19 activity_main.xml（Pager2プロジェクト）

```
<?xml version="1.0" encoding="utf-8"?>
<androidx.constraintlayout.widget.ConstraintLayout ...>
  <androidx.viewpager2.widget.ViewPager2
    android:id="@+id/pager"
    android:layout_width="0dp"
    android:layout_height="0dp"
    app:layout_constraintBottom_toBottomOf="parent"
    app:layout_constraintEnd_toEndOf="parent"
    app:layout_constraintStart_toStartOf="parent"
    app:layout_constraintTop_toTopOf="parent" />
</androidx.constraintlayout.widget.ConstraintLayout>
```

図5-46 レイアウト完成図

[3] サブレイアウトを作成する

サブレイアウトには、ページ個々の見た目を定義します。この例であれば、画像のタイトル（TextView）と画像本体（ImageView）です。

リスト5-20 list_item.xml（Pager2プロジェクト）

```
<?xml version="1.0" encoding="utf-8"?>
<androidx.constraintlayout.widget.ConstraintLayout ...>
  <TextView
    android:id="@+id/txtTitle"
    android:layout_width="0dp"
    android:layout_height="wrap_content"
    android:text="TextView"
    app:layout_constraintEnd_toEndOf="parent"
    app:layout_constraintStart_toStartOf="parent"
    app:layout_constraintTop_toTopOf="parent" />
  <ImageView*2
    android:id="@+id/imgPhoto"
    android:layout_width="wrap_content"
    android:layout_height="wrap_content"
    android:contentDescription=""
    app:layout_constraintEnd_toEndOf="parent"
    app:layout_constraintStart_toStartOf="parent"
    app:layout_constraintTop_toBottomOf="@+id/txtTitle" />
</androidx.constraintlayout.widget.ConstraintLayout>
```

＊2）ImageViewに「Empty `content Description` attribute on image」のような警告が表示されますが、アクティビティ側で動的に設定しているので、ここでは無視します。

図5-47 レイアウト完成図

TextView

ImageView

[4] データクラスを作成する

アダプタークラスに渡すデータを格納するデータクラスを準備しておきます。title
は画像タイトル、photoは画像本体を、それぞれ表します。

リスト5-21 ListItem.kt（Pager2プロジェクト）

```
package to.msn.wings.pager2

import android.graphics.drawable.Drawable

data class ListItem(
  val title: String,
  val photo: Drawable?
)
```

[5] アダプタークラス／ビューホルダーを作成する

アダプタークラスはViewPager2に対してデータを橋渡しするためのクラス、そ
して、ビューホルダーはレイアウト配下のビュー（ウィジェット）に関する情報を保持
しておくためのクラスなのでした。

ほぼ決まりきった記述なので、04-04-02項の例に倣って作成しておきましょう。

リスト5-22 MyViewHolder.kt（Pager2プロジェクト）

```
package to.msn.wings.pager2

import android.view.View
import android.widget.ImageView
import android.widget.TextView
import androidx.recyclerview.widget.RecyclerView

class MyViewHolder(itemView: View): RecyclerView.ViewHolder(itemView) {
  // ビューに配置されたウィジェットを保持するためのプロパティ
  val txtTitle: TextView = itemView.findViewById(R.id.txtTitle)
  val imgPhoto: ImageView = itemView.findViewById(R.id.imgPhoto)
}
```

リスト5-23 MyListAdapter.kt（Pager2プロジェクト）

```
package to.msn.wings.pager2
```

```
import android.view.LayoutInflater
import android.view.ViewGroup
import androidx.recyclerview.widget.RecyclerView

class MyListAdapter(private val data: List<ListItem>) :
  RecyclerView.Adapter<MyViewHolder>() {
  // ビューホルダーを生成
  override fun onCreateViewHolder(
    parent: ViewGroup, viewType: Int): MyViewHolder {
    return MyViewHolder(
      LayoutInflater.from(parent.context)
        .inflate(R.layout.list_item, parent, false)
    )
  }

  // ビューにデータを割り当て、ページを生成
  override fun onBindViewHolder(holder: MyViewHolder, position: Int) {
    holder.txtTitle.text = data[position].title
    holder.imgPhoto.setImageDrawable(data[position].photo)
    holder.imgPhoto.contentDescription = data[position].title
  }

  // データの項目数を取得
  override fun getItemCount(): Int {
    return data.size
  }
}
```

[6] アクティビティを作成する

アダプター／サブレイアウトが作成できてしまえば、あとは、これをアクティビティから呼び出し、ViewPager2に割り当てるだけです。

リスト5-24 MainActivity.kt（Pager2プロジェクト）

```
package to.msn.wings.pager2

import androidx.appcompat.app.AppCompatActivity
import android.os.Bundle
import androidx.core.content.ContextCompat
```

```kotlin
import androidx.viewpager2.widget.ViewPager2

class MainActivity : AppCompatActivity() {
  override fun onCreate(savedInstanceState: Bundle?) {
    super.onCreate(savedInstanceState)
    setContentView(R.layout.activity_main)

    // ページで利用するデータを準備
    val data = listOf(
      ListItem(
        title = "散歩中のゾウの親子",
        photo = ContextCompat.getDrawable(this, R.drawable.elephant)
      ),
      ListItem(
        title = "我が家のペット",
        photo = ContextCompat.getDrawable(this, R.drawable.pet)
      ),
      ListItem(
        title = "手を振ってくれるアザラシ",
        photo = ContextCompat.getDrawable(this, R.drawable.seal)
      )
    )
    // ViewPager2にデータをバインド
    val pager = findViewById<ViewPager2>(R.id.pager)
    pager.adapter = MyListAdapter(data) ─────────────────────────────■1
  }
}
```

アダプターで渡すべきデータをListItemオブジェクト配列として準備し、これを
アダプタークラス（MyListAdapter）経由でViewPager2に引き渡します（■1）。

🔹 05-02-02 タブパネルを作成する - TabLayout

TabLayoutはタブ表示のための水平レイアウトを定義するためのレイアウトで
す。TabLayoutを、前項のViewPager2と組み合わせることで、定型的なタブパ
ネルを生成できます。

たとえば以下は、前項のサンプルにTabLayoutを追加した例です。

図5-48　タブをクリックすると、内容が切り替わる

[1] タブアイコンを登録する

　それぞれのタブに表示するアイコン画像をプロジェクトにインポートします。ダウンロードサンプルの/samples/imagesフォルダーから、icon_xxxxx.png（6個）を、プロジェクトルート配下の/res/drawableフォルダーにコピーしてください。

図5-49　画像配置後のプロジェクトウィンドウ

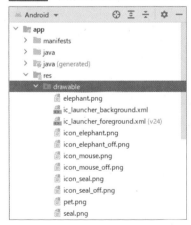

[2] 利用するタブアイコンを定義する

　タブ選択／非選択時にどのアイコンを表示するかは、リソースファイル（画像セレクター）で定義します。リソースファイルは、/res/drawableフォルダーの配下に、03-01-02項の手順で作成してください。完成したコードは、以下のとおりです。

リスト5-25 tab_icon1.xml（Pager2Tabプロジェクト）

```xml
<?xml version="1.0" encoding="utf-8"?>
<selector xmlns:android="http://schemas.android.com/apk/res/android">
  <item android:state_selected="true"                                    ■1
    android:drawable="@drawable/icon_elephant" />
  <item android:drawable="@drawable/icon_elephant_off" />                ■2
</selector>
```

　アイコン定義そのものは＜selector＞－＜item＞要素のandroid:drawable属性で、アイコンは「@drawable/ファイル名」（拡張子を除いたもの）の形式で指定するのでした。

　「android:state_selected="true"」属性は、その＜item＞要素がタブ選択時に適用されるアイコンであることを（■1）、属性指定のない＜item＞要素はそれ以外の時に適用されるアイコンであることを（■2）、それぞれ意味します。この例であれば、タブ選択時にはicon_elephant.pngを、非選択時にはicon_elephant_off.pngを、それぞれ適用します。

　他のタブについても、tab_icon2.xml／tab_icon3.xmlを作成しますが、内容はほぼtab_icon1.xmlと同じなので、紙面上は省略します。完全なコードは、ダウンロードサンプルから参照してください。

[3] データクラスを修正する

　データクラスには、タブで表示すべきテキスト（shortTitleプロパティ）、アイコン（iconプロパティ）を表す情報を追加しておきます。

リスト5-26 ListItem.kt（Pager2Tabプロジェクト）

```kotlin
package to.msn.wings.pager2tab

import android.graphics.drawable.Drawable

data class ListItem(
  val title: String,
  val shortTitle: String,
  val icon: Drawable?,
  val photo: Drawable?
)
```

[4] メインレイアウトを修正する

　レイアウトエディターから、activity_main.xmlに対して、以下のようにTabLayoutを追加します。

図5-50　TabLayoutを追加

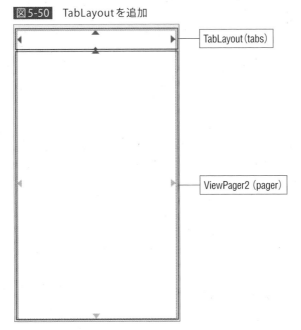

TabLayout（tabs）

ViewPager2（pager）

　　TabLayoutは 上、 左 右 を ConstraintLayout に 紐 づけ、 元 から あった ViewPager2は上をTabLayoutの下に紐づけし直します。
　　コードエディターから、以下のようなコードが生成されていることも確認しておきましょう（太字が変更部分です）。

リスト5-27　activity_main.xml（Pager2Tabプロジェクト）

```xml
<?xml version="1.0" encoding="utf-8"?>
<androidx.constraintlayout.widget.ConstraintLayout ...>
  <com.google.android.material.tabs.TabLayout
    android:id="@+id/tabs"
    android:layout_width="match_parent"
    android:layout_height="wrap_content"
    android:contentDescription="Page 1"
    app:layout_constraintEnd_toEndOf="parent"
    app:layout_constraintStart_toStartOf="parent"
    app:layout_constraintTop_toTopOf="parent">
  </com.google.android.material.tabs.TabLayout>
  <androidx.viewpager2.widget.ViewPager2
    ...中略...
    app:layout_constraintTop_toBottomOf="@+id/tabs" />
</androidx.constraintlayout.widget.ConstraintLayout>
```

　　TabLayoutを配置した初期状態では、「This item may not have a label readable by screen readers」のような警告が表示されます。この問題はRatingBarなどでも発生したもので、解決方法も共通です。contentDescription属性で、タブテキストを明示しておきましょう。ここでは、初期値として「Page 1」としていますが、適宜、現在のタブに同期させておく必要があります（その方法はこの後触れます）。

[5] アクティビティを修正する

　　タブに関わる情報を追加すると共に、ViewPager2とTabLayoutとを関連付けるためのコードを追加します。

リスト5-28 MainActivity.kt（Pager2Tabプロジェクト）

```kotlin
package to.msn.wings.pager2tab

import androidx.appcompat.app.AppCompatActivity
import android.os.Bundle
import androidx.core.content.ContextCompat
import androidx.viewpager2.widget.ViewPager2
import com.google.android.material.tabs.TabLayout
import com.google.android.material.tabs.TabLayoutMediator

class MainActivity : AppCompatActivity() {
  override fun onCreate(savedInstanceState: Bundle?) {
    super.onCreate(savedInstanceState)
    setContentView(R.layout.activity_main)

    // ページで利用するデータを準備
    val data = listOf(
      ListItem(
        title = "散歩中のゾウの親子",
        shortTitle = "ゾウ",
        icon = ContextCompat.getDrawable(this, R.drawable.tab_icon1),
        photo = ContextCompat.getDrawable(this, R.drawable.elephant)
      ),
      ListItem(
        title = "我が家のペット",
        shortTitle = "ハムスター",
        icon = ContextCompat.getDrawable(this, R.drawable.tab_icon2),
        photo = ContextCompat.getDrawable(this, R.drawable.pet)
```

```
      ),
      ListItem(
        title = "手を振ってくれるアザラシ",
        shortTitle = "アザラシ",
        icon = ContextCompat.getDrawable(this, R.drawable.tab_icon3),
        photo = ContextCompat.getDrawable(this, R.drawable.seal)
      )
    )

    val tabs = findViewById<TabLayout>(R.id.tabs)
    val pager = findViewById<ViewPager2>(R.id.pager)
    pager.adapter = MyListAdapter(data)
    // TabLayout／ViewPagerの紐づけ
    TabLayoutMediator(tabs, pager) { tab, position ->
      tab.apply {
        text = data[position].shortTitle
        contentDescription = "Page ${position + 1}"         ■1
        icon = data[position].icon
      }
    }.attach()
  }
}
```

　　TabLayoutとViewPager2との紐づけには、TabLayoutMediator#attach
メソッドを利用します。TabLayoutMediatorは、以下の構文でインスタンス化で
きます。

構文 TabLayoutMediator クラス（コンストラクター）

```
TabLayoutMediator(tabLayout: TabLayout, viewPager: ViewPager2,
  tabConfig: TabLayoutMediator.TabConfigurationStrategy)
  tabLayout：TabLayoutオブジェクト
  viewPager：ViewPager2オブジェクト
  tabConfig：タブのテキスト／スタイルを設定するためのラムダ式
```

　　引数tabConfig（ラムダ式）は、引数として対象のタブ（tab）、インデックス番
号（position）を受け取ります。ここでは、タブオブジェクトのtext（テキスト）、
contentDescription（説明テキスト）、icon（アイコン）を、あらかじめ用意してお
いた配列dataから引数positionをキーに取り出し、設定しています。
　　不要であれば、text／iconはいずれか片方だけでも構いません。

05-02-03　画面のスクロールを有効にする - ScrollView

ScrollViewは、画面にスクロール機能を付与するためのコントロールです。

スマホアプリの世界では、できるだけ一画面に収まるようにコンテンツも配置すべきですが、もちろん、コンテンツの種類によってはそうもいかない場合もあります。そのようなケースでは、ScrollViewを利用することで、コンテンツが画面に収まらない場合に適宜スクロールバーを追加してくれます。

用途自体は明快なので、さっそく、サンプルも確認してみましょう。

[1] 既定のレイアウトファイルを削除する

まずは、既定で用意されたレイアウトファイルを削除しておきます。プロジェクトウィンドウからactivity_main.xmlを右クリックし、表示されたコンテキストメニューから[delete...]を選択します。

図5-51　[Delete]ダイアログ

*3）削除対象を参照しているファイルがないかをチェックする機能です。今回は、あとで同名のファイルを作成するので、無視します。

[Delete]ダイアログが表示されるので、[Safe delete]*3のチェックを外した上で、[OK]ボタンをクリックします。これで/res/layoutフォルダーからactivity_main.xmlが削除されました。

[2] activity_main.xmlを作成する

activity_main.xmlを再作成します。これには、プロジェクトウィンドウで/res/layoutフォルダーを右クリックし、表示されたコンテキストメニューから[New] − [Layout resource file]を選択します。

[New Resource File]ダイアログが表示されるので、図のように、[File name (名前)]と[Root element (ルート要素)]を入力し、[OK]ボタンをクリックします。[Root element)]は「XxxxxLayout」ではなく、「ScrollView」とします。

図5-52 ［New Resource File］画面

ScrollView配下には、更にレイアウト（ここではLinearLayout）を配置します。具体的な見た目を持つウィジェットは、その配下に配置していくわけです。既定では、ScrollView配下のレイアウトは高さを持たないので、ウィジェットの配置にはコンポーネントツリーを利用するのが便利です。

図5-53 コンポーネントツリーによる配置

最終的な完成コードは、以下の通りです。

リスト5-29 activity_main.xml（Scrollプロジェクト）

```xml
<?xml version="1.0" encoding="utf-8"?>
<ScrollView xmlns:android="http://schemas.android.com/apk/res/android"
  android:layout_width="match_parent"
  android:layout_height="match_parent">
  <LinearLayout
    android:layout_width="match_parent"
    android:layout_height="wrap_content"
    android:orientation="vertical">
    ...任意のコンテンツ...
  </LinearLayout>
</ScrollView>
```

■1
■2

図5-54 画面のドラッグでコンテンツをスクロールできる

画面にスクロール機能を実装するには、スクロール対象のコンテンツ全体を
＜ScrollView＞要素で括るだけです（**1**）。ただし、＜ScrollView＞要素配下に
は単一の子要素しか含めることができません。

一般的には、＜ScrollView＞要素の配下に＜XxxxxLayout＞要素を挟んで、
その配下に具体的なコンテンツを配置するという構造になるでしょう（**2**）。

ビュー開発
（ダイアログ＆メニュー）

ダイアログは、ユーザーに対して注意を喚起したい情報を表したり、メイン画面とは別になにかを選択／入力させたい場合などに利用します。メイン画面とうまく切り分けることで、情報をより的確にユーザーに伝えられる、入力フォームをスマートにできる、などのメリットがあります。メニューは、アプリのナビゲーションを表すのに不可欠なしくみです。本章では、オプションメニュー／コンテキストメニューという2種類のメニューについて解説します。

はじめての Android アプリ開発 Kotlin 編

さまざまなダイアログを作成する

このセクションでは、Androidアプリで利用できる各種ダイアログについて学びます。

このセクションのポイント

■1 AlertDialogクラスは、はい／いいえ式のダイアログからラジオボタン／チェックボックス式、リスト式ダイアログなどを作成する、最も標準的なダイアログである。

■2 AlertDialogクラスにレイアウトファイルを引き渡すことで、カスタムのダイアログを定義することもできる。

■3 DatePickerDialog／TimePickerDialogクラスは、日付／時刻選択のダイアログを作成する。

　ダイアログは、メイン画面でのボタンクリックやその他のイベントに反応してポップアップする、小さな画面（サブウィンドウ）のようなものです。以前紹介したトーストにも似ていますが、トーストが簡単なメッセージしか表示できないのに対して、ダイアログには、メッセージはもちろん、ボタン、リスト、ラジオボタン／チェックボックスなどのウィジェットも載せられるので、ユーザーからの入力を受け取りたいという場合にも利用できます。また、トーストのように一定時間で自動的に消えるものではないので（明示的に閉じる必要があるので）、ユーザーが見落としてはいけない重要なメッセージ——たとえばエラーメッセージのようなものを通知するのにも適しています。

　ダイアログには、標準で以下のような種類があります。

表6-1　標準で利用できるダイアログ

ダイアログ	概要
AlertDialog	警告ダイアログ（オプションによって、ボタン、ラジオボタン／チェックボックス、リストなどを表示可能）
DatePickerDialog	日付選択ダイアログ
TimePickerDialog	時刻選択ダイアログ

　以下では、これら標準ダイアログの用法を紹介すると共に、もっともシンプルなAlertDialogをもとに、カスタムダイアログを実装する方法についても解説します。

06-01-01　シンプルなダイアログを表示する

　まずは AlertDialogクラスを使って、基本的なダイアログボックスを表示してみましょう。以下は、[**ダイアログ表示**]ボタンをクリックすると、「こんにちは、世界！」という文字列をダイアログ表示します。

　なお、以下のサンプルを実行するには、ダウンロードサンプル/samples/

imagesフォルダーに含まれる画像 wings.pngをあらかじめインポートしておく
必要があります。インポートの方法については、03-01-02項も合わせて参照して
ください。

図6-1　ボタンクリックで挨拶メッセージをダイアログ表示

[1] ダイアログ表示のためのフラグメントを準備する

　ダイアログは、（アクティビティではなく）フラグメントとして実装するのが基本
です。

　汎用的なフラグメントについてはセクション08-04で改めるので、ここではダイ
アログの実装に特化したDialogFragmentの用法に絞って解説を進めます。ダイ
アログ機能を実装するには、まず、このDialogFragmentクラスを継承するのが
基本です。

　DialogFragmentでは、アクティビティと連携してダイアログを表示／非表示に
するための機能を標準で用意しているので、アプリ側では、ダイアログそのもの（タ
イトルや本体、表示アイコンなど）の設定だけを記述すれば良いことになります。

　ダイアログ関連のフラグメントは、DialogFragmentクラス（androidx.
fragment.appパッケージ）を継承して定義するのが基本です。これまでと同じく、
/app/java/to.msn.wings.dialogbasicフォルダー配下にMyFialogFragment
クラスを作成したら、Android Studioのコード生成機能を使って、もう少し骨組
みを補っておきましょう。

リスト6-1 MyDialogFragment.kt（DialogBasicプロジェクト）

```
package to.msn.wings.dialogbasic

import androidx.fragment.app.DialogFragment

class MyDialogFragment : DialogFragment() {
}
```

ここまで入力できたら、クラス配下で右クリックし、表示されたコンテキストメニューから[Generate...] － [Override Methods...]を選択します。

図6-2 [Override Members]画面

[Override Members]画面が開き、オーバーライド可能なメンバーから「onCreateDialog」を選択します。

onCreateDialogメソッドは、名前の通り、ダイアログを生成するタイミングで呼び出されるメソッドです。ダイアログを生成するためのコードは、この配下で記述します。

[OK]ボタンをクリックすると[*1]、メソッドの骨組みが自動生成されるので、改めて以下のようにコードを追加しておきましょう。

＊1）ダイアログにフォーカスを置いた状態で「onCreate」と入力することで、目的のメンバーを絞り込めます。

リスト6-2 MyDialogFragment.kt（DialogBasicプロジェクト）

```
package to.msn.wings.dialogbasic

import android.app.AlertDialog
import android.app.Dialog
```

```
import android.os.Bundle
import androidx.fragment.app.DialogFragment

class MyDialogFragment : DialogFragment() {
  override fun onCreateDialog(savedInstanceState: Bundle?): Dialog {
    // ダイアログを生成
    val dialog = activity?.let {
      // ダイアログの設定
      AlertDialog.Builder(it).apply {
        setTitle("ダイアログの基本")
        setMessage("こんにちは、世界！")
        setIcon(R.drawable.wings)
      }.create()
    }
    return dialog ?: throw IllegalStateException("Activity is null.")
  }
}
```

■1アクティビティが存在する場合にだけ処理を実行する

＊2）「?.」演算子との組み合わせは必須ではありませんが、letを利用する文脈ではよく利用する組み合わせです。

ダイアログを生成するには、呼び出し元のアクティビティ情報が必要となります。アクティビティ情報そのものはactivityプロパティで取得できますが、Nullableである点に注意してください。activityプロパティがnullである場合には、あとでダイアログ生成の処理が失敗してしまうので、先にチェックしておく必要があるのです。

これを行っているのがスコープ関数let＋「?.」演算子の組み合わせです＊2。

構文 let関数

```
obj?.let {
  ...objがnullでない場合の処理...
}
```

let関数（メソッド）のラムダ式では、nullチェックのオブジェクト（ここではactivity）を受け取り、配下の最後の式がそのままlet関数の戻り値となります。

図6-3　let関数

この例であれば、ラムダ式の引数を省略しているので、ブロック配下でactivity を表すのはit（P.163）です。

❷ダイアログを生成する

ダイアログボックスを作成するのは、AlertDialog.Builderクラス（android. appパッケージ）の役割です。AlertDialogクラスを直接にインスタンス化することはできない点に注意してください。

構文　AlertDialog.Builderクラス（コンストラクター）

```
AlertDialog.Builder(context: Context!)
    context：コンテキスト
```

生成したAlertDialog.Builderオブジェクトには、ダイアログを設定するためのさまざまなセッターメソッドが用意されています。以下に、主なものを挙げておきます。

表6-2　AlertDialog.Builderクラスの主なセッターメソッド

メソッド	概要
setIcon(*iconId*: Int)	ダイアログボックスのアイコン
setTitle(*title*: CharSequence!)	ダイアログボックスのタイトル
setMessage(*message*: CharSequence!)	表示するメッセージ
setCancelable(*cancelable*: Boolean)	キャンセル可能か

同一オブジェクトの設定を繰り返すような文脈では、applyメソッド（04-04-03項）を利用するのでした。applyメソッドの戻り値はレシーバー（ここではAlertDialog.Builderオブジェクト）なので、そのcreateメソッドを呼び出すことで、ダイアログボックス（Dialogオブジェクト[3]）を取得できます。

＊3）正しくは、その派生クラスである AlertDialogオブジェクトです。

この例では、applyメソッドはletブロック（**1**）の最後の式なので、letの戻り値ともなり、変数dialogにはDialogオブジェクトが格納されることになります。

3 onCreateDialogメソッドの戻り値

あとは、生成されたダイアログを、onCreateDialogメソッドの戻り値として返すだけです。ただし、let関数（**1**）は「?.」演算子によって呼び出されていたことを思い出してください。

「?.」演算子はレシーバーがnullの場合にそのままnullを返します。そこでここでも、「?:」演算子を使って、変数dialogがnullでない場合はその値を、さもなければ例外をスローしています。

[2] ダイアログを起動するためのアクティビティ／レイアウトを準備する

本項冒頭でも触れたように、フラグメントはあくまで画面の断片なので、それ単体では動作しません。フラグメントを起動するためのアクティビティとレイアウトを作成します。

リスト6-3 activity_main.xml（DialogBasicプロジェクト）

```xml
<?xml version="1.0" encoding="utf-8"?>
<androidx.constraintlayout.widget.ConstraintLayout ...>
  <Button
    android:id="@+id/btn"
    android:layout_width="0dp"
    android:layout_height="wrap_content"
    android:text="ダイアログ表示"
    app:layout_constraintEnd_toEndOf="parent"
    app:layout_constraintStart_toStartOf="parent"
    app:layout_constraintTop_toTopOf="parent" />
</androidx.constraintlayout.widget.ConstraintLayout>
```

図6-4 レイアウト完成図

リスト6-4 MainActivity.kt（DialogBasicプロジェクト）

```kotlin
package to.msn.wings.dialogbasic

import android.os.Bundle
import android.widget.Button
import androidx.appcompat.app.AppCompatActivity

class MainActivity : AppCompatActivity() {
  override fun onCreate(savedInstanceState: Bundle?) {
```

```
super.onCreate(savedInstanceState)
setContentView(R.layout.activity_main)

// ［ダイアログ表示］ボタンをクリックした時に実行されるコード
val btn = findViewById<Button>(R.id.btn)
btn.setOnClickListener {
  val dialog = MyDialogFragment()
  dialog.show(supportFragmentManager, "dialog_basic")━━━━━━━━━━━━━1
  }
 }
}
```

アクティビティからダイアログを表示するには、DialogFragment#showメソッドを呼び出すだけです（**1**）。FragmentManagerはフラグメントを管理するためのオブジェクトで、supportFragmentManagerプロパティで取得できます。

構文 showメソッド

```
fun show(manager: FragmentManager, tag: String?): Unit
  manager ：FragmentManagerオブジェクト
  tag     ：フラグメントの識別タグ
```

[3] サンプルを起動する

以上を理解できたら、サンプルを起動し、[**ダイアログ表示**]ボタンをクリックしてください。06-01-01項の図6-1のようにダイアログが表示されれば、サンプルは正しく動作しています。

参考

表示テキストはリソースからも選択できる

setTitle／setMessageメソッドは、引数としてリソースIDを受け取ることもできます。本文では、簡単化のために文字列をハードコーディングしていますが、本格的なアプリでは文字列リソースとして明確に分離するのがあるべき姿です。

たとえば以下は、文字列リソースd_titleをダイアログボックスのタイトルとして設定する例です。

```
setTitle(R.string.d_title)
```

06-01-02 ［はい］［いいえ］［キャンセル］ボタンを表示する

以上で、最小限のダイアログボックスを表示できました。しかし、ただメッセージを表示するだけでは、（勝手に消えないというだけで）トーストと大して変わりがありません。そこでここでは、ダイアログボックスに ［はい］［いいえ］［キャンセル］ボタンを表示してみましょう。ボタンを追加することで、ユーザーに対して「選択させる」という機能を提供できます。

リスト6-5 activity_main.xml（DialogButtonプロジェクト）

```xml
<?xml version="1.0" encoding="utf-8"?>
<androidx.constraintlayout.widget.ConstraintLayout ...>
  <Button
    android:id="@+id/btn"
    android:layout_width="0dp"
    android:layout_height="wrap_content"
    android:text="ダイアログ表示"
    app:layout_constraintEnd_toEndOf="parent"
    app:layout_constraintStart_toStartOf="parent"
    app:layout_constraintTop_toTopOf="parent" />
</androidx.constraintlayout.widget.ConstraintLayout>
```

図6-5 レイアウト完成図

リスト6-6 MainActivity.kt（DialogButtonプロジェクト）

```kotlin
package to.msn.wings.dialogbutton

import android.os.Bundle
import android.widget.Button
import androidx.appcompat.app.AppCompatActivity

class MainActivity : AppCompatActivity() {
  override fun onCreate(savedInstanceState: Bundle?) {
    super.onCreate(savedInstanceState)
    setContentView(R.layout.activity_main)

    // ［ダイアログ表示］ボタンをクリックした時に実行されるコード
    val btn = findViewById<Button>(R.id.btn)
    btn.setOnClickListener {
      val dialog = MyDialogFragment()
      dialog.show(supportFragmentManager, "dialog_button")
```

```
      }
   }
}
```

リスト6-7　MyDialogFragment.kt（DialogButtonプロジェクト）

```kotlin
package to.msn.wings.dialogbutton

import android.app.AlertDialog
import android.app.Dialog
import android.os.Bundle
import android.widget.Toast
import androidx.fragment.app.DialogFragment

class MyDialogFragment : DialogFragment() {
  override fun onCreateDialog(savedInstanceState: Bundle?): Dialog {
    val dialog = activity?.let {
      AlertDialog.Builder(it).apply {
        setTitle("ダイアログの基本")
        setMessage("AndroidはJavaで開発できますか？")
        setIcon(R.drawable.wings)
        // ［はい］ボタンの設定
        setPositiveButton("はい") { dialog, which ->
          Toast.makeText(activity, "正解です！", Toast.LENGTH_SHORT)
            .show()
        }
        // ［いいえ］ボタンの設定
        setNegativeButton("いいえ") { dialog, which ->
          Toast.makeText(activity, "ミス！", Toast.LENGTH_SHORT)
            .show()
        }
        // ［キャンセル］ボタンの設定
        setNeutralButton("キャンセル") { dialog, which -> }
      }
      .create()
    }
    return dialog ?: throw IllegalStateException("Activity is null.")
  }
}
```

図6-6　設問に対して[はい][いいえ]ボタンをクリックすると、結果をトースト表示

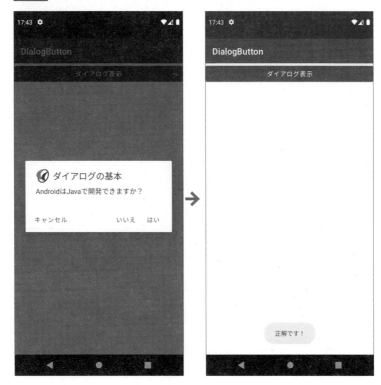

　　ダイアログでボタンを表示するには、AlertDialog.Builderクラスの以下のメソッドを利用します。

表6-3　ダイアログにボタンを表示するためのメソッド

メソッド	ボタンの役割
setPositiveButton	肯定的な意味を持つボタン
setNegativeButton	否定的な意味を持つボタン
setNeutralButton	中性的な意味を持つボタン

ボタンの意味合いに応じて、メソッドが用意されているわけです。もちろん、常にすべてのボタンを利用しなければならないというわけではなく、どれかひとつしか使用しなくても構いませんし[4]、逆に3個すべてを利用しても構いません。

それぞれのメソッドの構文は、以下のとおりです。

> ＊4）前項のサンプルのように、ボタンがひとつもなくてさえ間違いではないのです。

構文 setXxxxxButtonメソッド（Xxxxxは Positive、Negative、Neutral）

```
fun setXxxxxButton(text: CharSequence!,
    listener: DialogInterface.OnClickListener!): AlertDialog.Builder!
text     ：ボタンキャプション
listener：クリック時に呼び出されるイベントリスナー
```

　　　　ここでは、設問「AndroidはJavaで開発できますか?」に対して [はい][いいえ] ボタンをクリックすると、それぞれ正解／不正解というメッセージをトースト表示するようにしています。[キャンセル] ボタンをクリックすると、なにもせずにダイアログをクローズします。ダイアログではボタンをクリックすると、無条件にダイアログを閉じるので、閉じるだけのボタンを定義するには、❸のように空のイベントリスナーを割り当てます。

参考

ボタンの機能は自由に決めて構わない

　それぞれのボタンにはおおよその意味が割り当てられています。一般的に、setPositiveButton／setNagativeButton／setNeutralButtonメソッドには、[はい][いいえ][キャンセル] ボタン、もしくはそれに相当するボタンを割り当てるのが順当でしょう。
　ただし、割り当てなければならないわけではありません。極端には、setNegativeButtonメソッドに [はい] ボタンを割り当てても間違いではありません。
　ボタンの配置順序はボタンの種類によって決まるので、まずは標準的な意味に沿うべきですが、必要に応じて、ボタンの機能は自由に割り当てられるのです。

参考

ボタンの種類を識別する

　サンプルでは利用していませんが、onClickメソッドの引数whichは押されたボタンの種類を表します。具体的には、以下のような定数がセットされます。

・DialogInterface.BUTTON_POSITIVE
・DialogInterface.BUTTON_NEGATIVE
・DialogInterface.BUTTON_NEUTRAL

　サンプルではそれぞれのボタンに対して別々のイベントリスナーを用意していますが、実行すべき処理をある程度共通化できるならば、ひとつのリスナーにまとめて、引数whichで分岐しても良いでしょう。

```
val listener = DialogInterface.OnClickListener { dialog, which ->
  when (which) {
    DialogInterface.BUTTON_POSITIVE -> Toast.makeText(activity, "正解です！",
      Toast.LENGTH_SHORT).show()
    DialogInterface.BUTTON_NEGATIVE -> Toast.makeText(activity, "ミス",
      Toast.LENGTH_SHORT).show()
    DialogInterface.BUTTON_NEUTRAL  -> {}
  }
}
```

06-01-03　アクティビティからダイアログに値を引き渡す

　　ダイアログでは、固定文字列を表示するばかりではありません。アクティビティ
から受け取った値に基づいて、ダイアログ内のコンテンツを決定したいということは
あるでしょう。

　　以下では、その簡単な例として、[**ダイアログ表示**] ボタンをクリックすると、テキ
ストボックスに入力された値に応じて「こんにちは、■■■さん！」という文字列を
ダイアログ表示するサンプルを紹介します。

図6-7　ボタンクリックで挨拶メッセージをダイアログ表示

　　以下は、P.271のリスト6-3、6-4からの差分についてのみ掲載します。

[1] 呼び出し元のコードを修正する

　まずは、呼び出し元のアクティビティとレイアウトを修正します。レイアウトには名前を入力するためのEditTextを、アクティビティにはEditTextへの入力値をフラグメントに引き渡すためのコードを、それぞれ追加します。

リスト6-8　activity_main.xml（DialogArgsプロジェクト）

```xml
<?xml version="1.0" encoding="utf-8"?>
<androidx.constraintlayout.widget.ConstraintLayout ...>
  <EditText
    android:id="@+id/txtName"
    android:layout_width="0dp"
    android:layout_height="wrap_content"
    android:ems="10"
    android:hint="名前を入力してください"
    android:inputType="textPersonName"
    app:layout_constraintEnd_toEndOf="parent"
    app:layout_constraintStart_toStartOf="parent"
    app:layout_constraintTop_toTopOf="parent" />
  <Button
    android:id="@+id/btn"
    android:layout_width="0dp"
    android:layout_height="wrap_content"
    android:text="ダイアログ表示"
    app:layout_constraintEnd_toEndOf="parent"
    app:layout_constraintStart_toStartOf="parent"
    app:layout_constraintTop_toBottomOf="@+id/txtName" />
</androidx.constraintlayout.widget.ConstraintLayout>
```

図6-8　レイアウト完成図

EditText

ダイアログ表示

Button

リスト6-9　MainActivity.kt（DialogArgsプロジェクト）

```kotlin
package to.msn.wings.dialogargs

import android.os.Bundle
import android.widget.Button
import android.widget.EditText
import androidx.appcompat.app.AppCompatActivity

class MainActivity : AppCompatActivity() {
  override fun onCreate(savedInstanceState: Bundle?) {
```

```
        ...中略...
    val txtName = findViewById<EditText>(R.id.txtName)
    val btn = findViewById<Button>(R.id.btn)
    btn.setOnClickListener {
      MyDialogFragment().apply {
        // フラグメントにEditTextへの入力値を引き渡す
        arguments = Bundle().apply {
          putString("txtName", txtName.text.toString())
        }
        show(supportFragmentManager, "dialog_basic")
      }
    }
  }
}
```

レイアウトの修正については特筆すべき点はないので、ここでは**1**に注目します。

　フラグメントに値を引き渡すには、Bundle（android.osパッケージ）というオブジェクトを介するのが基本です。Bundleは、アプリの状態をキー／値の組み合わせで管理するためのオブジェクトです（02-03-06項）。

　この例であれば、EditTextからの入力値を取得し、これをtxtNameという名前で設定しています。複数の値を保存したい場合には、putXxxxxメソッドを列記してください。準備したBundleオブジェクトは、Fragment#argumentsプロパティでフラグメントにセットできます。

　これで、まずは呼び出し側の準備は完了です。

[2] ダイアログ（フラグメント）を修正する

　アクティビティ側で設定された値を取得するには、太字のコードを追加／修正します。

リスト6-10 MyDialogFragment.kt（DialogArgsプロジェクト）

```kotlin
package to.msn.wings.dialogargs

import android.app.AlertDialog
import android.app.Dialog
import android.os.Bundle
import androidx.fragment.app.DialogFragment

class MyDialogFragment : DialogFragment() {
  override fun onCreateDialog(savedInstanceState: Bundle?): Dialog {
```

```
    val dialog = activity?.let {
        val txtName = arguments?.getString("txtName") ──────────────────────────1
        AlertDialog.Builder(it).apply {
            setTitle("ダイアログの基本")
            setMessage("こんにちは、${txtName}さん！") ─────────────────────2
            setIcon(R.drawable.wings)
        }.create()
    }
    return dialog ?: throw IllegalStateException("Activity is null.")
  }
}
```

　フラグメントにセットされた値（Bundleオブジェクト）を取り出すのは、argumentsプロパティの役割です。取得したBundleオブジェクトからはgetXxxxxメソッドで個々の値にアクセスできます（1）。Xxxxxの部分は、取得したい値のデータ型に応じて、getBoolean、getString、getIntメソッドなどを使い分けます。

　この例では、取得したtxtNameの値をもとに、「こんにちは、■■■さん！」というメッセージを生成し、ダイアログにセットしています（2）。

参考

何故、arguments プロパティ？

　argumentsプロパティなど使わなくとも、フラグメントのコンストラクターに値を引き渡したほうが手軽ではないか、そう考えた人はいませんか。

　なるほど、そのようにしても一見して、アプリは動作するはずです。しかし、Androidの世界では、アクティビティはシステムの都合で破棄されたり、また再作成されたりする存在です（08-01-03項）。そして、その事情はアクティビティのもとで動作するフラグメントでも同じです。

　そのような状況で、システムは空のコンストラクターを呼び出そうとします。空のコンストラクターが存在しない場合、アプリはエラーで終了してしまいます。

　同様に、プロパティ（ゲッター／セッター）経由で、値を引き渡すのも不可です。argumentsプロパティでセットされた値は、自動生成時にも再セットされます。しかし、独自のプロパティで設定された値は（当然）自動では復元されません。

　以上の理由から、フラグメントの値の引き渡しには、まずはargumentsプロパティを使わなければなりません。

⬛ 06-01-04 リスト選択型のダイアログを作成する（1）

ダイアログでは、ボタンを表示するだけではありません。リストを利用することで不特定多数の項目からユーザに選択させることも可能です。たとえば以下は、ダイアログ上で血液型のリストを選択させ、その結果をトースト表示する例です[5]。

リスト6-11 MyDialogFragment.kt（DialogListプロジェクト）

*5）以降、ダイアログ表示のためのメイン画面はリスト6-5と同じなので、紙面上は割愛します。完全なコードはダウンロードサンプルを参照してください。

```kotlin
package to.msn.wings.dialoglist

import android.app.AlertDialog
import android.app.Dialog
import android.os.Bundle
import android.widget.Toast
import androidx.fragment.app.DialogFragment

class MyDialogFragment : DialogFragment() {
  override fun onCreateDialog(savedInstanceState: Bundle?): Dialog {
    val items = arrayOf("A型", "B型", "O型", "AB型")
    val dialog = activity?.let {
      AlertDialog.Builder(it).apply {
        setTitle("血液型")
        setIcon(R.drawable.wings)
        // リスト項目とクリック時の処理を定義
        setItems(items) { dialog, which ->
          Toast.makeText(
            activity, "「${items[which]}」が選択されました。",
            Toast.LENGTH_SHORT
          ).show()
        }
      }.create()
    }
    // ダイアログを表示
    return dialog ?: throw IllegalStateException("Activity is null.")
  }
}
```

�| 1

↓

図6-9　選択されたリスト項目をトースト表示

＊6）同時に使用した場合には、setMessageメソッドが優先されます。

ダイアログ上にリストを表示するには、setItemsメソッドを利用します（**1**）。setItemsメソッドは、setMessageメソッドと一緒には使用できません＊6。

構文　setItemsメソッド

```
fun setItems(items: Array<CharSequence!>!,
  listener: DialogInterface.OnClickListener!): AlertDialog.Builder!
  items    ：リスト項目
  listener ：クリック時に呼び出されるイベントリスナー
```

　　表示すべきリスト項目と、項目選択時の処理をまとめて設定するのは、先ほど
のsetXxxxxButtonメソッドと同じです。OnClickListener#onClickメソッド
（setItemsメソッドに渡したラムダ式）の構文は、以下のとおりです。

構文 onClickメソッド

```
abstract fun onClick(dialog: DialogInterface!, which: Int): Unit
  dialog：イベント発生元のダイアログ
  which ：選択された項目
```

*7）先頭項目を0と数えます。

　　onClickメソッドの引数whichには、選択されたリスト項目のインデックス番
号*7が渡されます。よって、この例であればitems[which]で、選択された項目テ
キストを取得できます（itemsは項目テキストの配列です）。

06-01-05 リスト選択型のダイアログを作成する（2）- ラジオボタン

　　ダイアログには、ラジオボタン式のリストを載せることもできます。シンプルなリ
スト型のダイアログと似ていますが、以下の点が異なります。

- ・既定値を設定できる（＝あらかじめ特定の項目を選択しておける）
- ・ラジオボタンを選択しただけではダイアログは閉じない（＝リスト選択の後、
  [**OK**]ボタンをクリックしなければならない）

　　ひとつの目安としては、より重要な選択をさせたい場合にはラジオボタン式のダ
イアログを、手軽に選択させたい場合は、シンプルなリスト型ダイアログを、とい
う使い分けをすると良いでしょう。
　　具体的な例も見てみましょう。以下は、リスト6-11をラジオボタン式のリストで
書き換えた例です。

リスト6-12 MyDialogFragment.k（DialogRadioプロジェクト）

```kotlin
package to.msn.wings.dialogradio

import android.app.AlertDialog
import android.app.Dialog
import android.os.Bundle
import android.widget.Toast
import androidx.fragment.app.DialogFragment

class MyDialogFragment : DialogFragment() {
  override fun onCreateDialog(savedInstanceState: Bundle?): Dialog {
    var selected = 0
    val items = arrayOf("A型", "B型", "O型", "AB型")
    val dialog = activity?.let {
      AlertDialog.Builder(it).apply {
        setTitle("血液型")
        setIcon(R.drawable.wings)
          // 単一選択型のリストを生成
        setSingleChoiceItems(items, selected) { dialog, which ->      ──┐
          selected = which                                              │ ❶
        }                                                             ──┘
          // ［OK］ボタンを生成
        setPositiveButton("OK") { dialog, which ->                     ──┐
          Toast.makeText(                                               │
            activity,                                                   │
            "「${items[selected]}」が選択されました。",                    │ ❷
            Toast.LENGTH_SHORT                                          │
          ).show()                                                      │
        }                                                             ──┘
      }.create()
    }
      // ダイアログを表示
    return dialog ?: throw IllegalStateException("Activity is null.")
  }
}
```

↓

図6-10　ダイアログを閉じたタイミングで、選択項目をトーストに表示

　　　　ラジオボタン式のリストを生成するには、setSingleChoiceItems メソッドを利用します。

構文　setSingleChoiceItems メソッド

```
fun setSingleChoiceItems(items: Array<CharSequence!>!, checkedItem: Int,
  listener: DialogInterface.OnClickListener!): AlertDialog.Builder!
items        ：リスト項目*8
checkedItem：既定で選択状態にある項目（インデックス番号）
listener     ：クリック時に呼び出されるイベントリスナー
```

*8）文字列配列の他、配列リソースやアダプターを指定することもできます。具体的なコードについては、P.169なども参考にしてください。

　　　　setItems メソッドとよく似ていますが、引数 checkedItem には、既定で選択される項目のインデックス番号を指定できます。ここでは0を指定しているので、最初から先頭項目が選択状態となります。なにも選択したくない場合には-1を指定してください。

　　　　引数 listener で指定されたイベントリスナーにも注目です（**1**）。本節冒頭でも触れたように、ラジオボタン式のリストでは、リストを選択してもダイアログは自動で

は閉じません。よって、クリックの時点ではまだ選択が確定したと捉えるべきではないでしょう。サンプルでも、この時点ではまだトースト表示せず、選択された項目のみを変数selectedにセットしています。

選択された項目（のインデックス番号）は、OnClickListener#onClickメソッド[9]の引数whichに渡されます。

> ＊9）setSingleChoice
> Itemsメソッドに渡し
> たラムダ式です。

構文 onClickメソッド

```
abstract fun onClick(dialog: DialogInterface!, which: Int): Unit
    dialog：ダイアログ
    which ：選択項目のインデックス番号
```

リスト選択（確定）時の処理は、setPositiveButtonメソッドで定義します（**2**）。選択された項目（のインデックス番号）は、selectedに格納されているので、選択テキストはitems[selected]で取得できます。

◾ 06-01-06 リスト選択型のダイアログを作成する（3）- チェックボックス

複数選択を可能にしたいならば、チェックボタン式の選択リストを利用します。

リスト6-13 MyDialogFragment.kt（DialogCheckboxプロジェクト）

```kotlin
package to.msn.wings.dialogcheckbox

import android.app.AlertDialog
import android.app.Dialog
import android.os.Bundle
import android.widget.Toast
import androidx.fragment.app.DialogFragment

class MyDialogFragment : DialogFragment() {
  override fun onCreateDialog(savedInstanceState: Bundle?): Dialog {
    // リスト項目と既定値を準備
    val items = arrayOf("電車", "バス", "徒歩", "マイカー", "自転車", "その他")
    val selected = booleanArrayOf(true, true, true, false, false, false) ──────1
    // ダイアログを生成
    val dialog = activity?.let {
      AlertDialog.Builder(it).apply {
```

```
    setTitle("通勤手段")
    setIcon(R.drawable.wings)
    // チェックボックス式のリストを準備 (選択時に状態を記録)
    setMultiChoiceItems(items, selected) { dialog, which, isChecked ->
      selected[which] = isChecked
    }
    // [OK] ボタンを準備 (現在の選択状態をトースト表示)
    setPositiveButton("OK") { dialog, which ->
      val msg = mutableListOf<String>()
      selected.forEachIndexed { index, e ->
        if (e) msg.add(items[index])
      }
      Toast.makeText(
        activity,
        "「${msg.joinToString()}」が選択されました。",
        Toast.LENGTH_SHORT
      ).show()
    }
  }
    .create()
  }
  // ダイアログを表示
  return dialog ?: throw IllegalStateException("Activity is null.")
 }
}
```

↓

図6-11　ダイアログを閉じたタイミングで、選択項目をトーストに表示

　　チェックボックス式のリストを生成するには、setMultiChoiceItemsメソッドを
利用します。

構文　setMultiChoiceItemsメソッド

```
fun setMultiChoiceItems(
  items: Array<CharSequence!>!, checkedItems: BooleanArray!,
  listener: DialogInterface.OnMultiChoiceClickListener!): AlertDialog.Builder!
  items         ：リスト項目*10
  checkedItems ：既定で選択状態にある項目（項目ごとのtrue／false）
  listener      ：クリック時に呼び出されるイベントリスナー
```

*10）文字列配
列の他、「R.array.
items」のような形式
で配列リソース（03-
02-05項）を指定す
ることもできます。

setSingleChoiceItemsメソッドとよく似ていますが、引数checkedItemsには、リスト項目のチェック状態をtrue／falseの配列で指定します。たとえば**■**であれば、1、2、3番目の項目がチェックされていることを表しています。

引数listener（*11 **2**）の引数も、setItems／setSingleChoiceItemsメソッドとは異なる点に要注意です。

> *11）実体は、OnMultiChoiceClickListener#onClickメソッドです。

構文 onClickメソッド

```
abstract fun onClick(dialog: DialogInterface!, which: Int,
  isChecked: Boolean): Unit
  dialog    ：ダイアログ
  which     ：選択項目のインデックス番号
  isChecked ：チェック済か
```

引数whichにはクリックされた項目のインデックス番号が、isCheckedには項目のオンオフが、それぞれセットされます。よって、「selected[which] = isChecked」で「which番目の項目の状態を、現在の状態で上書きしなさい」という意味になります。

ラジオボタン式のリストと同じく、チェックボックス式のリストも項目をチェックしただけではダイアログは閉じません。このタイミングでは、まだ選択確定と見なすべきではないので、現在の選択状態を記録だけしている点に注目です。

リスト選択（確定）時の処理はsetPositiveButtonメソッドで定義します（**3**）。現在のチェックボックスの状態は変数selectedに記録されているので、**4**ではこれを順番に読み出しています。そして、読み出した要素がtrueである（チェックされている）場合のみ、対応するテキスト（items[i]）を配列msgに追加していきます。

これですべてのチェック項目を取得できます。

06-01-07 日付ダイアログを作成する

日付の入力に特化した、DatePickerDialogクラスもあります。以下では、このクラスを利用して、以下のようなフォームを作成してみましょう。

図6-12　日付ダイアログを表示

具体的なコードは、以下のとおりです。

リスト6-14　activity_main.xml（DialogDateプロジェクト）

```xml
<?xml version="1.0" encoding="utf-8"?>
<androidx.constraintlayout.widget.ConstraintLayout ...>
  <EditText
    android:id="@+id/txtDate"
    android:layout_width="0dp"
    android:layout_height="wrap_content"
    android:ems="10"
    android:hint="日付を入力してください"
    android:inputType="date"
    app:layout_constraintEnd_toEndOf="parent"
    app:layout_constraintStart_toStartOf="parent"
    app:layout_constraintTop_toTopOf="parent" />
  <Button
```

```
    android:id="@+id/btn"
    android:layout_width="wrap_content"
    android:layout_height="wrap_content"
    android:text="日付入力"
    app:layout_constraintStart_toStartOf="parent"
    app:layout_constraintTop_toBottomOf="@+id/txtDate" />
</androidx.constraintlayout.widget.ConstraintLayout>
```

図6-13 レイアウト完成図

リスト6-15 MyDialogFragment.kt（DialogDateプロジェクト[*12]）

```
package to.msn.wings.dialogdate

import android.app.DatePickerDialog
import android.app.Dialog
import android.os.Bundle
import android.widget.EditText
import androidx.fragment.app.DialogFragment
import java.util.Calendar

class MyDialogFragment : DialogFragment() {
  override fun onCreateDialog(savedInstanceState: Bundle?): Dialog {
    // 今日の日付を準備
    val cal = Calendar.getInstance() ────────────────────────── ■1
    val dialog = activity?.let {
      DatePickerDialog(
        it,
        { view, year, monthOfYear, dayOfMonth ->
          // 選択された日付をテキストボックスに反映
          val txtDate = it.findViewById<EditText>(R.id.txtDate)  ■3
          txtDate.setText("${year}/${monthOfYear + 1}/${dayOfMonth}")  ■2
        },
        cal[Calendar.YEAR],
        cal[Calendar.MONTH],
        cal[Calendar.DAY_OF_MONTH]
      )
    }
    return dialog ?: throw IllegalStateException("Activity is null.")
  }
}
```

*12）フラグメントを呼び出すためのアクティビティは、これまでに紹介してきたものとほぼ同じものであるため、割愛しています。完全なコードは、ダウンロードサンプルから参照してください。

まずは、日付入力ダイアログ（DatePickerDialogクラス）から見ていきましょう（**2**）。DatePickerDialogコンストラクターの構文は、以下のとおりです。

構文 DatePickerDialogクラス（コンストラクター）

```
DatePickerDialog(context: Context, listener: DatePickerDialog.OnDateSetListener?,
  year: Int, month: Int, dayOfMonth: Int)
  context     ：コンテキスト
  listener    ：日付設定時に呼び出されるイベントリスナー
  year        ：表示年
  month       ：表示月（0～11）
  dayOfMonth  ：表示日（1～31）
```

引数year／month／dayOfMonthは、ダイアログに既定で表示される年月日を表します。**1**で準備しておいた現在の日付から設定します。

引数listenerは、日付が選択された時に呼び出されるDatePickerDialog.OnDateSetListener型のイベントリスナーです。ラムダ式（**3**）の実体は、配下のonDateSetメソッドです。

構文 onDateSetメソッド

```
abstract fun onDateSet(view: DatePicker!, year: Int, month: Int,
  dayOfMonth: Int): Unit
  view        ：DatePickerオブジェクト
  year        ：選択された年
  month       ：選択された月
  dayOfMonth  ：選択された日
```

ダイアログで選択された年月日は、それぞれ引数year／month／dayOfMonthにセットされるので、ここでは「YY/MM/DD」の形式に整形し、テキストボックスtxtDateにセットしています。この際、引数 monthの値は0～11なので、文字列に整形する際はあらかじめ+1しなければならない点に注意です。

以上で日付ダイアログの設定は完了です。生成したDatePickerDialogオブジェクトを、これまでと同じく、onCreateDialogメソッドの戻り値として返します。

◼ 06-01-08 　時刻入力ダイアログを作成する

同じく、時刻の入力に特化した、TimePickerDialog クラスもあります。

図6-14 　時刻ダイアログを表示

具体的なコードは、以下のとおりです。

リスト6-16 　activity_main.xml（DialogTime プロジェクト）

```
<androidx.constraintlayout.widget.ConstraintLayout ...
  tools:context=".MainActivity">
  <EditText
    android:id="@+id/txtTime"
    android:layout_width="0dp"
    android:layout_height="wrap_content"
    android:ems="10"
    android:hint="時刻を入力してください"
    android:inputType="time"
```

```
      app:layout_constraintEnd_toEndOf="parent"
      app:layout_constraintStart_toStartOf="parent"
      app:layout_constraintTop_toTopOf="parent" />
    <Button
      android:id="@+id/btn"
      android:layout_width="wrap_content"
      android:layout_height="wrap_content"
      android:text="時刻入力"
      app:layout_constraintStart_toStartOf="parent"
      app:layout_constraintTop_toBottomOf="@+id/txtTime" />
</androidx.constraintlayout.widget.ConstraintLayout>
```

図6-15　レイアウト完成図

Button　　　　　　EditText

リスト6-17　MyDialogFragment.kt（DialogTime プロジェクト[13]）

```
package to.msn.wings.dialogtime

import android.app.Dialog
import android.app.TimePickerDialog
import android.os.Bundle
import android.widget.EditText
import androidx.fragment.app.DialogFragment
import java.util.Calendar

class MyDialogFragment : DialogFragment() {
  override fun onCreateDialog(savedInstanceState: Bundle?): Dialog {
    // 現在の時刻を準備
    val cal = Calendar.getInstance()
    val dialog = activity?.let {
      TimePickerDialog(
        it,
        { view, hourOfDay, minute ->
          // 選択された時刻をテキストボックスに反映
          val txtDate = it.findViewById<EditText>(R.id.txtTime)            ■1
          txtDate.setText("${hourOfDay}:${minute}")
        },
        cal[Calendar.HOUR_OF_DAY],
        cal[Calendar.MINUTE],
        true
      )
    }
```

※13）フラグメントを呼び出すためのアクティビティは、これまでに紹介してきたものとほぼ同じものなので、紙面上は割愛しています。完全なコードは、ダウンロードサンプルから参照してください。

```
    return dialog ?: throw IllegalStateException("Activity is null.")
  }
}
```

　時刻入力ダイアログも、日付の場合とほぼ同じ要領で作成できます。

構文 TimePickerDialogクラス（コンストラクター）

```
TimePickerDialog(context: Context!, listener: TimePickerDialog.OnTimeSetListener!,
  hourOfDay: Int, minute: Int, is24HourView: Boolean)
  context      : コンテキスト
  listener     : 時刻設定時に呼び出されるイベントリスナー
  hourOfDay    : 表示時
  minute       : 表示分
  is24HourView : 24時間表記で表すか
```

> *14）**日本語環境**では、午前／午後です。

　引数is24HourViewには、時間を24時間表記で表すかどうかをtrue／false
で指定します。この引数をfalseとした場合、時刻選択ダイアログにはAM／
PM[14]の選択欄が追加されます。

図6-16 引数is24HourViewがfalseの場合

イベントリスナー listener（ラムダ式＊15）には、時刻が選択された時に呼び出される処理を記述します（■）。

構文 onTimeSet メソッド

```
abstract fun onTimeSet(view: TimePicker!, hourOfDay: Int, minute: Int): Unit
  view ：TimePickerオブジェクト
  hourOfDay ：選択された時間
  minute    ：選択された分
```

ダイアログで選択された時分は、それぞれ引数hourOfDay／minuteにセットされるので、先ほどと同じく「HH:MM」の形式に整形した上でテキストボックスに反映します。

なお、引数 hourOfDayには、時刻選択ダイアログが12時間／24時間表記いずれであるかに関わらず、0～23の値がセットされます。

06-01-09 自作のダイアログボックスを作成する

基本的なダイアログであれば、ここまでの内容でほぼ賄うことができるでしょう。しかし、アプリによっては独自のレイアウトでダイアログを作成したいというケースもあります。そのようなケースでも、AlertDialog.Builderクラスにレイアウトファイルを引き渡すことで、独自のダイアログを実装できます。

たとえば以下は、06-01-03項のサンプルを自前のレイアウトファイルでカスタマイズしたものです。ごくシンプルなダイアログですが、誤解のしようもないコードから、ダイアログ自作の基本を理解しましょう。

図6-17 自前のレイアウトファイルで作成したダイアログ

[1] ダイアログボックスのレイアウトファイルを準備する

まずは、ダイアログのためのレイアウトファイルを用意します。ただし、ダイアログの外枠（タイトルとボタン）はAlertDialogクラスの機能で賄えるので、本体部分だけを定義してください。

リスト6-18 dialog_body.xml（DialogCustomプロジェクト）

```xml
<?xml version="1.0" encoding="utf-8"?>
<androidx.constraintlayout.widget.ConstraintLayout ...>
  <TextView
    android:id="@+id/txtMsg"
    android:layout_width="wrap_content"
    android:layout_height="wrap_content"
    android:layout_gravity="center"
    android:textColor="@android:color/holo_green_dark"
    android:textSize="50sp"
    android:textStyle="bold|italic"
    app:layout_constraintEnd_toEndOf="parent"
    app:layout_constraintStart_toStartOf="parent"
    app:layout_constraintTop_toTopOf="parent" />
</androidx.constraintlayout.widget.ConstraintLayout>
```

図6-18 レイアウト完成図

[2] ダイアログ生成のためのフラグメントを作成する

レイアウトファイルをもとにダイアログを生成するフラグメントを準備します。

リスト6-19 MyDialogFragment.kt（DialogCustomプロジェクト）

```kotlin
package to.msn.wings.dialogcustom

import android.app.AlertDialog
import android.app.Dialog
import android.os.Bundle
import android.view.LayoutInflater
import android.widget.TextView
import androidx.fragment.app.DialogFragment

class MyDialogFragment : DialogFragment() {
  override fun onCreateDialog(savedInstanceState: Bundle?): Dialog {
    val dialog = activity?.let {
```

```
    val layout = LayoutInflater.from(it) ──────────────────────────────────
        .inflate(R.layout.dialog_body, null) ──────────────────────────┐1
    val txtMsg = layout.findViewById<TextView>(R.id.txtMsg) ───────────
    txtMsg.text = arguments?.getString("txtName") ─────────────────────┐2
    // ダイアログを生成
    AlertDialog.Builder(it).apply {
        setTitle("ダイアログの基本")
        setView(layout) ──────────────────────────────────────────────┐3
        setIcon(R.drawable.wings)
    }.create()
  }
  return dialog ?: throw IllegalStateException("Activity is null.")
  }
}
```

＊16）「Avoid passing
`null` as the view root」
のような警告が表示
されますが、親レイア
ウトは持たないので、
ここでは無視して構
いません。

レイアウトファイルをViewオブジェクトに変換するには、LayoutInflator#inflateメソッドを利用するのでした（**1**＊16）。LayoutInflatorオブジェクトは、LayoutInflater.fromメソッドから取得できます。

構文　fromメソッド

```
static fun from(context: Context!): LayoutInflater!
  context：コンテキスト
```

この場合は、先ほど作成したdialog_body.xmlを取得しているので、inflateメソッドの戻り値も、そのルート要素であるConstraintLayoutです。

レイアウトを取得できたら、あとはfindViewByIdメソッドで目的のウィジェット（ここではTextView）を取得し、フラグメントに渡された値を設定します（**2**）。

レイアウトの準備ができたら、setViewメソッドでダイアログ本体のレイアウトとして設定して終了です（**3**）。

[3] サンプルを実行する

フラグメントを呼び出すメイン画面のレイアウト／アクティビティは、06-01-03項で作成したものをそのまま利用します。完全なコードは、ダウンロードサンプルを参照してください。

以上を準備できたら、アプリを起動してみましょう。本項冒頭の図6-17のように、レイアウトファイルの定義に従ってダイアログが表示されれば成功です。

Section 06-02 オプションメニューや コンテキストメニューを作成する

このセクションでは、オプションメニューやコンテキストメニューを作成するための方法を学びます。

このセクションのポイント

■ メニューの項目や構造は、メニュー定義ファイルで定義する。
■ オプションメニューはonCreateOptionsMenuメソッドで作成できる。
■ コンテキストメニューはonCreateContextMenuメソッドで作成できる。

メニューは、アプリの使いやすさを左右する重要な要素です。限られた項目の中で、ユーザーにとってわかりやすく、よく利用する機能にすぐにアクセスできるようにしておくことは、アプリの評価を左右すると言っても良いでしょう。

Androidでは、標準で以下のメニューを利用できるようになっています。

表6-4 Androidで利用できる主なメニュー

メニュー	概要
オプションメニュー	アクションバーから **⋮** をクリックすることで表示されるメニュー
コンテキストメニュー	画面の長押しで表示されるメニュー

図6-19 左）アクションバーから表示できるオプションメニュー／右）画面の長押しで表示されるコンテキストメニュー

以下では、これらのメニューの実装方法について学んでいきます。

06-02-01 オプションメニューを作成する

オプションメニューを作成するには、あらかじめメニュー項目を設定ファイルで用意しておく「静的な」方法と、Kotlinのコードからメニューを組み立てる「動的な」方法とがあります。まずは、より基本的な「静的な」アプローチから見ていくことにします。

■ アイコン画像を登録する

オプションメニューを利用するにあたっては、まずメニューと合わせて表示するアイコン画像をプロジェクトに登録しておきましょう。ダウンロードサンプルの/samples/imagesフォルダーから、menuxxxxx.png（11個）を、03-01-02項の手順に従って、プロジェクトルート配下の/res/drawableフォルダーにコピーしてください。

図6-20　画像をインポート済みのプロジェクトウィンドウ

■ メニュー定義ファイルを作成する

オプションメニューを静的に作成するには、あらかじめメニュー定義ファイルと呼ばれるメニューの構造情報を定義しておく必要があります。メニュー定義ファイルとは、名前のとおり、メニュー項目の名前やアイコン画像、表示順、項目同士の階層関係を表すXML形式の設定ファイルです。

メニュー定義ファイルを利用することで、アプリの中のメニュー情報を1箇所で管理できるので、あとからメニュー項目が追加／変更された場合にも対応が簡単です。

[1] メニュー定義ファイルを新規作成する

メニュー定義ファイルを作成するには、プロジェクトウィンドウから/resフォルダーを右クリックし、表示されたコンテキストメニューから[New] - [Android resource file] を選択してください。

図6-21 [New Resource File] ダイアログ

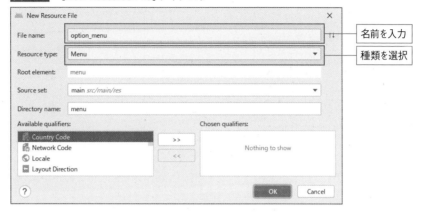

[New Resource File] ダイアログが表示されるので、以下のように必要な情報を入力し、[OK] ボタンをクリックします。これで/res/menuフォルダー配下にoption_menu.xmlが作成されます。

表6-5 [New Resource File] ダイアログ

項目	概要	設定値
File name	ファイル名	option_menu
Resource type	リソースの種類	Menu

[2] メニュー定義ファイルを編集する

レイアウトエディターが開くので、パレットからMenu / MenuItemをコンポーネントツリーに対して配置していきます[*1]。個々のメニュー項目を表すのがMenuItem、サブメニューのコンテナー(入れ物)となるのがMenuです。最終的に、以下のような階層となるようにします。

*1) デザインビューに配置することも可能ですが、階層を意識しながら配置するならばコンポーネントツリーの方が便利です。

図6-22　コンポーネントツリー上のメニュー配置

また、個々のメニュー項目（MenuItem）には、以下のように属性を設定します。

表6-6　MenuItemの属性情報

id	icon	orderInCategory	title	showAsAction
item1	@drawable/menu1	0	@string/home	never
item2	@drawable/menu2	1	@string/help	―
item3	@drawable/menu3	0	@string/search	―
item4	@drawable/menu4	1	@string/in	―
item5	@drawable/menu5	2	@string/out	―
item6	@drawable/menu6	3	@string/version	―
item7	@drawable/menu7	3	@string/setting	―
item8	@drawable/menu8	0	@string/bulb	―
item9	@drawable/menu9	1	@string/speaker	―
item10	@drawable/menu10	2	@string/key	―
item11	@drawable/menu11	4	@string/garbage	―

MenuItemで利用できる主な属性は、以下の通りです。

表6-7 MenuItemで指定できる主な属性

項目	概要		
id	項目を識別するための id 値		
title	表示名		
orderInCategory	項目の表示順		
icon	アイコン画像のリソースID		
showAsAction	アクションバーへの表示方法		
	設定値	概要	
	always	アクションバーに常に表示	
	collapseActionView	折りたたみ可能	
	ifRoom	アクションバーに表示可能な場合だけ表示	
	never	アクションバーに表示しない	
	withText	ifRoomと組み合わせて ("withText I ifRoom") テキストも表示する	

title属性で使用する文字列リソースは、02-02-05項の手順に従ってstrings.xmlに登録しておきます。キー／値の組み合わせは、以下の通りです。

表6-8 メニュー定義ファイルで利用している文字列リソース

キー	値
home	ホーム
help	ヘルプ
search	検索
in	インポート
out	エクスポート
version	バージョン
setting	設定
bulb	明るさ
speaker	音量
key	暗証番号
garbage	ごみ箱

■ メニューの初期化／選択時の処理を定義する

Activityクラスには、メニュー関連のイベントハンドラー (メソッド) が標準で用意されており、これらをオーバーライドするだけで、オプションメニューの表示から選択時の処理までを実装できます。

表6-9 メニューに関わるイベント

イベント	発生タイミング
onCreateOptionsMenu	メニューが表示される時（初回のみ）
onPrepareOptionsMenu	メニューを表示する時（毎回＊2）
onOptionsItemSelected	メニュー項目が選択された時
onOptionsMenuClosed	メニューを閉じた時

以下では、これらのイベントを利用してオプションメニューを有効にすると共に、メニュー選択時に選択されたメニュー名をトースト表示してみましょう＊3。

＊3）メソッドのオーバーライドには、Android StudioのGenerate機能からメソッドの骨組みを作成するのが便利です。詳しくは04-03-02項を参照してください。

リスト6-20 MainActivity.kt（MenuBasicプロジェクト）

```kotlin
package to.msn.wings.menubasic

import android.os.Bundle
import android.view.Menu
import android.view.MenuItem
import android.widget.Toast
import androidx.appcompat.app.AppCompatActivity

class MainActivity : AppCompatActivity() {
  override fun onCreate(savedInstanceState: Bundle?) {
    super.onCreate(savedInstanceState)
    setContentView(R.layout.activity_main)
  }

  // メニュー定義ファイルをもとにオプションメニューを生成
  override fun onCreateOptionsMenu(menu: Menu?): Boolean {
    menuInflater.inflate(R.menu.option_menu, menu)          ─a
    return true                                             ─b   ──1
  }

  // メニュー選択時にトースト表示
  override fun onOptionsItemSelected(item: MenuItem): Boolean {
    Toast.makeText(
      this, item.title, Toast.LENGTH_LONG).show()                ──1
    return true
  }
}
```

■1 メニューを初期化する

まず、オプションメニューが初回表示されるタイミング——onCreate
OptionsMenu メソッドで、MenuInflater クラスを使って、オプションメニューを
初期化＆作成します。MenuInflater クラスは、メニュー定義ファイル（option_
menu.xml）を読み込み、オプションメニューに追加するためのクラスです。new
演算子ではなく、menuInflater プロパティから取得する点に注意してください。

メニューそのものは inflate メソッドで生成します（**a**）。

構文 inflate メソッド

```
fun inflate(menuRes: Int, menu: Menu!): Unit
  menuRes：メニュー定義ファイル
  menu   ：メニュー本体
```

引数 menu（Menu オブジェクト）には、OnCreateOptionsMenu メソッ
ドの引数として渡されたものをそのまま指定しています。引数 menuRes には、
「R.menu. メニュー名」の形式でメニュー定義ファイルを指定します。

onCreateOptionsMenu メソッドでは、最後に戻り値として true を返すように
します（**b**）。これは、オプションメニューを表示しなさい、という意味です。戻り
値が false の場合、オプションメニューの表示はキャンセルされます[4]。

> ＊4）なにかしらの条件でメニューの表示を抑止したい場合に利用することになるでしょう。

■2 メニュー選択時にトースト表示する

メニュー項目が選択されると、onOptionsItemSelected メソッドが呼び出
されます。選択された項目は、onOptionsItemSelected メソッドの引数 item
（MenuItem オブジェクト）として渡されるので、ここから必要な情報にアクセスし
ます。MenuItem オブジェクトで利用できる主なプロパティは、以下のとおりです。

表6-10 MenuItem クラス（android.view パッケージ）の主なプロパティ

メソッド	概要
icon	メニューアイコン
itemId	メニュー項目の id 値
order	メニューの順番
title	タイトル

サンプルでは title プロパティでメニューの表示名を取得し、これをトースト表示
していますが、たとえば itemId プロパティを使えば「R.id.item1」のようなメニュー
項目の id 値を取得できます。メニュー項目によって処理を分岐したい場合などに
は、こちらを利用するのが便利でしょう。

```
when (item.itemId) {
  R.id.item1 -> ...item1が選択された場合の処理...
  R.id.item2 -> ...item2が選択された場合の処理...
  ...中略...
}
```

　　以上で、オプションメニューの準備は完了です。サンプルを実行し、以下の図のような結果が得られることを確認してください。

＊5）1段目のメニューではアイコン画像は表示されません。

図6-23　左：⋮アイコンをタップした時の表示／右：[設定]メニュークリックで、サブメニューを表示＊5

06-02-02　コンテキストメニューを表示する

　　コンテキストメニューとは、パネルにしばらく触れていると表示されるメニューのことです。Windowsアプリの右クリックで表示されるメニューに相当すると考えれば良いでしょう。

コンテキストメニューもまた、オプションメニューとほとんど同じ要領で実装できるので、ここでまとめて紹介しておくことにします。

図6-24　パネルを長押しすると、コンテキストメニューを表示

[1] メニュー定義ファイルを準備する

メニューの階層、項目を表すメニュー定義ファイルを準備します。ここでは前項で作成したoption_menu.xmlをそのまま利用させてもらいます。

このようにメニュー定義ファイルは、オプションメニューでもコンテキストメニューでも共通して利用できるということを覚えておきましょう。

[2] レイアウトファイルを準備する

レイアウトファイルの中身はなんでも構いませんが、1点だけ注意すべき点があります。というのも、あとからコンテキストメニューを登録するために、画面全体を表すレイアウト（ビューグループ）に対して、id値を設定しておく必要があるのです。

さもないと、Kotlinのコードからレイアウトにアクセスできないためです。サンプルでは、ConstraintLayoutに対してconstraintというid値を設定しています。

[3] コンテキストメニュー初期化／選択時の処理を定義する

Activityクラスには、コンテキストメニューに関わるイベントと、それに対応するイベントハンドラー（メソッド）があらかじめ用意されています。オプションメニューの時と同じく、これらをオーバーライドするだけでオプションメニューの表示から選択時の処理までを実装できます[6]。

＊6）メソッドのオーバーライドには、Android StudioのGenerate機能からメソッドの骨組みを作成するのが便利です。詳しくは04-03-02項を参照してください。

表6-11 メニューに関わるイベント

イベント	発生タイミング
onCreateContextMenu	メニューが表示される時
onContextItemSelected	メニュー項目が選択された時
onContextMenuClosed	メニューを閉じた時

以下では、コンテキストメニューの表示と選択時のトースト表示を有効にしてみます。

リスト6-21 MainActivity.kt（MenuContextプロジェクト）

```kotlin
package to.msn.wings.menucontext

import android.os.Bundle
import android.view.ContextMenu
import android.view.ContextMenu.ContextMenuInfo
import android.view.MenuItem
import android.view.View
import android.widget.Toast
import androidx.appcompat.app.AppCompatActivity

class MainActivity : AppCompatActivity() {
  override fun onCreate(savedInstanceState: Bundle?) {
    super.onCreate(savedInstanceState)
    setContentView(R.layout.activity_main)
    // コンテキストメニューの発生元ビューを登録
    registerForContextMenu(findViewById(R.id.constraint))
  }

  // メニュー定義ファイルをもとにオプションメニューを生成
  override fun onCreateContextMenu(
    menu: ContextMenu?, v: View?, menuInfo: ContextMenuInfo?) {
    super.onCreateContextMenu(menu, v, menuInfo)
    menuInflater.inflate(R.menu.option_menu, menu)
  }

  // メニュー選択時にトースト表示
  override fun onContextItemSelected(item: MenuItem): Boolean {
    Toast.makeText(this, item.title, Toast.LENGTH_SHORT).show()
```

```
    return true
  }
}
```

06-02-01項のリスト6-20と較べるとわかるように、onCreateContextMenu／onContextItemSelectedメソッドは、メソッド名や引数が変わっただけでonCreateOptionsMenu／onOptionsItemSelectedメソッドと内容の違いはありません。

ここでのポイントは、太字の部分だけです。

registerForContextMenuメソッドは、コンテキストメニューを特定のビューに登録するためのメソッドです。コンテキストメニューを有効にするには、registerForContextMenu メソッドで「このビューを長押しした時にコンテキストメニューを表示しますよ」ということをあらかじめ通知しておく必要があるのです。

構文 registerForContextMenuメソッド

```
fun registerForContextMenu(view: View!): Unit
  view：コンテキストメニューを関連付けるべきビュー
```

ここでは画面全体を表すConstraintLayoutレイアウトconstraintを登録しているので、画面のどこかを長押しすることで、コンテキストメニューが表示されるようになります。

06-02-03 メニューを動的に作成する

オプションメニュー／コンテキストメニューで表示するメニュー項目は、メニュー定義ファイルであらかじめ定義する他、Kotlinのコード（アクティビティ）から動的に登録することもできます。

固定的なメニューであれば、まずはメニュー定義ファイルを利用するのが基本ですが、データベースなどのデータソースからメニューを生成したい、条件によってメニューの内容を変更したいという場合には、こちらの方法を利用する必要があります。

たとえば以下は、06-02-01項のリスト6-20を、動的な手法でもって書き換えた例です。

リスト6-22 MainActivity.kt（MenuDynamicプロジェクト）

```kotlin
package to.msn.wings.menudynamic

import android.os.Bundle
import android.view.Menu
import android.view.MenuItem
import android.widget.Toast
import androidx.appcompat.app.AppCompatActivity

class MainActivity : AppCompatActivity() {
  override fun onCreate(savedInstanceState: Bundle?) {
    super.onCreate(savedInstanceState)
    setContentView(R.layout.activity_main)
  }


  // オプションメニューを生成する時に実行
  override fun onCreateOptionsMenu(menu: Menu): Boolean {
    // 1段目にメニュー項目を追加
    menu.add(0, 0, 0, "ホーム").setIcon(R.drawable.menu1)          ──■1
    // サブメニューを追加
    val sm1 = menu.addSubMenu(0, 1, 1, "ヘルプ")                    ┐
      .setIcon(R.drawable.menu2)                                    ┘■2
    sm1.add(0, 2, 0, "検索").setIcon(R.drawable.menu3)             ┐
    sm1.add(0, 3, 1, "インポート").setIcon(R.drawable.menu4)       │
    sm1.add(0, 4, 2, "エクスポート").setIcon(R.drawable.menu5)      ├■2
    sm1.add(0, 5, 3, "バージョン").setIcon(R.drawable.menu6)       ┘
    // サブメニューを追加
    val sm2 = menu.addSubMenu(0, 6, 2, "設定")
      .setIcon(R.drawable.menu7)
    sm2.add(0, 7, 0, "明るさ").setIcon(R.drawable.menu8)
    sm2.add(0, 8, 1, "音量").setIcon(R.drawable.menu9)
    sm2.add(0, 9, 2, "暗証番号").setIcon(R.drawable.menu10)
    menu.add(0, 10, 3, "ごみ箱").setIcon(R.drawable.menu11)
    return true
  }
  ...中略...
}
```

　　メニューに対してメニュー項目を追加するには、Menu#add メソッドを利用します。Menu オブジェクトは、onCreateOptionMenu メソッドの引数として渡されていますので、これを利用してください（**1**）。

構文 add メソッド

```
abstract fun add(groupId: Int, itemId: Int, order: Int,
  title: CharSequence!): MenuItem!
  groupId：グループid
  itemId ：項目id
  order  ：並び順
  title  ：メニュータイトル
```

　　引数 groupId は、メニュー項目をグルーピングするための id 値です。本サンプルでは、利用しないので、無条件にゼロをセットしています。引数 title には、ここでは文字列をハードコーディングしていますが、他の箇所で繰り返し述べてきたように、文字列リソースとして利用するのがあるべき姿です。文字列リソース id が str である場合、add メソッドは以下のように呼び出せます。

```
menu.add(0, 0, 0, R.string.str)
```

　　なお、アイコン画像は add メソッドではまとめて設定できません。setIcon メソッドで設定しておきましょう。

構文 setIcon メソッド

```
abstract fun setIcon(icon: Drawable!): MenuItem!
  icon：アイコン画像
```

　　サブメニューを追加するには、Menu#addSubMenu メソッドを利用します（**2**）。

構文 addSubMenu メソッド

```
abstract fun addSubMenu(groupId: Int, itemId: Int, order: Int,
  title: CharSequence!): SubMenu!
  groupId：グループid
  itemId ：項目id
  order  ：並び順
  title  ：メニュータイトル
```

addSubMenu メソッドは、サブメニューのコンテナー（上位のメニュー項目）を作成し、SubMenu オブジェクトとして返します。よって、あとは SubMenu#add メソッドを利用して、サブメニューを追加していくだけです。add メソッドの構文は、Menu#add メソッドと同じです（**3**）。

参考

静的／動的なアプローチを併用もできる

サンプルでは一からメニューを生成していますが、**1**の直前で inflate メソッドを呼び出すことで、「最初にメニュー定義ファイルをもとにメニューを作成しておき、あとでメニュー項目を更に動的に追加する」ということも可能になります。

メニューの一部だけが動的に決まる場合には、そのような併用もありでしょう。

また、Menu#removeItem メソッドを利用することで、既存のメニュー定義から指定されたメニュー項目を削除することもできます。

構文 removeItem メソッド

```
abstract fun removeItem(id: Int): Unit
  id：メニューid
```

```
menu.removeItem(0)
```

removeItem メソッドを利用すれば、メニューを静的に追加しておき、条件に応じて特定のメニュー項目だけを削除する、というアプローチもできるでしょう。

ビュー開発（応用）

ここまでの章では、ビュー開発の中でも特によく利用すると思われる基本ウィジェット、レイアウト（ビューグループ）、ダイアログ／メニューなどの機能について学んできました。これだけの内容を理解するだけでも、定型的なアプリを開発できるようになっているはずです。もっとも、本格的なアプリを開発する上では、お仕着せの機能だけでは次第と物足りなくなってくるはずです。そこで本章前半では、View ／ SurfaceView を使って独自のビューを実装する方法、後半ではアニメーション機能やテーマ／スタイルという機能を使って、アプリのデザイン／挙動をカスタマイズする方法について学びます。

はじめての Android アプリ開発 Kotlin 編

Section 07-01 ビュー描画の基本をおさえる

このセクションでは、View クラスをもとに独自のビューを作成する方法、そして、ビュー描画の基本を理解します。

このセクションのポイント

■ カスタムのビューを作成するには、View クラスを継承する。
■ Canvas クラスには、ビューに対して基本的な図形を描画するためのメソッドが用意されている。
■ Paint クラスは、ビュー描画のスタイルを決めるクラスである。

Androidには、標準でさまざまなウィジェットが用意されています。しかし、もちろん、実践的なアプリを開発する上で、標準的なウィジェットだけで賄えるケースはそれほど多くはありません。たとえばゲームなどの類ではアプリ固有にビューを描画＆操作することが不可欠です。そうでなくとも、アプリの一機能として独自のビューを用意したいということもあるでしょう。このセクションでは、そのようなビュー描画の基本について理解します。

07-01-01 ビューの正体

第3〜6章では、さまざまなビュー（ウィジェット／レイアウト）を見てきました。そして、それらはいずれももとを辿れば、View クラス（android.view パッケージ）を継承した View 派生クラスです。View クラスは、ビュー描画に関わる基本的な機能だけを提供するクラスであり、標準的なウィジェット／レイアウトでは、View に対して個別の見かけや動作を与えていたわけです。

図7-1 「ビュー」はView の派生クラス

よって、独自のビューを開発したいという場合にも、このViewクラスを継承して、独自の描画処理を組み込めば良いということです。

以下では、まず View 派生クラスを準備し、カスタムのビューを作成する方法、そして、カスタムビューをレイアウトファイルに組み込む方法を学んだ後、ビューに対して独自の描画を行うための Canvas という機能について詳らかにしていきます。

07-01-02 カスタムビューの基本

それではさっそく、ビューを自作してみましょう。以下は、（100,100）の位置に大きな点[1]をひとつ描画しただけのごくシンプルなビューの例です。

*1）結果は矩形に見えますが、内部的には点として描画しています。

図7-2 カスタムビューで描いた点

[1] View 派生クラスを定義する

冒頭述べたように、カスタムビューは、まず Viewクラス（android.view パッケージ）を継承しているのが基本です[2]。

*2）新規にKotlin クラスを作成する方法については、04-03-02項も参考にしてください。

リスト7-1 SimpleView.kt（CanvasBasic プロジェクト）

```
package to.msn.wings.canvasbasic

import android.content.Context
import android.graphics.Canvas
import android.graphics.Color
import android.graphics.Paint
import android.util.AttributeSet
import android.view.View

class SimpleView(context: Context, attrs: AttributeSet) : View(context, attrs) { ——■
    // 描画のためのスタイルを準備
```

```
private val p = Paint().apply {
  color = Color.CYAN
  strokeWidth = 100f
}                                               ③


// 描画のコア
override fun onDraw(canvas: Canvas) {
  super.onDraw(canvas)
  // ビューへの描画
  canvas.drawColor(Color.WHITE)                 ④
  canvas.drawPoint(100f, 100f, p)               ②
  }
}
```

Viewクラスでは、もともと複数のコンストラクターが用意されていますが、最低限、

　　・コンテキスト（context）
　　・属性情報（attrs）

を受け取るためのコンストラクターを用意しておきましょう（引数attrsの使い方については、07-01-04項で改めて解説します（①）。コンストラクターで受け取った引数は、とりあえずそのまま基底クラス（Viewクラス）に引き渡すだけで構いません。
　　View派生クラスの本体となるのは、onDrawメソッドです（②）。onDrawは、Androidがビューを表示／更新する際に呼び出すメソッドで、具体的な描画コードも、この中に記述します。

構文　onDrawメソッド

```
protected fun onDraw(canvas: Canvas!): Unit
  canvas：描画に利用するキャンバス
```

引数canvasには、Canvasオブジェクト（android.graphicsパッケージ）が渡されます。Canvasは、ビューへの描画を担当するオブジェクトです。詳しくはあとからも述べますが、矩形や円、点、線など、基本的な図形を描画するためのメソッド群を提供します。
　　Paintクラス（③）は、描画の際に利用するスタイル情報を管理するためのクラスです。colorプロパティで描画色を、strokeWidthプロパティで線（点）の太さを指定しています。
　　ここでは描画色として、Colorクラス（android.graphicsパッケージ）のフィールドを利用していますが、ARGB値で指定しても構いません。ARGB値とは、透明

*3) alphaプロパティを利用することで、透明度だけを設定することもできます。0 〜 255の整数値を指定できます。

度、赤、緑、青の強弱を、それぞれ16進数2桁 (00 〜 FF) で表したもので、(たとえば) 0xFFFF00FFであれば紫を表します[3]。ただし、16進数による表記は解りよいものではありません。色名 (Colorクラスのフィールド) で賄えるところは、まずはそちらを優先して利用してください。

その他にも、Paintクラスで利用できるプロパティはさまざまですが、それらについては登場都度に徐々に解説していくことにします。

注意

リスト7-1-**3**で、Paintオブジェクトをon Drawメソッドの外で (=プロパティとして) 定義している点に注目です。onDrawメソッドでしか利用していないのだから、ローカル変数として定義しても良いのではないか、と思うかもしれませんが、これは不可です。

試しに、pプロパティをローカル変数としてonDrawメソッド配下に移動してみましょう。「Avoid object allocations during draw/layout operations (preallocate and reuse instead)」のような警告が発生するはずです。描画処理は、頻繁に発生する可能性があるため、オーバーヘッドの大きくなりがちなオブジェクトの割り当ては、あらかじめ行っておき、再利用してください、という意味です。

ということで、ここでは警告に従って、Paintオブジェクトはプロパティとして再利用できるようにしておきましょう。

以上で描画の準備は整ったので、あとはCanvasクラスのメソッドを呼び出して、具体的に描画を指示するだけです (**4**)。

ここでは、drawColorメソッドでビューの背景色を塗りつぶした上で、drawPointメソッドで指定の座標に点を描画しています。

構文 drawColor／drawPointメソッド

```
fun drawColor(color: Int): Unit
fun drawPoint(x: Float, y: Float, paint: Paint): Unit
  color ：背景色
  x     ：点のX座標
  y     ：点のY座標
  paint ：描画スタイル
```

座標 (引数x、y) は、左上を基点に指定します。

シンプルなコードですが、「スタイル (Paint) を設定」し、それをもとに「ビューへ描画する (Canvas)」という流れは、以降のコードでも共通しています。この基本的な流れをきちんと理解しておきましょう。

［2］レイアウトファイルを用意する

あとは、ビュー呼び出しのレイアウトファイルを用意するだけです[*4]。

手順［1］で作成したビューは、これまで利用してきた標準ビューと同じく、タグの形式でレイアウトファイルに配置できます。パレットの［**Containers**］タブから「＜view＞」を配置してください。

図7-3 ［Views］ダイアログ

上のような［**Views**］ダイアログが開くので、リストから「SimpleView」を選択します。

制約の設定についてもこれまでと同じです。＜view＞の上／左辺を親レイアウトの境界に紐づけます。また、id値は「sv」としておきましょう。

ここまでの操作で生成されたコードは、以下の通りです。

リスト7-2　activity_main.xml（CanvasBasicプロジェクト）

```xml
<?xml version="1.0" encoding="utf-8"?>
<androidx.constraintlayout.widget.ConstraintLayout ...>
  <view
    android:id="@+id/sv"
    class="to.msn.wings.canvasbasic.SimpleView"
    android:layout_width="wrap_content"
    android:layout_height="wrap_content"
    app:layout_constraintStart_toStartOf="parent"
    app:layout_constraintTop_toTopOf="parent" />
</androidx.constraintlayout.widget.ConstraintLayout>
```

図7-4　レイアウト完成図

コードエディターからタグを直接記述する場合には、class属性にパッケージまで含めた完全修飾名で指定しなければならない点に注意してください。サンプルであれば、（SimpleViewではなく）「to.msn.wings.canvasbasic.SimpleView」であるということです。

［3］サンプルを実行する

以上で、独自のビューを描画する準備は完了です。サンプルを実行し、P.315の図7-2のように100×100の位置に点が描画されていることを確認してください。

07-01-03　さまざまな図形を描画する

　　　　基本的な描画の手順を理解できたところで、Canvasクラスの描画メソッドを利用して、さまざまな図形を描画してみましょう。レイアウトファイルはリスト7-2のものをそのまま利用するので、以下では、ビューの本体であるSimpleViewクラスのコードについてのみ抜粋します。

■ 点を描画する

　　　　リスト7-1では、ひとつだけ点を描画するdrawPointメソッドを紹介しました。
　　　　複数の点を描画するには、このdrawPointメソッドを繰り返し呼び出しても構いませんが、drawPointsメソッドを利用することで、よりシンプルに表せます。

リスト7-3　SimpleView.kt（CanvasPointsプロジェクト）

```kotlin
class SimpleView(context: Context, attrs: AttributeSet) : View(context, attrs) {
  private val p = Paint().apply {
    color = Color.CYAN
    strokeWidth = 30f
  }

  override fun onDraw(canvas: Canvas) {
    super.onDraw(canvas)

    canvas.drawColor(Color.WHITE)
    canvas.drawPoints(
      floatArrayOf(50f, 100f, 80f, 130f, 110f, 160f, 140f, 190f), p)
  }
}
```

図7-5　複数の点を描画

　　　　drawPointsメソッドの構文は、以下のとおりです。

構文 drawPoints メソッド

```
fun drawPoints(pts: FloatArray, paint: Paint): Unit
  pts  ：座標群
  paint：描画スタイル
```

引数 pts には、複数の点を表すために (x1, y1, x2, y2,...) の形式で座標を指定します。ここでは、X、Y 座標共に 30px ずつずらしながら (50, 100)、(80, 130)、(110, 160)、(140, 190) という座標を指定しています。

■ 直線を描画する

直線を描画するには、drawLine メソッドを利用します。

リスト7-4 SimpleView.kt（CanvasLine プロジェクト）

```kotlin
class SimpleView(context: Context, attrs: AttributeSet) : View(context, attrs) {
  private val p = Paint().apply {
    color = Color.CYAN
    strokeWidth = 10f
    strokeCap = Paint.Cap.ROUND ────────────────────────────────── 1
  }

  override fun onDraw(canvas: Canvas) {
    super.onDraw(canvas)

    canvas.drawColor(Color.WHITE)
    canvas.drawLine(10f, 20f, 800f, 550f, p)
  }
}
```

↓

図7-6 直線を描画

drawLine メソッドの構文は、以下のとおりです。

構文 drawLine メソッド

```
fun drawLine(startX: Float, startY: Float, stopX: Float,
  stopY: Float, paint: Paint): Unit
  startX：開始点のX座標
  startY：開始点のY座標
  stopX ：終了点のX座標
  stopY ：終了点のY座標
  paint ：描画スタイル
```

Paint#strokeCapプロパティは、直線の先端の形状を指定します（**1**）。引数には、以下の表の値を指定できます。

表7-1 strokeCapプロパティの設定（Paint.Cap列挙体のメンバー）

設定値	概要
BUTT	先端を処理しない（既定）
ROUND	先端を丸める
SQUARE	先端を四角形にする

BUTTとSQUAREとは似ていますが、SQUAREの方が先端を加工している分だけ、やや長めになります。以下は、strokeCapプロパティを変更した場合の結果です。

図7-7 strokeCapプロパティによる線種の違い

■ 複数の直線を描画する

折れ線のように、複数の直線を連続して描画するならば、drawLinesメソッドを利用します。

リスト7-5　SimpleView.kt（CanvasLinesプロジェクト）

```kotlin
class SimpleView(context: Context, attrs: AttributeSet) : View(context, attrs) {
  private val p = Paint().apply {
    color = Color.CYAN
    strokeWidth = 10f
  }

  override fun onDraw(canvas: Canvas) {
    super.onDraw(canvas)

    canvas.drawColor(Color.WHITE)
    canvas.drawLines(
      floatArrayOf(50f, 100f, 350f, 350f, 350f, 350f, 575f,
        100f, 575f, 100f, 720f, 350f, 720f, 350f, 900f, 100f), p)
  }
}
```

図7-8　折れ線を描画

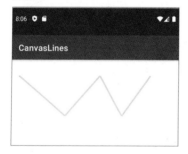

drawLinesメソッドの構文は、以下のとおりです。

構文　drawLinesメソッド

```
fun drawLines(pts: FloatArray, paint: Paint): Unit
  pts　　：座標群
  paint：描画スタイル
```

引数 ptsには、複数の直線を描画するために (x1, y1, x2, y2, ...) の形式で座標を指定します。これによって、(x1, y1) ～ (x2, y2)、(x3, y3) ～ (x4, y4) ...のように直線が引かれます。(x1, y1) ～ (x2, y2)、(x2, y2) ～ (x3, y3) ...ではない点に注意してください[5]。ここでは、

＊5）drawLinesメソッドで描画される直線は連続していなくても構わない、ということです。

- ・(50, 100)〜(350, 350)
- ・(350, 350)〜(575, 100)
- ・(575, 100)〜(720, 350)
- ・(720, 350)〜(900, 100)

という座標セットを指定しています。

■ 矩形を描画する

矩形を描画するには、drawRectメソッドを利用します。

リスト7-6　SimpleView.kt（CanvasRectプロジェクト）

```kotlin
class SimpleView(context: Context, attrs: AttributeSet) : View(context, attrs) {
  private val p = Paint().apply {
    color = Color.CYAN
    strokeWidth = 5f
    style = Paint.Style.FILL_AND_STROKE
  }

  override fun onDraw(canvas: Canvas) {
    super.onDraw(canvas)

    canvas.drawColor(Color.WHITE)
    canvas.drawRect(100f, 100f, 400f, 400f, p)
  }
}
```

図7-9　矩形を描画

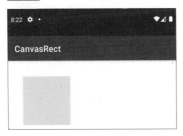

drawRectメソッドの構文は、以下のとおりです。

構文　drawRectメソッド

```
fun drawRect(left: Float, top: Float, right: Float,
  bottom: Float, paint: Paint): Unit
  left   ：左上のX座標
  top    ：左上のY座標
  right  ：右下のX座標
  bottom ：右下のY座標
  paint  ：描画スタイル
```

　　　　　Paint#styleプロパティは、図形の描画方法を表します。引数には、以下の表の値を指定できます。

表7-2　styleプロパティの設定（Paint.Style列挙体のメンバー）

設定値	概要
FILL	図形を塗りつぶす（枠線は描画しない）
FILL_AND_STROKE	図形を塗りつぶし、枠線も描画
STROKE	図形の枠線のみを描画

　　　　以下は、styleプロパティを変更した場合の結果です。FILLとFILL_AND_STROKEとは似ていますが、枠線の幅分だけ大きめになっていることがわかるでしょう。

図7-10　styleプロパティによる描画の変化

■ 円を描画する

　　　円を描画するにはdrawCircle／drawOvalメソッドを利用します。前者は正円を、後者は楕円を描画します。

リスト7-7 SimpleView.kt（CanvasCircle プロジェクト）

```kotlin
class SimpleView(context: Context, attrs: AttributeSet) : View(context, attrs) {
  private val p = Paint().apply {
    color = Color.CYAN
    strokeWidth = 20f
    style = Paint.Style.FILL_AND_STROKE
  }
  private val rectf = RectF(200f, 400f, 800f, 800f)

  override fun onDraw(canvas: Canvas) {
    super.onDraw(canvas)

    canvas.drawColor(Color.WHITE)
    canvas.drawCircle(200f, 200f, 100f, p)
    canvas.drawOval(rectf, p)
  }
}
```

図7-11 円／楕円を描画

drawCircle ／ drawOval メソッドの構文は、以下のとおりです。

構文 drawCircle メソッド

```kotlin
fun drawCircle(cx: Float, cy: Float, radius: Float, paint: Paint): Unit
  cx     ：中心のX座標
  cy     ：中心のY座標
  radius：半径
  paint  ：描画スタイル
```

構文　drawOvalメソッド

```
fun drawOval(oval: RectF, paint: Paint): Unit
    oval  ：楕円を表す矩形領域
    paint：描画スタイル
```

引数ovalのRectFクラス（android.graphicsパッケージ）は、左上、右下の座標によって矩形領域を表します。

構文　RectFクラス（コンストラクター）

```
RectF(left: Float, top: Float, right: Float, bottom: Float)
    left    ：左上のX座標
    top     ：左上のY座標
    right   ：右下のX座標
    bottom  ：右下のY座標
```

drawOvalメソッドでは、RectFオブジェクトで表された矩形領域に対して、内接するように楕円を描画するわけです。

図7-12　drawOval メソッド

■ 円弧を描画する

円弧を描画するには、drawArcメソッドを利用します。

リスト7-8 SimpleView.kt（CanvasArcプロジェクト）

```kotlin
class SimpleView(context: Context, attrs: AttributeSet) : View(context, attrs) {
  private val p = Paint().apply {
    color = Color.CYAN
    strokeWidth = 5f
    style = Paint.Style.FILL_AND_STROKE
  }
  private val rectf = RectF(300f, 200f, 800f, 700f)

  override fun onDraw(canvas: Canvas) {
    super.onDraw(canvas)

    canvas.drawColor(Color.WHITE)
    canvas.drawArc(rectf, 90f, 150f, true, p)
  }
}
```

図7-13 円弧を描画

構文 drawArcメソッド

```kotlin
fun drawArc(oval: RectF, startAngle: Float, sweepAngle: Float,
  useCenter: Boolean, paint: Paint): Unit
  oval       ：楕円を表す矩形領域
  startAngle：開始角度
  sweepAngle：描画角度
  useCenter ：中心まで描画するか
  paint      ：描画スタイル
```

開始角度（引数startAngle）は右水平方向を基点に、時計回りで指定します。

描画角度（引数sweepAngle）は開始角度を基点に、同じく時計回り方向に指定します。この例であれば、下方向を基点に150°の弧を描きます。

図7-14 drawArcメソッド

drawArc(rectf, 90f, 150f, true, p)

引数useCenterは、弧の中心点まで描画するかを表します。イメージが湧きにくいかもしれませんので、引数useCenterをfalseに指定した場合の結果も見ておきましょう。

図7-15 引数useCenterがfalseの場合

trueの場合は、中心点を加味した弧が描かれていたのに対して、falseでは中心点を含まないことが確認できます。

■ テキストを描画する

　ビューに対して描画できるのは図形ばかりではありません。drawText メソッドを利用することで、テキストを描画することもできます。

リスト7-9 SimpleView.kt（CanvasTextプロジェクト）

```kotlin
class SimpleView(context: Context, attrs: AttributeSet) : View(context, attrs) {
  private val p = Paint().apply {
    color = Color.CYAN
    strokeWidth = 5f
    typeface = Typeface.SERIF
    textSize = 50f
    textAlign = Paint.Align.CENTER
    textScaleX = 1.5f
    textSkewX = -0.5f
  }

  override fun onDraw(canvas: Canvas) {
    super.onDraw(canvas)

    canvas.drawColor(Color.WHITE)
    canvas.drawText("WINGSプロジェクト", 400f, 300f, p)
  }
}
```

↓

図7-16 テキストを描画

　drawText メソッドの構文は、以下のとおりです。

構文　drawText メソッド

```
fun drawText(text: String, x: Float, y: Float, paint: Paint): Unit
  text  ：描画するテキスト
  x     ：描画位置のX座標
  y     ：描画位置のY座標
  paint ：描画スタイル
```

　　　　drawText メソッドの構文自体はごくシンプルですが、テキスト描画に関連してさまざまな設定があります。以下に、リスト7-9で利用しているものをまとめておきます（**1**）。もちろん、これらの設定は必要に応じて施せばよいもので、常にすべての設定が必要なわけではありません。

表7-3　テキスト関連の設定（Paint クラスの主なプロパティ）

プロパティ	概要
typeface	フォントの種類（SANS_SERIF、SERIF など）
textSize	テキストサイズ（単位は sp）
textAlign	表示位置（LEFT、CENTER、RIGHT）
textScaleX	水平方向への拡大率
textSkewX	水平方向にずらす度合い

　テキストの水平方向の表示位置は、drawText メソッドの引数 x と、textAlign プロパティによって決まります。以下の図の太線は、引数 x で指定された座標位置を表すものとします。

図7-17　テキストの水平方向の表示位置

textSkewXプロパティは、テキストの上辺を左右にずらし、いわゆる斜体を作成します。設定値が正数の場合は左方向、負数の場合は右方向にずれます。

■ 既存の画像を貼り付ける

ビューでは、自分で一から図形を描画するばかりではありません。複雑な図はあらかじめ画像リソースとして用意しておき、ビューに貼り付けることもできます。静的な画像はリソースとして用意しておき、変化するコンテンツ、（リソースを用意するまでもない）シンプルなコンテンツだけを動的に生成するようにすることで、コードをシンプルにできるでしょう。

たとえば以下は、あらかじめ用意したham.pngをビューに表示させる例です。ham.pngは、P.121の手順に沿ってあらかじめdrawableフォルダーに登録しておくものとします。

リスト7-10 SimpleView.kt（CanvasBitmapプロジェクト）

```kotlin
package to.msn.wings.canvasbitmap

import android.content.Context
import android.graphics.BitmapFactory
import android.graphics.Canvas
import android.graphics.Color
import android.graphics.Paint
import android.util.AttributeSet
import android.view.View

class SimpleView(context: Context, attrs: AttributeSet) : View(context, attrs) {
  private val bmp = BitmapFactory.decodeResource(resources, R.drawable.ham)————■1
  private val p = Paint()

  override fun onDraw(canvas: Canvas) {
    super.onDraw(canvas)
    canvas.drawColor(Color.WHITE)
    canvas.drawBitmap(bmp, 0f, 10f, p) ————————————————————————————————————————■2
  }
}
```

↓

図7-18　指定された画像 ham.png を描画

　　画像リソースをビューに描画するには、まず画像リソースを読み込み、その結果を Bitmap オブジェクト（android.graphics パッケージ）として用意しておく必要があります（**1**）。これには、BitmapFactory.decodeResource メソッドを利用します。

構文　decodeResource メソッド

```
static fun decodeResource(res: Resources!, id: Int): Bitmap!
 res：画像を管理するResourcesオブジェクト
 id ：画像リソースのid値
```

　　画像リソースを含むアプリリソース（Resources オブジェクト）には、Activity#resources プロパティでアクセスできます。リソース id（引数 id）には「R.drawable.リソース名」で画像リソースを指定してください。
　　なお、decodeResource メソッドによるリソースの読み込みを（再）描画のたびに行うのは効率的ではありません。そこでサンプルでも、プライベートフィールドとして定義／初期化しています[6]。
　　読み込んだ画像リソースは、drawBitmap メソッドで描画できます（**2**）。

＊6）onDraw メソッドの配下で宣言してはいけません。

構文　drawBitmap メソッド

```
fun drawBitmap(bitmap: Bitmap, left: Float, top: Float, paint: Paint?): Unit
 bitmap：描画する画像
 left  ：描画位置のX座標
 top   ：描画位置のY座標
 paint ：描画スタイル
```

　　サンプルでは、読み込んだ画像をそのままビューに貼り付けているだけですが、画像の一部を拡大／縮小などした上で貼り付けることもできます。

構文 drawBitmapメソッド (2)

```
fun drawBitmap(bitmap: Bitmap, src: Rect?, dst: RectF, paint: Paint?): Unit
  bitmap：描画する画像
  src   ：元画像の切り取り範囲
  dst   ：貼り付け先の描画範囲
  paint ：描画スタイル
```

図7-19 drawBitmapメソッド

これによって画像bitmapから矩形srcの範囲を切り取り、その結果をビューの矩形dstの範囲に合うように拡大／縮小して貼り付ける、という意味になります。

以下に具体的なコードも示しておきます。

リスト7-11 SimpleView.kt（CanvasBitmapプロジェクト）

```kotlin
class SimpleView(context: Context, attrs: AttributeSet) : View(context, attrs) {
  ...中略...
  private rect = Rect(350, 100, 750, 500)
  private val rectf = RectF(50f, 50f, 850f, 850f)

  override fun onDraw(canvas: Canvas) {
    super.onDraw(canvas)
    canvas.drawColor(Color.WHITE)
    canvas.drawBitmap(bmp, rect, rectf, p)
  }
}
```

■ 図形を拡大／縮小、回転、平行移動する

　　座標変換することで、ビュー上の図形に対して拡大／縮小、回転、平行移動などの操作を施すことができます。座標変換とは、（図形そのものではなく）座標軸を操作することで、結果として、その中で描かれる図形を操作しようというアプローチです。

　　座標軸の操作…といってもややイメージも湧き辛いので、まずは具体的なサンプルを見てみましょう。

リスト7-12 SimpleView.kt（CanvasTranslateプロジェクト）

```kotlin
class SimpleView(context: Context, attrs: AttributeSet) : View(context, attrs) {
  private val p = Paint().apply {
    color = Color.CYAN
    strokeWidth = 5f
  }

  override fun onDraw(canvas: Canvas) {
    super.onDraw(canvas)

    canvas.drawColor(Color.WHITE)
    canvas.translate(200f, 200f) ————————————————————————1
    canvas.scale(1.5f, 1.5f)————————————————————————————2
    canvas.rotate(60f) ——————————————————————————————————3
    canvas.drawRect(0f, 0f, 200f, 200f, p)
  }
}
```

↓

図7-20 変換した座標に図形を描画した結果

座標変換に関するメソッドには、以下のようなものがあります。

表7-4 座標変換に関するメソッド

メソッド	概要
translate(*dx*: Float, *dy*: Float)	X、Y軸方向に指定幅だけ並行移動
scale(*sx*: Float, *sy*: Float)	X、Y軸を指定倍率だけ拡大／縮小
rotate(*degrees*: Float)	指定角度だけ回転
skew(*sx*: Float, *sy*: Float)	X、Y軸の方向に指定量だけ歪み

　サンプルであれば、translateメソッドで引数に(200, 200)を指定しているので（**1**）、200×200の位置が新しい座標の(0, 0)になるわけです。

　また、**2**のscaleメソッドではX軸Y軸の縮尺をそれぞれ1.5倍しているので、200×200の矩形は300×300の矩形として描画されるようになります。rotateメソッド（**3**）は、座標軸を現在の(0, 0)を中心に指定角度だけ時計回りに回転させます。

　座標軸の変化については、図7-20とも照らし合わせながら理解を深めてください。サンプルでは利用していませんが、座標軸に歪みを持たせるskewメソッドもあります。

```
canvas.skew(-0.1f, 0.5f)
canvas.drawRect(200f, 200f, 500f, 500f, p)
```

図7-21 座標軸に歪みを持たせた結果

```
canvas.skew(-0.1f, 0.5f)
canvas.drawRect(200f, 200f, 500f, 500f, p)
```

　引数sxに正数を指定した場合、座標軸は下辺が右方向に引っ張られるような形で変形しますし、引数syに正数を指定した場合には、座標軸は右辺が下方向に引っ張られるような形で変形します。それぞれ負数を指定した場合には、逆方向に傾きます。

参考

座標情報を保存／リストアする

　現在の座標情報を保存するにはsaveメソッドを、保存した状態まで座標を戻したい場合にはrestoreメソッドを、それぞれ利用します。座標変換は、それ以降の描画すべてに影響するので、一度変換してしまった座標をもとに戻したいというようなケースでは、save／restoreメソッドの組み合わせで変換するのが便利でしょう。

```
canvas.save()  // 初期状態を保存
canvas.translate(400f, 400f)  // 座標軸を並行移動
canvas.drawRect(0f, 0f, 300f, 300f, p)  // 矩形を描画 ①
canvas.restore()  // 座標軸を復元
canvas.drawRect(0f, 0f, 300f, 300f, p)  // 矩形を描画 ②
```

図7-22　実行結果

■ パスに沿って図形を描画する

　パスとは、言うなれば座標の集合です。Canvasオブジェクトでは、あらかじめパスで座標を定義しておき、あとからその座標情報に沿って図形を描画することができます。

　具体的な例も見てみましょう。以下は、パスを利用して折れ線を描画する例です。

リスト7-13　SimpleView.kt（CanvasPathプロジェクト）

```kotlin
class SimpleView(context: Context, attrs: AttributeSet) : View(context, attrs) {
  private val p = Paint().apply {
    color = Color.CYAN
    strokeWidth = 5f
    style = Paint.Style.STROKE
  }
  private val path = Path()

  override fun onDraw(canvas: Canvas) {
    super.onDraw(canvas)
    canvas.drawColor(Color.WHITE)

    canvas.drawPath(
      path.apply {
        moveTo(150f, 200f)
        lineTo(800f, 500f)
        lineTo(200f, 150f)
      },
      p
    )
  }
}
```

図7-23　パスを使って描画された折れ線

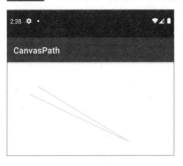

　パスを表すのは、Pathクラス（android.graphics パッケージ）の役割です。この例では、まずmoveToメソッドで始点となる座標を、lineToメソッドで終点となる座標を、それぞれ指定しています。lineToメソッドを続けて呼び出すことで、サンプルのように連続した複数の直線（＝折れ線）を表現することもできます（**1**）。

構文　moveTo ／ lineToメソッド

```
fun moveTo(x: Float, y: Float): Unit
fun lineTo(x: Float, y: Float): Unit
  x：X座標
  y：Y座標
```

図7-24　パスによる折れ線の描画

```
moveTo(150f, 200f)
lineTo(800f, 500f)
lineTo(200f, 150f)
```

ただし、Pathオブジェクトそのものは単なる座標の集合にすぎません（＝これそのものでは描画されるわけではありません）。パスに沿って、実際に図形を描画するには、drawPathメソッドを呼び出す必要があります（**2**）。

なお、パスで線を描画する場合には、あらかじめPaint#styleプロパティで「Paint.Style.STROKE」を宣言しておくのを忘れないようにしてください。

構文 drawPathメソッド

```
fun drawPath(path: Path, paint: Paint): Unit
  path ：パス
  paint：描画スタイル
```

moveTo ／ lineToメソッドの他にも、Pathクラスには、基本的な図形（座標）をパスに追加するためのメソッドが種々用意されています。以下に、主なメソッドをまとめておきます。

*7）Path.Directionは、描画方向を表します。CWは時計回りに描画、CCWは反時計回りに描画することを意味します。

表7-5 Pathクラスの主なメソッド[7]

メソッド	定義する図形
addArc(*oval*: RectF, *startAngle*: Float, *sweepAngle*: Float)	弧
addCircle(*x*: Float, *y*: Float, *radius*: Float, *dir*: Path.Direction)	円
addOval(*oval*: RectF, *dir*: Path.Direction)	楕円
addRect(*left*: Float, *top*: Float, *right*: Float, *bottom*: Float, *dir*: Path.Direction)	矩形
cubicTo(*x1*: Float, *y1*: Float, *x2*: Float, *y2*: Float, *x3*: Float, *y3*: Float)	3次ベジェ曲線
quadTo(*x1*: Float, *y1*: Float, *x2*: Float, *y2*: Float)	2次ベジェ曲線

構文は、対応するdrawXxxxxメソッドにほぼ準じるので、そちらも合わせて参考にしてください。

ベジェ曲線とは、n個の制御点をもとに描かれるn-1次曲線です。言葉では難しくも聞こえるかもしれませんが、要は、以下の図のような曲線です。Pathクラスでは、2次ベジェ曲線、3次ベジェ曲線に対応しています。

図7-25　ベジェ曲線

表7-5での引数名は、図の座標に対応しています。ベジェ曲線の開始点は、lineToメソッドと同じく、moveToメソッドによって決まります。

■ 角スタイルを設定する

Paint#strokeJoinプロパティでは、2直線によってできた角のスタイルを設定します。引数には、以下の値を指定できます。

表7-6　strokeJoinプロパティの設定（Paint.Join列挙体のメンバー）

設定値	概要
BEVEL	角を平たく
MITER	鋭角（既定）
ROUND	角を丸める

ただし、MITERを利用するには、合わせてstrokeMiterプロパティも設定してください。strokeMiterプロパティは、鋭角の度合いをfloat値で表します。数字を大きくすると、鋭角の度合いも強まります。

リスト7-14 SimpleView.kt（CanvasPathStyle プロジェクト）

```kotlin
class SimpleView(context: Context, attrs: AttributeSet) : View(context, attrs) {
  private val p = Paint().apply {
    color = Color.CYAN
    strokeWidth = 30f
    style = Paint.Style.STROKE
  }
  private val path = Path()

  override fun onDraw(canvas: Canvas) {
    super.onDraw(canvas)
    canvas.drawColor(Color.WHITE)

    // 平たい角を描画
    canvas.drawPath(
      path.apply {
        moveTo(210f, 300f)
        lineTo(240f, 650f)
        lineTo(270f, 300f)
      },
      p.apply {
        strokeJoin = Paint.Join.BEVEL
      }
    )

    // 鋭角を描画
    canvas.drawPath(
      path.apply {
        reset()─────────────────────────────────────────①
        moveTo(400f, 300f)
        lineTo(440f, 650f)
        lineTo(470f, 300f)
      },
      p.apply {
        strokeMiter = 30f
        strokeJoin = Paint.Join.MITER
      }
    )

    // 丸角を描画
    canvas.drawPath(
      path.apply {
        reset()
        moveTo(600f, 300f)
```

```
        lineTo(640f, 650f)
        lineTo(670f, 300f)
    },
    p.apply {
      strokeJoin = Paint.Join.ROUND
    }
  )
 }
}
```

↓

図7-26　strokeJoin プロパティによる角スタイルの違い

reset メソッド（）は、パスから座標（直線／曲線など）の情報を破棄します。複数のパスを描画する際には、描画都度に呼び出しておきましょう。

■ パス情報に従って図形をクリッピングする

clipPath メソッドを利用することで、ビューの特定の領域だけを切り抜くことができます（くり抜かれた領域のことを**クリッピング領域**と言います）。クリッピング領域を設定することで、以降は、領域の範囲内に対してのみ図形を描画できるようになります。利用している画像（sea.png）は、P.121の手順に沿ってあらかじめ drawable フォルダーに登録しておくものとします。

たとえば以下は、楕円形のクリッピング領域を定義した上で、その中に画像を貼り付ける例です。

リスト7-15　SimpleView.kt（CanvasClipPath プロジェクト）

```kotlin
class SimpleView(context: Context, attrs: AttributeSet) : View(context, attrs) {
  private val bmp = BitmapFactory.decodeResource(resources, R.drawable.sea)
  private val p = Paint().apply {
    strokeWidth = 5f
  }
  private val rect = RectF(100f, 100f, 1000f, 900f)
  private val path = Path().apply {
    addOval(rect, Path.Direction.CW)
  }


  override fun onDraw(canvas: Canvas) {
    super.onDraw(canvas)


    canvas.drawColor(Color.WHITE)
    canvas.clipPath(path)
    canvas.drawBitmap(bmp, 0f, 0f, p)
  }
}
```

↓

図7-27　画像を楕円にくり抜いた状態で貼り付け

　　この例では、addOval メソッドで定義された楕円のパス（**1**）をclipPath メソッドに渡しているので（**2**）、以降の画像貼り付け（**3**）も楕円で囲まれた領域の内側に対してのみ反映されることになります。

構文 clipPath メソッド

```
fun clipPath(path: Path): Boolean
  path：パス
```

ここでは、楕円だけをパスに追加していますが、もちろん、Path#addXxxxx メソッドを連続して呼び出すことで、より複雑なクリッピング領域を定義することもできます。

図7-28 複合的なパスで定義されたクリッピング領域

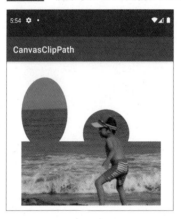

単純に矩形状のクリッピング領域を定義するだけならば、（clipPath メソッドの代わりに）Canvas オブジェクトの clipRect メソッドを利用しても構いません。

構文 clipRect メソッド

```
fun clipRect(left: Int, top: Int, right: Int, bottom: Int): Boolean
fun clipRect(rect: RectF): Boolean
  left   ：左上のX座標
  top    ：左上のY座標
  right  ：右下のX座標
  bottom ：右下のY座標
  rect   ：矩形領域
```

07-01-04 カスタムビューに属性を追加する

標準的なウィジェットと同じく、カスタムビューにも独自の属性を追加できます。ここでは、color属性（図形の描画色）、type属性（描画する図形の種類）を持つSimpleViewクラスを定義してみましょう。

type属性にはcircle（円）、rect（矩形）、line（直線）を指定できるものとします。

図7-29　属性に応じて、描画内容／色が変化する

[1] 属性情報を定義する

カスタムビューに属性を追加するには、定義ファイルを作って属性の名前／型を定義します。これには、プロジェクトウィンドウから/res/valuesフォルダーを右クリックして、表示されたコンテキストメニューから [New] － [Values Resource File] を選択します。

図7-30　[New Resource File] 画面

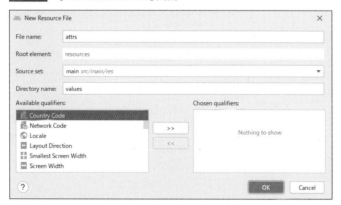

[New Resource File] 画面が開くので、ファイル名をattrsとし、その他は図の通りであることを確認した上で [OK] ボタンをクリックしてください。<resources>要素をルート要素にした定義ファイルが生成されるので、以下のように追加します（太字が追記部分）。

リスト7-16　attrs.xml（CanvasAttrプロジェクト）

```xml
<?xml version="1.0" encoding="utf-8"?>
<resources>
  <declare-styleable name="SimpleView">
    <attr name="color" format="color" />
    <attr name="type" format="enum">
      <enum name="circle" value="0" />
      <enum name="rect" value="1" />
      <enum name="line" value="2" />
    </attr>
  </declare-styleable>
</resources>
```

　属性情報は、＜resources＞－＜declare-styleable＞要素の配下で定義します。name属性は定義情報の名前で、一般的にはカスタムビューと同じ名前にすることをお勧めします[8]。

＊8）必須ではありませんが、対応関係が明確になります。

　個々の属性は、配下の＜attr＞要素で宣言します。name属性が名前、format属性が型です。この例ではcolor、enumを指定していますが、その他にも以下のような型を指定できます。

表7-7　format属性の主な設定値

型	概要	取得メソッド
boolean	true／false	getBoolean
integer	整数	getInt
float	浮動小数点数	getFloat
string	文字列	getString
color	カラー（#ffffffなど）	getColor
flag	ビットフラグ	getInt
enum	列挙値	getInt
reference	リソースid（@drawable/xxxxxなど）	getResourceId

　取得メソッドは、あとから属性値を取得する際に利用するためのメソッドです（属性の型によって利用するメソッドも変化します）。

　また、属性値によっては配下でオプションの指定も必要になります。たとえばenum（列挙値）であれば、配下の＜enum＞要素で表示名（name）、実際の値（value）を列挙します。

[2] ビュークラスを修正する

属性を受け取れるように、ビュークラスも修正しておきます。

リスト7-17 SimpleView.kt（CanvasAttrプロジェクト）

```kotlin
package to.msn.wings.canvasattr

import android.content.Context
import android.graphics.Canvas
import android.graphics.Color
import android.graphics.Paint
import android.util.AttributeSet
import android.view.View

class SimpleView(context: Context, attrs: AttributeSet) : View(context, attrs) {
    // 属性値を格納するためのcolor／typeプロパティを準備
    private var color: Int = Color.BLACK
        set(value) {
            field = value
            invalidate()
            requestLayout()
        }
    private var type: Int = 0
        set(value) {
            field = value
            invalidate()
            requestLayout()
        }
    private val p = Paint()

    // コンストラクター
    init {
        // 属性を取得
        context.theme.obtainStyledAttributes(
            attrs, R.styleable.SimpleView, 0, 0).apply {
            try {
                color = getColor(R.styleable.SimpleView_color, Color.BLACK)
                type = getInt(R.styleable.SimpleView_type, 0)
            } finally {
                recycle()
            }
        }
    }
```

■1

■2

■3

■4

```
override fun onDraw(canvas: Canvas) {
  super.onDraw(canvas)

  // color属性に応じて描画色を設定
  p.color = color                                                    5
  p.strokeWidth = 100f
  // type属性に応じて描画の種類を振り分け
  when(type) {
    0 -> canvas.drawCircle(200f, 200f, 100f, p)
    1 -> canvas.drawRect(100f, 100f, 400f, 400f, p)                  6
    2 -> canvas.drawLine(10f, 20f, 800f, 500f, p)
    else -> {}
  }
}
}
```

　まずは渡された属性値を維持するためのプロパティを準備しておきます（**1**）。この例であればcolor／type属性を格納するcolor／typeプロパティです。この際、セッターでinvalidate／requestLayoutメソッドを呼び出している点に注目です。

　属性を変更した場合、大概、ビューを再描画する必要があります。そこでinvalidateメソッドでビューを無効化した上で、requestLayoutメソッドで新たにレイアウトをリクエストするわけです（これらのメソッドは呼び出さなくても一見動作するように見えますが、問題が発生した場合には検出が困難になるので、必ず明示的に呼び出すようにしましょう）。

　プロパティを準備できたら、コンストラクターで属性を読み込みましょう（**2**）。これには、Theme#obtainStyledAttributesメソッドを利用します。

構文 obtainStyledAttributesメソッド

```
fun obtainStyledAttributes(set: AttributeSet?, attrs: IntArray,
  defStyleAttr: Int, defStyleRes: Int): TypedArray
  set          ：属性値のセット
  attrs        ：取得する属性
  defStyleAttr：既定値を提供するスタイルリソースへの参照（0で検索しない）
  defStyleRes ：既定値を提供するスタイルリソースの識別子（0で検索しない）
```

　引数attrsは「R.styleable.名前」とします。この例であれば [1] で定義したSimpleView属性（のセット）を取得します。

　obtainStyledAttributesメソッドの戻り値は、属性値を保持するTypedArrayオブジェクトです。属性セットを取得できたら、あとは、そのgetXxxxxメソッドで属性値を取得し、先ほど用意したプロパティに格納しておきます。使用する

*9) 利用するメソッドは、P.346の表7-7も参照してください。

getXxxxxメソッドは、属性の型によって変化します（**3**[*9]）。TypedArrayは共有リソースなので、利用後は必ずリサイクルしておきます（**4**）。

　属性を準備できてしまえば、あとはカンタン。ここでは、color属性の値はPaint#colorプロパティに設定し（**5**）、type属性に値に応じてCanvasオブジェクトの対応するメソッドを呼び出しています（**6**）。

[3] レイアウトファイルを編集する

　これまでと同じく、P.347の手順 [2] と同じように＜view＞ウィジェットを配置したら、これを選択した状態で、属性ウィンドウを開きます。

　その [Declared Attributes] タブから [＋] ボタンをクリックし、属性を追加します（カスタム属性は、既定では表示されていないからです）。

図7-31　属性の入力欄が追加される

　左欄に名前「app:color」、右欄に値「@color/purple_200」を追加します。同様に、もうひとつ属性を追加して、app:type属性（値はcircle）を追加しておきましょう。app:type属性はenum型なので、値も選択ボックスから選択が可能です。

参考

flag 型

　同様に、flag型も選択可能な属性です。たとえば以下のように定義することで、属性ウィンドウにはチェックボックスのリストとして表示されます。

```
<attr name="type" format="flags">
  <flag name="circle" value="1" />
  <flag name="rect" value="2" />
  <flag name="line" value="4" />
</attr>
```

図7-32　チェックボックスのリストとして表示される

生成されたレイアウトファイルのコードは、以下の通りです。

リスト7-18　activity_main.xml（CanvasAttrプロジェクト）

```xml
<?xml version="1.0" encoding="utf-8"?>
<androidx.constraintlayout.widget.ConstraintLayout ...>
  <view
    android:id="@+id/sv"
    class="to.msn.wings.canvasattr.SimpleView"
    android:layout_width="wrap_content"
    android:layout_height="wrap_content"
    app:color="@color/purple_200"
    app:layout_constraintStart_toStartOf="parent"
    app:layout_constraintTop_toTopOf="parent"
    app:type="circle" />
</androidx.constraintlayout.widget.ConstraintLayout>
```

図7-33　レイアウト完成図

　以上ができたら、属性の設定を変えながらサンプルを実行してみましょう。P.345の図7-29のように、属性値に応じて結果が変化することが確認できるはずです。

Section 07-02 ビュー描画の理解を深める

このセクションでは、タッチイベントに応じたビューの更新や、より高速な
ビュー描画のしくみなど、より高度な話題についてまとめます。

このセクションのポイント

1 View 派生クラスでビューの状態を更新するには、invalidate メソッドを利用する。

2 SurfaceView では、アニメーションやゲームなどより高速な描画に適したビューである。

3 SurfaceView 派生クラスでは別スレッドから GUI を直接更新できる。

07-02-01 簡易な落書き帳アプリを作成する

　タッチイベントとパスを利用して、カンタンな落書き帳アプリを作成してみましょ
う。パネル上をタッチするのに合わせて、ビューに自由な曲線を描画します。

　サンプルを通じて、カスタムのビューを動的に更新（再描画）する基本的な手法を
学んでください。

図7-34　画面をなぞることで、自由に線を描画できる

　それではさっそく、具体的な手順を確認していきます。

[1] ビュークラスを準備する

　前項までと同じく、View 派生クラスを準備します。ビュー描画の基本について
は割愛するので、ここではタッチイベントに関わるコードに注目してみましょう。

リスト7-19　CanvasView.kt（CanvasTouchプロジェクト）

```kotlin
package to.msn.wings.canvastouch

import android.content.Context
import android.graphics.Canvas
import android.graphics.Color
import android.graphics.Paint
import android.graphics.Path
import android.util.AttributeSet
import android.view.MotionEvent
import android.view.View

class CanvasView(context: Context, attrs: AttributeSet) : View(context, attrs) {
  // Paint／Pathの準備
  private val path = Path()
  private val p = Paint().apply {
    color = Color.BLUE
    strokeWidth = 3f
    style = Paint.Style.STROKE
    strokeJoin = Paint.Join.ROUND
  }

  // パスに基づいて描画
  override fun onDraw(canvas: Canvas) {
    super.onDraw(canvas)
    canvas.drawPath(path, p)
  }

  // タッチイベントで呼び出されるイベントハンドラー
  override fun onTouchEvent(event: MotionEvent): Boolean {
    // タッチの種類に応じて処理を分岐
    when (event.action) {
      MotionEvent.ACTION_DOWN -> path.moveTo(event.x, event.y)
      MotionEvent.ACTION_MOVE -> path.lineTo(event.x, event.y)
      MotionEvent.ACTION_UP -> {
        performClick()
        path.lineTo(event.x, event.y)
      }
    }
    invalidate()
    return true
  }
}
```

■1

■3

■2

```
override fun performClick(): Boolean {
    super.performClick() ──────────────────────────────────────4
    return true
  }
}
```

　最初に、落書き帳の考え方を理解しておきましょう。「自由な曲線」とは言っても、サンプルで描画しているのは、あくまで「ごく短い直線のつらなり」にすぎません。

図7-35　落書き帳で描画される曲線

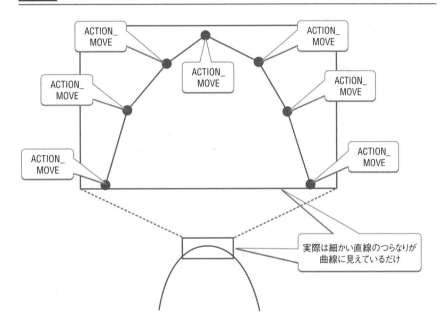

ACTION_MOVE

ACTION_MOVE

ACTION_MOVE

ACTION_MOVE

ACTION_MOVE

ACTION_MOVE

ACTION_MOVE

ACTION_MOVE

実際は細かい直線のつらなりが曲線に見えているだけ

　まず、タッチダウン時に基点となる座標を記録し、指が移動したら、その位置までの直線を描画し、更に移動したらその位置まで…という処理を繰り返しているのです。このような直線の集合が遠目には曲線に見えているわけです。

　以上を念頭に、対応するコードを読み解いていくと、コードは長くとも処理内容は明快でしょう。

　まず、**1**で描画のためのPaint／Pathオブジェクトをprivateフィールドとして用意します。

　あとは、**2**のonTouchEventメソッドでタッチの状態に応じて処理を分岐するだけです。onTouchEventメソッドでは、引数event（MotionEventオブジェクト）を介して、タッチイベントに関するさまざまな情報にアクセスできます。

表7-8　MotionEventクラスの主なプロパティ

プロパティ	概要		
action	タッチの種類		
	値		概要
	ACTION_DOWN		パネルをタッチ（押下）した
	ACTION_MOVE		パネル上で指をスライドさせた
	ACTION_UP		パネルから指を離した
	ACTION_CANCEL		キャンセル
downTime	タッチし続けた時間（ミリ秒）		
edgeFlags	スクリーンの端を判定		
	値		概要
	EDGE_TOP		上端に到達
	EDGE_BOTTOM		下端に到達
	EDGE_LEFT		左端に到達
	EDGE_RIGHT		右端に到達
x	タッチされた位置（X座標）		
y	タッチされた位置（Y座標）		

　ここでは、actionプロパティの戻り値（タッチの種類）によって、以下のように処理を振り分けています。

表7-9　onTouchEventメソッドの処理内容

アクション	処理内容
ACTION_DOWN	moveToメソッドでパスの基点を定義
ACTION_MOVE	lineToメソッドで、前の座標からの直線を描画
ACTION_UP	lineToメソッドで、前の座標から終点までの直線を描画

　onTouchEventメソッドの中のinvalidateメソッドについては、07-01-04項でも触れた通りです。ビューを無効化し、再描画の必要のあることをシステムに伝えます。invalidateメソッドを呼び出すことで、onDrawメソッドが呼び出されると理解しておけばよいでしょう。サンプルでは、タッチイベントでパス情報を更新するたびに、invalidateメソッドを呼び出し、更新されたパスをもとに描画状態も更新しているのです。

　パス情報に基づいてビューを描画するのは、drawPathメソッドの役割でした（ **3** ）。

参考

performClick メソッド

リスト7-19―**4**のperformClickは、clickイベントをコードから発生させるためのメソッド
です。このサンプルでは削除しても問題は出ませんが[*1]、利用側（MainActivityなど）から
OnClickListenerを利用している場合に必要となります（さもないと、clickイベントリスナー
が動作しません）。まずは、カスタムビューでTouchイベントリスナーを実装する際には、
performClickメソッドを呼び出すのが無難です。

[2] レイアウトファイルを作成する

　＜view＞ウィジェットを配置する手順は07-01-02項でも触れた通りです。
[Views]画面では、「CanvasView」を選択してください。

リスト7-20　activity_main.xml（CanvasTouchプロジェクト）

```
<androidx.constraintlayout.widget.ConstraintLayout...>
  <!--落書き帳のベースとなるビューを貼り付け-->
  <view
    android:id="@+id/cv"
    class="to.msn.wings.canvastouch.CanvasView"
    android:layout_width="0dp"
    android:layout_height="wrap_content"
    app:layout_constraintEnd_toEndOf="parent"
    app:layout_constraintStart_toStartOf="parent"
    app:layout_constraintTop_toTopOf="parent" />
</androidx.constraintlayout.widget.ConstraintLayout>
```

図7-36　レイアウト完成図

[3] サンプルを実行する

　以上の準備ができたら、サンプルを実行し、実際にマウスポインター（実機であ
れば指）で画面をなぞってみましょう。その軌跡に応じて、P.353の図7-35のよう
に線を描画できる点に注目です。

■ 補足：マルチタッチを検出する

　onTouchEventメソッドでは、マルチタッチ[*2]を検出することもできます。たと
えば以下は、マルチタッチの情報をLogcatにログ出力する例です。

リスト7-21 CanvasView.kt（CanvasMultiTouchプロジェクト）

```kotlin
override fun onTouchEvent(event: MotionEvent): Boolean {
  performClick()
  for (i in 0 until event.pointerCount) {
    Log.d(
    "MultiTouch",
    "ID ${event.getPointerId(i)} > [${event.getX(i)}, ${event.getY(i)}]"
    )
  }
  return true
}
```

図7-37 マルチタッチによって出力されたログ[3]

*3) マルチタッチの動作を確認するには、02-01-02項の手順に沿って実機にサンプルをインストールしてください。

　MotionEventクラスには、マルチタッチに対応した以下のようなメソッドが用意されています。また、P.354の表で示したメソッドは、いずれも引数としてインデックス番号を与えることで、i番目のポイント情報を取得できます。

表7-10 マルチタッチ関連のメンバー

メンバー	概要
pointerCount	タッチされたポイントの数
getPointerId(*pointerIndex*: Int)	i番目のポインター idを取得
findPointerIndex(*id*: Int)	ポインター idからポインターを検索

　サンプルでは、タッチされたポインターの数だけforループを繰り返し（**1**）、それぞれi番目のポインターについてタッチ位置（X、Y 座標）を取得＆ログとして出力しています（**2**）。

07-02-02 高速描画に対応したSurfaceViewクラス

　独自のビューを作成するには、まず Viewクラスを利用するのが基本ですが、Viewクラスにはひとつ難点があります。というのも、描画が低速なのです。もちろん、一般的なUIを作成する分にはなんら問題ない遅さですが、即応性を求

められるゲーム、表示を頻繁に更新するビューなどでは、高速な描画に対応した
SurfaceViewを優先して利用してください。

　SurfaceViewは、言うなれば、Surface（サーフェス）と呼ばれる描画専用の
キャンバスを持つビューです。SurfaceViewでは、Surface（表面）だけを取り出し
て内部的に描画し、更新できたら、ビューに反映させるという処理を行っています。

　これによって、描画を高速に反映できるというわけです。

■ SurfaceViewの基本

　それではさっそく、具体的なサンプルを見ていきましょう。以下は、
SurfaceViewを利用して矩形を描画する例です。

　P.352のリスト7-19をSurfaceViewを使って書き換えたものです。

［1］SurfaceView派生クラスを準備する

　まずは、Viewクラスの代わりに、SurfaceViewを継承したクラスを定義します。

リスト7-22　SimpleSurface.kt（SurfaceBasicプロジェクト）

```
package to.msn.wings.surfacebasic

import android.content.Context
import android.graphics.Color
import android.graphics.Paint
import android.util.AttributeSet
import android.view.SurfaceHolder
import android.view.SurfaceView

class SimpleSurface(context: Context, attrs: AttributeSet)
  : SurfaceView(context, attrs) {
  private val p = Paint().apply {
    color = Color.CYAN
  }

  // 初期化（サーフェイスの監視方法を定義）
  init {
    holder.addCallback(
      object : SurfaceHolder.Callback {
        override fun surfaceChanged(
          holder: SurfaceHolder,
          format: Int, width: Int, height: Int
        ) {}
```

```
      override fun surfaceCreated(holder: SurfaceHolder) {
        draw(holder)
      }

      override fun surfaceDestroyed(holder: SurfaceHolder) {}
    }
  )
}

// 描画処理の本体
private fun draw(holder: SurfaceHolder) {
  val canvas = holder.lockCanvas().apply {
    drawColor(Color.WHITE)
    canvas.drawRect(100f, 100f, 400f, 400f, p)
  }
  holder.unlockCanvasAndPost(canvas)
}
}
```
c a 3 b

　View派生クラスとも重複するところがあるので、以下では、SurfaceView固有
の注意点に絞って解説していきます。

1 サーフェスの動作を監視する

　SurfaceViewでは、SurfaceHolder.Callbackでサーフェスの作成／変更／
破棄を監視し、それらが検知されたタイミングでSurfaceHolderを使ってサーフェ
スを操作する、という流れが基本です。

　これには、SurfaceHolderに対してSurfaceHolder.Callbackオブジェクトを
登録してください。SurfaceHolderとは、サーフェスを管理＆操作するためのオブ
ジェクト、SurfaceHolder.Callbackはサーフェスを監視し、状態の変化に応じて
呼び出される、イベントリスナーの一種です。

　SurfaceView#holderプロパティでSurfaceHolderオブジェクトを取得できる
ので、そのaddCallbackメソッドでSurfaceHolder.Callbackオブジェクトを登
録しておきましょう。

　関係するオブジェクトが多いので、複雑にも感じるかもしれませんが、
SurfaceViewを利用する上で、基本のキとも言える関係なので、まずは
SurfaceViewを利用する場合の定石として覚えてしまいましょう。

② SurfaceView.Callbackインターフェイスを実装する

SurfaceView.Callbackインターフェイスに用意されているメソッドは、以下のとおりです。

表7-11 SurfaceView.Callbackインターフェイスのメソッド

メソッド	呼び出しタイミング
surfaceCreated(*holder*: SurfaceHolder)	SurfaceView が作成された時
surfaceChanged(*holder*: SurfaceHolder, *format*: Int, *width*: Int, *height*: Int)	SurfaceView のサイズなどが変更された時
surfaceDestroyed(*holder*: SurfaceHolder)	SurfaceView が破棄された時

サンプルでは、最低限、surfaceCreatedメソッドのみを実装し、その他のメソッドは空のままとしておきます。また、surfaceCreatedメソッドも描画のためのコードは別メソッドdrawとして分離している点に注意してください。これは、あとから描画コードだけを独立して呼び出すための準備です。

③ SurfaceViewでの描画手順

描画の本体を担うdrawメソッドも見ておきましょう。引数holder（SurfaceHolderオブジェクト）は、先ほども述べたように、サーフェスを操作するためのオブジェクトです。View#onDrawメソッドでは、引数としてCanvasオブジェクトがそのまま渡されていましたが、SurfaceViewでは、SurfaceHolderオブジェクトのlockCanvasメソッドを使って、自分で取り出す必要があります（**ⓐ**）。

lockCanvasは、キャンバスをロックした上で取得するメソッドです。ロックするとは、画面への反映をいったん停止するということです。冒頭述べたように、SurfaceViewでは、描画処理を効率化するために、「サーフェスを画面からいったん切り離して内部的に描画処理を行ったうえで、すべて終えたところでまとめて表示を更新する」というアプローチを採っています。キャンバスのロックを解除し、画面への反映を指示するのは、unlockCanvasAndPostメソッドの役割です（**ⓑ**）。

図7-38　SurfaceViewにおける描画の流れ

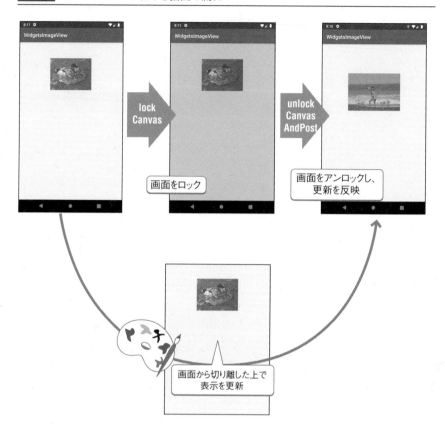

取得したCanvasオブジェクトに対する操作は、これまでと同じ要領で表現できます（ C ）。

キャンバスのロック＆取得→描画→アンロックという流れは、SurfaceViewでの基本ですので、きちんと理解しておきましょう。

[2] レイアウトファイルを準備する

あとは、ビュー呼び出しのレイアウトファイルを用意するだけです*4。カスタムビューを配置する際の注意点は前述しているので、07-01-02項も合わせて参照してください。

＊4）アクティビティは標準で用意されたものをそのまま利用できるので、紙面上は割愛します。完全なコードはダウンロードサンプルを参照してください。

リスト7-23　activity_main.xml（SurfaceBasicプロジェクト）

```xml
<?xml version="1.0" encoding="utf-8"?>
<androidx.constraintlayout.widget.ConstraintLayout ...>
  <view
    android:id="@+id/ss"
    class="to.msn.wings.surfacebasic.SimpleSurface"
    android:layout_width="0dp"
    android:layout_height="wrap_content"
    app:layout_constraintEnd_toEndOf="parent"
    app:layout_constraintStart_toStartOf="parent"
    app:layout_constraintTop_toTopOf="parent" />
</androidx.constraintlayout.widget.ConstraintLayout>
```

図7-39　レイアウト完成図

[3] サンプルを実行する

　以上の準備ができたら、サンプルを実行し、以下のような図形が描画されること
を確認しておきましょう。

図7-40　指定された図形を描画

■ SurfaceViewで作成する落書き帳アプリ

　続いて、タッチイベントをトリガーに、SurfaceViewを更新してみましょう。

　以下は、先ほど作成した落書き帳アプリをSurfaceViewを使って書き直した例
です。なお、P.357のリストと共通する部分は割愛するので、完全なコードはダウン
ロードサンプルから参照してください。リスト7-22からの追記部分は太字で表して
います。

リスト7-24 SimpleSurface.kt（SurfaceTouch プロジェクト）

```kotlin
package to.msn.wings.surfacetouch

import android.content.Context
import android.graphics.Color
import android.graphics.Paint
import android.graphics.Path
import android.util.AttributeSet
import android.view.MotionEvent
import android.view.SurfaceHolder
import android.view.SurfaceView

class SimpleSurface(context: Context, attrs: AttributeSet)
  : SurfaceView(context, attrs) {
  private val path = Path()
  private val p = Paint().apply {
    color = Color.BLUE
    strokeWidth = 3f
    style = Paint.Style.STROKE
    strokeJoin = Paint.Join.ROUND
    holder.addCallback(
      object : SurfaceHolder.Callback {
        ...中略...
      }
    )
  }

  private fun draw(holder: SurfaceHolder) {
    val canvas = holder.lockCanvas().apply {
      drawColor(Color.WHITE)
      drawPath(path, p)
    }
    holder.unlockCanvasAndPost(canvas)
  }

  override fun onTouchEvent(event: MotionEvent): Boolean {
    when (event.action) {
      MotionEvent.ACTION_DOWN -> path.moveTo(event.x, event.y)
      MotionEvent.ACTION_MOVE -> path.lineTo(event.x, event.y)
      MotionEvent.ACTION_UP -> {
        performClick()
        path.lineTo(event.x, event.y)
      }
    }
```

```
    draw(holder) ─────────────────────────────────────────────────────────1

    return true
  }

  override fun performClick(): Boolean {
    super.performClick()
    return true
  }
}
```

追記したコードの大部分は、P.352のそれと同じなので、実はここで注目して頂きたいのは**1**の一点だけです。

SurfaceViewでは、Viewクラスで利用していたinvalidateメソッドは利用できません。代わりに、描画を担当しているdrawメソッドを明示的に呼び出す必要があるのです。これが、前項で描画コードをsurfaceCreatedメソッドに組み込まなかった理由です。

■ SurfaceView によるアニメーションの実装

もうひとつ、SurfaceViewでカンタンなアニメーションを実装してみましょう。冒頭述べたように、SurfaceViewは高速描画のためのビューであり、一般的には継続的に再描画を繰り返すようなケース（＝アニメーションなど）で有用です。

たとえば以下のサンプルでは、円を左上から右下に移動させる例です。

なお、サンプルコードのほとんどは、P.362のリスト7-24と共通なので、ここでは独自の部分であるdrawメソッドに絞って掲載しています。完全なサンプルコードは、ダウンロードサンプルから参照してください。

リスト7-25 SimpleSurface.kt（SurfaceAnimationプロジェクト）

```
package to.msn.wings.surfaceanimation

import android.content.Context
import android.graphics.Color
import android.graphics.Paint
import android.util.AttributeSet
import android.view.SurfaceHolder
import android.view.SurfaceView
import java.util.concurrent.Executors

class SimpleSurface(context: Context, attrs: AttributeSet)
```

```kotlin
    : SurfaceView(context, attrs) {
    // スレッドプールを作成
    private val service = Executors.newSingleThreadExecutor()
    private val p = Paint().apply {
      color = Color.BLUE
      holder.addCallback(object : SurfaceHolder.Callback {
        ...中略...
        // ビュー破棄の際にスレッドプールも破棄
        override fun surfaceDestroyed(holder: SurfaceHolder) {
          this@SimpleSurface.service.shutdown()
        }
      })
    }

    private fun draw(holder: SurfaceHolder) {
      service.execute {
        for (i in 0..999) {
          val canvas = holder.lockCanvas().apply{
            drawColor(Color.WHITE)
            drawCircle((100 + i).toFloat(), (100 + i).toFloat(), 50f, p)
          }
          holder.unlockCanvasAndPost(canvas)
          try {
            // 50ミリ秒だけ処理を休止
            Thread.sleep(50)
          } catch (e: InterruptedException) {
            e.printStackTrace()
          }
        }
      }
    }
  }
```

■1

↓

図7-41 円が左上から右下に移動していくアニメーション

　サンプルのように、継続的に処理を繰り返すようなケースでは、アプリ本来の操作を邪魔しないように、描画処理は別スレッドで実行するのが基本です（**1**）。

　executeメソッドでは、forループで変数iを0 ～ 1000の範囲で動かしながら、drawCircleメソッドで円を描画しています。中心座標は（100 + i, 100 + i）としているので、ループの進行によって徐々に右下に移動していくわけです。

Section 07-03 動きを伴うアプリを視覚的に設計する

このセクションでは、モーションエディターとMotionLayoutを利用して、動き（モーション）を伴うアプリを視覚的に設計する方法について学びます。

このセクションのポイント

1 モーションエディターを利用することで、ウィジェットの動きを視覚的に設計できる。
2 モーションを伴うレイアウトはMotionLayoutで定義する。
3 モーションは、開始／終了時点の状態、双方を繋ぐ変化の方法（速度、変化の度合い）から構成される。
4 モーションは、クリック／スワイプなどのイベントをトリガーに実行できる。

　モーションエディターとは、画面（レイアウト）上でのウィジェットの動作を定義するための機能。従来、Androidでは、アニメーションを定義するために、XML形式の定義ファイルを直接編集する必要がありました。

　しかし、モーションエディターを利用することで、アニメーション前後の状態、変化の度合いを、お馴染みのレイアウトエディター上で確認しながら、視覚的に編集することが可能になります。

図7-42　モーションエディター

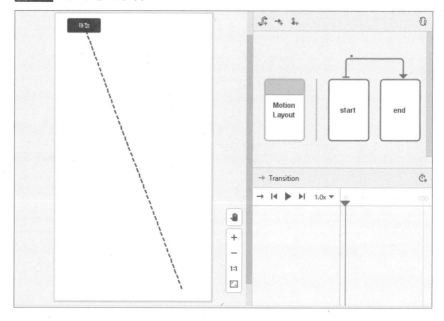

07-03-01 モーション付きのレイアウトを表す「MotionLayout」

モーションエディターを利用する場合に、前提となるのはMotionLayout
ウィジェットです。MotionLayoutは、これまで本書でも利用してきた
ConstraintLayoutの派生レイアウトなので、ConstraintLayoutの知識をその
ままにMotionLayoutも設計できます。

そして、MotionLayoutでは、モーション定義ファイル（MotionScene）を紐づ
けることで、レイアウトに対してモーションを付与できます。MotionSceneとは、
具体的には、以下のような要素から構成される情報です。

図7-43 モーション定義ファイル

ConstraintSetとは、モーション開始／終了時点でのレイアウトの状態を表しま
す。初期状態では、start／endという名前のConstraintSetが用意されていま
すが、必要に応じて（もちろん）ConstraintSetを増やしても構いません。

Transitionは、開始／終了時点での変化の方法（スピード、変化の様子など）を
表します。

07-03-02 モーションエディターの基本

では、ここからはモーションエディターの基本的なしくみを理解するために、以下
のようなアプリを作成してみましょう。ボタンをクリックすると、最初左上に配置し
ていたボタンが右下に移動し、加えて半透明になります。

図7-44　ボタンを移動した後、半透明に

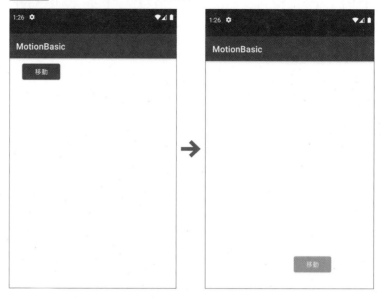

[1] ボタンを配置する

これまでと同じく、ConstraintLayoutに対してButton（ボタン）を配置します。ボタンには上下左右に制約を追加し、水平／垂直方向に中央寄せしておきます。

図7-45　本サンプルの初期レイアウト

また、ボタンのその他の属性も、以下のように設定しておきましょう。

表7-12　Buttonの属性設定

属性	設定値
id	btn
Text	移動

最終的に、以下のようなコードが生成されていることを確認しておきましょう。

リスト7-26　activity_main.xml（MotionBasicプロジェクト）

```xml
<?xml version="1.0" encoding="utf-8"?>
<androidx.constraintlayout.widget.ConstraintLayout ...>
  <Button
    android:id="@+id/btn"
    android:layout_width="wrap_content"
    android:layout_height="wrap_content"
    android:text="移動"
    app:layout_constraintBottom_toBottomOf="parent"
    app:layout_constraintEnd_toEndOf="parent"
    app:layout_constraintStart_toStartOf="parent"
    app:layout_constraintTop_toTopOf="parent" />
</androidx.constraintlayout.widget.ConstraintLayout>
```

[2] MotionLayoutを導入する

ここからがMotionLayout固有の操作です。

ConstraintLayoutで作成したレイアウトは、そのままMotionLayoutへの変換が可能です。レイアウトエディター上で右クリックして、表示されたコンテキストメニューから[**Convert to Motion Layout**]を選択します。

図7-46 MotionLayoutへの変換

　［Motion Editor］画面が開くので、［Convert］ボタンをクリックすると、MotionLayoutへの変換が行われ、レイアウトエディターもモーションエディターに切り替わります。

図7-47 モーションエディターの基本画面

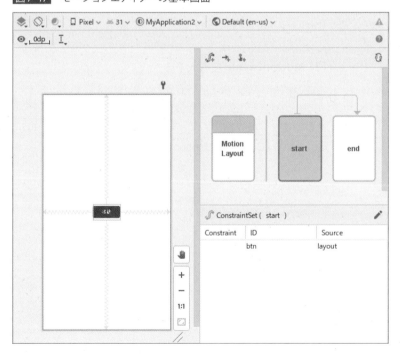

　このタイミングで、/res/xmlフォルダーにactivity_main_scene.xmlが生成されていることを確認してください。activity_main_scene.xmlは、先ほども触れたMotionScene（モーション定義ファイル）です。モーションに関わる情報は、レイアウトとは切り離して別ファイルとして管理されているのです。

　以下は、自動生成されたモーション定義ファイルのコードです。

リスト7-27　activity_main_scene.xml（MotionBasicプロジェクト）

```xml
<?xml version="1.0" encoding="utf-8"?>
<MotionScene
  xmlns:android="http://schemas.android.com/apk/res/android"
  xmlns:motion="http://schemas.android.com/apk/res-auto">

  <!--レイアウトの変化に関わる情報-->
  <Transition
    motion:constraintSetEnd="@+id/end"
    motion:constraintSetStart="@id/start"
    motion:duration="1000">
   <KeyFrameSet>
   </KeyFrameSet>
  </Transition>

  <!--モーション開始時の状態-->
  <ConstraintSet android:id="@+id/start">
  </ConstraintSet>

  <!--モーション終了時の状態-->
  <ConstraintSet android:id="@+id/end">
  </ConstraintSet>
</MotionScene>
```

　初期状態では、start／end双方のConstraintSetが空であるため、全体として何もしないモーションが定義されているわけです。

［3］モーション開始時の状態を設定する

　MotionLayoutでは、モーションの開始／終了時点での状態と、変化の方法（速度や変化の度合い）を表すことで、アニメーションを定義します。

　まずは、モーション開始時点での状態（ConstraintSet）を設定してみましょう。これには、モーションエディター上で［start］を選択します。すると、エディター下の［ConstraintSet（start）］ウィンドウに状態を設定可能なウィジェットが列挙されるので、ここでは「btn」を選択し、　（modify constraint set）－［Create Constraint］をクリックします。

図7-48　モーション開始時の状態を編集可能にする

[Constraint] 列にチェックが付いたら、ボタンに対してモーションを設定できるようになっています。

この状態で、デザインビューからボタンを選択し、ボタンを左上に移動させてみましょう。大まかな位置を決定できたら、細かな位置調整は属性ウィンドウから入力します。以下の属性を設定してください[*1]。

*1) 一部の属性を除いては、初期では表示されない点に注意してください。デザインビューで操作したところで属性ウィンドウに表示されます。

表7-13　位置調整に関わる属性

属性	概要	設定値
layout_constraintVertical_bias	垂直方向の寄せ幅比率	0.01
layout_constraintHorizontal_bias	水平方向の寄せ幅比率	0.1

これで上から0.01、左から0.1の位置にボタンが配置されます。

[4] モーション終了時の状態を設定する

[2] 同様に、モーション終了時点での状態も設定します。それぞれボタンの属性が以下のようになるように編集してください。

表7-14　位置調整に関わる属性

属性	概要	設定値
layout_constraintVertical_bias	垂直方向の寄せ幅比率	0.99
layout_constraintHorizontal_bias	水平方向の寄せ幅比率	0.9
alpha	透明度	0.1

これで上から0.99、左から0.9（右下）の位置に、半透明のボタンが配置されます。

参考

見た目、形状に関わる属性

　本文ではalpha属性を変化させる例について説明しましたが、その他にも、以下のような属性で見た目、形状を変化させることが可能です。

表7-15　見た目、形状に関わる主な属性

属性	概要
visibility	表示／非表示
rotationX ／ Y ／ Z	回転の角度
translationX ／ Y	基点位置からの移動座標
scaleX ／ Y	拡大／縮小

　これらの属性は、属性ウィンドウの［Transforms］タブから設定できます。rotation系の属性は、値に応じて上部のボックスが回転してくれるので、見た目を視覚的に調整しやすくなっています。

図7-49　［Transforms］タブ

[5] モーションの動作を確認する

　モーション前後の状態ができたので、今度は間──開始～終了の変化の方法（Transition）を設定します。これには、モーションエディター上でstartとendを繋ぐ矢印を選択します。

図7-50　移動の経路が表示される

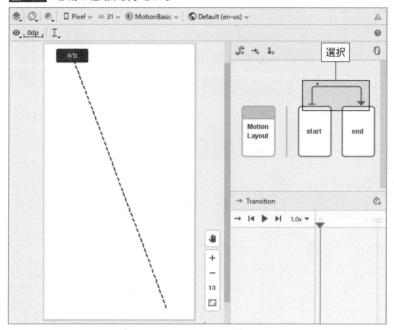

　デザインビュー上にアニメーションの経路が表示されます。また、右下には
[**Transition**] ウィンドウが表示されます。その ▶ （Play the transition） ボタンを
クリックすることで、デザインビュー上でボタンが左上から右下に動く様子が確認
できます。

図7-51　デザインビュー上でアニメーションを再生

[6] Transitionを設定する

モーションの方法を変更することも可能です。モーションエディター上でTransitionを選択した状態で、属性ウィンドウを確認してみましょう。

図7-52　Transitionの属性群

主な属性の意味は、以下の通りです。

表7-16　Transitionに関わる主な属性

属性	概要
duration	再生時間（ミリ秒）
motionInterpolator	変化の度合い（lenear、easeInOut、bounceなど）
autoTransition	モーションを自動的に開始（none、animateToStart、animateToEndなど）
pathMotionArc	要素がたどる軌跡に円弧を使用するか（startVertical、startHorizontal、flip、noneなど）

motionInterpolator属性はlinear（一定の変化）、easeInOut（開始／終了を緩やかに）など、あらかじめ決められた値を設定することもできますが、属性ウィンドウのグラフから制御点をドラッグすることで、変化をカスタマイズすることも可能です。

図7-53　変化の度合いを視覚的に編集

[7] ハンドラーを設定する

autoTransition属性を指定することで、モーションは自動で再生することも可能ですが、一般的には、レイアウト上のウィジェットをタップ（クリック）／スワイプしたタイミングで再生する場合が多いでしょう。このようなモーションのトリガーとなるウィジェットを設定しておきます。

これには、モーションエディターからTransitionを選択した状態で、ツールバーの （Create click or swipe handler）ボタンをクリックしてください。

図7-54　ハンドラーを設定する

[CREATE ONCLICK] 画面が表示されるので、[View to Click] 欄からボタンのid値（ここではbtn）を設定してください。[Add] ボタンをクリックすると、ハンドラーが設定されます。

[8] サンプルを実行する

サンプルを起動し、ボタンをクリックしてみましょう。先ほどモーションエディター

で確認したように、ボタンが左上から右下に向けて、半透明になりながら移動することが確認できます。

07-03-03 モーションをプログラムから操作する

モーションはモーションエディターで静的に設定するばかりではありません。Kotlinのコードから動的に操作することも可能です。

たとえば前項の例では、クリックでボタンを左上から右下に移動するだけでしたが、本項ではボタンクリックで開始地点⇔終了地点を交互に行き来させてみましょう。以下、先ほどのサンプルを書き換えていきます。

[1] ハンドラーを削除する

設定したハンドラーは、Transitionの属性ウィンドウから [**OnClick**] タブで確認できます。

図7-55 属性ウィンドウからハンドラーを確認

本項では、コードからモーションを操作するので、ハンドラーは不要です。ハンドラーを削除したい場合には、タブ上部の ☑ ボタンからチェックを外してください。

図7-56 ハンドラーが削除された

[2] MotionLayoutのid属性を設定する

あとでコードから操作できるように、MotionLayoutに対してid値を設定しておきます。これには、モーションエディター上で「MotionLayout」と書かれたボックスを選択した上で、コンポーネントツリーから「MotionLayout」を選択してください。

図7-57 MotionLayoutを選択

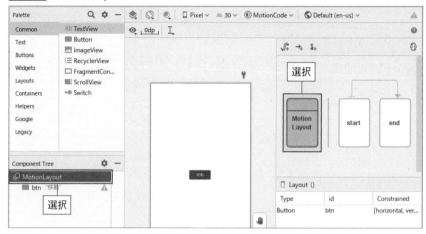

属性ウィンドウにMotionLayoutの属性が表示されるので、idの欄を「motion」としておきましょう。

[3] アクティビティを編集する

あとは、アクティビティクラスを、以下のように編集するだけです。

リスト7-28 MainActivity.kt（MotionCodeプロジェクト）

```kotlin
package to.msn.wings.motioncode

import androidx.appcompat.app.AppCompatActivity
import android.os.Bundle
import android.widget.Button
import androidx.constraintlayout.motion.widget.MotionLayout

class MainActivity : AppCompatActivity() {
  override fun onCreate(savedInstanceState: Bundle?) {
    super.onCreate(savedInstanceState)
    setContentView(R.layout.activity_main)

    val motion = findViewById<MotionLayout>(R.id.motion)
    // 現在の状態に応じてTransitionを切替
    findViewById<Button>(R.id.btn).setOnClickListener {
      if (motion.currentState == R.id.start) {
        motion.transitionToEnd()
      } else {
        motion.transitionToStart()
      }
```

■1

```
      }
    }
  }
}
```

コードそのものは明快です。MotionLayout#currentStateプロパティで現在の状態（ConstraintSet）を確認し、開始位置にある場合にはtransitionToEndメソッドで順方向に、さもなければ（＝終了位置にある場合は）transitionToStartメソッドで逆方向に、それぞれ再生します（**1**）。

参考

モーションの進行状況を監視する

MotionLayout#setTransitionListenerメソッドを利用することで、モーションの状況に応じた処理を実装することもできます。

```
motion.setTransitionListener(object : MotionLayout.TransitionListener {
  ...
})
```

MotionLayout.TransitionListenerインターフェイスで実装できるメソッドは、以下の通りです。

表7-17　モーションを監視するためのメソッド

メソッド	実行タイミング
onTransitionStarted	モーションが開始した時
onTransitionChange	モーション中
onTransitionCompleted	モーションが完了した時
onTransitionTrigger	モーションがトリガーされた時

[4] サンプルを実行する

サンプルを起動し、ボタンをクリックしてみましょう。先ほどと同様にボタンが右下に移動して止まったら、再度ボタンをクリックしてください。今度は、半透明が解除されながら逆方向に移動することが確認できます。

Section 07-04 アプリのデザインを一元管理する

このセクションでは、アプリ、またはウィジェットのデザインを一元的に管理するための、テーマ＆スタイルというしくみについて学びます。

スタイルとは、個々のウィジェットに対するスタイル関係の属性をまとめたリソースファイルの一種です。スタイルを利用することで、（たとえば）TextViewのフォントサイズ、テキスト色をまとめたスタイルを用意しておき、TextViewでは定義済みのスタイルを引用する、といったことが可能になります。スタイル情報を一箇所にまとめることで、デザインに変更があった場合にも、個別のレイアウトファイルを修正しなくてもすむ（＝スタイルさえ修正すれば良い）というメリットがあります。

テーマは、スタイルとよく似ていますが、個々のウィジェットではなく、アクティビティ単位、またはアプリ全体で適用できるスタイル設定のことです。

アプリも段々と規模が大きくなってくると、デザインの管理が厄介になってきます。早い段階でデザインに関わる情報は、テーマ＆スタイルに集約させておくことで、あとでデザインを更改する際にも負担を減らせるでしょう。

07-04-01 スタイルの基本

まずは、スタイルを定義して、TextViewのテキスト色、フォントサイズを変更してみましょう。

図7-58　スタイルでTextViewの見栄えを変更（左：TextStyle1、右：TextStyle2を適用）

[1] スタイル情報ファイルを定義する

スタイルは、/res/values/themes.xmlに記述します。themes.xmlは、プロジェクトを作成した初期状態で既に用意されているので、プロジェクトウィンドウからダブルクリックして開きます。

コードエディターが開くので、以下のように編集してみましょう。薄字の箇所は既定で用意されている情報なので、消してはいけません。

リスト7-29　themes.xml（StyleBasicプロジェクト）

```
<resources xmlns:tools="http://schemas.android.com/tools">
  <!-- Base application theme. -->
  <style name="Theme.StyleBasic" parent="Theme.MaterialComponents.DayNight. ⏎
DarkActionBar">
    <!-- Primary brand color. -->
    <item name="colorPrimary">@color/purple_500</item>
    <item name="colorPrimaryVariant">@color/purple_700</item>
    <item name="colorOnPrimary">@color/white</item>
    <!-- Secondary brand color. -->
    <item name="colorSecondary">@color/teal_200</item>
    <item name="colorSecondaryVariant">@color/teal_700</item>
    <item name="colorOnSecondary">@color/black</item>
```

```
    <!-- Status bar color. -->
    <item name="android:statusBarColor" tools:targetApi="l">?attr/ →
colorPrimaryVariant</item>
    <!-- Customize your theme here. -->
  </style>

  <style name="TextStyle1"
    parent="@style/Widget.MaterialComponents.Button.TextButton">
    <item name="android:textSize">20sp</item>
    <item name="android:textColor">#00FFFF</item>
    <item name="android:background">#000000</item>
  </style>

  <style name="TextStyle2"
    parent="@style/Widget.MaterialComponents.Button.TextButton">
    <item name="android:textSize">30sp</item>
    <item name="android:textColor">#FF0000</item>
    <item name="android:background">#FFFACD</item>
  </style>
</resources>
```

スタイル定義ファイルは、<resources>要素を頂点に、スタイル定義を<style>要素で列記し、スタイル内部の属性情報は<item>要素で表すのが基本です。ここでは、TextStyle1、TextStyle2というスタイルに対して、以下のスタイル情報を定義しています[*1]。

表7-18 TextStyle1 ／ TextStyle2で設定しているスタイル項目

スタイル項目	概要
android:textSize	テキストのフォントサイズ
android:textColor	テキスト色
android:background	背景色

parent属性にも注目です。これは、既存（標準）のスタイルを引き継ぎなさい、という意味です。この例であれば、「@style/Widget.MaterialComponents.Button.TextButton」というスタイルを引き継ぎながら、新たなスタイルを定義する、という意味になります。

parent属性を利用することで、スタイルを一から作成しなくて済むので、手間が減るというだけではありません。標準のスタイルを利用できるので、統一性を維持しながらスタイルをカスタマイズできる、というメリットがあります。

[2] レイアウトファイルを修正する

スタイルを確認するために、既定で用意されたレイアウトファイルを、以下のように修正してみましょう。

リスト7-30 activity_main.xml（StyleBasicプロジェクト）

```xml
<?xml version="1.0" encoding="utf-8"?>
<androidx.constraintlayout.widget.ConstraintLayout ...>
  <TextView
    style="@style/TextStyle1"
    android:layout_width="wrap_content"
    android:layout_height="wrap_content"
    android:text="Hello World!"
    app:layout_constraintBottom_toBottomOf="parent"
    app:layout_constraintLeft_toLeftOf="parent"
    app:layout_constraintRight_toRightOf="parent"
    app:layout_constraintTop_toTopOf="parent" />
</androidx.constraintlayout.widget.ConstraintLayout>
```

> ＊2）ファイル名は styles（複数形）ですが、参照する側は「@style/〜」（単数形）です。

スタイル定義を適用するには、style属性で「@style/スタイル名」の形式でスタイルを指定してください＊2。

[3] サンプルを実行する

サンプルを実行し、P.381の図7-58（左）のように、TextStyle1スタイルでの設定内容がTextViewに適用されていれば、正しくスタイルは適用できています。

また、リスト7-30の太字部分を「style="@style/TextStyle2"」と変更し、サンプルを再実行してみましょう。図7-58（右）のように表示が変化することを確認してください。

07-04-02 テーマの基本

ただし、一般的にはウィジェット個々にスタイルを設定するのは望ましい方法ではありません。アプリの中で類似したスタイルが乱立し、統一しにくくなるためです。一般的には、スタイル情報はテーマとして定義し、アプリ（またはアクティビティ）に対して適用することをお勧めします。

まずは、プロジェクトに既定で用意されているテーマを確認してみましょう（コメントは著者によるものです）。

■ テーマの定義

テーマもまた、themes.xmlに対して<style>要素で定義します。

リスト7-31 themes.xml（ThemeBasicプロジェクト）

```xml
<resources xmlns:tools="http://schemas.android.com/tools">
  <!--アプリの基本テーマ-->
  <style name="Theme.ThemeBasic"
    parent="Theme.MaterialComponents.DayNight.DarkActionBar">
    <!-- メインカラーの設定 -->
    <item name="colorPrimary">@color/purple_500</item>
    <item name="colorPrimaryVariant">@color/purple_700</item>
    <item name="colorOnPrimary">@color/white</item>
    <!-- アクセントカラーの設定 -->
    <item name="colorSecondary">@color/teal_200</item>
    <item name="colorSecondaryVariant">@color/teal_700</item>
    <item name="colorOnSecondary">@color/black</item>
    <!-- ステータスバーのカラー設定 -->
    <item name="android:statusBarColor"
      tools:targetApi="l">?attr/colorPrimaryVariant</item>
  </style>
</resources>
```

テーマと言っても、<resources> － <style>要素で定義する点、parent属性で既存のテーマを継承する点は、スタイルの場合と同じです。標準で用意されているテーマには、以下のようなものがあります。

表7-19 Android標準で利用できる主なテーマ

テーマ	概要
Theme.MaterialComponents	暗いテーマ（アクションバー付き）
Theme.MaterialComponents.NoActionBar	暗いテーマ（アクションバーなし）
Theme.MaterialComponents.Light	明るいテーマ（アクションバー付き）
Theme.MaterialComponents.Light.NoActionBar	明るいテーマ（アクションバーなし）
Theme.MaterialComponents.Light.DarkActionBar	明るいテーマ（暗い色に対応したアクションバー付き）
Theme.MaterialComponents.DayNight	OS依存で動的にテーマを選択（アクションバー付き）
Theme.MaterialComponents.DayNight.NoActionBar	OS依存で動的にテーマを選択（アクションバーなし）
Theme.MaterialComponents.DayNight.DarkActionBar	OS依存で動的にテーマを選択（暗い色に対応したアクションバー付き）

リスト7-31の例であれば、Theme.MaterialComponents.DayNight.
DarkActionBarテーマをもとに、新たなTheme.ThemeBasicを作成しているわ
けです。

あとは、独自のスタイルだけを配下の＜item＞要素で上書きしていきます。以下
は、配下の＜item＞要素で指定できる主なスタイルです。

表7-20　主なスタイル項目

スタイル	概要
colorPrimary	メインカラー（ボタン、アクションバーなどに適用）
colorPrimaryVariant	メインカラーから一段下げた補助色
colorOnPrimary	メインカラー上でのテキスト色
colorSecondary	アクセントカラー（メインカラーに対して目立つ色）
colorSecondaryVariant	アクセントカラーから一段下げた補助色
colorOnSecondary	アクセントカラー上でのテキスト色
colorBackground	背景色
colorOnBackground	背景上でのテキスト色
colorError	エラー表示時の背景色カラー
colorOnError	エラー時のテキスト色

設定値「@color/xxxxx」に対応するカラーは、/res/values/colors.xmlで定
義されています。実際のカラーを変更するには、こちらを編集してください。

リスト7-32　colors.xml（ThemeBasicプロジェクト）

```xml
<?xml version="1.0" encoding="utf-8"?>
<resources>
  <color name="purple_200">#FFBB86FC</color>
  <color name="purple_500">#FF6200EE</color>
  <color name="purple_700">#FF3700B3</color>
  <color name="teal_200">#FF03DAC5</color>
  <color name="teal_700">#FF018786</color>
  <color name="black">#FF000000</color>
  <color name="white">#FFFFFFFF</color>
</resources>
```

*3）最初に既存のリソース一覧が表示されるので、[Custom] タブを選択することでピッカーが表示されます。

colors.xmlでは、エディター左端の■をクリックすると、カラーピッカーも表示できます*3。実際のカラーを確認しながら設定できるので、積極的に活用していくと良いでしょう。

図7-59 カラーピッカーで選択

参考

マテリアルデザイン

　Theme.MaterialComponents. ～は、マテリアルデザインと呼ばれる思想のもとで準備されたテーマです。マテリアルデザインとは、Googleが2014年に発表した画面デザインの思想で、スマホ／タブレットなど異なるデバイスに統一的なデザインを取り入れることで、直観的な操作感を目指すものです。
　マテリアルデザインでは、

・画面内の色数は3 ～ 4色に抑え、それぞれにも役割（意味）を持たせる
・ウィジェットには意味を持った動きを与える

などの考え方がまとめられています。詳しくは、マテリアルデザインの本家サイト（https://material.io/）も一読しておくことをお勧めします。
　まず、ピッカー下部の選択ボックスは、マテリアルデザインで決められた色の明るさを選択するものです（50 ～ 900、A100 ～ A700）。一般的には、以下のルールでカラーを設定します。

・メインカラーは500番台から選択
・サブカラーは同列の番号違い（濃度違い）から選択
・アクセントカラーはメインカラーに対して離れたカラーを選択

■ テーマの適用

準備したテーマを適用するには、マニフェストファイルの<application>要素に対して、android:theme属性を指定します。定義済みのテーマを参照する「@style/テーマ名」という形式は、先ほどと同じです。

リスト7-33 AndroidManifest.xml（ThemeBasicプロジェクト）

```
<application
  ...中略...
  android:theme="@style/Theme.ThemeBasic">
```

テーマやその他のスタイル要素（<item>要素）を変更することで、アプリのスタイルも変化することを確認してみましょう。

図7-60 左：既定のスタイル、右：Theme.MaterialComponentsテーマを適用した場合

なお、<application>要素で定義されたテーマは、アプリ全体に対して適用されます。アプリでスタイルは一貫しているべきという意味では、まずは上の書き方が基本ですが、その他にもアクティビティ単位に設定したり、（設定ファイルではなく）プログラムから設定することも可能です。以下で、その方法をまとめます。

（1）アクティビティ単位の適用

　　<activity>要素に対して、android:theme属性を付与します。なお、リスト7-34では動作確認のために、<application>要素のandroid:theme属性は削除していますが、両方指定しても間違いではありません[*4]。

リスト7-34　AndroidManifest.xml（ThemeBasicプロジェクト）

```
<application ...
  android:supportsRtl="true">
  <activity android:name=".MainActivity"
    android:theme="@style/Theme.MaterialComponents">
    ...中略...
  </activity>
</application>
```

> [*4] 一般的には、まずアプリ全体でテーマを指定しておき、異なるテーマのアクティビティに対してのみアクティビティ単位でテーマ指定するという使い方になるでしょう。

（2）プログラムから適用

> [*5] setContentViewメソッドを呼び出した後では、テーマが適用されません。

　　アクティビティ（.ktファイル）側でテーマを設定することもできます。これには、onCreateメソッドの中で、setContentViewメソッドの前でsetThemeメソッドを呼び出してください[*5]。

リスト7-35　MainActivity.kt（ThemeBasicプロジェクト）

```
override fun onCreate(savedInstanceState: Bundle?) {
  super.onCreate(savedInstanceState)
  setTheme(R.style.Theme_MaterialComponents)
  setContentView(R.layout.activity_main)
}
```

Chapter
08 →

インテント

一般的なアプリでは、複数の画面（アクティビティ）が連携してひとつの機能を提供するのが普通です。本章では、アクティビティが別のアクティビティを起動したり、また、アクティビティ同士でデータを受け渡しするためのインテントというしくみについて学びます。インテントは Android の特徴的な概念であると共に、本格的なアプリを開発する上では欠かせないしくみです。終盤のキモとも言える本テーマを消化して、Android への理解をより深めましょう。

Contents

はじめての Android アプリ開発 Kotlin 編

Section 08-01
インテントの基本を理解する

このセクションでは、現在のアクティビティから別のアクティビティを呼び出すためのしくみであるインテントについて学びます。

このセクションのポイント

1 インテントとは、アクティビティ間で情報を受け渡しするためのしくみである。
2 インテントには、明示的インテントと暗黙的インテントの2種類がある。
3 アクティビティは、あらかじめマニフェストファイルで登録しておかなければならない。
4 アクティビティには、生成から破棄までの過程で呼び出されるライフサイクルメソッドが用意されている。

ごくザックリと言ってしまうならば、インテントとは、現在のアクティビティが、「他のアクティビティやアプリと情報を受け渡しするための入れ物」です。

Androidの世界では、アクティビティやアプリを起動する際に、ただ「起動しなさい」という命令を実行するわけではありません。インテントに、起動するアクティビティ（または起動条件）、パラメーター情報などを詰め込んで、これをAndroidシステムに送っているのです。Android側では、インテントの中身と、現在、システムに登録されているアクティビティとを比較して、適切な相手に対してインテントを転送します。

図8-1 インテント

インテントは、他の画面／アプリと情報を受け渡しするしくみ

　インテントを利用することで、起動する先が同じアプリの中の別画面（アクティビティ）はもちろん、別アプリであろうと、はたまた、サービス（セクション11-01）ですら、ほとんど同じ要領で呼び出すことができるのです。

　これまでの章では、ひとつのアプリはひとつのアクティビティで完結していたので、インテントを意識することはありませんでした。しかし、一般的なアプリでは、複数の画面（アクティビティ）が連携して動作するケースがほとんどです。アプリを開発する上で、インテントの理解は不可欠と言って良いでしょう。

08-01-01 インテントの種類

　インテントは、大きく**明示的インテント**と**暗黙的インテント**とに分類できます。まず、明示的インテントとは、インテントの送り先（クラス名）を明示的に指定するタイプのインテントです。主に、アプリ内部での画面移動のために利用します。

　一方、暗黙的インテントとは、送り先を明示しないインテントです。送り先を指定しない代わりに、（たとえば）「画像を開きたいな」「電話をかけたいな」という振る舞いを指定するのです。暗黙的インテントを受け取ると、Androidは画像を開くのに適した、電話を掛けるのに適したアプリを自動的に判定して、起動してくれます。

　主に、別のアプリを呼び出すのに利用します。

図8-2　明示的インテントと暗黙的インテント

08-01-02 アプリ内でアクティビティを切り替える

それでは、ここからは具体的なサンプルを見ていきます。

まずは、よりシンプルでわかりやすい明示的インテントを利用して、アプリ内部でアクティビティの切り替えを行ってみましょう。インテントのもっとも基本的な用法です。

以下で作成するのは、ボタンのクリックによって、MainActivityアクティビティとSubActivityアクティビティとの間を行き来するサンプルです。

図8-3 ボタンクリックで相互に画面が切り替わる

[1] メイン画面を準備する

レイアウトファイルは、アクティビティを切り替えるためのボタンだけを持つシンプルな構成としておきます。アクティビティには、ボタンクリック時に呼び出されるイベントリスナーを用意しておきましょう。

リスト8-1 activity_main.xml（IntentBasicプロジェクト）

```xml
<?xml version="1.0" encoding="utf-8"?>
<androidx.constraintlayout.widget.ConstraintLayout ...>
  <Button
    android:id="@+id/btnSend"
    android:layout_width="0dp"
    android:layout_height="wrap_content"
    android:text="サブ画面へ"
    app:layout_constraintEnd_toEndOf="parent"
    app:layout_constraintStart_toStartOf="parent"
    app:layout_constraintTop_toTopOf="parent" />
</androidx.constraintlayout.widget.ConstraintLayout>
```

図8-4 レイアウト完成図

リスト8-2 MainActivity.kt（IntentBasic プロジェクト）

```
package to.msn.wings.intentbasic

import android.content.Intent
import android.os.Bundle
import android.widget.Button
import androidx.appcompat.app.AppCompatActivity

class MainActivity : AppCompatActivity() {
  override fun onCreate(savedInstanceState: Bundle?) {
    super.onCreate(savedInstanceState).
    setContentView(R.layout.activity_main)

    // ボタンクリック時に呼び出されるイベントリスナー
    val btn = findViewById<Button>(R.id.btnSend)
    btn.setOnClickListener {
      // SubActivityへのインテントを作成
      val i = Intent(this, SubActivity::class.java) ————————1
      // アクティビティを起動
      startActivity(i) ————————————————————————————2
    }
  }
}
```

ポイントとなるのは、太字の部分です。

明示的インテントを作成するには、以下の構文でIntentオブジェクトを生成してください（**1**）。

構文 Intentクラス（コンストラクター）

```
Intent(packageContext: Context!, cls: Class<*>!)
  packageContext：コンテキスト
  cls           ：起動するアクティビティ
```

引数clsには、起動するアクティビティをClassオブジェクトとして指定します。引数packageContextには、現在のアクティビティ（this）を渡しておきましょう。

Intentの準備ができたら、startActivityメソッドでアクティビティを起動します（**2**）。

構文 startActivityメソッド

```
abstract fun startActivity(intent: Intent!): Unit
    intent：開始するインテント
```

　　　　これで、現在のアクティビティから指定されたアクティビティへと画面が切り替わります。

[2] サブ画面を準備する

同じようにサブ画面も用意します。

リスト8-3 activity_sub.xml（IntentBasicプロジェクト）

```xml
<?xml version="1.0" encoding="utf-8"?>
<androidx.constraintlayout.widget.ConstraintLayout ...>
  <TextView
    android:id="@+id/txt"
    android:layout_width="0dp"
    android:layout_height="wrap_content"
    android:text="サブ画面です"
    android:textSize="24sp"
    app:layout_constraintEnd_toEndOf="parent"
    app:layout_constraintStart_toStartOf="parent"
    app:layout_constraintTop_toTopOf="parent" />
  <Button
    android:id="@+id/btnBack"
    android:layout_width="0dp"
    android:layout_height="wrap_content"
    android:text="メイン画面へ"
    app:layout_constraintEnd_toEndOf="parent"
    app:layout_constraintStart_toStartOf="parent"
    app:layout_constraintTop_toBottomOf="@+id/txt" />
</androidx.constraintlayout.widget.ConstraintLayout>
```

図8-5 レイアウト完成図

TextView

| サブ画面です |
| メイン画面へ |

Button

リスト8-4 SubActivity.kt（IntentBasicプロジェクト）

```kotlin
package to.msn.wings.intentbasic

import android.os.Bundle
import android.widget.Button
import androidx.appcompat.app.AppCompatActivity

class SubActivity : AppCompatActivity() {
```

```
override fun onCreate(savedInstanceState: Bundle?) {
  super.onCreate(savedInstanceState)
  setContentView(R.layout.activity_sub)

  // ボタンクリック時に呼び出されるイベントリスナー
  val btn = findViewById<Button>(R.id.btnBack)
  btn.setOnClickListener {
    // SubActivityを終了
    finish() ─────────────────────────────────── 1
  }
}
}
```

finishメソッドは、現在のアクティビティを終了します（**1**）。これによって、呼び出し元であるメイン画面が再び表示されます。

[3] マニフェストファイルを編集する

アクティビティは、Activityクラスを準備しただけでは有効になりません。というのも、本章冒頭でも触れたように、アクティビティはAndroidがインスタンス化するものであるからです。そのため、あらかじめAndroidに対して、どのようなアクティビティが存在しているかを伝えておく必要があるのです。

これを行うのが、マニフェストファイルの役割です。

リスト8-5 AndroidManifest.xml（IntentBasicプロジェクト）

```
<?xml version="1.0" encoding="utf-8"?>
<manifest xmlns:android="http://schemas.android.com/apk/res/android"
  package="to.msn.wings.intentbasic"> ─────────────── 2
  <application ...>
    <activity android:name=".MainActivity"
      android:exported="true">
      <intent-filter>
        <action android:name="android.intent.action.MAIN" /> ─── 4
        <category android:name="android.intent.category.LAUNCHER" /> ─ 5
      </intent-filter>
    </activity>
    <activity android:name=".SubActivity"></activity> ─────── 6
  </application>
</manifest>
```

アクティビティを宣言するのは、<activity>要素の役割です（■）。android:name属性はアクティビティ（Activity派生クラス）の名前を表します。名前が「.MainActivity」のように始まっているのは、本来は「to.msn.wings.intentbasic.MainActivity」と完全修飾名で表すべきところを省略して書いているよ、という意味です。既定のパッケージ名は<manifest>要素のpackage属性で表しています（■）。

続いて、<activity>要素配下の<intent-filter>要素です（■）。アクティビティをどのように起動するかを表す情報です。まず、■の「android.intent.action.MAIN」はそのアクティビティがアプリのエントリーポイントであることを表します。また、■の「android.intent.category.LAUNCHER」はアクティビティをランチャーに表示することを意味します。■■は、基本的にセットで覚えておきましょう。

これまで、このような設定を意識する必要がなかったのは、ここまでの設定は既定で記述されていたからなのです。しかし、アクティビティを複数追加した場合には、そうはいきません。

追加したSubActivityクラスを明示的に宣言する必要があります（■）。SubActivityは、MainActivityから呼び出されることを想定したアクティビティなので、■■のような宣言は不要です。

もしもSubActivityをエントリーポイントにしたい場合には、マニフェストファイルを以下のように書き換えてください。

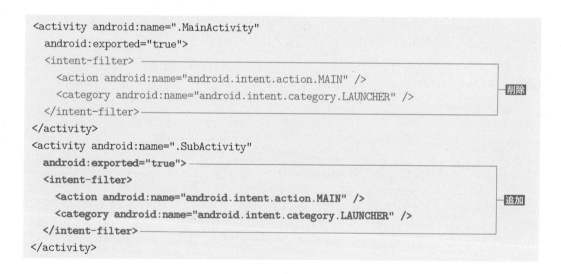

```
<activity android:name=".MainActivity"
  android:exported="true">
  <intent-filter>
    <action android:name="android.intent.action.MAIN" />
    <category android:name="android.intent.category.LAUNCHER" />
  </intent-filter>
</activity>
<activity android:name=".SubActivity"
  android:exported="true">
  <intent-filter>
    <action android:name="android.intent.action.MAIN" />
    <category android:name="android.intent.category.LAUNCHER" />
  </intent-filter>
</activity>
```

削除

追加

＊1）Android側がなにを起動して良いかを判別できないからです。

この際、MainActivity側の<intent-filter>要素は削除（コメントアウト）しておかなければならない点に注目です。理屈をわかっていれば当たり前ですが、アプリにエントリーポイントが複数あってはいけません＊1。

[4] サンプルを実行する

以上の準備ができたら、サンプルを実行してみましょう。本項冒頭の図8-3のように、ボタンクリックでMainActivityとSubActivityとが切り替わることを確認してみましょう。

08-01-03 アクティビティの表示方式とライフサイクル

さて、インテントを理解し、アクティビティの切り替えができるようになったところで、改めてアクティビティというものの特徴をまとめ、理解を深めていきましょう。

■ スタック式の表示方式

これまで何度も述べてきたように、アクティビティとはAndroidにおける画面です。Windowsにおけるウィンドウに相当するものだと考えても良いでしょう。

もっとも、ウィンドウとは決定的に異なる点もあります。というのも、Windowsのウィンドウは自由にサイズを調整し、複数を並べて表示することもできます。片や、Androidのアクティビティは、ダイアログなど一部の例外を除けば、ひとつだけが全画面表示されるのが基本です[2]。

アクティビティから別のアクティビティが呼び出されると、元のアクティビティに重なるように新しいアクティビティが表示され、新しいアクティビティを終了すると、隠れていたアクティビティが表示されるのです。前項のサンプルであれば、[**サブ画面へ**] ボタンを押したところでSubActivityがMainActivityの上に表示され、[**メイン画面へ**]ボタンを押したところでSubActivityが終了し、元のMainActivityが再表示されたわけです。

このようなアクティビティの管理方式を**スタック方式**と呼びます。

*2) ただし、Android 7以降では、マルチウィンドウ機能が搭載され、ひとつの画面で複数のアプリを同時に表示できるようになりました。

図8-6　スタック方式の画面表示

startActivity　　　　finish

アクティビティというカードを順番に積み上げ、また、カードを取り除いていくようなものだと考えると、イメージしやすいかもしれません。

現在表示されているアクティビティのことを**フォアグラウンド**にあるアクティビティ、その他の裏に隠れているアクティビティのことを**バックグラウンド**にあるアクティビティなどとも表現します。

■ アクティビティのライフサイクル

アクティビティは、最初に生成されてから、スタック方式の管理のもとでフォアグラウンド／バックグラウンド[3]と状態を変化させながら、最終的に破棄されます。このような生成から破棄までの流れのことをアクティビティの**ライフサイクル**と言います。そして、Activityクラスでは、ライフサイクルの変化に応じて呼び出されるさまざまなメソッドが用意されています。このようなメソッドのことを**ライフサイクルメソッド**と呼びます。

アクティビティプログラミングとは、その時どきの状態 (ライフサイクル) に応じてどのような処理を行うかを決めることだと言い換えても良いでしょう。図8-7に、アクティビティのライフサイクルと、その時どきで呼び出されるメソッドをまとめます。

*3) 表示／非表示、アクティブ／停止と言い換えても良いでしょう。

図8-7 アクティビティのライフサイクル

　これまでなんとなく使ってきたonCreateメソッドもまた、ライフサイクルの中で初期化の役割を担うメソッドであったわけですね。本格的にAndroidアプリを開発していく上では、これらのライフサイクルメソッドの発生タイミングを理解しておくことはとても大切です。

■ ライフサイクルメソッドの確認

　具体的なサンプルでも、ライフサイクルを確認しておきましょう。以下は、前項のリスト8-2、8-3に対してライフサイクルメソッドを追加し、それぞれのタイミングでLogcatにログを出力するサンプルです。

[1] アクティビティを準備する

　ライフサイクルメソッドを追加するには、カーソルをMainActivityクラスの配下に置いた状態で右クリックし、表示されたコンテキストメニューから[**Generate...**]−[**Override Methods...**]を選択してください。

図8-8　[Override Members]画面

　[**Override Members**]画面が表示されるので、オーバーライド可能なメソッドのリストから、onStart、onRestart、onResume、onPause、onStop、onDestroyを選択した上で[*4]、[**OK**]ボタンをクリックしてください。メソッドの骨組みが生成されるので、以下のようにコードを追記します。

＊4) onResume、onPauseはFragmentActivity、onStart、onStop、onDestroyはAppCompatActivity、onRestartはActivityの、それぞれ配下にあります。

リスト8-6　MainActivity.kt（IntentBasicプロジェクト）

```kotlin
package to.msn.wings.intentbasic

import android.content.Intent
import android.os.Bundle
import android.util.Log
import android.widget.Button
import androidx.appcompat.app.AppCompatActivity

class MainActivity : AppCompatActivity() {
  override fun onCreate(savedInstanceState: Bundle?) {
    super.onCreate(savedInstanceState)
    setContentView(R.layout.activity_main)
    Log.d("LIFE", "onCreate")
    ...中略...
  }

  override fun onStart() {
    super.onStart()
    Log.d("LIFE", "onStart")
  }

  override fun onRestart() {
    super.onRestart()
    Log.d("LIFE", "onRestart")
  }

  override fun onResume() {
    super.onResume()
    Log.d("LIFE", "onResume")
  }

  override fun onPause() {
    super.onPause()
    Log.d("LIFE", "onPause")
  }

  override fun onStop() {
    super.onStop()
    Log.d("LIFE", "onStop")
  }

  override fun onDestroy() {
    super.onDestroy()
```

```
    Log.d("LIFE", "onDestroy")
  }
}
```

リスト8-7 SubActivity.kt（IntentBasicプロジェクト）

```kotlin
package to.msn.wings.intentbasic

import android.os.Bundle
import android.util.Log
import android.widget.Button
import androidx.appcompat.app.AppCompatActivity

class SubActivity : AppCompatActivity() {
  override fun onCreate(savedInstanceState: Bundle?) {
    super.onCreate(savedInstanceState)
    setContentView(R.layout.activity_sub)
    Log.d("LIFE", "sub_onCreate")
    ...中略...
  }

  override fun onStart() {
    super.onStart()
    Log.d("LIFE", "sub_onStart")
  }

  override fun onRestart() {
    super.onRestart()
    Log.d("LIFE", "sub_onRestart")
  }
  override fun onResume() {
    super.onResume()
    Log.d("LIFE", "sub_onResume")
  }

  override fun onPause() {
    super.onPause()
    Log.d("LIFE", "sub_onPause")
  }

  override fun onStop() {
    super.onStop()
    Log.d("LIFE", "sub_onStop")
  }
```

```
override fun onDestroy() {
  super.onDestroy()
  Log.d("LIFE", "sub_onDestroy")
}
}
```

[2] Logcatのフィルターを設定する

　ログを見やすくするため、タグ「LIFE」で絞り込むフィルターを定義しておきましょう。Logcat右上の選択ボックスから [**Edit Filter Configration**] を選択します。

図8-9 ［Edit Filter Configration］を選択

　[**Create New Logcat Filter**] 画面が表示されるので、図8-10のようにフィルター条件を入力してください。これでLifeCycleフィルターが準備できました。

図8-10 LogCatのフィルターを登録

[3] サンプルを実行する

　以下の流れで、サンプルを実行します。

　（1）サンプルを起動する
　（2）[**サブ画面へ**] ボタンでサブ画面を表示

（3）［メイン画面へ］ボタンでメイン画面に戻る

以下のようなログが出力されることを確認してください。

図8-11 ライフサイクルに応じてログを出力（［Logcat］ビュー）

まず、アクティビティの起動時（**1**）には、onCreate→onStart→onResumeの順番でライフサイクルメソッドが呼び出され、画面が利用可能な状態になります。

画面の切り替え（**2**）では、まずメイン画面でonPauseメソッドが呼び出され、画面が一時停止状態になったところで（この段階ではまだメイン画面がフォアグラウンドにあります）、サブ画面側でonCreate→onStart→onResumeが呼び出されます。そして、サブ画面がフォアグラウンドになったところで、メイン画面ではonStopメソッドが呼び出され、停止状態になります。これが、フォアグラウンドとバックグラウンドとの切り替えで起こる、内部的な状態の変化です。

3は、finishメソッドでサブ画面が終了した時の流れです。**2**にも似ていますが、微妙に異なる点があります。まず、メイン画面ではonCreateメソッドの代わりにonRestartメソッドが呼び出されています。図8-11を見てもわかるように、バックグラウンドにあるアクティビティが再びフォアグラウンドに復帰する際には、初期化のためのonCreateメソッドは呼び出されず、再起動を表すonRestartメソッドが呼び出されるのです。

また、サブ画面では最後にonDestroyメソッドが呼び出されている点にも注目です。onDestroyメソッドは、アクティビティが（バックグラウンドに移っただけでなく）完全に破棄された場合に呼び出されます。

以上が、基本的なアクティビティ切り替えの流れです。

ただし、条件によっては、上の結果は変化することもあります。というのも、Androidの世界では、いったん背後に追いやられたアクティビティはシステムが自由

＊5）使われていないプロセスをファイルとしてハードディスクに書きだして、メモリーの空きを作ることです。

＊6）この場合の処理の流れは、図8-7の左側を参照してください。

に破棄して構わないというルールがあるからです。

　高性能になってくるとつい忘れがちになりますが、スマホのメモリー容量はパソコンなどに較べるとはるかに少ないものです。また、ハードディスクのような記憶装置を（一般的には）持たないので、メモリーが不足した時に、パソコンでは良く行われているスワップ処理＊5に頼ることもできません。そこでAndroidでは、メモリーが不足した場合にバックグラウンドにあるアプリを強制的に破棄することで、メモリー領域を確保しているのです＊6。

　従って、アプリ開発者も、背後に移動したアクティビティがいつ破棄されても良いように、データを保存するしくみを用意しておく必要があります。具体的には、アプリが一時停止するonPauseメソッドのタイミングで、データを保存するようにすると良いでしょう。データ管理の方法については、改めて第9章で解説します。

Section 08-02

画面間でデータを授受する

このセクションでは、アクティビティ間でデータを受け渡しする方法について学びます。

このセクションのポイント

■ インテントにデータを設定するには、Intent#putExtra メソッドを利用する。

■ インテントに設定されたデータを取得するには、Intent#getXxxxxExtra メソッドを利用する。

■ 呼び出し先のアクティビティから結果を受け取るには、startActivityForResult メソッドを使ってアクティビティを起動する。

インテントの役割は、単にアクティビティを呼び出すだけではありません。呼び出す際に、データを引き渡したり、逆に、起動したアクティビティから呼び出し元に対して結果を返すこともできます。

08-02-01 アクティビティ起動時にデータを引き渡す

まずは、呼び出し先のアクティビティにデータを引き渡す方法から見ていきましょう。以下は、MainActivityで入力された名前をSubActivityで受け取り、「こんにちは、●○さん！」のようなメッセージをトースト表示する例です。

図8-12 入力した文字列を移動先のアクティビティで利用

→

[1] メイン画面を準備する

呼び出し元のMainActivityから作成していきます。レイアウトファイルには名前を入力するためのテキストボックスと[送信]ボタンを配置しておきます。

リスト8-8　activity_main.xml（IntentDataプロジェクト）

```xml
<?xml version="1.0" encoding="utf-8"?>
<androidx.constraintlayout.widget.ConstraintLayout ...>
  <EditText
    android:id="@+id/txtName"
    android:layout_width="0dp"
    android:layout_height="wrap_content"
    android:ems="10"
    android:hint="名前を入力してください"
    android:inputType="textPersonName"
    app:layout_constraintEnd_toEndOf="parent"
    app:layout_constraintStart_toStartOf="parent"
    app:layout_constraintTop_toTopOf="parent" />
  <Button
    android:id="@+id/btnSend"
    android:layout_width="0dp"
    android:layout_height="wrap_content"
    android:text="サブ画面へ"
    app:layout_constraintEnd_toEndOf="parent"
    app:layout_constraintStart_toStartOf="parent"
    app:layout_constraintTop_toBottomOf="@+id/txtName" />
</androidx.constraintlayout.widget.ConstraintLayout>
```

図8-13　レイアウト完成図

EditText
名前を入力してください
サブ画面へ
Button

リスト8-9　MainActivity.kt（IntentDataプロジェクト）

```kotlin
package to.msn.wings.intentdata

import android.content.Intent
import android.os.Bundle
import android.widget.Button
import android.widget.EditText
import androidx.appcompat.app.AppCompatActivity

class MainActivity : AppCompatActivity() {
  override fun onCreate(savedInstanceState: Bundle?) {
    super.onCreate(savedInstanceState)
    setContentView(R.layout.activity_main)
```

```
// インテントを生成＆データをセット
val btn = findViewById<Button>(R.id.btnSend)
btn.setOnClickListener {
  val txtName = findViewById<EditText>(R.id.txtName)
  startActivity(
    Intent(this, SubActivity::class.java).apply {
      putExtra("txtName", txtName.text.toString())      ■1     ■2
    }
  )
}
}
}
```

　　　　　呼び出し先のアクティビティにデータを渡すには、インテントに対して名前／値の
セットでデータを登録しておきます。これを行うのが、putExtraメソッドの役割です
（**1**）。

構文 putExtraメソッド

```
fun putExtra(name: String!, value: T): Intent
  name   ：名前
  T      ：int、float、char、boolean、Stringなど
  value  ：値
```

　　　　　ここでは、txtNameという名前で、テキストボックス（EditText）の入力値を登録
しています。引数nameは、あとでデータにアクセスするためのキーとなる情報です。
　　　　　EditText#textプロパティの戻り値はEditableオブジェクトなので、入力値を
セットする際には、あらかじめtoStringメソッドで文字列に変換しておく必要があ
ります。
　　　　　データを登録したインテントは、先はどと同じく、startActivityメソッドに渡すこ
とでアクティビティを起動できます（**2**）。

[2] サブ画面を準備する（SubActivity）

　　　　　[1]で登録したデータをサブ画面（SubActivity）で取り出してみましょう。
　　　　　レイアウトファイル（activity_sub.xml）は前項のものと同じですので、紙面上は
割愛します。完全なコードはダウンロードサンプルを参照してください。

リスト 8-10 SubActivity.kt（IntentData プロジェクト）

```kotlin
package to.msn.wings.intentdata

import android.os.Bundle
import android.widget.Button
import android.widget.Toast
import androidx.appcompat.app.AppCompatActivity

class SubActivity : AppCompatActivity() {
  override fun onCreate(savedInstanceState: Bundle?) {
    super.onCreate(savedInstanceState)
    setContentView(R.layout.activity_sub)

    // インテントを取得＆トーストに反映
    val txtName = intent.getStringExtra("txtName") ──────■1
    Toast.makeText(
      this, "こんにちは、${txtName}さん！",
      Toast.LENGTH_SHORT
    ).show()

    // ボタンクリック時に呼び出されるイベントリスナー
    val btn = findViewById<Button>(R.id.btnBack)
    btn.setOnClickListener {
      // SubActivityを終了
      finish()
    }
  }
}
```

アクティビティ起動に利用したインテント（Intent オブジェクト）は、intent プロパティで取得できます。Intent オブジェクトを取得できたら、あとは getStringExtra メソッドでデータを文字列として取得するだけです（■1）。

今回は、取得すべきデータが文字列だったので getStringExtra メソッドを使いましたが、データに応じて、太字の部分は Boolean、ByteArray、Char、Double、Int、Long などに置き換えることもできます。

構文 getXxxxxExtra メソッド

```
fun getXxxxxExtra(name: String!): T
  T    : Boolean、ByteArray、Char、Double、Int、Long、Stringなどのデータ型
  name : キー
```

参考

オブジェクトも受け渡し可能

インテント経由でオブジェクトを受け渡しするには、Intent#getSerializaleExtraメソッドを利用します。たとえば、以下はBookクラスを受け取る例です[1]。

*1) 完全なコードは、ダウンロードサンプル内のIntentObjectプロジェクトを参照してください。

```
// appキーからBookオブジェクトを取得
val b = intent.getSerializableExtra("app") as Book
```

getSerializableExtraメソッドの戻り値はSerializable?型なので、本来の型として操作するには型キャストしなければならない点に注意してください。また、名前のとおり、シリアライズ可能なオブジェクトのみを取扱い可能です。受け渡しするオブジェクトは必ずSerializableインターフェイスを実装してください。

```
data class Book (val title: String, val publish: String,
val price: String) : Serializable
```

[3] マニフェストファイルを編集する

マニフェストファイルを編集して、SubActivityを追加します。

リスト8-11　AndroidManifest.xml（IntentDataプロジェクト）

```
<?xml version="1.0" encoding="utf-8"?>
<manifest xmlns:android="http://schemas.android.com/apk/res/android"
  package="to.msn.wings.intentdata">
  <application ...>
    ...中略...
    <activity android:name=".SubActivity"></activity>
  </application>
</manifest>
```

[4] サンプルを実行する

サンプルを実行し、P.405の図8-12のように、MainActivtyで入力したデータがSubActivityに反映されていること（＝アクティビティ間でデータの受け渡しができていること）を確認してください。

08-02-02 呼び出し先のアクティビティから結果を受け取る

アクティビティ間への移動は一方通行なケースばかりではありません。ある画面から別の画面に移動して、なんらかの処理を行った後、もとの画面に処理結果を返したいというケースもあります。その際に、（もちろん）移動先のアクティビティで改めて元のアクティビティへのインテントを作成してデータを受け渡ししても良いのですが、ActivityResultLauncherオブジェクトを利用することで、よりシンプルに「戻る」という操作を表現できます。

たとえば以下は、サブ画面（SubActivity）のテキストボックスで入力された内容を、呼び出し元（MainActivity）でトースト表示する例です。

図8-14　SubActivityで入力した文字列を元のアクティビティで表示

[1] メイン画面を準備する

レイアウトファイル（activity_main.xml）はP.392のものと同じなので、紙面上は割愛します。完全なコードはダウンロードサンプルを参照してください。

リスト8-12　MainActivity.kt（IntentForResultプロジェクト）

```
package to.msn.wings.intentforresult

import android.content.Intent
import androidx.appcompat.app.AppCompatActivity
import android.os.Bundle
import android.widget.Button
import android.widget.EditText
```

```
import android.widget.Toast
import androidx.activity.result.contract.ActivityResultContracts. ⇥
StartActivityForResult

class MainActivity : AppCompatActivity() {
  override fun onCreate(savedInstanceState: Bundle?) {
    super.onCreate(savedInstanceState)
    setContentView(R.layout.activity_main)

    // 結果を受け取った時の処理を準備
    val startForResult = registerForActivityResult(
      StartActivityForResult()) { result ->
      // 結果コードをチェック
      if (result?.resultCode == RESULT_OK) {
        result.data?.let {
          Toast.makeText(
            this@MainActivity,
            "こんにちは、${it.getStringExtra("txtName")}さん！",
            Toast.LENGTH_SHORT).show()
        }
      }
    }

    val btn = findViewById<Button>(R.id.btnSend)
    btn.setOnClickListener {
      // SubActivityを結果を戻してもらう前提で呼び出し
      startForResult.launch(Intent(this, SubActivity::class.java))
    }
  }
}
```

1 **2** **3**

　　呼び出し先のアクティビティから結果(戻り値)を受け取るには、
ActivityResultLauncherオブジェクトを利用します。ActivityResultLauncher
は、アクティビティの呼び出しと結果受け取りまでの流れを管理するためのオブジェク
ト。registerForActivityResultメソッドから生成できます(**1**)。

構文　registerForActivityResult メソッド

```
abstract fun <I: Any!, O: Any!> registerForActivityResult(
  contract: ActivityResultContract<I, O>,
  callback: ActivityResultCallback<O>): ActivityResultLauncher<I>)
  contract：リクエストの種類
  callback：結果を受け取った時に実行すべき処理
```

引数contractは、リクエストの種類を表すための情報です。アクティビティ経由で結果を受け取りたいならば、まずはStartActivityForResultオブジェクト（androidx.activity.result.contract.ActivityResultContractsパッケージ）を渡しておきます。

引数callbackは、呼び出し先からのアクティビティが終了し、現在のアクティビティが再起動する際に呼び出されるコードを表します。ラムダ式（実体は、ActivityResultCallback#onActivityResultメソッド）は、引数として結果情報（ActivityResultオブジェクト）を受け取ります。ActivityResultクラスの主なプロパティは、以下の通りです。

表8-1　ActivityResultクラス（androidx.activity.resultパッケージ）の主なプロパティ

プロパティ	概要
resultCode	結果コード
data	結果値（Intent）

2であれば、結果ステータス（resultCode）が成功（RESULT_OK）だった場合に、その結果値（Intent#getExtraStringメソッド）から戻り値を取得し、トースト表示する、という意味になります。

これでActivityResultLauncherオブジェクトの準備ができました。あとは、そのlaunchメソッドをボタンクリックのタイミングで呼び出し、アクティビティ（SubActivity）を起動するだけです（**3**）。

構文　launchメソッド

```
fun launch(input: Intent!): Unit
    input：アクティビティ呼び出しのための入力
```

[2] サブ画面を表示する

続いて、サブ画面（SubActivity）から呼び出し元（MainActivity）に結果を返します。サブ画面には、名前を入力できるようテキストボックスと、メイン画面に移動するためのボタンを配置しておきます。

リスト8-13　activity_sub.xml（IntentForResultプロジェクト）

```
<?xml version="1.0" encoding="utf-8"?>
<androidx.constraintlayout.widget.ConstraintLayout ...>
  <EditText
    android:id="@+id/txtName"
    android:layout_width="0dp"
    android:layout_height="wrap_content"
```

```
    android:ems="10"
    android:hint="名前を入力してください"
    android:inputType="textPersonName"
    app:layout_constraintEnd_toEndOf="parent"
    app:layout_constraintStart_toStartOf="parent"
    app:layout_constraintTop_toTopOf="parent" />

  <Button
    android:id="@+id/btnBack"
    android:layout_width="0dp"
    android:layout_height="wrap_content"
    android:text="メイン画面へ"
    app:layout_constraintEnd_toEndOf="parent"
    app:layout_constraintStart_toStartOf="parent"
    app:layout_constraintTop_toBottomOf="@+id/txtName" />
</androidx.constraintlayout.widget.ConstraintLayout>
```

図8-15　レイアウト完成図

EditText

名前を入力してください

メイン画面へ

Button

リスト8-14　SubActivity.kt（IntentForResult プロジェクト）

```kotlin
package to.msn.wings.intentforresult

import android.content.Intent
import android.os.Bundle
import android.widget.Button
import android.widget.EditText
import androidx.appcompat.app.AppCompatActivity

class SubActivity : AppCompatActivity() {
  override fun onCreate(savedInstanceState: Bundle?) {
    super.onCreate(savedInstanceState)
    setContentView(R.layout.activity_sub)

    val btn = findViewById<Button>(R.id.btnBack)
    btn.setOnClickListener {
      val txtName = findViewById<EditText>(R.id.txtName)
      // 結果情報を設定し、現在のアクティビティを終了
      setResult(
        RESULT_OK,
        Intent().apply {
          // インテントにテキストボックスからの入力値をセット
          putExtra("txtName", txtName.text.toString())       ①
        }
      )                                                      ②
```

```
    finish() ───────────────────────────────────  3
  }
 }
}
```

アクティビティ間で受け渡しすべきデータは、先ほどと同じく、Intent#putExtra
メソッドでセットします（■）。Intentオブジェクトを生成する際に、戻り先は
MainActivityであることが判っているので、特に引数は指定していない点に注目です。
生成したインテントは、setResultメソッドで結果データとして登録します（❷）。

構文 setResultメソッド

```
fun setResult(resultCode: Int, data: Intent!): Unit
  resultCode：結果コード
  data      ：インテント
```

＊2）もうひとつ、
RESULT_FIRST_USER
（ユーザー定義）もあ
りますが、単体で利
用することはあまり
ないでしょう。

引数resultCode（結果コード）は、呼び出し元に対して処理の成否を通知するため
の情報です。RESULT_OK（成功）、RESULT_CANCELED（キャンセル）などの
値を指定します＊2。
最後にfinishメソッドを呼び出すことで、現在のアクティビティを終了し、呼び出し
元のアクティビティが再表示されます（❸）。

[3] マニフェストファイルを編集する

マニフェストファイルを編集して、SubActivityを追加します。

リスト8-15 AndroidManifest.xml（IntentForResultプロジェクト）

```
<?xml version="1.0" encoding="utf-8"?>
<manifest xmlns:android="http://schemas.android.com/apk/res/android"
  package="to.msn.wings.intentforresult">
  <application ...>
    ...中略...
    <activity android:name=".SubActivity"></activity>
  </application>
</manifest>
```

[4] サンプルを実行する

サンプルを実行し、メイン画面からサブ画面に移動します。サブ画面で入力した名
前が、その後戻ったメイン画面でトースト表示で確認できることを確認してください
（P.410の図8-14）。

Section 08-03 「やりたいこと」からアプリを起動する

このセクションでは、暗黙的インテントの利用方法と、暗黙的インテントを受け取る方法とを学びます。

起動するアクティビティを具体的にこれと指定する明示的インテントに対して、**暗黙的インテント**は、自分の「やりたいこと」だけを指定したインテントです。明示的に起動するアクティビティ（クラス名）を表さないことから、暗黙的（Implicit）と呼ばれます。

「やりたいこと」とは、たとえば「このURLを開きたい」「この番号に電話を掛けたい」「この画像を表示したい」などです。Androidは、このような暗黙的インテントを受け取ると、システムの中から目的に応じたアプリ（アクティビティ）を選択して、起動してくれるのです。

明示的インテントに較べると曖昧でイメージしにくいせいか、「なんとなく難しそう」と思うかもしれませんが、心配することはありません。まずはさっそく、具体的な例を見てみましょう。

08-03-01 暗黙的インテントの基本

以下は、[**移動**] ボタンをクリックすると、ブラウザーを起動し、テキストボックスで指定されたURLのページを表示する例です。

リスト8-16 activity_main.xml（IntentImplicit プロジェクト）

```xml
<?xml version="1.0" encoding="utf-8"?>
<androidx.constraintlayout.widget.ConstraintLayout ...>
  <EditText
    android:id="@+id/txtKeywd"
    android:layout_width="0dp"
    android:layout_height="wrap_content"
    android:ems="10"
    android:hint="URLを入力してください"
    android:inputType="textUri"*1
    android:text="https://wings.msn.to/"
    app:layout_constraintEnd_toEndOf="parent"
    app:layout_constraintStart_toStartOf="parent"
    app:layout_constraintTop_toTopOf="parent" />
```

*1) inputTypeはテキストボックスに入力する値の型を表すものです。詳しくは、03-01-01項も参照してください。

■1

```
  <Button
    android:id="@+id/btnSend"
    android:layout_width="0dp"
    android:layout_height="wrap_content"
    android:text="移動"
    app:layout_constraintEnd_toEndOf="parent"
    app:layout_constraintStart_toStartOf="parent"
    app:layout_constraintTop_toBottomOf="@+id/txtKeywd" />
</androidx.constraintlayout.widget.ConstraintLayout>
```

図8-16 レイアウト完成図

EditText

| https://wings.msn.to/ |
| 移動 |

Button

リスト8-17　MainActivity.kt（IntentImplicit プロジェクト）

```
package to.msn.wings.intentimplicit

import android.content.Intent
import android.net.Uri
import android.os.Bundle
import android.widget.Button
import android.widget.EditText
import androidx.appcompat.app.AppCompatActivity

class MainActivity : AppCompatActivity() {
  override fun onCreate(savedInstanceState: Bundle?) {
    super.onCreate(savedInstanceState)
    setContentView(R.layout.activity_main)

    val btn = findViewById<Button>(R.id.btnSend)
    btn.setOnClickListener {
      val txtKeywd = findViewById<EditText>(R.id.txtKeywd)
      // インテントを作成してアクティビティを起動
      startActivity(
        Intent(
          Intent.ACTION_VIEW,
          Uri.parse(txtKeywd.text.toString())
        )
      )
    }
  }
}
```
2

↓

図8-17　ボタンクリックでブラウザーを表示

　暗黙的インテントとは言っても、ポイントとなるのは太字の部分だけです。Intent
コンストラクターの構文が変化しています。

構文　Intentクラス（コンストラクター）

```
Intent(action: String!, uri: Uri!)
  action：アクションの種類
  uri    ：アクションに関係するURI
```

　暗黙的インテントでは、インテントに具体的なアクティビティではなく、要求する動
作（アクション）と、それに関連するデータ（URI）を指定するのです。この例であれば、

テキストボックスで入力されたURI を表示（ACTION_VIEW）しなさい

と指示しているわけです。
　Uri#parseメソッドは、指定された文字列をUri形式に変換しなさいという意味で
す。
　具体的に起動するアプリが指定されているわけですらありません。しかし、こ
れによって、AndroidがURIを表示するのに最適なアプリを選択し、この場合は
Chromeを起動しているわけです。

＊2）たとえば Firefox が既定のブラウザーとして登録されている環境では、そちらを優先して起動するでしょう。

明示的に起動するアプリを指定せず、やりたいことだけを指示する——暗黙的インテントと言われる所以です。ここでは、たまたまブラウザーが起動していますが、これは AndroidでWebページを参照するためのアプリとしてブラウザーが登録されていたからで、起動するアプリは環境や設定によって異なる可能性があります＊2。

08-03-02 さまざまなアクションの指定方法

暗黙的インテントでは、アクション、またはそれに付随するデータを変更することで、さまざまなアプリを起動できます。リスト8-16の**1**を（必要に応じてリスト8-17の**2**も）修正して、動作の変化を確認してみましょう。

■ 電話を起動する

電話を起動するには、ACTION_VIEWに「tel:電話番号」の形式でUriを渡します。

リスト8-18 activity_main.xml（IntentImplicit プロジェクト）

```
<EditText ...
  android:inputType="phone"
  android:text="tel:03-000-0000" ...>
</EditText>
```

図8-18 電話番号がセットされた状態で電話が起動する

■ 連絡帳を起動する

連絡帳を起動するには、ACTION_VIEWに「content://contacts/people/番号」の形式でUriを渡します。エミュレーターから動作を確認する場合は、あらかじめ連絡帳にデータを入力しておかないとエラーとなるので、注意してください。

リスト8-19　activity_main.xml（IntentImplicitプロジェクト）

```
<EditText ...
  android:inputType="text"
  android:text="content://contacts/people/1" ...>
</EditText>
```

図8-19　連絡帳の1番目のデータが表示される

■ メールを送信する

ACTION_SENDTOに「mailto:メールアドレス」の形式でUriを渡すことで、メール送信画面を起動できます。エミュレーターから動作を確認する場合は、あらかじめメールクライアントにアカウント設定しておかないと「サポートされていない操作です」のようなエラーダイアログが表示されるので、注意してください。

リスト8-20 activity_main.xml（IntentImplicit プロジェクト）

```
<EditText ...
  android:inputType="textEmailAddress"
  android:text="mailto:taro@example.com" ...>
</EditText>
```

リスト8-21 MainActivity.kt（IntentImplicit プロジェクト）

```
btn.setOnClickListener {
  val txtKeywd = findViewById<EditText>(R.id.txtKeywd)
  startActivity(
    Intent(
      Intent.ACTION_SENDTO,
      Uri.parse(txtKeywd.text.toString())
    )
  )
}
```

図8-20 指定されたアドレスでメール送信画面が表示される

■ Web検索を実行する

Web検索を実行するには、ACTION_WEB_SEARCHアクションを利用します。ACTION_WEB_SEARCHアクションに対して検索文字列を渡すには、（Intentコンストラクターではなく）putExtraメソッドで、SearchManager.Queryキーの値

として指定する点に注意してください。

リスト8-22 activity_main.xml（IntentImplicit プロジェクト）

```xml
<EditText ...
  android:inputType="text"
  android:text="WINGSプロジェクト" ...>
</EditText>
```

リスト8-23 MainActivity.kt（IntentImplicit プロジェクト）

```kotlin
import android.app.SearchManager
...中略...
btn.setOnClickListener {
  val txtKeywd = findViewById<EditText>(R.id.txtKeywd)
  startActivity(
    Intent(Intent.ACTION_WEB_SEARCH).apply {
      putExtra(SearchManager.QUERY, txtKeywd.text.toString())
    }
  )
}
```

図8-21 指定された文字列に対して検索結果が表示される

０８-０３-０３　暗黙的インテントを受け取る

　　暗黙的インテントは、既に用意されているアプリで受け取るばかりではありません。もちろん、自分で開発したアプリでも暗黙的インテントを受け取ることは可能です。

　　以下では、08-02-01項のサンプルを暗黙的アクティビティを使って置き換えたものを示します。

[1] 暗黙的インテントでアクティビティを起動する

　　まずは、MainActivity側からです。暗黙的インテントを使って、ACTION_SENDアクションを送信してみましょう。

リスト8-24　MainActivity.kt（IntentMyAppプロジェクト）

```kotlin
package to.msn.wings.intentmyapp

import android.content.Intent
import android.os.Bundle
import android.widget.Button
import android.widget.EditText
import androidx.appcompat.app.AppCompatActivity

class MainActivity : AppCompatActivity() {
  override fun onCreate(savedInstanceState: Bundle?) {
    super.onCreate(savedInstanceState)
    setContentView(R.layout.activity_main)

    val btn = findViewById<Button>(R.id.btnSend)
    btn.setOnClickListener {
      val txtName = findViewById<EditText>(R.id.txtName)
      startActivity(
        // ACTION_SENDアクションでテキストボックスの値を送信
        Intent(Intent.ACTION_SEND).apply {         ──────────────┐ ■1
          type = "text/plain"                      ───────── ■2  │
          putExtra(Intent.EXTRA_TEXT, txtName.text.toString()) ──■3 │
        }                                          ──────────────┘
      )
    }
  }
}
```

ACTION_SENDは「データを他のアクティビティに送信する」ためのアクションです（**1**）。ACTION_SENDを利用する際には、データの種類とデータそのものを指定しなければなりません。

まず、データの種類を指定するtypeプロパティ（**2**）には、text/plain（平のテキスト）、text/html（HTML文書）のような形式で、データを識別するための情報を指定します。暗黙的インテントの受け取り側では、アクションとこの情報をキーとして、自分が起動すべきかどうかを決めます（サンプルではテキストボックスに入力されたテキストを送信するので、text/plainを指定しています）。

そして、データ本体を設定するのは、putExtraメソッドの役割です（**3**）。ここでは、キーにテキストデータであることを表すIntent.EXTRA_TEXTを、値にはテキストボックスからの入力値を指定しておきます。

これでACTION_SENDアクションを送信する準備が整いました。

[2] 受け取り側のアクティビティを用意する

受け取り側のSubActivityには、さほどの修正は必要ありません。MainActivity側に合わせて、getStringExtraメソッドの引数をIntent.EXTRA_TEXTとしておきましょう。

リスト8-25 SubActivity.kt（IntentMyAppプロジェクト）

```
package to.msn.wings.intentmyapp

import android.content.Intent
import android.os.Bundle
import android.widget.Button
import android.widget.Toast
import androidx.appcompat.app.AppCompatActivity

class SubActivity : AppCompatActivity() {
  override fun onCreate(savedInstanceState: Bundle?) {
    super.onCreate(savedInstanceState)
    setContentView(R.layout.activity_sub)

    // インテント経由で渡されたデータをトーストに反映
    val txtName = intent.getStringExtra(Intent.EXTRA_TEXT)
    Toast.makeText(
      this, "こんにちは、${txtName}さん！",
      Toast.LENGTH_SHORT
    ).show()
    ...中略...
  }
}
```

[3] マニフェストファイルを編集する

　最後に、SubActivity側でACTION_SENDアクションを受け取れるように設定します。暗黙的インテントでは、具体的に「どのアクティビティを起動するか」を指定しているわけではありません。そこで受け取り側[*3]では、「どのアクションで」「どのようなデータを受け取った時に」起動するのかを、あらかじめシステム側に伝えておく必要があるのです。

　これを行うのが、マニフェストファイルにおける<activity>－<intent-filter>要素の役割です。

＊3）ここでは SubActivityです。

リスト8-26　AndroidManifest.xml（IntentMyAppプロジェクト）

```xml
<?xml version="1.0" encoding="utf-8"?>
<manifest ...>
  <application ...>
    ...中略...
    <activity android:name=".SubActivity"
      android:exported="true">
      <intent-filter>
        <action android:name="android.intent.action.SEND" />
        <data android:mimeType="text/plain" />
        <category android:name="android.intent.category.DEFAULT" />
      </intent-filter>
    </activity>
  </application>
</manifest>
```

　<action>、<data>要素は、それぞれ処理できるアクションとデータの種類を表します。この例であれば、「SubActivityがACTION_SENDアクションで送信されたtext/plain型のデータを処理できる」ことを宣言しているわけです。

　<category>要素の「android.intent.category.DEFAULT」は、暗黙的インテントを受け取る際のお約束です。この宣言がないと、暗黙的インテントを正しく受信できません。

[4] サンプルを実行する

早速、サンプルを実行してみましょう。テキストボックスに適当な値を入力した上で、**[サブ画面へ]** ボタンをクリックします。すると、**[共有]** ダイアログが表示されます。

図8-22 [共有] ダイアログ

これはシステム上に「ACTION_SENDアクションからplain/textデータを受け取る」アプリが複数存在するため、どれを起動しますかと訊かれているのです。**[IntentMyApp]** を選択して、**[1回のみ]** ボタンをクリックしてください[*4]。

*4)**[常時]** ボタンをクリックした場合、以降は常に **[IntentMyApp]** が起動するようになります。

図8-23 入力したメッセージをトースト表示

＊5）むしろ暗黙的インテントを利用するのは、異なるアプリ間であるのが一般的です。

MainActivityで入力された名前を元にメッセージがトースト表示されれば、サンプルは正しく動作しています。

ここでは便宜上、同じアプリの中で暗黙的インテントを利用していますが、もちろん、呼び出し元（ここではMainActivity）は他のアプリであっても構いません＊5。

フラグメント

画面サイズの異なるデバイスに対応する

このセクションでは、画面の断片を定義するためのしくみであるフラグメントについて学びます。

かつてAndroidアプリの世界は、アクティビティがすべてでした。コンテンツを切り替える際には、アクティビティごと、画面全体を切り替えていたわけです。

これは、表示領域が限られたスマホ環境では理に叶ったアプローチですが、タブレットのような大画面のデバイスではどうでしょう。広い画面に表示されたすべてのコンテンツをまとめて書き換えるのはモッサリ感もありますし、なにより合理的ではありません。画面を複数のペイン（領域）にわけて、目的の箇所だけを書き換えた方がスマートです。

そこで登場するのが**フラグメント**というしくみです。フラグメントとは、fragment（断片）という名前のとおり、画面の断片を表します。フラグメントを利用することで、画面を複数のペインにわけて、変更されたペインだけを書き換える、といったことが可能になります。

フラグメントそのものは、インテントとは直接関係ありませんが、インテントの理解が前提となるため、本章でまとめて解説するものとします。

図 8-24　フラグメントとは？

また、コンテンツをフラグメント化することで、タブレット／スマホ双方に対応したアプリも開発しやすくなります。たとえば、よくありがちな一覧／詳細画面を持ったアプリを考えてみましょう。

図8-25　画面サイズの異なるデバイスに対応しやすく

この場合、タブレット環境であれば、ひとつの画面に一覧フラグメント、詳細フラグメントを配置することになるはずです。そして、一覧フラグメントから特定の項目を選択すると、詳細フラグメントだけを置き換えるのです。

一方、スマホ環境では、まず一覧フラグメントだけを表示する画面を用意します。そして、特定の項目を選択したら、詳細フラグメントを配置した画面に遷移するわけです。

一覧／詳細フラグメントと、メインのアクティビティは、タブレット／スマホ環境で共有できるので、それぞれの環境に合わせてアプリを作りわける必要がなくなります。これは便利ですね！

08-04-01　一覧／詳細画面を持ったアプリを実装する

*1) Android Studioでは、一覧／詳細画面を生成するために、専用の「Primary/Details Flow」テンプレートが用意されています。しかし、本書では基本的なコードをおさえるために、これまでと同じく「Empty Activity」テンプレートから作成していきます。

では、フラグメントの基本的なしくみを理解するために、以下のような一覧／詳細画面を持ったアプリを作成してみましょう*1。

図8-26 一覧から特定の項目を選択すると、詳細情報を表示

　フラグメントを利用した実装では関連するファイルも増えてくるので、例によって、サンプルを構成するファイルの関係を図にまとめておきます。以降の解説で、自分が何を作成しているのかを見失ってしまったら、ここまで戻ってきて、サンプル全体の構造を再確認してください。

図8-27 本節で作成するサンプルアプリの構造（★はスマホ／タブレット共通）

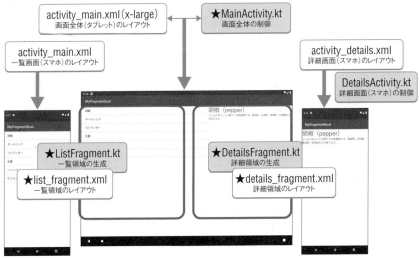

なお、本項で作成するのはタブレット専用のアプリです。スマホ環境への対応は次項で行うものとします。

[1] ListFragmentフラグメントを作成する

最初に、メインレイアウトに埋め込むべきフラグメントを作成していきます。まずは、メインレイアウトの左側に対して埋め込むべき一覧部分（ListFragment）からです。

もっとも、フラグメントと言っても、なんら特別なものではなく、画面レイアウトをレイアウトファイルで、画面の制御をKotlinのコードで分業する点は、アクティビティと同じです。

Kotlinクラス、レイアウトファイルを作成する方法については、それぞれ04-03-01、04-03-02項を参照してください[*2]。

> ＊2）レイアウトファイルのルート要素（[New Resource File] ダイアログの [Root element] 欄）には「ListView」を指定してください。

リスト8-27 fragment_list.xml（MyFragmentプロジェクト）

```xml
<?xml version="1.0" encoding="utf-8"?>
<ListView xmlns:android="http://schemas.android.com/apk/res/android"
  xmlns:tools="http://schemas.android.com/tools"
  android:id="@+id/list"
  android:layout_width="match_parent"
  android:layout_height="match_parent"
  tools:context=".ListFragment" />
```

リスト8-28 ListFragment.kt（MyFragmentプロジェクト）

```kotlin
package to.msn.wings.myfragment

import android.os.Bundle
import android.view.LayoutInflater
import android.view.View
import android.view.ViewGroup
import android.widget.ArrayAdapter
import android.widget.ListView
import androidx.fragment.app.Fragment

class ListFragment : Fragment() {——————————————1
  override fun onCreateView(
    inflater: LayoutInflater, container: ViewGroup?,
    savedInstanceState: Bundle?): View? {
    // レイアウトファイルからViewオブジェクトを生成
    val view = inflater.inflate(R.layout.fragment_list, container, false)
    activity?.let {
      view.findViewById<ListView>(R.id.list).apply {
```

```
      // ビュー上のListViewを準備済みのデータで初期化
      adapter = ArrayAdapter(
        it,*3
        android.R.layout.simple_list_item_1,
        ListDataSource.getAllNames()*4
      )
      // リスト項目をクリックした時に、詳細情報（フラグメント）を置換
      setOnItemClickListener { parent, view, pos, id ->
        val fragment = DetailsFragment()
        // フラグメントに値を設定
        fragment.arguments = Bundle().apply {                    4    2
          putString("name", parent.getItemAtPosition(pos).toString())
        }
        // フラグメントの操作を開始
        parentFragmentManager.beginTransaction()             a
          // フラグメントの置換＆確定                              3
          .replace(R.id.detailsFrame, fragment)              b
          .commit()                                          c
      }
    }
  }
  return view
}
}
```

*3）letブロック
配下のitはレシー
バー（この場合は
activity）です。

*4）ListDataSource
クラスは、リストに表
示すべきデータを生
成するためのクラス
です。スパイス情報
の配列（List<String>）
を生成しているだけ
なので、紙面上は割
愛します。

　レイアウトファイルは、<ListView>要素を配置しているだけなので、特筆すべき
点はありません。以下では、フラグメントクラスに注目して、ポイントとなる部分を順
番に見ていきます。

■1 Fragmentクラスを継承する

　フラグメントは、名前の通り、Fragmentクラス（androidx.fragment.appパッ
ケージ）を継承していなければなりません。Fragmentは、Activityクラスと同じく、
画面制御のための基本的な機能を提供するクラスです。アクティビティと連動して、フ
ラグメントの生成から破棄までの流れ（ライフサイクル）を管理するためのクラス、と
言い換えても良いでしょう。

　以下は、アクティビティに対応するフラグメントのライフサイクルと、その時どきで呼
び出されるメソッドをまとめたものです。08-01-03項とも合わせて、大まかな処理の
流れを整理しておきましょう。

図8-28　フラグメントのライフサイクル

②画面を生成するのは onCreateView メソッド

フラグメントで画面を生成するのは onCreateView メソッドの役割です。大雑把には、アクティビティの onCreate に相当するメソッドと考えれば良いでしょう。

構文　onCreateView メソッド

```
fun onCreateView(inflater: LayoutInflater,
  container: ViewGroup?, savedInstanceState: Bundle?): View?
  inflator          ：レイアウト生成のためのInflator
  container         ：Viewの親コンテナー
  savedInstanceState：フラグメント生成に必要なパラメーター情報
```

レイアウトファイルから View オブジェクトを生成するには、04-03-02項などでも利用した LayoutInflater#inflate メソッドを利用します。LayoutInflater オブジェクトは、onCreateView メソッドの第1引数として渡されたものを、そのまま利用できます。

あとは、取得したビューからListViewオブジェクトを検索し、表示すべきデータを割り当て、イベントリスナーを宣言しているだけです。ListViewの操作についてはセクション04-02でも触れているので、合わせて参照してください。

onCreateViewメソッドの戻り値はViewオブジェクトなので、諸々の操作を終えたViewオブジェクトを最後に返すのを忘れないようにしてください。

3 別のフラグメントを起動する

フラグメント（アクティビティ）から別のフラグメントを起動するには、FragmentTransactionクラス（androidx.fragment.appパッケージ）を利用します。トランザクション（Transaction）というと、データベースの用語を思い出す人も多いかもしれませんが、まさにそれです。**a** FragmentManager#beginTransactionメソッドでトランザクションを開始し、**b** フラグメントを操作した後、**c** commitメソッドで変更を確定します。

FragmentManagerはフラグメントを管理／操作するためのクラスで、Fragment#parentFragmentManagerプロパティから取得できます。

b では、フラグメントの追加／置換／削除などが可能です。ここでは、replaceメソッドでメインレイアウト上のFrameLayout（R.id.detailsFrame[*5]）配下の内容を変数fragment（DetailsFragmentフラグメント）で置き換えています。

＊5）右側の詳細情報を表示するためのエリアです。現時点では、メインレイアウトを作成していないため、エラーが発生しますが、無視して構いません。

表8-2　FragmentTransactionクラスの主なメソッド

メソッド	概要
add(*id*:Int, *f*: Fragment)	指定された領域（id）に対してフラグメントfを追加
replace(*id*:Int, *f*: Fragment)	指定された領域（id）をフラグメントfで置換
remove(*f*: Fragment)	指定されたフラグメントを除去

4 フラグメントに値を設定する

フラグメントには、Bundleオブジェクト（02-03-06項）を介して画面生成に必要な情報を引き渡すこともできます。この例では、クリックされたリスト項目の値（スパイスの名前）をnameという名前で登録しています。クリックされたリスト項目には、イベントリスナーに渡されたAdapterViewオブジェクト（parent）からgetItemAtPositionメソッドを呼び出すことでアクセスできます。

ここでは、nameキーをひとつ追加しているだけですが、もちろん、必要に応じて複数のキー、文字列以外の値[*6]を引き渡しても構いません。

作成したBundleオブジェクトは、Fragment#argumentsプロパティでフラグメントに設定します。

＊6）その場合は、データ型に応じてputBoolean、putInt、putFloatなどのメソッドを利用してください。

[2] DetailsFragmentフラグメントを作成する

続いて、リスト項目のクリックによって、メインレイアウトの右側に表示される詳細情報（DetailsFragment）を作成します。

リスト8-29　details_fragment.xml（MyFragmentプロジェクト）

```xml
<?xml version="1.0" encoding="utf-8"?>
<androidx.constraintlayout.widget.ConstraintLayout ...>
  <TextView
    android:id="@+id/name"
    android:layout_width="0dp"
    android:layout_height="wrap_content"
    android:text="Hello"
    android:textSize="34sp"
    app:layout_constraintEnd_toEndOf="parent"
    app:layout_constraintStart_toStartOf="parent"
    app:layout_constraintTop_toTopOf="parent" />
  <TextView
    android:id="@+id/info"
    android:layout_width="0dp"
    android:layout_height="wrap_content"
    android:text="TextView"
    app:layout_constraintEnd_toEndOf="parent"
    app:layout_constraintStart_toStartOf="parent"
    app:layout_constraintTop_toBottomOf="@+id/name" />
</androidx.constraintlayout.widget.ConstraintLayout>
```

図8-29　レイアウト完成図

TextView（name）

Hello

TextView

TextView（info）

リスト8-30　DetailsFragment.kt（MyFragmentプロジェクト）

```kotlin
package to.msn.wings.myfragment

import android.os.Bundle
import android.view.LayoutInflater
import android.view.View
import android.view.ViewGroup
import android.widget.TextView
import androidx.fragment.app.Fragment

class DetailsFragment : Fragment() {
  override fun onCreateView(inflater: LayoutInflater, container: ViewGroup?,
    savedInstanceState: Bundle?): View? {
    // レイアウトファイルからViewオブジェクトを生成
    val view = inflater.inflate(R.layout.details_fragment, container, false)
    // ListFragmentフラグメントから渡された値を取得
```

```
arguments?.let {
  // 渡された値をTextViewにセット
  val item = ListDataSource.getInfoByName(it.getString("name"))     2
  view.findViewById<TextView>(R.id.name).text =
    "${it.getString("name")} (${item["alias"]}) "                   3
  view.findViewById<TextView>(R.id.info).text = item["info"]
}
return view
  }
}
```

　フラグメントの基本的な構文は、手順[1]でも触れた通りです。ここでは、ListFragmentフラグメントから渡された値を取得し、ビューに反映させている部分に注目してみます。

　呼び出し元のフラグメントから渡された値には、argumentsプロパティでアクセスできます（**1**）。argumentsプロパティはBundleオブジェクトを返すので、あとは、そのgetStringメソッドで格納された値（ここではスパイスの名前）にアクセスするだけです（**2**[*7]）。

*7）letブロックの
配下では、特殊変
数itでレシーバー
（ここではBundleオ
ブジェクト）にアクセ
スできるのでした。

　ListDataSource#getInfoByNameメソッドは、指定された名前をキーにスパイス情報を取得します。あらかじめ用意した配列からname（名前）／alias（別名）／info（説明）をキーに持つMapオブジェクトを生成しているだけなので、紙面上は割愛します。

　取り出したスパイスの詳細情報（name、alias、info）をレイアウトファイルの対応するTextViewに割り当てたら（**3**）、ビューの準備は完了です。

[3] メインレイアウトを作成する

　これで画面を構成するフラグメントの準備はできたので、あとはメインレイアウトと、これを呼び出すためのアクティビティを作成するだけです。もっとも、アクティビティについては既定で作成されたものをそのまま利用できるので、紙面上は割愛します（完全なコードはダウンロードサンプルも参照してください）。

　メインレイアウトの作成については05-02-03項でも触れた通りですが、保存先のフォルダーに注目です。

図8-30 ［New Resource File］画面

「layout-xlarge」とは、「xlarge（大画面）のデバイスでは、この配下のレイアウト
ファイルを利用しなさい」という意味です。Androidでは、「layout-xxx」のようにフォ
ルダー名に接尾辞を付けることで、画面サイズや向きなどに応じてレイアウトファイル
を切り替えることができるのです。

利用できる主な接尾辞を、以下にまとめておきます。

表8-3 主なlayout-xxxxxフォルダー

接尾辞	概要
small	小
normal	標準
large	大
xlarge	特大
swXXXdp	最小幅が XXXdp 以上
port	縦向き
land	横向き

保存先のフォルダー名は直接入力しても構いませんが、（この例であれば）画面下
部の［Available qualifiers］から［Size］－［X-Large］と選択するのが間違いもなく、便
利です。

参考

プロジェクトウィンドウの表示

レイアウトファイルを作成したら、プロジェクトウィンドウも確認しておきましょう。

プロジェクトウィンドウの [Android] ビューでは、物理的なフォルダーの違いを意識しなくても済むように、/layout フォルダーの配下に「activity_main.xml（xlarge）」のように表示されています。しかし、[Project Files] ビューで確認すると、確かにフォルダー自体が分かれていることが確認できるはずです。

図 8-31 左：[Android] ビュー／右：[Project Files] ビュー

本項では LinearLayout にウィジェットを横並びさせるので、orientation 属性を「horizontal」としておきましょう。

また、画面の構成上、レイアウトエディター上も端末を横向き表示にした方が見やすくなります。これには、エディター上部のツールバーから ▨（Orientation for Preview）ボタン – [Landscape] を選択します。

レイアウトが横向きになるので、以下のようにウィジェットを編集しておきましょう。

図 8-32 メインレイアウトのデザイン

FragmentContainerViewは、フラグメントを埋め込むためのコンテナー（置き場所）です。パレットの[**Containers**]タブから選択できます。配置に際して[**Fragments**]画面が表示されるので、ここでは手順[**1**]で作成したListFragment（一覧情報）を選択し、[**OK**]ボタンをクリックします。

図8-33 ［Fragments］画面

FrameLayoutは、ウィジェットをひとつだけ配置するための、一風変わったレイアウトです（複数のウィジェットを配置した場合には重ねて表示されます）。ひとつしか表示されないならば意味がないではないかと思われるかもしれませんが、今回のようにフラグメント（ここでは詳細情報を表すDetailsFragment）をあとから埋め込むようなケースでは、埋め込み場所を表すために利用できます。

その他、属性の設定については、以下の完成コードも参考にしてください。layout_weight属性は、ウィジェットの横幅に占める割合を表します（05-01-02項）。

リスト8-31 activity_main.xml（MyFragmentプロジェクト）

```xml
<?xml version="1.0" encoding="utf-8"?>
<LinearLayout xmlns:android="http://schemas.android.com/apk/res/android"
    android:orientation="horizontal" ...>
  <!--一覧を表示するための領域（静的に配置）-->
  <androidx.fragment.app.FragmentContainerView
    android:id="@+id/listFragment"
    android:name="to.msn.wings.myfragment.ListFragment"
    android:layout_width="match_parent"
    android:layout_height="match_parent"
    android:layout_weight="0.4" />
  <!--詳細情報を表示するための領域（あとで動的に反映）-->
  <FrameLayout
    android:id="@+id/detailsFrame"
    android:layout_width="match_parent"
    android:layout_height="match_parent"
    android:layout_weight="0.6" />
</LinearLayout>
```

[4] タブレットからサンプルを起動する

以上で準備は完了です。早速、サンプルの動作を確認してみましょう。

ただし、現時点でのサンプルはタブレット端末を想定したものなので、01-02-03項で作成した仮想デバイスでは動作しません。Android Studioのメニューバーから[Tools] − [AVD Manager]でAVD Managerを開き、01-02-03項の手順に従って、[Tablet] タブから「Pixel C」を作成しておきましょう[*8]。[API Level] は30を選択し、その他は既定の設定のままで構いません。

＊8）AVD Manager は、[Welcome to Android Studio] 画 面 右 下 の [Configure] − [AVD Manager] から起動することもできます。

図8-34 　[Virtual Device Configuration]画面

仮想デバイスを作成できたら、サンプルを実行してみましょう。P.429の図のように左右に分かれた一覧／詳細画面が表示されれば、まずは成功です。

08-04-02 一覧／詳細画面をスマホ環境に対応する

　先ほども触れたように、前項のサンプルはタブレット環境でしか動作しません。しかし、フラグメントを利用するメリットは、複数のデバイスに応じて画面の構成を自由に変えられる点にあります。

　そこで本項では、前項で作成したフラグメントを、スマホ向けに再編成して、ひとつのアプリでスマホ／タブレット環境に対応できるようにしてみましょう。

図8-35　左：タブレット環境では1画面で表示／右：スマホ環境では2画面に分割

[1] 一覧／詳細画面のレイアウトファイルを作成する

　先ほど作成したListFragment ／ DetailsFragmentフラグメントを、それぞれ個々の画面で表示するためのレイアウトファイルを作成します。

　activity_main.xmlは、先ほどP.435の手順 [3] で作成したものと同じ名前ですが、activity_main.xml(xlarge)ではなく、ただのactivity_main.xmlを編集してください。xlargeなしのactivity_main.xmlは、xlargeサイズ以外に適用されるレイアウトを表します。

リスト8-32 acivity_main.xml（MyFragmentDual プロジェクト）

```xml
<?xml version="1.0" encoding="utf-8"?>
<androidx.constraintlayout.widget.ConstraintLayout ...>
  <androidx.fragment.app.FragmentContainerView
    android:id="@+id/fragmentContainerView"
    android:name="to.msn.wings.myfragmentdual.ListFragment"
    android:layout_width="0dp"
    android:layout_height="0dp"
    app:layout_constraintBottom_toBottomOf="parent"
    app:layout_constraintEnd_toEndOf="parent"
    app:layout_constraintStart_toStartOf="parent"
    app:layout_constraintTop_toTopOf="parent" />
</androidx.constraintlayout.widget.ConstraintLayout>
```

図8-36 レイアウト完成図

リスト8-33 activity_details.xml（MyFragmentDual プロジェクト）

```xml
<?xml version="1.0" encoding="utf-8"?>
<androidx.constraintlayout.widget.ConstraintLayout ...>
  <androidx.fragment.app.FragmentContainerView
    android:id="@+id/fragmentContainerView"
    android:name="to.msn.wings.myfragmentdual.DetailsFragment"
    android:layout_width="0dp"
    android:layout_height="0dp"
    app:layout_constraintBottom_toBottomOf="parent"
    app:layout_constraintEnd_toEndOf="parent"
    app:layout_constraintStart_toStartOf="parent"
    app:layout_constraintTop_toTopOf="parent">
  </androidx.fragment.app.FragmentContainerView>
</androidx.constraintlayout.widget.ConstraintLayout>
```

図8-37 レイアウト完成図

　先ほどと同じく、具体的な処理はフラグメントに委ねているので、レイアウトファイルには、外枠となるConstraintLayoutと、その配下にFragmentContainerViewを配置しているだけです。

　フラグメントの内容をそのまま表示させる場合にも、フラグメント単体で画面を生成することはできない点に注意してください。フラグメントは、あくまでアクティビティの配下で動作する「断片的な画面」にすぎないからです。

[2] 詳細画面のアクティビティを作成する

*9）一覧画面のアクティビティは、プロジェクト既定で用意されているものをそのまま使用しています。

　詳細画面を制御するためのDetailsActivityアクティビティを準備します[9]。もっとも、MainActivityアクティビティと同じく、ほとんどの処理はフラグメントに委ねているので、アクティビティ側ですべきことはメインレイアウトを呼び出すだけです。

リスト8-34 DetailsActivity.kt（MyFragmentDual プロジェクト）

```kotlin
package to.msn.wings.myfragmentdual

import android.os.Bundle
import androidx.appcompat.app.AppCompatActivity

class DetailsActivity : AppCompatActivity() {
  override fun onCreate(savedInstanceState: Bundle?) {
    super.onCreate(savedInstanceState)
    setContentView(R.layout.activity_details)
  }
}
```

また、DetailsActivityアクティビティをマニフェストファイルに登録しておきましょう。

リスト8-35 AndroidManifest.xml（MyFragmentDual プロジェクト）

```xml
<?xml version="1.0" encoding="utf-8"?>
<manifest xmlns:android="http://schemas.android.com/apk/res/android"
  package="to.msn.wings.myfragmentdual">
  <application ...>
    ...中略...
    <activity android:name=".DetailsActivity"></activity>
  </application>
</manifest>
```

[3] ListFragment フラグメントを修正する

　これで、スマホ環境では一覧／詳細が別アクティビティで、タブレット環境ではひとつのアクティビティで表示される環境が整いました。先ほども触れたように、レイアウトファイルの選択はAndroidが面倒を見てくれるので、特別な準備は必要ありません。

　しかし、画面サイズに応じてフラグメント（またはアクティビティ）の処理が分岐する場合、これを管理するのはアプリ開発者の責任です。具体的には、リスト項目クリック時に、以下のように処理を分岐しなければなりません。

- スマホ画面ではDetailsActivityアクティビティを起動
- タブレット画面ではDetailsFragmentフラグメントを追加

　このような分岐を行うには、以下のようなコードを追加します。修正部分は、太字で表しています。

リスト8-36 ListFragment.kt（MyFragmentDual プロジェクト）

```
import android.content.Intent
...中略...
class ListFragment : Fragment() {
  private var isTwoPane = false                                            ■1

  override fun onViewCreated(view: View, savedInstanceState: Bundle?) {
    super.onViewCreated(view, savedInstanceState)
    isTwoPane = activity?.findViewById<FrameLayout>(R.id.detailsFrame) != null   ■2
  }

  override fun onCreateView(inflater: LayoutInflater, container: ViewGroup?,
    savedInstanceState: Bundle?): View? {
    // レイアウトファイルからViewオブジェクトを生成
    val view = inflater.inflate(R.layout.fragment_list, container, false)
    // ビュー上のListViewを準備済みのデータで初期化
    activity?.let {
      view.findViewById<ListView>(R.id.list).apply {
        adapter = ArrayAdapter(
          it,
          android.R.layout.simple_list_item_1,
          ListDataSource.getAllNames()
        )
        setOnItemClickListener { parent, view, pos, id ->
          val fragment = DetailsFragment()
          val bundle = Bundle().apply {
            putString("name", parent.getItemAtPosition(pos).toString())
          }
          // タブレット環境の場合、フラグメントを追加
          if (isTwoPane) {
            fragment.arguments = bundle
            parentFragmentManager.beginTransaction()                         ■3
              .replace(R.id.detailsFrame, fragment)
              .commit()
          // スマホ環境の場合、アクティビティを起動
          } else {
            startActivity(
              Intent(it, DetailsActivity::class.java).apply {
                putExtras(bundle)                                            ■4
              }
            )
          }
        }
      }
    }
  }
}
```

```
    }
    return view
  }
}
```

isTwoPaneプロパティは、現在採用されているレイアウトを判定するためのフラグです（**1**）。タブレット向けの2ペインレイアウトであれば、trueとします。

レイアウトファイルを判定しているのは、onViewCreatedメソッドです（**2**）。P.432の図8-28でも見たように、onViewCreatedメソッドは、フラグメントに紐づいたアクティビティが準備できたところで呼び出されます。アクティビティを操作する必要がある場合には、まずは、このメソッドを利用してください。

ここでは、アクティビティ上にR.id.detailsFrame（＝DetailsFragmentフラグメントを埋め込むために用意されたFrameLayout）が存在するか——findViewByIdメソッドの戻り値がnullでないかを判定しています。R.id.detailsFrameは、タブレット向けレイアウトにしか存在しないはずなので、存在しなければisTwoPaneフィールドはfalse（＝スマホ向け画面）とするわけです。

図8-38 スマホ／タブレットの判定

レイアウトファイルの判定ができたら、あとはListViewのclickイベントリスナーの中で処理を分岐します。まず、タブレット環境（＝isTwoPaneがtrue）の場合は、先ほどのコードそのままにフラグメントを追加します（**3**）。

追加しているのは、スマホ環境（＝isTwoPaneがfalse）の場合です。この場合は、startActivityメソッド（P.394）で新たなアクティビティを起動しています。アクティビティに値を引き渡すには、Intentクラスを利用するのでした（**4**）。

[4] DetailsFragmentフラグメントを修正する

同じく、DetailsFragmengフラグメントも、レイアウトファイルに応じてデータの受け取り方が変わります。処理を分岐しておきましょう。修正／追記しているのは、以下の部分です。

リスト8-37 DetailsFragment.kt（MyFragmentDualプロジェクト）

```kotlin
import android.widget.FrameLayout
...中略...
class DetailsFragment : Fragment() {
  private var isTwoPane = false

  override fun onCreate(savedInstanceState: Bundle?) {
    super.onCreate(savedInstanceState)
    activity?.let {
      isTwoPane = it.findViewById<FrameLayout>(R.id.detailsFrame) != null    ■1
    }
  }

  override fun onCreateView(inflater: LayoutInflater, container: ViewGroup?,
    savedInstanceState: Bundle?): View? {
    // レイアウトファイルからViewオブジェクトを生成
    val view = inflater.inflate(R.layout.details_fragment, container, false)
    // ListFragmentフラグメントから渡された値を取得
    (if (isTwoPane) arguments else activity?.intent?.extras)?.let {    ■2
      // 渡された値をTextViewにセット
      val item = ListDataSource.getInfoByName(it.getString("name"))
      view.findViewById<TextView>(R.id.name).text =
        "${it.getString("name")} (${item["alias"]}) "
      view.findViewById<TextView>(R.id.info).text = item["info"]
    }
    return view
  }
}
```

アクティビティにR.id.detailsFrameが存在しているかによって、レイアウトを判定しているのは、先ほどと同じです。ただし、今度は処理の分岐がonCreateViewメソッドで必要になるので、レイアウトの判定そのものはonCreateメソッドで行っている点に注目です（■1）。

タブレット向けのレイアウトでは、DetailsFragmentフラグメントが呼び出されたところで、アクティビティは準備できているはずなので、onCreateメソッドのタイミングでも正しくR.id.detailsFrameを取得できます。

あとは、それぞれのレイアウトに応じて、データの受け取りコードを分岐します（**2**）。まず、タブレット環境（＝isTwoPaneがtrue）の場合は、先ほどのコードそのままにargumentsプロパティでデータを取得できます。スマホ環境（＝isTwoPaneがfalse）の場合は、Activity#intentプロパティでIntentオブジェクトを取得し、そのextrasプロパティでBundleオブジェクトを取り出します。

[5] サンプルを実行する

以上の手順を理解できたら、サンプルを実行してみましょう。タブレット／スマホ環境（それぞれのエミュレーター）を起動することで、P.440の図8-35のように、それぞれ画面サイズに応じて一覧／詳細情報が切り替え表示されることを確認してください。

ナビゲーションエディター

画面遷移を伴うアプリを視覚的に設計する

Section 08-05

このセクションでは、ナビゲーションエディターとNavHostFragmentウィジェットを利用して、画面遷移を伴うアプリを視覚的に設計する方法について学びます。

このセクションのポイント

■ 1 ナビゲーションエディターを利用することで、画面の遷移図を視覚的に設計できる。
■ 2 画面遷移図のことをナビゲーショングラフを呼ぶ。
■ 3 NavHostFragment を利用することで、ナビゲーショングラフに従った画面遷移をごく少ないコードで実装できる。
■ 4 Arguments を介すれば画面間で任意の値を受け渡しすることも可能である。

　ナビゲーションエディターとは、画面遷移図を定義するための機能。これまでに紹介してきたしくみでは、インテント／フラグメントなど、いずれにしてもプログラム経由でしか画面遷移を表現することができませんでした。しかし、ナビゲーションエディターを利用することで、視覚的に画面を配置し、これをドラッグ＆ドロップで紐づけることで、画面遷移を表現できます。

図8-39　ナビゲーションエディター（出典：https://android-developers.googleblog.com/2019/01/android-studio-33.html）

　作成した遷移図に基づいて、実際の遷移を行うのが NavHostFragmentウィジェットです。NavHostFragmentの世界では、具体的には、以下のような構造で画面を設計します。

はじめての Android アプリ開発 Kotlin 編　**447**

図8-40 NavHostFragmentによる画面遷移

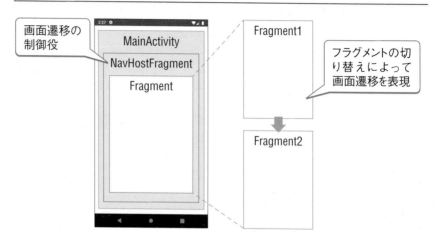

基盤となるアクティビティの上で、NavHostFragmentが画面の制御役を果たし、配下のフラグメントを切り替えるという関係です。NavHostFragmentの世界では、まずはアクティビティひとつ、フラグメントの切り替えだけで複数画面を表現できる、と覚えておきましょう。

08-05-01 ナビゲーションエディターの基本

では、ここからはナビゲーションエディターの基本的なしくみを理解するために、以下のような画面遷移を伴うアプリを作成してみましょう。

図8-41 ボタンクリックでページを移動

[1] ナビゲーショングラフを作成する

ナビゲーションエディターで作成する画面遷移図のことをナビゲーショングラフと呼びます。まずは、簡単なナビゲーショングラフを作成する中で、ナビゲーションエディターの用法を理解していきます。

ナビゲーショングラフを作成するには、/resフォルダーを右クリックし、表示されたコンテキストメニューから [New] − [Android Resource File] を選択してください。

図 8-42　[New Resource File] 画面

[New Resource File] 画面が表示されるので、上の図のように必要な情報を入力します。ナビゲーションファイルを作成するには、[Resource type] は「Navigation」で固定です。Resource Type によって保存先（Directory name）も決まるので、「Navigation」で変更しないようにしてください。

[OK] ボタンをクリックすると、以下のような画面が表示されて、不足しているライブラリのインストールを提案されます。[OK] ボタンをクリックして、合わせてインストールしておきましょう。

図 8-43　[Add Project Dependency] 画面

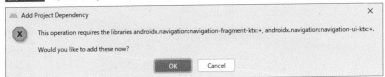

[2] デスティネーションを追加する

/res/navigation フォルダー配下に nav.xml が生成され、中央には専用のナビゲーションエディターが表示されます。最初は空の状態なので、画面と、その遷移情報を追加してみましょう。

まずは、アプリを構成する画面からです。ナビゲーションエディターでは、遷移元／先の画面のことを Destination（デスティネーション）と呼びます。デスティネーションを追加するには、エディター上部の 🔲（New Destination）ボタンをクリックします。

図8-44 デスティネーションの追加

*1) デスティネー
ションとしてアク
ティビティを利用す
ることもできます。

　上のようなポップアップが表示されるので、ここでは [Create new destination] で
新規にデスティネーション (フラグメント*1) を作成します。既存のフラグメントがある
場合は列挙されるので、それを選んでも構いません。

図8-45 [New Android Fragment] 画面

[New Android Fragment] 画面が表示されるので、図のように必要な情報を入力します。同じように、AfterFragmentフラグメントも作成しておきましょう。

[3] デスティネーションの情報を設定する

追加されたデスティネーションは、ナビゲーションエディターにも反映されます。エディター上でデスティネーションを選択することで、それぞれの属性を確認／設定することもできます。

図8-46 デスティネーションの属性を設定

ここではIDが「beforeFragment」「afterFragment」になっていることを確認すると共に、Labelを「初期ページ」「遷移後のページ」としておきましょう。エディター上はIDが表示されます。Labelは、現時点では利用しませんが、あとで画面上にタイトルを反映するために利用します。判りやすい名前を付けておきましょう。

[4] アクションを追加する

続いて、デスティネーション同士をどのように遷移するのかを決めます。このような関係を表す情報をアクション（Action）と呼びます。

アクションを追加するには、まず遷移元となるデスティネーション（beforeFragment）をアクティブにします。枠に丸いハンドルが現れるので、これをドラッグして、afterFragmentに繋ぎます。これでbeforeFragment→afterFragmentの遷移が設定されました。

図 8-47　アクションを追加する

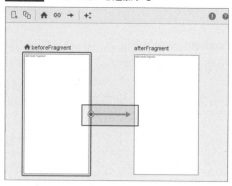

参考

見た目を整える

デスティネーションが増えてくると、散らかった見た目を整えたくなるかもしれません。そのような場合には、エディター上部の ✛（Auto Arrange）をクリックすることで、デスティネーション同士を見やすく整列できます。

[5] レイアウトファイルを編集する

ナビゲーショングラフを準備できたので、これをメインとなるレイアウトファイル（activity_main.xml）に紐づけます。これには、パレットの［Containers］－［NavHostFragment］を配置してください[2]。NavHostFragmentは、ナビゲーショングラフに基づいてページを切り替えるためのコンテナーです。

＊2）既定で配置されているTextViewは削除しておきます。

図8-48 NavHostFragmentを配置する（idはfragment）

[**Navigations Graphs**]画面が表示されるので、[**nav**]に先ほど作成したnav.xmlのパスが指定されていることを確認したうえで、[**OK**]ボタンをクリックしてください。

レイアウトファイル（main_activity.xml）にNavHostFragmentが紐づくので、これまでと同じく上下左右に制約を設定し、縦／横の幅もレイアウト全体に広げておきましょう。

自動生成されたコードは、以下の通りです。

リスト8-38　activity_main.xml（NavigationBasic プロジェクト）

```xml
<?xml version="1.0" encoding="utf-8"?>
<androidx.constraintlayout.widget.ConstraintLayout ...>
  <androidx.fragment.app.FragmentContainerView
    android:id="@+id/fragmentContainerView"
    android:name="androidx.navigation.fragment.NavHostFragment"
    android:layout_width="0dp"
    android:layout_height="0dp"
    app:defaultNavHost="true"
    app:layout_constraintBottom_toBottomOf="parent"
    app:layout_constraintEnd_toEndOf="parent"
    app:layout_constraintStart_toStartOf="parent"
    app:layout_constraintTop_toTopOf="parent"
    app:navGraph="@navigation/nav" />
</androidx.constraintlayout.widget.ConstraintLayout>
```

［6］フラグメントを編集する（レイアウトファイル）

　最後に、BeforeFragmentを編集して、[次へ]ボタンでAfterFragmentに移動できるようにします。AfterFragmentの方は、表示テキストを「AfterFragment」としているだけなので、紙面上は割愛します。

リスト8-39　fragment_before.xml（NavigationBasic プロジェクト）

```xml
<?xml version="1.0" encoding="utf-8"?>
<FrameLayout xmlns:android="http://schemas.android.com/apk/res/android" ...>
  <Button
    android:id="@+id/btnNext"
    android:layout_width="match_parent"
    android:layout_height="wrap_content"
    android:text="次へ" />
</FrameLayout>
```

リスト8-40　BeforeFragment.kt（NavigationBasic プロジェクト）

```kotlin
package to.msn.wings.navigationbasic

import android.os.Bundle
import android.view.LayoutInflater
import android.view.View
import android.view.ViewGroup
import android.widget.Button
import androidx.fragment.app.Fragment
```

```
import androidx.navigation.Navigation

class BeforeFragment : Fragment() {
  override fun onCreateView(inflater: LayoutInflater, container: ViewGroup?,
    savedInstanceState: Bundle?): View? {
    // レイアウトファイルを取得
    val view = inflater.inflate(R.layout.fragment_before, container, false)
    // clickイベントリスナーを登録
    view.findViewById<Button>(R.id.btnNext).setOnClickListener { v ->
      Navigation.findNavController(v).navigate(R.id.afterFragment) ————————1
    }
    return view
  }
}
```

inflateメソッドによるレイアウトの取得からイベントリスナーの登録の流れは、これまでにも触れてきた内容なので、ここでは**1**に注目します。NavHostFragement の中で画面遷移するには、NavController#navigate メソッドを呼び出すだけです。NavController は NavHostFragment で管理された画面遷移を制御するためのクラスで、Navigation.findNavController メソッドで取得できます。

構文 navigate メソッド

```
fun navigate(resId: Int): Unit
  resId：移動先のID
```

引数 resId には、手順 [3] で設定した ID を指定します。

[7] サンプルを実行する

それでは早速、サンプルの動作を確認してみましょう。サンプルを起動すると、まずは BeforeFragment の内容が表示され、[**次へ**] ボタンをクリックすることで、AfterFragment に切り替わること、Android本体の◀ボタンをクリックすると、BeforeFragment に戻ることも確認しておきましょう。

08-05-02 デスティネーション間で値を引き渡す

NavHostFragment では、単に画面を遷移するばかりではありません。画面移動時に、任意の値を引き渡すこともできます。たとえば以下は、BeforeFragment で生成された乱数を AfterFragment に引き渡し、表示する例です。

図8-49　BeforeFragmentで生成された乱数をAfterFragmentで表示

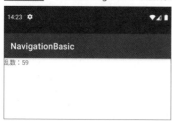

[1] 遷移先に値を引き渡す（BeforeFragment）

フラグメント（デスティネーション）間で値を受け渡しするには、02-03-06項でも登場したBundleオブジェクトを利用するのが基本です。フラグメントクラスを、以下のように書き換えてみましょう。

リスト8-41　BeforeFragment.kt（NavigationBasicプロジェクト）

```
import java.util.Random

class BeforeFragment : Fragment() {
  override fun onCreateView(inflater: LayoutInflater, container: ViewGroup?,
    savedInstanceState: Bundle?): View? {
    val view = inflater.inflate(R.layout.fragment_before, container, false)
    view.findViewById<Button>(R.id.btnNext).setOnClickListener { v ->
      // 0〜100の乱数をAfterFragmentに送信
      Navigation.findNavController(v).navigate(R.id.afterFragment,
        Bundle().apply {
          putInt("num", Random().nextInt(100))
        }
      )
    }
    return view
  }
}
```

生成したBundleは、navigateメソッドの第2引数に引き渡すことで、移動先のフラグメントに引き渡されます（太字）。

[2] 送信された値を受け取る（AfterFragment）

引き渡されたArgumentを取得するのは、argumentsプロパティの役割です。argumentプロパティと、それによって得られたBundleからの値取得については、06-01-03項でも触れているので、こちらも合わせて参照してください。

リスト 8-42　fragment_after.xml（NavigationBasic プロジェクト）

```xml
<?xml version="1.0" encoding="utf-8"?>
<FrameLayout xmlns:android="http://schemas.android.com/apk/res/android" ...>
  <TextView
    android:id="@+id/txtValue"
    android:layout_width="match_parent"
    android:layout_height="match_parent"
    android:text="AfterFragment" />
</FrameLayout>
```

リスト 8-43　AfterFragment.kt（NavigationBasic プロジェクト）

```kotlin
class AfterFragment : Fragment() {
  override fun onCreateView(inflater: LayoutInflater, container: ViewGroup?,
    savedInstanceState: Bundle?): View? {
    val v = inflater.inflate(R.layout.fragment_after, container, false)
    v.findViewById<TextView>(R.id.txtValue)?.apply {
      // arguments経由で得られた値を設定
      text = "乱数：${arguments?.getInt("num")}"
    }
    return v
  }
}
```

[3] サンプルを実行する

　サンプルを起動し、BeforeFragment から AfterFragment に移動してみましょう。P.456 の図 8-49 のように、BeforeFragment で生成された乱数が AfterFragment で表示されることが確認できます（乱数なので、その時々で表示される値は異なります）。

08-05-03　Argument を型安全に操作する「SafeArgs」

　Bundle（Argument）を利用した値の受け渡しにはひとつ問題があります。というのも、Argument の型／名前を縛るしくみがありません（＝誤った名前／型の値を渡したとしても、それが発覚するのは実行時です）。

　そのような状況を解決するのが SafeArgs です。SafeArgs を利用することで、あらかじめ Argument の型を明示的に宣言し、誤った値を渡した場合にもコンパイル時に検出できるようになります。

[1] SafeArgsを有効にする

SafeArgsはGradleのプラグインとして提供されています。build.bundleを以下のように修正してプラグインを有効化します。修正の内容に応じて、編集すべきbuild.bundleも異なるので、要注意です。

リスト8-44 build.bundle（Project:NavigationBasic）（NavigationBasic プロジェクト）

```
dependencies {
  classpath "androidx.navigation:navigation-safe-args-gradle-plugin:2.3.5"
  classpath "com.android.tools.build:gradle:4.2.1"
  ...中略...
}
```

リスト8-45 build.bundle（Module:app）（NavigationBasic プロジェクト）

```
plugins {
  id 'com.android.application'
  id 'kotlin-android'
  id 'androidx.navigation.safeargs'
}
```

build.bundleを編集した場合には、エディター右上の Sync Now リンクをクリックして、再ビルド＆ライブラリをインストールしてください。

[2] Argument情報を定義する

SafeArgsを利用するための準備ができたら、値を**受け取る側の**デスティネーション（AfterFragment）で、値（Argument）情報を宣言します。これには、ナビゲーションエディターでAfterFragmentを選択した上で、属性ウィンドウのArgumentsタブ右端から ✚（Add Argument）ボタンをクリックしてください。

図8-50 Argumentを追加

[**Add Argument**] 画面が表示されるので、図のように名前（Name）、データ型（Type）、既定値（Default Value）を入力しておきます。[**Add**] ボタンをクリックすると、属性ウィンドウにも Argument 情報が追加されます。

図8-51 Argumentが追加された

Argument情報を更新した場合には、[Build] − [Make Project] からプロジェクトの再ビルドを行ってください。これによって、内部的に以下のクラスが生成されます。以下では、これらのクラスを利用して、Argumentを操作します。

- *AfterFragment*Args：型安全なArgumentを扱うためのクラス
- *BeforeFragment*Directions：型安全なArgumentを受け渡しするためのアクション

なお、これらのクラスは、ナビゲーショングラフから自動生成されているので、斜体の部分はデスティネーション／アクションのid値によって変動します＊3。

[3] 遷移先に値を引き渡す（BeforeFragment）

SafeArgs対応にBeforeFragmentを書き換えてみましょう。

リスト8-46 BeforeFragment.kt（NavigationBasicプロジェクト）

```kotlin
class BeforeFragment : Fragment() {
  override fun onCreateView(inflater: LayoutInflater, container: ViewGroup?,
    savedInstanceState: Bundle?): View? {
    val view = inflater.inflate(R.layout.fragment_before, container, false)
    view.findViewById<Button>(R.id.btnNext).setOnClickListener { v ->
      Navigation.findNavController(v).navigate(
        BeforeFragmentDirections.actionBeforeFragmentToAfterFragment().apply {
          num = Random().nextInt(100)
        }
      )
    }
    return view
  }
}
```

■1 ■2 ■3

SafeArgsではアクションを介して画面を遷移します。アクションは、自動生成されたBeforeFragmentDirectionsクラスからactionBeforeFragmentToAfterFragmentメソッドを呼び出すことで生成できます（■1）。長いメソッド名ですが、要はアクションのID値をcamelCase記法＊4に置き換えたものです。アクションのID値は、ナビゲーションエディターからアクション（デスティネーションを繋ぐ矢印）を選択することで、属性ウィンドウから確認できます。

図8-52 アクションのID値を確認

```
Attributes                                              ⚙  ⋯
→ action_beforeFragment_to_afterFragment              action
id              action_beforeFragment_to_afterFragment
destination     afterFragment                               ▼
```

この例であれば、IDがaction_beforeFragment_to_afterFragmentなので、メソッド名はactionBeforeFragmentToAfterFragmentです。また、自動生成されるアクションクラスは、アクションのIDをPascal記法[*5]で表したもの——この例であれば、ActionBeforeFragmentToAfterFragmentとなります（正確には、BeforeFragmentDirectionsのネストクラスです）。

＊5）単語の区切りも先頭文字も大文字で表す記法です。UpperCamelCase記法とも言います。

アクションを表すオブジェクトを生成できたら、あとはそのプロパティとしてArgumentを設定できます（**2**）。この例では、numプロパティでArgumentを設定しています。プロパティは手順 [2] で定義された型を元に自動生成されるので、当然、型安全です。

あとは、Argumentを設定したアクションをnavigateメソッドに渡すことで、Argument付きの画面遷移が為されます（**3**）。

参考

必須のArgument

　本項で扱っているnumプロパティは既定値を持った任意のArgumentなので、プロパティ経由（applyブロックの配下）で値を設定していますが、必須の（＝既定値を持たない）Argumentはコンストラクターの引数として値を渡します。

　その場合、**1**は以下のように書き換えが可能です。

```
BeforeFragmentDirections.actionBeforeFragmentToAfterFragment(
  Random().next(100))
```

[4] 送信された値を受け取る（AfterFragment）

同じく、SafeArgs対応にAfterFragmentを書き換えます。

リスト8-47 AfterFragment.kt（NavigationBasicプロジェクト）

```
import androidx.navigation.fragment.navArgs

class AfterFragment : Fragment() {
  val args: AfterFragmentArgs by navArgs() ─────────────────────────1

  override fun onCreateView(inflater: LayoutInflater, container: ViewGroup?,
    savedInstanceState: Bundle?): View? {
```

```
    val v = inflater.inflate(R.layout.fragment_after, container, false)
    v.findViewById<TextView>(R.id.txtValue)?.apply {
       text = "乱数：${args.num}"                                              2
    }
    return v
  }
}
```

1の「by navArgs」は委譲プロパティの構文です。**委譲プロパティとは、**プロパティ値の受け渡しを外部のクラスに委ねるための構文のこと。委譲プロパティを利用することで、クラスを跨いで再利用するような機能——この例であればArgumentの受け渡し——を別クラス（ここではnavArgs）に委ねることが可能になります。ここでも、「by navArgs」によって、遷移元から渡されたArgumentがAfterFragmentArgsにセットされる、と考えれば良いでしょう。

AfterFragmentArgsを準備できてしまえば、あとはそのプロパティ（ここではnum）経由でArgumentの値にアクセスできます（**2**）。

08-05-04 ページタイトルをツールバーに反映させる

ここまでの例を見てきて、ページが切り替わったのにヘッダー（タイトル）が変化しないのは不便に思われたかもしれません。NavHostFragmentの世界では、あくまでアクティビティはひとつで、配下のフラグメントだけが置き換わるので、ヘッダーの変更もアプリ側で気にしてやらなければならないのです。

気にしなければならない、といっても、面倒の大部分はNavHostFragmentとToolbarとが賄ってくれるので、難しいことはありません。以下に、具体的な例を見ていきましょう。作成するのは、以下のようなサンプルです。

図8-53 本項で作成するサンプル（画面遷移に応じてタイトルも変化）

手順は、前項から差分について紹介していきます。
また、タイトルは、P.451の手順**[3]**で設定したLabel値を利用するものとします。

[1] ツールバーを配置する

　パレットから [**Containers**] － [**Toolbar**] を、レイアウトファイルの上部に配置します（idはtoolbar）。Toolbarの上、左右を親レイアウトに紐づけると共に、既存のNavHostFragmentの上制約をToolbarの下に紐づけ直すのを忘れないようにしてください。

　NavHostFragmentの上制約は既に親レイアウトに紐づいているはずなので、属性ウィンドウの [**Layout**] タブから ⊗ （Delete Top Constraint）をクリックし、一旦制約を解除した方が操作はしやすくなります。

図8-54　属性ウィンドウ（Layout）

　修正したレイアウトファイルのコードは、以下の通りです。

リスト8-48　activity_main.xml（NavigationToolBarプロジェクト）

```xml
<?xml version="1.0" encoding="utf-8"?>
<androidx.constraintlayout.widget.ConstraintLayout ...>
  <androidx.appcompat.widget.Toolbar
    android:id="@+id/toolbar"
    android:layout_width="0dp"
    android:layout_height="wrap_content"
    android:background="?attr/colorPrimary"
    android:minHeight="?attr/actionBarSize"
    android:theme="?attr/actionBarTheme"
    app:layout_constraintEnd_toEndOf="parent"
    app:layout_constraintStart_toStartOf="parent"
    app:layout_constraintTop_toTopOf="parent" />
  <androidx.fragment.app.FragmentContainerView
    android:id="@+id/fragment"
    android:name="androidx.navigation.fragment.NavHostFragment"
    android:layout_width="0dp"
    android:layout_height="0dp"
    app:defaultNavHost="true"
```

図8-55　レイアウト完成図

Toolbar

NavHostFragment

```
    app:layout_constraintBottom_toBottomOf="parent"
    app:layout_constraintEnd_toEndOf="parent"
    app:layout_constraintStart_toStartOf="parent"
    app:layout_constraintTop_toBottomOf="@id/toolbar"
    app:navGraph="@navigation/nav" />
</androidx.constraintlayout.widget.ConstraintLayout>
```

[2] テーマを修正する

　ツールバーを明示的に配置した場合、アクティビティ標準で適用されているアクションバーは不要になります。これを無効化するには、リソースファイルからテーマを修正します。

リスト8-49 themes.xml（NavigationToolBarプロジェクト）

```
<style name="Theme.NavigationToolBar"
  parent="Theme.MaterialComponents.DayNight.NoActionBar">
```

リスト8-50 themes.xml（night）（NavigationToolBarプロジェクト）

```
<style name="Theme.NavigationToolBar"
  parent="Theme.MaterialComponents.DayNight.NoActionBar">
```

[3] ToolbarとNavHostFragmentを紐付ける

　最後に、アクティビティからToolbarとNavHostFragmentとを紐づけます。

リスト8-51 MainActivity.kt（NavigationToolBarプロジェクト）

```
package to.msn.wings.navigationtoolbar

import androidx.appcompat.app.AppCompatActivity
import android.os.Bundle
import androidx.appcompat.widget.Toolbar
import androidx.navigation.fragment.NavHostFragment
import androidx.navigation.ui.AppBarConfiguration
import androidx.navigation.ui.setupWithNavController

class MainActivity : AppCompatActivity() {
  override fun onCreate(savedInstanceState: Bundle?) {
    super.onCreate(savedInstanceState)
    setContentView(R.layout.activity_main)
```

```kotlin
  // ツールバーとの紐づけ
  val navController = (supportFragmentManager.
    findFragmentById(R.id.fragment) as NavHostFragment).navController
  findViewById<Toolbar>(R.id.toolbar).setupWithNavController(
    navController,
    AppBarConfiguration(navController.graph)
  )
 }
}
```

setupWithNavControllerメソッドの一般的な構文は、以下です。

setupWithNavControllerメソッド

```
fun setupWithNavController(navController: NavController,
  configuration: AppBarConfiguration): Unit
navController:タイトルに反映されるNavController
configuration:ツールバーの動作に関する追加の構成オプション
```

NavControllerはナビゲーション情報を管理するための、AppBarConfigurationはナビゲーション情報と関連するウィジェット(ここではToolbar)との紐づけを管理するための、それぞれオブジェクトです。NavControllerはNavHostFragment#navControllerプロパティから、AppBarConfigurationはNavController#graphプロパティから、それぞれ生成できます。

[4] サンプルを実行する

以上を理解できたら、サンプルを実行してみましょう。P.462の図8-53のように、現在表示しているページに応じてツールバーのタイトルも変化することを確認してください。

コラム

Androidをもっと学びたい人のための関連書籍

　本書は、Android環境でのアプリ開発を初めて学ぶ人のための書籍です。その性質上、本書で扱っている内容は、広大なAndroidの世界のほんの入り口にすぎません。そこで、今後ステップアップを目指していく皆さんのために、役立つ書籍をいくつか挙げておくことにしましょう。

○速習 Kotlin（Amazon Kindle）

　Androidアプリを開発するには、その開発言語であるKotlinの理解は欠かせません。サンプルを真似しながらならばコードは書けるが文法に自信がない、という人は、本書でまずは基礎固めすることをお勧めします。

○独習 Java 新版（翔泳社）

　KotlinはaltJava（Java言語の代替）とも言うべき言語。実際の開発言語としてJavaを採用するとせざるとに関わらず、Javaの理解は欠かせません。言語の基礎的な理解は、きっとKotlinの理解も深めてくれるはずです。

○作って楽しむプログラミング Androidアプリ超入門 改訂新版（日経BP社）

　1冊を通じて簡単なおみくじアプリを開発していく中で、Androidアプリ開発の基本を理解します。まずはとにかく、アプリ開発の流れを手を動かしながらイメージしたいという人に最適な1冊です。

○[改訂新版] Java ポケットリファレンス（技術評論社）

　Javaの情報はネット中に溢れかえっています。しかしそれだけに、実際の開発では目的からすぐにひける紙のリファレンスが手元にあると便利です。著者によって厳選された、Javaの重要な機能を一望できるのも魅力です。

　書籍以外では、「アプリ デベロッパー向けのドキュメント」（https://developer.android.com/docs/）、「JavaSE ドキュメント」（https://docs.oracle.com/en/java/javase/）などの本家ドキュメントも必読です。内容に難しいところもありますが、本書を読み終えた後は、こうしたドキュメントにも徐々に慣れていくことで、より理解を深められるはずです。

Chapter
09 →

データ管理

アプリの本質は、データ処理です。さまざまな入口からデータを受け取り、処理します。そして、処理したデータはあとで利用できるように、なんらかの形で保存しておくのが一般的です。アプリにとって、データ保存（管理）は必須の要件とすら言えます。本章では、データを保存する典型的な方法として、ファイルシステム、データベース、そしてPreferenceというしくみについて学びます。

Contents

はじめての Android アプリ開発 Kotlin 編

Section 09-01 ファイルにデータを保存する

このセクションでは、デバイス上のファイルシステムにファイルを書き込み、読み込むための基本的な方法について解説します。

このセクションのポイント

■1 アプリからアクセスできるフォルダーは、既定では制限されている。
■2 アプリ専用のフォルダーに対してアクセスするには、openFileInput ／ openFileOutput メソッドを利用する。
■3 エミュレーター上のファイルシステムを確認するには、Device File Explorer を利用すれば良い。

　ファイルは、データを保存するもっともシンプルな手段です。このセクションでは、アプリ上のデータをテキストファイルに保存し、また、既存のファイルからデータを読み込む方法について学びます。

09-01-01 データをファイルに保存する

　まずは、ファイルにデータを保存してみましょう。
　以下は、テキストボックスに入力された文字列をmemo.datというファイルに保存する、簡単なメモアプリのサンプルです。

図9-1 入力した文字列を[**保存**]ボタンでファイルに記録

[1] レイアウトファイルを準備する

まずは、メモを入力し、記録するためのフォームを作成します。

リスト9-1 activity_main.xml（FileBasicプロジェクト）

```xml
<?xml version="1.0" encoding="utf-8"?>
<androidx.constraintlayout.widget.ConstraintLayout ...>
  <Button
    android:id="@+id/btnSave"
    android:layout_width="0dp"
    android:layout_height="wrap_content"
    android:text="保存"
    app:layout_constraintEnd_toEndOf="parent"
    app:layout_constraintStart_toStartOf="parent"
    app:layout_constraintTop_toTopOf="parent" />
  <EditText
    android:id="@+id/txtMemo"
    android:layout_width="0dp"
    android:layout_height="wrap_content"
    android:ems="10"
    android:gravity="top"
    android:hint="メモを入力してください"
    android:inputType="textMultiLine"
    android:lines="10"
    app:layout_constraintEnd_toEndOf="parent"
    app:layout_constraintStart_toStartOf="parent"
    app:layout_constraintTop_toBottomOf="@+id/btnSave" />
</androidx.constraintlayout.widget.ConstraintLayout>
```

図9-2 レイアウト完成図

メモを入力しやすいように、EditTextにはinputType／lines属性を指定し、複数行入力に対応したテキストエリアを作成しておきましょう。

[2] アクティビティを準備する

あとは、[**保存**]ボタンをクリックした時の保存処理をイベントリスナーとして準備します。

リスト9-2　MainActivity.kt（FileBasicプロジェクト）

```kotlin
package to.msn.wings.filebasic

import android.os.Bundle
import android.widget.Button
import android.widget.EditText
import androidx.appcompat.app.AppCompatActivity

class MainActivity : AppCompatActivity() {
  override fun onCreate(savedInstanceState: Bundle?) {
    super.onCreate(savedInstanceState)
    setContentView(R.layout.activity_main)

    val txtMemo = findViewById<EditText>(R.id.txtMemo)
    val btn = findViewById<Button>(R.id.btnSave)
    btn.setOnClickListener {
      // EditTextへの入力値をファイルに書き込み
      openFileOutput("memo.dat", MODE_PRIVATE)                    ■1
        .bufferedWriter().use {
          it.write(txtMemo.text.toString())                      ■2
        }
    }
  }
}
```

　Androidでファイルを保存する、とはいっても、実はそれほど大したことではありません。というのも、Androidでも標準でjava.ioパッケージが用意されているので、JavaSEを理解している人であれば、ほとんど同じ要領でファイルにアクセスできるのです。

　もっとも、まったく同じ、というわけにはいきません。というのも、Androidではセキュリティ上の理由から

アプリでアクセスできるフォルダーは限られています。

　アプリでファイルを読み書きする際も、あらかじめ許可されたフォルダー以外にアクセスしようとすると、例外を発生します。

　それでは、アプリ専用のフォルダーを知り、これにアクセスするにはどのようにしたら良いのでしょうか。これはなんら難しい事ではありません。Activityクラス[1]では、既定でopenFileOutputというメソッドが用意されており、アプリの専用フォルダーにも簡単にアクセスできます（■1）。

*1）正確には、その基底クラスであるContextクラスです。

構文 openFileOutput メソッド

```
abstract fun openFileOutput(name: String!, mode: Int): FileOutputStream!
    name：ファイル名
    mode：オープンモード
```

引数nameには、ファイル名だけを指定する点に注意してください。アプリの専用フォルダーにアクセスすることが前提となっているので、パスを記述してはいけません。

引数modeは、ファイルを開く際のモードを表します。

表9-1 引数modeの設定値（Contextクラスの定数）

設定値	概要
MODE_PRIVATE	現在のアプリからのみ利用可
MODE_APPEND	追記モードで開く

openFileOutputメソッドは、戻り値として出力ストリームを表すFileOutputStreamオブジェクトを返します。ただし、FileOutputStreamはバイトストリーム（バイトデータを扱うためのストリーム）なので、文字列を扱うには不向きです。

そこでbufferedWriterメソッドで、文字列操作のためのライター（BufferedWriterオブジェクト）に変換しておきましょう（**2**）。あとは、そのwriteメソッドで文字列を記録できます。

参考

useメソッド

useメソッドは、ブロックを抜けたところで、例外の有無に関わらず、現在のオブジェクト——ここではBufferedReaderを閉じることを保証します。

図9-3 useメソッド

アプリ共通のリソースを利用する場合、例外の発生によって、使用中のリソースが放置されてしまうのは望ましくありません。そこで、このようにuseメソッドを利用することで、リソースを確実に後始末しておくわけです。Javaのtry-with-resources構文に相当します。

[3] サンプルを実行する

サンプルを実行し、動作を確認してみましょう。テキストエリアから適当な文字列を入力し、[保存]ボタンをクリックします。

現時点ではファイルの中身を確認する機能は用意していないので、Android Studioから結果を確認してみましょう。[View] − [Tool Window] − [Device File Explorer]からDevice File Explorerを開きます。

図9-4　Device File Explorer

Device File Explorerを利用することで、デバイス(エミュレーター/実機本体)のファイルシステムを確認したり、ファイルを受け渡したり(アップロード/ダウンロード)することが可能になります。

アプリの専用フォルダーは「/data/data/パッケージ名/files」です。配下にアプリから保存したmemo.datがあることを確認してください。

中身も確認してみましょう。memo.datをダブルクリックしてください。ファイルが表示されるので、記録した内容が保存されていることを確認しておきましょう。

図9-5　memo.datをエディターで開いたところ

なお、Device File Explorerでは、フォルダーを右クリックして表示されるコンテキストメニューからファイルのアップロードやダウンロード、フォルダー/ファイルの追加や削除などもできます。

参考

Kotlin の File 拡張

　別解として、Kotlin の File 拡張である writeText メソッドを利用しても構いません。writeText メソッドを利用することで、リスト9-2ー**1** **2** は以下のように書き換えが可能です。

```
import java.io.File
...中略...
File(filesDir, "memo.dat")
  .writeText(txtMemo.text.toString())
```

　filesDir プロパティは、アプリ内のデータフォルダーを返します。openFileOutput メソッドでは暗黙的にデータフォルダーからファイルを検索しますが、File クラス (java.io パッケージ) では明示的にパスを指定しなければなりません。
　なお、writeText メソッドは内部的にファイルを開閉してくれるので、use ブロックは不要です。

09-01-02　データをファイルから読み込む

　続けて、メモアプリに既存のファイルを読み込む機能を追加してみましょう。

図9-6　memo.dat の内容をテキストエリアに初期表示

これには、アクティビティのonCreateメソッドに以下のようなコードを追加します。

リスト9-3 MainActivity.kt（FileBasicプロジェクト）

```kotlin
import java.lang.StringBuilder

class MainActivity : AppCompatActivity() {
  override fun onCreate(savedInstanceState: Bundle?) {
    super.onCreate(savedInstanceState)
    setContentView(R.layout.activity_main)

    val str = StringBuilder()
    // memo.datから行単位に読み込み、その内容をStringBufferに保存
    openFileInput("memo.dat")                                          ■1
      .bufferedReader().forEachLine {
        str.append(it)                                                 ■2
        str.append(System.getProperty("line.separator"))
      }
    val txtMemo = findViewById<EditText>(R.id.txtMemo)
    // StringBufferの内容をテキストエリアに反映
    txtMemo.setText(str.toString())                                    ■3
    ...中略...
  }
}
```

アプリ専用フォルダーからファイルを取得するのは、openFileInputメソッドの役割です（■1）。

構文 openFileInputメソッド

```
abstract fun openFileInput(name: String!): FileInputStream!
  name：ファイル名
```

*2) パスを指定してはいけません。

openFileOutputメソッドと同じく、引数nameにはファイル名のみを指定してください*2。

openFileInputメソッドは、戻り値として入力ストリームを表すFileInputStreamオブジェクトを返します。bufferedReaderメソッドでBufferedReaderオブジェクト（文字ストリーム）に変換しておきましょう。FileInputStreamは先ほどのFileOutputStreamに、BufferedReaderは

BufferedWriterに対応するオブジェクトです。

　BufferedReaderを準備できたら、forEachLineメソッドでテキストファイルを行単位に読み込み、その内容をStringBuilderオブジェクトに転記していきます。StringBuilderは可変長の文字列を表すクラスで、文字列を繰り返し連結するような用途でよく利用します[3]。

*3）似たクラスにStringBufferもありますが、こちらはマルチスレッド対応です。StringBuilderはマルチスレッドには対応していませんが、その分、高速に動作しますので、必要がないのであれば、まずはStringBuilderを利用すべきです。

図9-7 forEachLineメソッド

　forEachLineメソッドは読み込みを終えたタイミングでリソースを解放するので、useブロックはなくても構いません。

　StringBuilderの内容は、最終的に、**3**のEditText#setTextメソッドでテキストボックスに反映させます。

> **参考**
>
> ### KotlinのFile拡張
>
> 　別解として、KotlinのFile拡張を利用しても構いません。File拡張を利用することで、**2**は以下のように書き換えが可能です。
>
> ```
> File(filesDir, "memo.dat").forEachLine {
>   str.append(it)
>   str.append(System.getProperty("line.separator"))
> }
> ```

09-01-03　ファイル名を指定して保存する

09-01-01項では保存すべきファイル名をアプリで決め打ちで指定していました。しかし、ユーザーが作成したドキュメントなどは、名前もエンドユーザー側で決めるのが一般的です。以前は、そのようなアプリを作成するために、ファイル名を指定するためのアクティビティを自前で用意しなければなりませんでしたが、Strorage Access Frameworkと呼ばれるしくみを利用することで、ファイル選択／入力のしくみを簡単に実装できます。本項では、Storage Access Frameworkを利用して、09-01-01項のサンプルを書き換えてみます。

リスト9-4　MainActivity.kt（FileStorageプロジェクト）

```kotlin
package to.msn.wings.filestorage

import android.content.Intent
import android.os.Bundle
import android.widget.Button
import android.widget.EditText
import androidx.activity.result.contract.ActivityResultContracts
import androidx.appcompat.app.AppCompatActivity

class MainActivity : AppCompatActivity() {
  override fun onCreate(savedInstanceState: Bundle?) {
    super.onCreate(savedInstanceState)
    setContentView(R.layout.activity_main)

    val btnSave = findViewById<Button>(R.id.btnSave)
    val txtMemo = findViewById<EditText>(R.id.txtMemo)

    // ファイル選択後の処理（ファイルへの書き込み）
    val startForResult = registerForActivityResult(
      ActivityResultContracts.StartActivityForResult()) { result -> ─────┐
        if (result.resultCode == RESULT_OK) {                            │
          result.data?.data?.let { ──────────────────────────────┐      │
            contentResolver.openOutputStream(it)?.               │      │
              bufferedWriter()?.use {                            │      │
                it.write(txtMemo.text.toString())           3    │  2   │
              }                                                   │      │
          } ───────────────────────────────────────────────────┘      │
        }                                                               │
    }                                                                   │
```

```
  } ──────────────────────────────────────────

  // ボタンクリック時にファイル選択画面を起動
  btnSave.setOnClickListener {
    startForResult.launch(────────────────────────
      Intent(Intent.ACTION_CREATE_DOCUMENT).apply {
        type = "text/plain"
        putExtra(Intent.EXTRA_TITLE, "memo.txt")
      }
    ) ──────────────────────────────────────────
  }
  }
}
```

↓

図9-8 [**保存**] ボタンをクリックすると、ファイル選択画面を表示

＊4）環境によっ
て異なりますが、
Googleドライブ、
Microsoft OneDrive
などのストレージ
サービスを選択する
ことも可能です。

[保存] ボタンをクリックすると、ファイル選択画面が起動し、指定された名前で
ファイルを保存できます。画面左上の ≡ から保存先を変更できる点も確認してみ
ましょう＊4。

サンプルが正しく動作することが確認できたら、コードの流れも見て
いきます。もっとも、大まかな流れは08-02-02項で学んだものです。
ActivityResultLauncher#launch メソッド（**1**）でアクティビティを呼び出し、ア
クティビティでの結果はあらかじめ用意しておいたラムダ式（**2**）の内容で処理する、
という一連の流れを思い出してみましょう。

1 ファイル選択画面を呼び出す

まずは、アクティビティ呼び出しのコードから見ていきましょう。暗黙的インテン
トには、要求するアクションとしてACTION_CREATE_DOCUMENT（ドキュ
メントの作成）を渡しておきます。また、typeプロパティで作成するファイルの種
類を、putExtra メソッドでEXTRA_TITLE（既定のファイル名）としてmemo.txt
を、それぞれ渡しておきます＊5。

＊5）既定のファイ
ル名なので、エンド
ユーザーが自由に変
更可能です。

あとは、作成したインテントをlaunch メソッドに渡すことで、アクティビティを
起動できます。

2 選択されたファイルにテキストを保存する

ファイル選択画面で [保存] ボタンが押されると、元のアクティビティに処理が返
されます。その際に実行すべき処理を表すのがregisterForActivityResult メソッ
ドに登録されたラムダ式です。

結果処理の基本的な流れについては08-02-02項を参照いただくとして、ここで
注目すべきは **3** のコードです。

＊6）Intent オブジェ
クトはActivityResult
（result）のdata プロパ
ティから得られます。

ファイル選択画面で指定されたファイル名（Uriオブジェクト）は、
Intent#dataプロパティで取得できます＊6。あとは、これをContentResolver
#openOutputStream メソッドに渡すことでOutputStreamオブジェクトを取得
できるので、09-01-01項の要領でBufferedWriterオブジェクトを生成してくださ
い。

◢ 09-01-04 指定されたファイルを読み込む

同じく、Storage Access Frameworkを利用して、指定されたファイルを読み
込んでみましょう。以下はP.474のコードを修正して、アプリ起動時にファイル選択
画面を立ち上げ、指定されたファイルを読み込むようにしてみます。

リスト9-5 MainActivity.kt（FileStorage プロジェクト）

```kotlin
class MainActivity : AppCompatActivity() {
  ...中略...
  override fun onCreate(savedInstanceState: Bundle?) {
    super.onCreate(savedInstanceState)
    setContentView(R.layout.activity_main)

    val btnSave = findViewById<Button>(R.id.btnSave)
    val txtMemo = findViewById<EditText>(R.id.txtMemo)

    // アプリ起動時にファイル選択画面を起動
    registerForActivityResult(
      ActivityResultContracts.StartActivityForResult()) { result ->
        // 選択時の処理（指定ファイルの読み込み）
        if (result.resultCode == RESULT_OK) {
          result.data?.data?.let {
            val str = StringBuilder()
            // ファイルから行単位に読み込み、その内容をStringBuilderに保存
            contentResolver.openInputStream(it)
              ?.bufferedReader()?.forEachLine {
              str.append(it)
              str.append(System.getProperty("line.separator"))
            }
            // StringBuilderの内容をテキストエリアに反映
            txtMemo.setText(str.toString())
          }
        }
    }.launch(
      Intent(Intent.ACTION_OPEN_DOCUMENT).apply {
        type = "text/plain"
        putExtra(Intent.EXTRA_TITLE, "memo.txt")
      }
    )
  ...中略...
  }
}
```

2

1

↓

図9-9　ファイル選択ボックスから選択したファイルをEditTextに反映

前項のコードと比較しながら、ポイントとなるコードを追っていきます。

■ファイル選択画面を表示する

既存のファイルを開くには、暗黙的インテントにアクションとしてACTION_OPEN_DOCUMENTを渡します。typeプロパティでファイルの種類を、putExtraメソッドで既定のファイル名を指定している点は、先ほどと同じです。

■選択されたファイルからテキストを取得する

ファイル選択画面で目的のファイルを選択すると、元のアクティビティに処理が返されます。選択されたファイルは、registerForActivityResultメソッドのラムダ式に、引数result（ActivityResultオブジェクト）として渡されます。

ActivityResult#dataプロパティでデータ本体（Intentオブジェクト）を、更にIntent#dataプロパティでファイル名（Uriオブジェクト）を取得できるので、あとは、これをContentResolver#openInputStreamメソッドに渡すだけです。

InputStreamオブジェクトからBufferedReaderオブジェクトを生成し、テキストを読み込む流れについては09-01-02項も合わせて参照してください。

Section 09-02

データベースにデータを保存する

このセクションでは、Androidに標準で用意されているデータベースSQLiteに対して、データを保存する方法について学びます。

　ファイルによるデータ管理は手軽です。しかし、ひとつ大きな欠点があります。

　というのも、データの出し入れが意外と面倒なのです。データを上書き、または単純な追記だけを行っている分には問題ありません。しかし、既存のデータを更新したり、一部のデータだけを削除したり、はたまた、新規のデータをファイルの途中に挿入したり、とちょっと複雑なことをしようとすると、途端に操作が煩雑になってしまいます。

　一般的には、ファイルでのデータ管理はごく限定された局面に留め、本格的なデータ管理ではデータベースを利用することを強くお勧めします。Androidでは、標準でSQLiteと呼ばれるデータベースを利用できるようになっており、特別なソフトウェアやライブラリなどを導入することなく、すぐさまに利用できます。

Room

　Androidアプリでデータベースを利用する最もよくあるシーンは、関連データのキャッシュです。ネットワーク越しで取得したデータを保存しておくことで、オフライン時にもアプリを利用できるようにするわけです。更新されたデータはオンラインになったところで同期します。

　このような操作は、標準的なSQLiteライブラリだけでは面倒ですが、Roomライブラリを利用することで自動化が可能になります。本書ではまず、データベースの基本を学ぶという意味で、より原始的なライブラリでの操作を解説しますが、より本格的なアプリではRoomの利用を検討しても良いでしょう。Roomについては、以下のページも合わせて参照してください。

・Roomを使用してローカル データベースにデータを保存する（https://developer.android.com/training/data-storage/room?hl=ja）

09-02-01 データベース概論

データベースアプリについて学んでいく前に、ごく軽くデータベースについて概説しておきます。

データベースとは、言うなればデータの管理に特化したソフトウェアです[*1]。データの出し入れを確実に、素早く行うためのしくみを提供します。データベースにもさまざまな種類がありますが、本書で扱うSQLiteデータベースは、リレーショナルデータベース（RDB）の一種です。

リレーショナルデータベースでは、データをテーブルと呼ばれる表形式の箱に保存します。Microsoft Excelなどの表計算ソフトで作成できるワークシートの世界を思い浮かべるとわかりやすいかもしれません。

テーブルに含まれる項目（列）をフィールド、またはカラムと言い、ひと組の項目セットのことをレコードと言います。リレーショナルデータベースの世界では、データベースとはテーブルを中心としたオブジェクトの集合体であり、テーブルはレコードの集合体です。

> *1）より正確には、データベースとはデータを格納する入れ物そのもののことを言い、データベースを管理するためのソフトウェアのことはデータベース管理システムと呼びます。

図9-10 リレーショナルデータベースとは？

リレーショナルデータベースに対して、テーブルを作成する、テーブルにデータを追加する、更新／削除するといった操作を行うには、専用のSQLという言語を利用します。具体的には、以下のような命令があります。

表9-2 SQLの主な命令

命令	概要
CREATE TABLE	テーブルの作成
INSERT	テーブルにデータを新規登録
UPDATE	テーブル上の既存データを更新
DELETE	テーブル上の既存データを削除
SELECT	テーブルのデータを検索＆取得

　SQLはそれ自体が1冊の本になるほど奥深いテーマですが、本章の目的はデータベースそのものの理解ではないので、そこまでは踏み込みません。SQLの解説もコードの理解を補う程度に留めるので、詳しくは拙著「書き込み式SQLのドリル改訂新版」（日経BP社）などの専門書を参考にしてください。

09-02-02　SQLiteデータベース利用の流れ

　SQLiteデータベースをアプリから利用する大まかな流れは、以下のとおりです。

- SQLiteOpenHelperでデータベースを生成＆オープン（SQLiteDatabaseを取得）
- SQLiteDatabaseでデータベースを操作
- 操作した結果を画面に反映

　ひとつひとつのステップが長いので、初見の人は戸惑うかもしれませんが、以下でも、この流れを念頭に、個々のコードを追っていきましょう。いきなり細部に分け入ってしまうのではなく、時には、自分が今、どこにいるのかを俯瞰することで、理解を整理しやすくなります。

09-02-03　SQLiteデータベースを開く - SQLiteOpenHelper

　先ほど述べたように、SQLiteデータベースにデータを記録するには、まずデータベースそのものと、その配下には、データの入れ物となるテーブルを用意しておく必要があります。

　データベースとテーブルの準備にはさまざまな方法がありますが、一般的には、SQLiteOpenHelperという抽象クラスを利用します。SQLiteOpenHelperは、名前のとおり、SQLiteデータベースを開く[*2]ためのヘルパークラス[*3]です。

　SQLiteOpenHelperに、データベース／テーブルを作成する手順を組み込んでしまうことで、SQLiteデータベースを開く際に、もしもデータベース／テーブルが存在しなければ、合わせて作成できるというわけです。これによって、データベースを利用する個別のアクティビティ側では、データベース／テーブルの有無を気にす

*2）接続する、とも言います。

*3）特定の操作を補助／支援するためのユーティリティクラスのことを言います。

るることなく、データベース操作のコードに集中できます。

図9-11 SQLiteOpenHelperクラスの役割

SQLiteOpenHelper派生クラスを実装するには、08-01-03項の手順に従ってメソッドをオーバーライドするのが簡単です。[**Override Members**] 画面からonOpen、onCreate、onUpgradeメソッドを自動生成してください。

リスト9-6 SimpleDatabaseHelper.kt（DatabaseBasic プロジェクト）

```kotlin
package to.msn.wings.databasebasic

import android.content.Context
import android.database.sqlite.SQLiteDatabase
import android.database.sqlite.SQLiteOpenHelper

class SimpleDatabaseHelper(context: Context?) :
  SQLiteOpenHelper(context, DBNAME, null, VERSION) {————————1

  companion object {
    private const val DBNAME = "sample.sqlite"
    private const val VERSION = 1————————————————————————5
  }

  // データベース作成時にテーブルとテストデータを作成
  override fun onCreate(db: SQLiteDatabase?) {————————————————
    db?.let {
```

```
    it.execSQL("CREATE TABLE books ( " +
      "isbn TEXT PRIMARY KEY, title TEXT, price INTEGER)")
    it.execSQL("INSERT INTO books(isbn, title, price)" +
      " VALUES('978-4-7980-4512-2', 'はじめてのASP.NET', 3000)")
    it.execSQL("INSERT INTO books(isbn, title, price)" +
      " VALUES('978-4-7980-4179-7', 'ASP.NET Core実践プログラミング', 3500)")
    it.execSQL("INSERT INTO books(isbn, title, price)" +
      " VALUES('978-4-7741-8030-4', 'Javaポケットリファレンス ', 2680)")
    it.execSQL("INSERT INTO books(isbn, title, price)" +
      " VALUES('978-4-7741-9617-6', 'Swiftポケットリファレンス', 2880)")
    it.execSQL("INSERT INTO books(isbn, title, price)" +
      " VALUES('978-4-7981-3547-2', '独習PHP', 3200)")
  }
}


// データベースをバージョンアップした時、テーブルを再作成
override fun onUpgrade(db: SQLiteDatabase?, oldVersion: Int, newVersion: Int) {
  db?.let {
    it.execSQL("DROP TABLE IF EXISTS books")
    onCreate(it)
  }
}


override fun onOpen(db: SQLiteDatabase?) {
  super.onOpen(db)
}
}
```

■1コンストラクターを準備する

SQLiteOpenHelperコンストラクターの構文は、以下のとおりです。派生クラスでも、最低限、このコンストラクターを呼び出すためのコンストラクターを準備しておきましょう。

構文 SQLiteOpenHelperコンストラクター

```
SQLiteOpenHelper(context: Context?, name: String?,
  factory: SQLiteDatabase.CursorFactory?, version: Int)
  context ：コンテキスト
  name    ：データベースファイルの名前
  factory ：カーソル（後述）のファクトリー
  version ：バージョン番号
```

openFileInput／openFileOuputメソッドと同じく、引数nameにはファイル名だけを指定しなければなりません（パスを指定してはいけません）。これによって、「/data/data/パッケージ名/databases」フォルダー配下にデータベースファイルが作成されます[4]。

2 テーブルを作成する - onCreate メソッド

SQLiteOpenHelperクラスには、以下のような抽象メソッドが用意されています。よって、派生クラスを定義する際にも、最低限、これらのメソッドはオーバーライドしなければなりません。

表9-3　SQLiteOpenHelperクラスの抽象メソッド

メソッド	呼び出されるタイミング
onCreate	データベースを作成する時
onUpgrade	データベースをバージョンアップした時

まずは、onCreateメソッドから見ていきましょう。onCreateメソッドは、データベースを作成する際に呼び出されるメソッドで、一般的には、このタイミングでアプリで利用するテーブルを作成します。

テーブルを作成するには、SQL命令のひとつ「CREATE TABLE」を利用します。サンプルであれば、以下の部分がそれです。

```
CREATE TABLE books (isbn TEXT PRIMARY KEY, title TEXT, price INTEGER)
```

やや複雑な命令ですが、以下の図も参考に、命令のどの部分がなにを表しているのかを大掴みしておきましょう。ここでは、以下のようなbooksテーブルが新たに作成されることだけを理解できれば十分です。

図9-12　CREATE TABLE命令

booksテーブル

参考

主キーは _id

Androidでテーブルを作成する場合、主キー[*5]の列名は_idとするのが慣例的です。というのも、Android関係のライブラリでは、_id列を既定の主キーとして動作するものが存在するためです。

本書ではあとからの解説の都合上、主キーは_id以外（isbn列）としていますが、特別な理由がないのであれば、まずは慣例に従っておくのが無難です。

＊5）レコードを一意に識別するための情報です。テーブルにひとつだけ設置します。

　用意したSQL命令をデータベースに送信するのは、SQLiteDatabase#execSQLメソッドの役割です。SQLiteDatabaseは、データベース操作全般を管理するためのオブジェクトです。onCreateメソッドの引数dbとして渡されるので、これをそのまま利用させてもらいましょう。

構文　onCreateメソッド

```
abstract fun onCreate(db: SQLiteDatabase!): Unit
    db：データベース本体
```

構文　execSQLメソッド

```
fun execSQL(sql: String!): Unit
    sql：実行するSQL文
```

参考

テーブルが二重に作成される心配は？

　SQLiteOpenHelperは、データベースを開く際に、内部的にデータベースの有無を判定し、データベースが存在しない場合にのみデータベースを作成し、onCreateメソッドを呼び出します。よって、既にテーブルが存在する時に二重に作成される心配はありません。

　これが、冒頭、個別のアプリ側では、データベース／テーブルの有無を意識する必要はない、と述べた理由です。

3 テストデータを準備する

　テーブルを作成する際に、合わせてテストデータを準備しておくこともできます。テーブルに新規データを投入するには、SQLのINSERT INTO命令を利用します。

図9-13　INSERT命令

これによって、テーブルの指定された列に、対応する値がセットされるわけです。

❹ テーブルを再作成する - onUpgrade メソッド

　onUpgrade メソッドは、データベースのバージョン更新に際して呼び出されるメソッドです。

構文　onUpgrade メソッド

```
abstract fun onUpgrade(db: SQLiteDatabase!, oldVersion: Int,
  newVersion: Int): Unit
  db         :データベース
  oldVersion :更新前のバージョン
  newVersion :更新後のバージョン
```

　サンプルでは、既存のテーブルを削除した上で、onCreate メソッドを呼び出してテーブルを再作成しています。

　既存のテーブルを削除するには、SQLのDROP TABLE命令を利用します。「IF EXISTS」とは、「テーブルがもし存在するならば」という意味です。

09-02-04　補足：複数件のデータを効率よく登録する方法

　リスト9-6の❷は、別解として、以下のように表すことも可能です。準備済みSQL命令、トランザクションと、データベースが初めてという人にはやや難しいテーマも含まれるので、まずは全体像を把握したいという人は、この項はスキップしても構いません。

　しかし、いずれも重要なテーマですので、ひととおり読了した後は、あとからでもきちんと読み解くようにしてください。

リスト9-7 SimpleDatabaseHelper.kt（DatabaseBasic プロジェクト）

```kotlin
import android.database.SQLException
...中略...
  override fun onCreate(db: SQLiteDatabase?) {
    db?.let {
      it.execSQL(
        "CREATE TABLE books (" +
          "isbn TEXT PRIMARY KEY, title TEXT, price INTEGER)"
      )
      // データベースに登録する値を準備
      val data = listOf(
        mapOf("isbn" to "978-4-7980-4512-2",
          "title" to "はじめてのASP.NET", "price" to "3000"),
        mapOf("isbn" to "978-4-7980-4179-7",
          "title" to "ASP.NET Core実践プログラミング", "price" to "3500"),
        mapOf("isbn" to "978-4-7741-8030-4",
          "title" to "Javaポケットリファレンス", "price" to "2680"),
        mapOf("isbn" to "978-4-7741-9617-6",
          "title" to "Swiftポケットリファレンス", "price" to "2780"),
        mapOf("isbn" to "978-4-7981-3547-2",
          "title" to "独習PHP", "price" to "3200")
      )
      // トランザクションを開始
      it.beginTransaction()
      try {
        // SQL命令を準備
        val sql = it.compileStatement(
          "INSERT INTO books(isbn, title, price) VALUES(?, ?, ?)"     ■1
        )
        // 値を順に代入しながら、SQL命令を実行
        data.forEach {
          sql.bindString(1, it["isbn"])
          sql.bindString(2, it["title"])                               ■2
          sql.bindString(3, it["price"])
          sql.executeInsert()                                          ■3
        }
        it.setTransactionSuccessful()
      } catch (e: SQLException) {
        e.printStackTrace()
```

（■4 は beginTransaction() から try ブロック全体にかかる）

```
    } finally {
      it.endTransaction()
    }
  }
}
```

■ 準備済みSQLで処理を効率化

compileStatement メソッドは、あらかじめSQL命令 (ステートメント) を準備しておきなさい、という意味です (**1**)。execSQL メソッドは、SQL命令を毎回「解析→コンパイル→実行」という手順を踏んで実行するので、実行効率がよくありません。そこで、値が異なるだけでSQL命令そのものは共通している場合には、compileSQL メソッドでSQL命令を「解析→コンパイル」だけしておくのです。こうしておくことで、実行時には値部分を引き渡すだけで、そのまま実行できるので、処理を効率化できます。

そして、可変な値部分を表すのは「?」という文字です。あとから動的に値を渡せる「置き場所」という意味で、プレイスホルダーとも呼ばれます。

図9-14 プレイスホルダーによる値のセット

compileStatementメソッド

プレイスホルダーに値を渡すには、SQLiteStatement#bindXxxxx メソッドを使います (**2**)。SQLiteStatement は「準備されたSQL命令」を表すオブジェクトで、compileStatement メソッドの戻り値として取得できます。bindXxxxx メソッドのXxxxxの部分は、セットする値のデータ型に応じて、String、Long、Double、Blob などを使い分けてください。

構文 compileStatement メソッド

```
fun compileStatement(sql: String!): SQLiteStatement!
  sql：準備するSQL命令
```

構文 bindXxxxx メソッド

```
fun bindXxxxx(index: Tnt, value: xxxxx): Unit
  index：インデックス番号
  xxxxx：String、Long、Double、Blobなど
  value：値
```

引数index（インデックス番号）は「?」の登場順に1、2、3...と数えてください。

値をセットできたら、最後にexecuteInsertメソッドでSQL命令を実行します（**3**[*6]）。サンプルでは、あらかじめ用意しておいた値（配列data）を順に読み込みながら、**2****3**の手順を繰り返すことで、複数件のデータをまとめて登録しています。

*6) UPDATE（更新）、DELETE（削除）命令を呼び出すならば、代わりにexecuteUpdateDeleteメソッドを利用します。

■ トランザクションの基本を理解する

トランザクションとは、言うなれば、「データベースへの関連する操作をまとめたもの」です。サンプルであれば、テストデータ5件を登録するための一連の処理を、トランザクションとしてまとめています。

図9-15 トランザクションとは

関連する操作をひとまとめにしたもの＝トランザクション

トランザクションとしてまとめられた処理（＝トランザクション処理）は、すべての処理が成功した場合にだけ処理を確定し、ひとつでも処理が失敗した場合にはすべての処理をキャンセルします。これによって、トランザクション処理全体として「すべてが成功」するか、「すべてが失敗」することが保証されます。たとえば4件だけが登録できて、1件は登録できなかった、ということは起こりません。5件すべて登録できるか、5件とも登録できないか、なのです。

トランザクションを利用することで、データベース操作の途中でなんらかのエラーが生じた場合にも、データの整合性を維持できます。また、SQLiteデータベースでは、トランザクションを利用することで処理効率が向上するというメリットもあります。複数データの操作に際しては、トランザクションは必須と覚えてお

きましょう。

　ある処理をトランザクションとしてまとめるためには、以下のようなコードで表します（**4**）。

```
db.beginTransaction()
try {
  ...トランザクション処理...
  db.setTransactionSuccessful()
} finally {
  db.endTransaction()
}
```

　トランザクション処理の範囲は、beginTransactionメソッドが呼び出されてからendTransactionメソッドが呼び出されるまでです。トランザクション処理そのものはtryブロックの配下で、例外の有無に関わらずトランザクションを終了できるようにendTransactionメソッドはfinallyブロックに、それぞれ記述します。

　setTransactionSuccessfullは、トランザクションが成功したことを通知するためのメソッドです。このメソッドを呼び出しておくことで、endTransactionメソッドのタイミングで最終的にデータベースへの変更を確定（コミット）するのです。確定できなかった場合、トランザクションはキャンセル（ロールバック）されます。

図9-16 トランザクション処理

09-02-05 SQLiteデータベースに接続&作成する

さて、SQLiteOpenHelper派生クラスを準備できたところで、アクティビティからこれを呼び出し、実際にデータベースを作成&接続してみましょう。

また、作成したデータベースをDatabase Inspectorから確認してみます。

■ アクティビティの作成

以下のようにアクティビティを準備します。レイアウトファイルは、既定のまま編集しないので、紙面上は割愛します。

リスト9-8 MainActivity.kt（DatabaseBasicプロジェクト）

```kotlin
package to.msn.wings.databasebasic

import android.os.Bundle
import android.widget.Toast
import androidx.appcompat.app.AppCompatActivity

class MainActivity : AppCompatActivity() {
  override fun onCreate(savedInstanceState: Bundle?) {
    super.onCreate(savedInstanceState)
    setContentView(R.layout.activity_main)

    // ヘルパーを準備
    val helper = SimpleDatabaseHelper(this) ──────────────────①
    // データベースを取得
    helper.writableDatabase.use { db ->
      Toast.makeText(this, "接続しました",
        Toast.LENGTH_SHORT).show()              ②
      // 本来であれば、ここにデータベース処理を記述
    }
  }
}
```

サンプルを実行し、以下のようにトーストが表示されれば、データベースは正しく生成&取得できています。

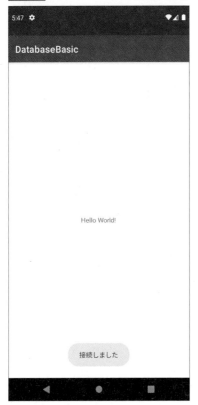

図9-17 データベースへの接続に成功

1 SQLiteOpenHelper派生クラスをインスタンス化する

前項でも触れたように、SQLiteデータベースを開くのはSQLiteOpenHelper派生クラスの役割です。前項で作成したSimpleDbHelperクラスを画面起動時にインスタンス化しておきましょう。

2 SQLiteDatabaseオブジェクトを取得する

SQLiteOpenHelper派生クラスは、SQLiteデータベースを開く（取得する）ためのヘルパーにすぎません。データベースを操作するには、まずSQLiteDatabaseオブジェクト[*7]を準備しなければなりません。

*7) SQLiteOpen
Helperでは、onCreate
／onUpgradeメソッ
ドの引数として受け
取っていたオブジェ
クトです。

これを行っているのが、writableDatabaseプロパティです。これによって、編集モードでSQLiteDatabaseオブジェクトを取得できます。登録／更新／削除など、データベースに対してなんらかの変更を施す場合に利用します。

もしもデータ検索などの読み取り専用でデータベースを利用するならば、代わりにreadableDatabaseプロパティを利用してください。

開いたデータベースは、処理途中で例外が発生した場合に備えて、useブロックで確実に閉じるようにします。

■ Database Inspectorからデータベースに接続する

アプリの正常動作を確認できたら、一旦アプリを終了させたうえで、作成したデータベースの中身をAndroid StudioのDatabase Inspectorから確認してみましょう。もちろん、アプリ側でデータを参照するための機能を作成しても構いません。しかし、本項での方法を理解していれば、アプリがうまく動作しない場合にも、データを取得する側の問題なのか、そもそもデータを保存する際の問題なのかを特定しやすくなります。

[1] App Inspectionを起動する

App Inspectionは、Android Studioのウィンドウ下部 をクリックするか、メニューバーから [View] − [Tool Windows] − [App Inspection] を選択することで、起動できます。

図9-18 App Inspection

[2] テーブルの内容を表示する

[Database Inspector] タブが選択されていることを確認します。また、左上に選択ボックスがあるので、[デバイス（エミュレーター）> プロジェクト]（ここでは [Pixel 4 API 30 > to.msn.wings.databasebasic]）を選択すると、配下のデータベース（ここでは sample.sqlite）が表示されます。これを展開すると、配下に先ほど作成した books テーブルが表示されるので、ダブルクリックしてみましょう。

右ペインに books テーブルの内容がグリッド表示されます。

図9-19 books テーブルの内容を表示

グリッド上のセルをダブルクリックすることで、テーブル配下の値を編集することもできますし、上部の [Live updates] を有効にすれば、アプリからの更新をリアルタイムに反映させることも可能です。

[3] テーブルを操作する

更に、左ペインから をクリックすることで、クエリー（SQL命令）を実行するためのタブが開きます。たとえば以下は、INSERT命令を入力した例です。

図9-20　INSERT命令を実行

入力したクエリーは右側の [Run] ボタンで実行できます。ウィンドウ下部に実行結果が表示されることを確認しておきましょう。

09-02-06 書籍管理アプリを作成する

データベースを作成できたところで、以下では、具体的なアプリを作成していきましょう。ここで作成するのは、書籍情報（ISBNコード、書名、価格）をデータベースで管理するためのアプリです。

図9-21　アプリから書籍情報の登録／更新／削除／検索が可能

　　基本的な情報管理アプリを通じて、データベースの基本的な操作——登録／更
新／削除／検索の手法を学びましょう。

[1] レイアウトファイルを準備する

　　書籍情報の入力フォームを作成します。これまでに比べると長めのレイアウトで
すが、Button／TextView／EditTextを縦に並べただけの単純な作りです。コー
ドを確認しながら、上下に順に制約を設定していきましょう。

リスト9-9　activity_main.xml（DatabaseBasicプロジェクト）

```xml
<?xml version="1.0" encoding="utf-8"?>
<androidx.constraintlayout.widget.ConstraintLayout ...>
  <Button
    android:id="@+id/btnSave"
    android:layout_width="0dp"
    android:layout_height="wrap_content"
    android:text="保存"
    app:layout_constraintEnd_toEndOf="parent"
    app:layout_constraintStart_toStartOf="parent"
    app:layout_constraintTop_toTopOf="parent" />
  <Button
    android:id="@+id/btnDelete"
    android:layout_width="0dp"
    android:layout_height="wrap_content"
    android:text="削除"
    app:layout_constraintEnd_toEndOf="parent"
    app:layout_constraintStart_toStartOf="parent"
    app:layout_constraintTop_toBottomOf="@+id/btnSave" />
  <Button
    android:id="@+id/btnSearch"
    android:layout_width="0dp"
    android:layout_height="wrap_content"
    android:text="検索"
    app:layout_constraintEnd_toEndOf="parent"
    app:layout_constraintStart_toStartOf="parent"
    app:layout_constraintTop_toBottomOf="@+id/btnDelete" />
  <TextView
    android:id="@+id/tvIsbn"
    android:layout_width="0dp"
    android:layout_height="wrap_content"
```

```
      android:labelFor="@id/txtIsbn"
      android:text="ISBNコード"
      app:layout_constraintEnd_toEndOf="parent"
      app:layout_constraintStart_toStartOf="parent"
      app:layout_constraintTop_toBottomOf="@+id/btnSearch" />
  <EditText
      android:id="@+id/txtIsbn"
      android:layout_width="0dp"
      android:layout_height="wrap_content"
      android:ems="10"
      android:inputType="textPersonName"
      android:minHeight="48dp"
      app:layout_constraintEnd_toEndOf="parent"
      app:layout_constraintStart_toStartOf="parent"
      app:layout_constraintTop_toBottomOf="@+id/tvIsbn" />
  <TextView
      android:id="@+id/tvTitle"
      android:layout_width="0dp"
      android:layout_height="wrap_content"
      android:labelFor="@id/txtTitle"
      android:text="タイトル"
      app:layout_constraintEnd_toEndOf="parent"
      app:layout_constraintHorizontal_bias="0.0"
      app:layout_constraintStart_toStartOf="parent"
      app:layout_constraintTop_toBottomOf="@+id/txtIsbn" />
  <EditText
      android:id="@+id/txtTitle"
      android:layout_width="0dp"
      android:layout_height="wrap_content"
      android:ems="10"
      android:inputType="textPersonName"
      android:minHeight="48dp"
      app:layout_constraintEnd_toEndOf="parent"
      app:layout_constraintStart_toStartOf="parent"
      app:layout_constraintTop_toBottomOf="@+id/tvTitle" />
  <TextView
      android:id="@+id/tvPrice"
      android:layout_width="0dp"
      android:layout_height="wrap_content"
```

```
        android:labelFor="@id/txtPrice"
        android:text="価格"
        app:layout_constraintEnd_toEndOf="parent"
        app:layout_constraintStart_toStartOf="parent"
        app:layout_constraintTop_toBottomOf="@+id/txtTitle" />
    <EditText
        android:id="@+id/txtPrice"
        android:layout_width="0dp"
        android:layout_height="wrap_content"
        android:ems="10"
        android:inputType="textPersonName"
        android:minHeight="48dp"
        app:layout_constraintEnd_toEndOf="parent"
        app:layout_constraintStart_toStartOf="parent"
        app:layout_constraintTop_toBottomOf="@+id/tvPrice" />
</androidx.constraintlayout.widget.ConstraintLayout>
```

図9-22　レイアウト完成図

[2] アクティビティを準備する

操作ボタンに対して、それぞれ対応する処理を割り当てます。btnSave（登録）、onDeleteメソッド（削除）、onSearchメソッド（検索）が、それです。

リスト9-10　MainActivity.kt（DatabaseBasicプロジェクト）

```kotlin
package to.msn.wings.databasebasic

import android.content.ContentValues
import android.database.sqlite.SQLiteDatabase
import android.os.Bundle
import android.widget.Button
import android.widget.EditText
import android.widget.Toast
import androidx.appcompat.app.AppCompatActivity

class MainActivity : AppCompatActivity() {
  override fun onCreate(savedInstanceState: Bundle?) {
    super.onCreate(savedInstanceState)
    setContentView(R.layout.activity_main)

    // ヘルパーを準備
```

```kotlin
val helper = SimpleDatabaseHelper(this)
val txtIsbn = findViewById<EditText>(R.id.txtIsbn)
val txtTitle = findViewById<EditText>(R.id.txtTitle)
val txtPrice = findViewById<EditText>(R.id.txtPrice)

// ［保存］ボタンを押した時に呼び出されるコード
findViewById<Button>(R.id.btnSave).setOnClickListener {
  helper.writableDatabase.use { db ->
    val cv = ContentValues().apply {
      put("isbn", txtIsbn.text.toString())
      put("title", txtTitle.text.toString())          ┤a
      put("price", txtPrice.text.toString())
    }                                                          ┤1
    db.insert("books", null, cv)                     ┤b
    Toast.makeText(
      this, "データの登録に成功しました。",             ┤c
      Toast.LENGTH_SHORT).show()
  }
}

// ［削除］ボタンを押した時に呼び出されるコード
findViewById<Button>(R.id.btnDelete).setOnClickListener {
  helper.writableDatabase.use { db ->
    val params = arrayOf(txtIsbn.text.toString())
    db.delete("books", "isbn = ?", params)
    Toast.makeText(                                            ┤2
      this, "データの削除に成功しました。",
      Toast.LENGTH_SHORT).show()
  }
}

// ［検索］ボタンを押した時に呼び出されるコード
findViewById<Button>(R.id.btnSearch).setOnClickListener {
  val cols = arrayOf("isbn", "title", "price")
  val params = arrayOf(txtIsbn.text.toString())
  helper.readableDatabase.use { db ->              ┤a
    db.query(                                            ┤b    ┤3
      "books", cols, "isbn = ?",
      params, null, null, null, null
    ).use { cs ->
```

```
    if (cs.moveToFirst()) {
      txtTitle.setText(cs.getString(1))
      txtPrice.setText(cs.getString(2))
    } else {
      Toast.makeText(
        this, "データがありません。",
        Toast.LENGTH_SHORT
      ).show()
    }
   }
  }
 }
}
}
```

■1 データを登録する

先ほどは、execSQL、compileStatement／executeInsertメソッドを利用して、データを登録しました。これらのメソッドは、SQLを理解している人にとっては汎用性もあって便利なメソッドですが、反面、初学者にとってはSQLを改めて習得しなければならないというハードルの高さもあります。

そこでSQLiteDatabaseクラスでは、定型的な登録／更新／削除／検索を、SQL命令を記述することなく実行できる専用メソッドを用意しています。以下でも、これらの専用メソッドを使ったコードを紹介していきます。コードの可読性という観点からも、まずは専用メソッドを優先して利用し、それで賄えない操作をexecSQLメソッドなどで、といった使いわけをしていくと良いでしょう。

表9-4 主な専用メソッド

メソッド	概要
insert	新規にデータを登録
insertWithOnConflict	新規にデータを登録（重複にも対応）
update	既存のデータを更新
delete	既存のデータを削除
query	データを検索

まずは、データの登録から見ていきます。

新規にデータを登録するには、まず、登録データをContentValuesオブジェクトにまとめます。ContentValuesは、データを列名／値のセットで管理するためのオブジェクトです。ContentValuesオブジェクトにデータを追加するには、putメ

ソッドを使います（**a**）。

構文 putメソッド

```
fun put(key: String!, value: T!): Unit
  key   :キー名（列名）
  T     :データ型（String、Boolean、Long、Double、ByteArrayなど）
  value :値
```

　　ここでは、EditText（txtIsbn、txtTitle、txtPrice）への入力値を、それぞれ
セットしておきます。以前にも触れたように、EditText#getTextメソッドの戻り値
はEditableオブジェクトなので、putメソッドに渡す際にはtoStringメソッドで文
字列に変換するのを忘れないようにしてください。

　　ContentValuesオブジェクトを用意できたら、あとはこれをinsertメソッドに渡
すことで、データを登録できます（**b**）。

構文 insertメソッド

```
fun insert(table: String!, nullColumnHack: String!,
  values: ContentValues!): Long
  table          :テーブル名
  nullColumnHack :null列の処理方法
  values         :登録する値
```

　　引数 nullColumnHackには、null列に対して設定する値を指定します。ここで
は利用していませんので、nullをセットしておきます。

　　データを登録できたら、トーストで成功の旨を通知して完了です（**c**）。

2 データを削除する

　　既存のデータを削除するのは、deleteメソッドの役割です。

構文 deleteメソッド

```
fun delete(table: String!, whereClause: String!,
  whereArgs: Array<String!>!): Int
  table       :テーブル名
  whereClause :削除条件
  whereArgs   :条件値
```

　　引数whereClauseには、削除するデータを特定するための条件式を指定しま
す。「isbn ＝ ?」であれば「isbn列が＜？＞であるデータ」という意味です。「？」は、
先ほど登場したプレイスホルダー（データの置き場所）を表す記号ですね。

プレイスホルダーには、引数 whereArgsを介して値を渡せます。ここでは、プレイスホルダーがひとつだけなので、渡す配列paramsも要素をひとつしか持ちませんが[*8]、もちろん、プレイスホルダーが複数であれば、その数だけ値も渡さなければなりません。

*8）この場合であれば、「txtIsbn.text. toString()」です。

データを削除できたら、例によって、その旨をトースト表示して完了です。

❸データを検索する

データを検索するには、先ほども述べたように、読み込みモードでデータベースを開いておく必要があります。これには、readableDatabaseプロパティを利用するのでした（**ⓐ**）。

検索処理そのものは、queryメソッドで実行します（**ⓑ**）。

構文　queryメソッド

```
fun query(table: String!, columns: Array<String!>!, selection: String!,
  selectionArgs: Array<String!>!, groupBy: String!, having: String!,
  orderBy: String!, limit: String!): Cursor!
  table          :テーブル名
  columns        :取得する列
  selection      :条件式
  selectionArgs  :条件値
  groupBy        :グループ化（GROUP BY句）
  having         :グループ絞り込み条件（HAVING BY句）
  orderBy        :ソート式（ORDER BY句）
  limit          :LIMIT句
```

引数の数が多く複雑にも見えますが、引数groupby〜limitまでは今回は利用しないので、すべてnullを指定しておきます[*9]。

以下に、その他の引数に渡した値をまとめておきます。

*9）これら引数の詳細は、本書では割愛します。詳細は、SQLの専門書でSELECT命令の該当する句の説明を確認してください。

表9-5　selectメソッドの引数

引数	設定値
table	books
columns	{ "isbn", "title", "price" }
selection	isbn = ?
selectionArgs	{ txtIsbn.text.toString() }

引数selection／selectonArgsの関係は、deleteメソッドの引数whereClause／whereArgsの関係と同じです。

queryメソッドによる検索の結果は、Cursorオブジェクトとして返されます。

Cursorとは、言うなれば、テーブルから取り出したデータ（＝結果セット）を保持すると共に、その読み取り手段を提供するオブジェクトです。

図9-23 結果セット

books テーブル

isbn	title	price

テーブルから一部の行／列を取得した結果

結果セット

結果セットは行単位の読み取りが基本

title	price
カレントレコード	

カーソル

結果セットはいわゆる2次元の表ですが、Cursorオブジェクトでは、表の任意の位置にランダムにアクセスすることはできません。行単位に順に読み込んでいく必要があるのです[10]。このとき、「現在読み取り可能な行」を表す目印をカーソル、カーソルが示す現在行のことをカレントレコードと言います。

CのmoveToFirstメソッドは、カーソルを結果セットの先頭行に移動するためのメソッドです。moveToFirstメソッドは、カーソルを移動できない——データがない場合にfalseを返します。ここでは、moveToFirstメソッドのその性質を利用して、データが存在する場合は、その読み込みと画面への反映を、さもなければトーストでデータが見つからなかった旨を通知しています。

> [10] 一種のイテレーターのようなものと考えても良いでしょう。

図9-24 if (cs.moveToFirst()) { … } の意味

データが見つかった場合

isbn	title	price
978-4-7980-4512-2	はじめてのASP.NET	3000

movetoFirstメソッドで先頭行に移動

条件式は
true

ifブロックの内容を処理（取得データをフォームに表示）

該当データがない場合

isbn	title	price

先頭行に移動できない（false）

条件式は
false

elseブロックでエラーメッセージを表示

　　カレントレコードから列の値を取得するには、getXxxxx メソッドを利用します。
Xxxxx の部分は取得するデータ型に応じて、Blob、Int、Long、String などに読
み替えてください。

構文 getXxxxx メソッド

```
abstract fun getXxxxx(columnIndex: Int): T!
  T          :取得するデータ型（Blob、Int、Long、String など）
  columnIndex :列番号（0、1、2...）
```

　　取り出したデータは、EditText#setText メソッドで対応するテキストボックスに
反映させています。

参考

Cursor クラスの主なメンバー

　Cursor クラスには、その他にも、さまざまなメンバーが用意されています。以下に主なもの
をまとめておきます。

表9-6 Cursor クラスの主なメンバー

メンバー	概要
columnCount	列の数を取得
count	行数を取得
isAfterLast	カーソルが最終行の後ろにあるか
isBeforeFirst	カーソルが先頭行の前にあるか
isFirst	カーソルが先頭行にあるか
isLast	カーソルが最終行にあるか
getColumnIndex(columnName: String!)	列名に対応する列番号を取得
getColumnName(columnIndex: Int)	列番号に対応する列名を取得
moveToLast()	最終行にカーソルを移動
moveToNext()	次の行にカーソルを移動
moveToPosition(position: Int)	position 行目にカーソルを移動
moveToPrevious()	前の行にカーソルを移動

　たとえば、MoveToFirst ／ MoveToNext メソッドを利用することで、結果セットのすべての
データを読み込むこともできます。

```
val msg = StringBuilder()
var eol = cs.moveToFirst() ──────────────────────────────1
while (eol) {
  msg.append("${cs.getString(1)}\n")
  eol = cs.moveToNext() ──────────────────────────────2
}
Toast.makeText(this, msg.toString(), Toast.LENGTH_SHORT).show()
```

　moveToFirstメソッドでカーソルを先頭行に移動した後 (**1**)、moveToNextメソッドで順に
カーソルを次行に移動しながら最終行まで読み込んでいきます (**2**)。moveToNextメソッドも、
moveToFirstメソッドと同じく、移動先に行がない場合 (＝末尾に到達した場合) にfalseを返
すので、ここではその性質を利用して、whileブロックの終了条件としています。

09-02-07 更新処理を実装する

　　　前項のコードは、実はまだ不完全です。というのも、既存のデータを編集しよう
とすると、重複エラーでSQLiteConstraintException例外が発生してしまうので
す。これは、常にデータを新規で登録しようとしているためです。このため、キー
であるISBNコードが重複していると、データベースは「同じデータですよ」と拒否
するわけです。現時点では、既存のデータを更新するには、いったん元のデータを
削除して、新たにデータを入力しなおさなければなりません。

　　　もちろん、このような状態は不便ですから、[**保存**] ボタンをクリックした時に、既
存のデータであれば (＝ISBNコードが既に存在していれば)、データを更新するよ
うにしてみましょう。

　　　これには、リスト9-10の**1**を、以下のように書き換えるだけです。

リスト9-11　MainActivity.kt (DatabaseBasicプロジェクト)

```
helper.writableDatabase.use { db ->
  ...中略...
  db.insertWithOnConflict("books", null, cv, SQLiteDatabase.CONFLICT_REPLACE)
  Toast.makeText(this, "データの登録に成功しました。",
    Toast.LENGTH_SHORT).show()
}
```

　　　insertWithOnConflictメソッドは、データが重複した時の処理を決められる
insertメソッドです。

構文 insertWithOnConflict メソッド

```
fun insertWithOnConflict(table: String!, nullColumnHack: String!,
  initialValues: ContentValues!, conflictAlgorithm: Int): Long
  table            :テーブル名
  nullColumnHack   :null列の処理方法
  initialValues    :登録する値
  conflictAlgorithm:データが重複した時の処理
```

引数conflictAlgorithmで指定できる値には、以下のようなものがあります。

表9-7 引数 conflictAlgorithm の設定値

設定値	概要
CONFLICT_NONE	指定なし (insertメソッドと同じ挙動)
CONFLICT_IGNORE	重複した時、何も行わない
CONFLICT_REPLACE	重複した時、該当の行を置き換え
CONFLICT_ROLLBACK	重複した時にロールバック

＊11) このため、新規登録のつもりで既存のISBNコードを指定してしまうと、そのまま既存のデータが更新されてしまいます。

ここでは、insertWithOnConflict メソッドでデータの登録／更新双方を賄っていますが＊11、更新を行う専用メソッドとしてupdate メソッドもあります。

構文 update メソッド

```
fun update(table: String!, values: ContentValues!,
  whereClause: String!, whereArgs: Array<String!>!): Int
  table       :テーブル名
  values      :更新する値
  whereClause :更新条件
  whereArgs   :条件値
```

```
val cv = ContentValues().apply {
  put("title", txtTitle.text.toString())
  put("price", txtPrice.text.toString())
}
val params = arrayOf(txtIsbn.text.toString())
db.update("books", cv, "isbn = ?", params)
```

Section 09-03

アプリの設定情報を管理する

このセクションでは、アプリの設定を管理するためのPreferenceというしくみについて学びます。

このセクションのポイント

■1 設定定義ファイルでは、<PreferenceScreen>要素の配下に、個別の設定項目を表す<XxxxxPreference>要素を列記する。

■2 <XxxxxPreference>要素には、EditTextPreferenceをはじめ、CheckBoxPreference、ListPreference、MultiSelectListPreferenceなどがある。

■3 設定定義ファイルは、addPreferencesFromResourceメソッドでロードできる。

　アプリでは、アプリの挙動や表示をカスタマイズするためにさまざまな設定を持っています。これらの設定は、データベースに保存しても構いませんが、データの入力画面から保存処理までをいちいち作りこむのは、（定型的な作業であるにせよ）なかなかに面倒なことです。

　そこでAndroidの世界では、Preferenceというしくみを提供しています。Preferenceは、主にアプリの設定情報のようなアプリ固有の、しかもごくシンプルなデータの集合を管理するためのしくみです。複雑なデータを扱うことはできませんが、代わりに、設定項目（Preference）を表す定義ファイルを準備するだけで、設定情報を出し入れするためのUIから設定情報の保存までをほぼ自動で行ってくれます。アプリに設定情報が必要となった場合には、まず、このPreferenceの利用を検討してください。

09-03-01 基本的な設定画面を作成する

　それではさっそく、基本的な設定画面を作成してみましょう。メイン画面で[設定]ボタンをクリックすると、設定画面に遷移し、設定を終えて再びメイン画面を開くと、現在の設定値をトースト表示するというしくみです。

図9-25　設定画面での設定をメイン画面でトースト表示

[1] ライブラリを追加する

　Preferenceを使うには、preferenceライブラリ（1.1.1）を追加する必要があります。これには、[File] − [Project Structure...] からプロジェクト設定画面を表示します。

図9-26　[Project Structure] 画面

　[Project Structure] 画面が開くので、[Dependencies] タブを開き、[app] モジュールの [Declared Dependencies] から **+**（Add Dependency）−[Library Dependency] を選択します。

図9-27 ［Add Library Dependency］画面

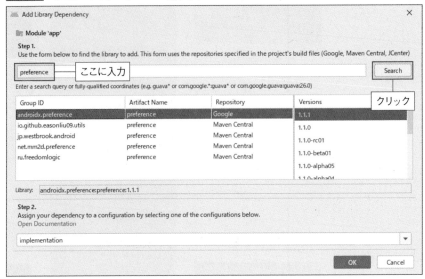

　［**Add Library Dependency**］画面が開くので、上のテキストボックスに「preference」と入力し、［**Search**］ボタンをクリックします。下のグリッドに合致したライブラリが表示されるので、「androidx.preference」を選択し、［**Version**］列から「1.1.1」を選択したら、［**OK**］ボタンをクリックします。

　先ほどの［**Project Structure**］画面に戻るので、一覧に「androidx.preference:1.1.1」が追加されていることを確認し、［**OK**］ボタンをクリックします。

　ライブラリのインストールと再ビルドが始まるので、しばらく待ちましょう。終了すると、preferenceが有効になります。

［2］設定定義ファイルを作成する

　設定画面を作成するには、まず、設定画面の「レイアウト」を定義ファイルで決めておく必要があります。ただし、設定画面のレイアウトは、これまで学んできたレイアウトファイルの構文とは異なりますので、注意してください。

　プロジェクトウィンドウから/resフォルダーを右クリックし、表示されたコンテキストメニューから［**New**］－［**Android resource file**］を選択してください。

図9-28 [New Resource File]画面

「pref」と入力

「XML」を選択

「PreferenceScreen」であることを確認

表示された[New Resource File]画面から図9-28のように情報を入力し、[OK]ボタンをクリックします。これで/res/xmlフォルダーにpref.xml[*1]が作成されます。

*1) フォルダーが存在しない場合は、自動的に作成されます。

レイアウトエディターが表示されるので、パレットから以下のようにウィジェットを配置しておきます。ConstraintLayoutとは異なり、上から順に並べていくだけで構いません。

図9-29 pref.xmlのレイアウト

また、属性ウィンドウから以下のように属性を設定しておきます。

表9-8 pref.xmlの属性設定

ウィジェット	属性	設定値
EditTextPreference	key	edittext_name
	defaultValue	ゲスト
	summary	ユーザー名を入力します
	title	ユーザー名
EditTextPreference	key	edittext_pw
	defaultValue	123ab

EditTextPreference	summary	パスワードを入力します
	title	パスワード
EditTextPreference	key	edittext_age
	defaultValue	20
	summary	年齢を入力します
	title	年齢

設定できたらコードエディターに切り替え、以下のようなコードが生成されていることも確認しておきましょう。

リスト9-12 pref.xml（PreferenceBasicプロジェクト）

```xml
<?xml version="1.0" encoding="utf-8"?>
<PreferenceScreen xmlns:android="http://schemas.android.com/apk/res/android">
  <EditTextPreference
    android:defaultValue="ゲスト"
    android:key="edittext_name"
    android:selectAllOnFocus="true"
    android:singleLine="true"
    android:summary="ユーザー名を入力します"
    android:title="ユーザー名" />
  <EditTextPreference
    android:defaultValue="123ab"
    android:key="edittext_pw"
    android:selectAllOnFocus="true"
    android:singleLine="true"
    android:summary="パスワードを入力します"
    android:title="パスワード" />
  <EditTextPreference
    android:defaultValue="20"
    android:key="edittext_age"
    android:selectAllOnFocus="true"
    android:singleLine="true"
    android:summary="年齢を入力します"
    android:title="年齢" />
</PreferenceScreen>
```

設定定義ファイルでは、ルート要素を表す＜PreferenceScreen＞要素の配下に、個別の設定項目を＜XxxxxPreference＞要素で列記するのが基本です。設

定項目（＜XxxxxxPreference＞要素）には、＜EditTextPreference＞の他にも設定する内容に応じて、さまざまな種類がありますが、詳しくは改めて後述します。

＜EditTextPreference＞要素に指定された属性の意味は、それぞれ以下の通りです。selectAllOnFocusを除く属性は、以降で登場する設定項目でも共通して利用できます。

表9-9 設定項目の主な属性

属性	概要
key	設定項目のキー
title	設定項目の表示タイトル
summary	設定項目の説明文
defaultValue	既定の設定値
selectAllOnFocus	フォーカス時に既存のテキストを全選択

[3] フラグメントを作成する（設定画面）

設定画面は、ダイアログ（セクション06-01）と同じく、（アクティビティではなく）フラグメントとして定義します。専用のPreferenceFragementCompatクラスを継承してください。

PreferenceFragmentCompatクラスは、設定定義ファイルをロードし、設定画面を整形するまでの機能を、あらかた標準で用意しています。よって、アプリ側で追加すべきコードはほとんどありません。

リスト9-13 MyConfigFragment.kt（PreferenceBasicプロジェクト）

```kotlin
package to.msn.wings.preferencebasic

import android.os.Bundle
import androidx.preference.PreferenceFragmentCompat

class MyConfigFragment : PreferenceFragmentCompat() {
  override fun onCreatePreferences(
    savedInstanceState: Bundle?, rootKey: String?) {
    addPreferencesFromResource(R.xml.pref)
  }
}
```

設定定義ファイルは、addPreferencesFromResourceメソッドで読み込むことで、自動的に設定画面として展開できます。引数resIdは「R.xml.ファイル名」の形式で指定できます。

01
02
03
04
05
06
07
08
09
10
11

構文 addPreferencesFromResource メソッド

```
fun addPreferencesFromResource(preferencesResId: Int): Unit
  preferencesResId：設定定義ファイル（id値）
```

［4］アクティビティを作成する（設定画面）

06-01-01項でも触れたように、フラグメントはそれ単体では動作しません。フラグメントを動作するためのアクティビティを作成します。

リスト9-14 MyConfigActivity.kt（PreferenceBasicプロジェクト）

```
package to.msn.wings.preferencebasic

import android.os.Bundle
import androidx.appcompat.app.AppCompatActivity

class MyConfigActivity : AppCompatActivity() {
  override fun onCreate(savedInstanceState: Bundle?) {
    super.onCreate(savedInstanceState)
    supportFragmentManager.beginTransaction()
      .replace(android.R.id.content, MyConfigFragment())
      .commit()
  }
}
```

フラグメントを適用する方法については、08-04-01項でも触れた通りです。replaceメソッドでフラグメントの適用対象としているandroid.R.id.contentは、setContentViewメソッドで適用されたビューのコンテナー（つまり、画面全体）を表します。

［5］アクティビティを作成する（メイン画面）

設定画面を呼び出すためのメイン画面（アクティビティとレイアウト）を作成します。メイン画面には**［設定］**ボタンだけを設置しておきます。

リスト9-15 activity_main.xml（PreferenceBasicプロジェクト）

```
<?xml version="1.0" encoding="utf-8"?>
<androidx.constraintlayout.widget.ConstraintLayout ...>
  <Button
    android:id="@+id/btn"
```

```
    android:layout_width="0dp"
    android:layout_height="wrap_content"
    android:text="設定"
    app:layout_constraintEnd_toEndOf="parent"
    app:layout_constraintStart_toStartOf="parent"
    app:layout_constraintTop_toTopOf="parent" />
</androidx.constraintlayout.widget.ConstraintLayout>
```

図9-30　レイアウト完成図

リスト9-16　MainActivity.kt（PreferenceBasicプロジェクト）

```
package to.msn.wings.preferencebasic

import android.content.Intent
import android.os.Bundle
import android.widget.Button
import android.widget.Toast
import androidx.appcompat.app.AppCompatActivity
import androidx.preference.PreferenceManager

class MainActivity : AppCompatActivity() {
  override fun onCreate(savedInstanceState: Bundle?) {
    super.onCreate(savedInstanceState)
    setContentView(R.layout.activity_main)

    // 設定情報の取得＆表示
    val pref = PreferenceManager.getDefaultSharedPreferences(this) ————————■
    val msg = """
      ユーザー名：${pref.getString("edittext_name", "ゲスト")}
      パスワード：${pref.getString("edittext_pw", "123abc")}
      年齢：${pref.getString("edittext_age", "20")}
      """.trimIndent() —————————————————————————————
    Toast.makeText(this@MainActivity, msg, Toast.LENGTH_LONG).show() ————————■

    // ボタンクリックで設定画面を起動
    findViewById<Button>(R.id.btn).setOnClickListener {
      startActivity(
        Intent(this@MainActivity, MyConfigActivity::class.java)
      )
    }
```

```
    }
}
```

　P.513のリスト9-13では、設定情報を記録するためのコードを一切記述していませんでした。これは、基底クラスであるPreferenceFragmentCompatが「画面からの入力を受け取り、その情報を保存する」という処理を一手に引き受けていたからなのです。

　そして、保存された情報は、SharedPreferencesというオブジェクトを使って読み出すことができます[*2]。SharedPreferencesオブジェクトを利用することで、データの保存先や形式などをまったく意識することなく、Mapにもよく似た手順で、設定情報にアクセスできるようになります。

　SharedPreferencesオブジェクトは、PreferenceManager.getDefaultSharedPreferencesメソッドで取得できます（**1**）。

＊2）データ本体は「/data/data/パッケージ名/shared_prefs」に保存されます。

構文　getDefaultSharedPreferencesメソッド

```
static fun getDefaultSharedPreferences(context: Context!): SharedPreferences!
  context：コンテキスト
```

　SharedPreferencesオブジェクトを取得できてしまえば、あとはgetXxxxxメソッドで設定値にアクセスするだけです（**2**）。Xxxxxには読み出すデータの型に応じて、Boolean、Float、Int、Long、String、StringSetなどの値を指定できます。

構文　getXxxxxメソッド

```
abstract fun getXxxxx(key: String!, defValue: T): T
  T       ：取得するデータ型（Boolean、Float、Int、Long、String、MutableSet<String>）
  key     ：取得するキー
  defValue：既定値
```

　EditTextPreferenceは文字列型の値を入力しているはずなので、ここではgetStringメソッドを利用しています。

　引数keyには、設定定義ファイルで<EditTextPreference>要素のkey属性で宣言したキーを指定します。引数defValueは、対応するキーが見つからなかった場合に取得できる既定値を表します。

　あとは読み出した値を変数 msgにまとめて、トーストで表示して完了です（**3**）。

[6] マニフェストファイルを編集する

最後に、設定画面を認識するように、マニフェストファイルに設定画面のアクティビティを追加します。

リスト9-17 AndroidManifest.xml（PreferenceBasic プロジェクト）

```
<manifest ...>
  <application ...>
    ...中略...
    <activity android:name=".MyConfigActivity"></activity>
  </application>
</manifest>
```

[7] サンプルを実行する

以上の準備ができたら、サンプルを実行してみましょう。本項冒頭の図9-25のように、設定画面で入力した情報がメイン画面でトースト表示されることを確認してみましょう。初回は既定値が表示されますし、設定画面から設定値を変更した後はその値が反映されます。

⬛ 09-03-02　さまざまなPreference

設定定義ファイルで利用できる設定項目（Preference）は、もちろん、EditTextPreference（テキストボックス）だけではありません。その他にも、以下のようなPreferenceを利用できます。

以下では、それぞれのPreferenceを表す設定定義ファイルの記述と、設定値を取得するためのアクティビティ側のコードを抜粋して示します。完全なコードについては、ダウンロードサンプルから参照してください。

⬛ CheckBoxPreference

オンオフの設定を行うチェックボックス式のPreferenceです。

リスト9-18 pref.xml（PreferenceCustom プロジェクト）

```
<CheckBoxPreference
  android:defaultValue="true"
  android:key="chk"
  android:summary="ニュースを購読する場合は、チェックしてください。"
  android:title="News購読" />
```

リスト9-19　MainActivity.kt（PreferenceCustom プロジェクト）

```
val msg = "News購読：${pref.getBoolean("chk", true)}"
```

図9-31　チェックボックスによる設定

■ SwitchPreference

CheckBoxPreferenceと同じくオンオフの設定を行いますが、スイッチ式のUI
を提供します。

リスト9-20　pref.xml（PreferenceCustom プロジェクト）

```
<SwitchPreference
  android:defaultValue="true"
  android:key="switch"
  android:summary="ニュースを購読しますか"
  android:title="News購読" />
```

リスト9-21　MainActivity.kt（PreferenceCustom プロジェクト）

```
val msg = "News購読：${pref.getBoolean("switch", true)}"
```

図9-32　スイッチによる設定

■ ListPreference

ラジオボタン式のリストから単一選択するタイプのPreferenceです。

リスト9-22 　pref.xml（PreferenceCustomプロジェクト）

```
<ListPreference
  android:defaultValue="A型"
  android:entries="@array/blood_items"
  android:entryValues="@array/blood_items"
  android:key="list"
  android:summary="血液型を選んでください"
  android:title="血液型" />
```

リスト9-23 　MainActivity.kt（PreferenceCustomプロジェクト）

```
val msg = "血液型：${pref.getString("list", "A型")}"
```

図9-33　ラジオボタンリストによる設定

　　android:entries属性はリストに表示するテキストの配列を、android:entry
Values属性はSharedPreferencesに保存される値の配列を、それぞれ表します。
配列リソースの定義方法については、03-02-05項も参照してください。

■ MultiSelectListPreference

チェックボックス式のリストから複数選択するタイプのPreferenceです。

リスト9-24　pref.xml（PreferenceCustom プロジェクト）

```xml
<MultiSelectListPreference
  android:entries="@array/os_items"
  android:entryValues="@array/os_items"
  android:key="multi"
  android:summary="ご使用のOSをチェックしてください"
  android:title="OS" />
```

リスト9-25　MainActivity.kt（PreferenceCustom プロジェクト）

```kotlin
val msg = "OS：${pref.getStringSet("multi", setOf(""))?.joinToString()}"
```

図9-34　チェックボックスリストによる設定

　<MultiSelectListPreference>要素で利用できる属性は、ListPreferenceとも共通なので、特筆すべき点はありません。

　注目すべきは、設定値を取得するコードです。複数値を取得するには、SharedPreferenceオブジェクトのgetStringSetメソッドを利用してください。getStringSetメソッドの戻り値はSet<String!>?オブジェクトなので、あとはjoinToStringメソッドで配下の要素を結合できます。

■ PreferenceCategory

これまでのPreferenceと異なり、PreferenceCategoryはPreferenceをカテゴライズする（まとめる）ためのしくみです。設定画面に含まれるPreferenceが多くなった場合、関連する塊でもってグループ化することで、画面を見やすくすることができるでしょう。

<PreferenceCategory>要素は、<PreferenceScreen>要素の配下にいくつでも含めることができます。

リスト9-26 pref.xml（PreferenceCustomプロジェクト）

```xml
<PreferenceCategory android:title="プロフィール">
  <EditTextPreference
    android:defaultValue="ゲスト"
    android:key="edittext_name"
    android:summary="ユーザー名を入力します"
    android:title="ユーザー名" />
  <ListPreference
    android:defaultValue="A型"
    android:entries="@array/blood_items"
    android:entryValues="@array/blood_items"
    android:key="list"
    android:summary="血液型を選んでください"
    android:title="血液型" />
</PreferenceCategory>
<PreferenceCategory android:title="オプション">
  <CheckBoxPreference
    android:defaultValue="true"
    android:key="chk"
    android:summary="ニュースを購読する場合は、チェックしてください。"
    android:title="News購読" />
</PreferenceCategory>
```

図9-35 レイアウト完成図

リスト9-27 MainActivity.kt（PreferenceCustomプロジェクト）

```kotlin
val msg = """
  ユーザー名：${pref.getString("edittext_name", "なし")}
  血液型：${pref.getString("list", "A型")}
  News購読：${pref.getBoolean("chk", true)}
""".trimIndent()
```

図9-36 カテゴライズされた設定項目

Chapter

10 →

ハードウェアの活用

Android 実機には、GPS（全地球測位システム）、カメラ、タッチパネル、マイク、ネットワーク機能、そして、加速度センサー／ジャイロセンサーをはじめとした種々のセンサー、さまざまなハードウェア機能が標準で搭載されています。

これらを利用することで、Android アプリで実現できることは一段と広がります。本章では、あまたあるハードウェア機能の中でも特によく利用すると思われるものを学んでいきます。

Contents

はじめての Android アプリ開発 Kotlin 編

位置情報を取得する

このセクションでは、GPS機能を利用して現在位置を取得し、それを地図に描画する方法を学びます。

このセクションのポイント

1 Googleマップを利用することで、アプリにカスタマイズ可能な地図を組み込むことができる。
2 Googleマップを利用するには、Google Maps Activityテンプレートを利用するのが便利である。
3 FusedLocationProviderApiクラスを利用することで、適切な方法で現在位置を取得できる。

GPS（Global Positioning System：全地球測位システム）とは、現在位置を測定するためのシステムのこと。機能としてはシンプルそのものですが、GPS機能を利用することで、現在位置に応じた周辺地域の情報を収集したり、自分の出かけた先をログとして残すことで独自のマップを作ったり、はたまた、特定の場所でポイントや（ゲーム上の）アイテムを得られたりと、アイデア次第でアプリにさまざまな機能を組み込むことができます。あまたあるハードウェア機能の中でも、持ち運びを前提としたスマホの特長を十全に活かせることから、もっともスマホらしい機能であると言えるでしょう。

このセクションでは、まず、GPS機能と連動して利用することの多いGoogleマップ（https://maps.google.co.jp/）をアプリに組み込む方法について学びます。その後、地図の表示方法や位置／ズームの操作について触れた後、FusedLocationProviderApiクラスを利用して、現在位置を取得し、地図に反映する方法について理解していきます。

10-01-01 Googleマップを利用するための準備＆設定

Googleマップを自作のアプリで利用するには、Google Play servicesというライブラリをインストールした後、専用の「Google Maps Activity」テンプレート経由で、Google Maps API Keyを入手するのが簡便です。

以下では、具体的なセットアップの手順を追っていきます。

[1] Google Play servicesをインストールする

まずは、Googleマップを利用するための準備として、Google Play servicesをインストールしておきましょう。ライブラリのインストールには、Android Studioのメニューバーから [**Tools**] － [**SDK Manager**] を選択します。

Android SDK Managerが起動するので、[**SDK Tools**] タブを選択し、[**Google Play services**] にチェックを入れます。

[**OK**] ボタンをクリックすると、変更の確認画面が表示されるので、[**OK**] ボタンをクリックしてインストールを開始します。

図10-1 Google Play services のインストール

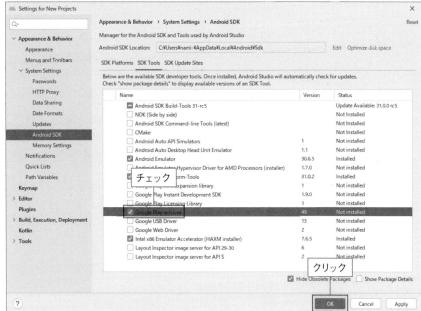

[2] 新規にプロジェクトを作成する

　P.48の手順に沿って、新規にMapBasicプロジェクトを作成します。ただし、[Choose your project]画面では[Google Maps Activity]を選択してください。

図10-2 [Add an activity to Mobile]画面

　以降の画面は、すべて既定値のままで構いません。最後の画面で[Finish]ボタンをクリックしてください。

[3] Maps API Keyを取得する

Maps API Keyは、/res/values/google_maps_api.xmlで記されたアドレスにアクセスして取得します。

図10-3 Maps API Keyの入手先

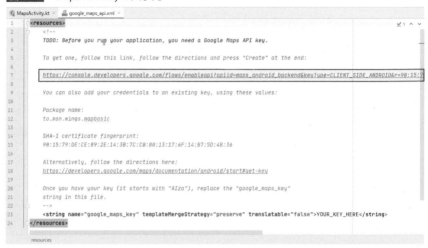

ブラウザーが起動したら、画面の指示に従って手順を進めます。最後に表示されるAPIキーはコピーして、手元に控えておきましょう*1。

*1) 最後の画面にOAuthに関する警告が表示されますが、本書の用途では無視してしまって構いません。

図10-4 Google Developers Console

参考

キーの制限

キーの不正利用を防止するため、図10-4のAPIキー欄右側の ✎ [APIキーを編集] ボタンをクリックすることで、キーの有効範囲を制限できます。たとえば以下では、APIをMaps SDK for Androidに制限しています。

図10-5 [APIキーの制限と名前変更] 画面

---

*2) 配布サンプルもそのままでは動作しません。本文の手順に従って、自分で新規プロジェクトを作成し、取得したキーで差し替えるようにしてください。

[4] リソースを準備する

入手したMaps API Keyを /res/values/google_maps_api.xmlに登録しておきましょう。初期状態では「YOUR_KEY_HERE」と書かれているので、自分で入手したものに置き換えてください*2。

リスト10-1 google_maps_api.xml（MapBasicプロジェクト）

```xml
<resources>
    ...中略...
    <string name="google_maps_key" templateMergeStrategy="preserve"
        translatable="false">AIzaSyDAsBfKt...</string>
</resources>
```

[5] サンプルを実行する

　以上で、Googleマップを利用する最低限の手順は終了です。早速、サンプルを実行してみましょう。以下のような地図が表示され、シドニーがポイントされていれば、サンプルは正しく動作しています。

図10-6　地図が表示される

10-01-02　地図表示の基本を理解する

プロジェクト標準のアプリを実行できたところで、初期状態で用意されたソースコードを読み解きながら、マップ表示の基本を理解してみましょう。

■ マップの準備

まずは、メインレイアウトからです。

リスト10-2　activity_maps.xml（MapBasic プロジェクト）

```xml
<fragment xmlns:android="http://schemas.android.com/apk/res/android"
  xmlns:map="http://schemas.android.com/apk/res-auto"
  xmlns:tools="http://schemas.android.com/tools"
  android:id="@+id/map"
  android:name="com.google.android.gms.maps.SupportMapFragment"
  android:layout_width="match_parent"
  android:layout_height="match_parent"
  tools:context=".MapsActivity" />
```

レイアウトは<fragment>要素だけから構成されます。<fragment>要素は、フラグメント（08-04-01項）をレイアウトに反映させるための要素です。この例であれば、標準で用意されたcom.google.android.gms.maps.SupportMapFragmentクラスを使って、Googleマップをレイアウトに反映させているわけです[3]。

*3）現在では FragmentContainer View（08-04-01項）を優先して利用すべきですが、本項ではプロジェクト既定の記述を優先します。

■ マップの操作

続いて、マップを操作するアクティビティに注目します（既定で記載されているコメントなどは割愛しています）。

リスト10-3　MapsActivity.kt（MapBasic プロジェクト）

```kotlin
class MapsActivity : AppCompatActivity(), OnMapReadyCallback {————————2
  private lateinit var mMap: GoogleMap
  private lateinit var binding: ActivityMapsBinding

  override fun onCreate(savedInstanceState: Bundle?) {
    super.onCreate(savedInstanceState)
    binding = ActivityMapsBinding.inflate(layoutInflater)
    setContentView(binding.root)
```

```
    // フラグメントを取得
    val mapFragment = supportFragmentManager
      .findFragmentById(R.id.map) as SupportMapFragment          1
    mapFragment.getMapAsync(this)
  }

  override fun onMapReady(googleMap: GoogleMap) {
    mMap = googleMap
    // 指定の座標にマーカーを追加
    val sydney = LatLng(-34.0, 151.0)
    mMap.addMarker(MarkerOptions().position(sydney).title("Marker in Sydney"))   3
    // 表示位置を移動
    mMap.moveCamera(CameraUpdateFactory.newLatLng(sydney))
  }
}
```

Googleマップを利用するには、まず、FragmentManager#find
FragmentByIdメソッドでレイアウトに配置されたフラグメントを取得します（ **1** ）。
FragmentManagerは、現在のクラスの基底クラスであるFragmentActivityオ
ブジェクトからsupportFragmentManagerプロパティを呼び出すことで取得でき
ます。

構文 findFragmentById メソッド

```
fun findFragmentById(id: Int): Fragment?
  id：フラグメントのid値
```

あとは、得られたSupportMapFragmentオブジェクトからgetMapAsyncメ
ソッドを呼び出すことで、マップを得られます。

構文 getMapAsync メソッド

```
fun getMapAsync(callback: OnMapReadyCallback!): Unit
  callback：コールバックオブジェクト
```

ただし、getMapAsyncは非同期に動作するメソッドです。得られたマップ
（GoogleMapオブジェクト）は、コールバックオブジェクト（引数callback）に渡さ
れる点に注意してください。
　引数callbackには、OnMapReadyCallbackインターフェイス（com.google.
android.gms.maps パッケージ）の実装オブジェクトを指定します。サンプルでは、

現在のアクティビティにそのまま実装しているので（**2**）、getMapAsyncメソッドにもthisキーワードで渡せます。

OnMapReadyCallbackインターフェイスは、onMapReadyメソッドひとつを提供する、シンプルなインターフェイスです。onMapReadyメソッドは、マップが準備できたところで呼び出されるメソッドで（**3**）、引数には準備できたマップ（GoogleMapオブジェクト）が渡されます。これを利用して、マップを操作していくわけですね。

ここでは、GoogleMap#addMarkerメソッドでマーカーを追加した後、moveCameraメソッドで表示位置を変更します。

構文 addMarkerメソッド

```
fun addMarker(options: MarkerOptions!): Marker!
  options：追加するマーカー
```

構文 moveCameraメソッド

```
fun moveCamera(update: CameraUpdate!): Unit
  update：表示位置情報
```

MarkerOptionsクラス（com.google.android.gms.maps.modelパッケージ）で利用できる主な設定メソッドは、以下の通りです。

表10-1 MarkerOptionsクラスの主な設定メソッド

メソッド	概要
alpha(*alpha*: Float)	透明度
icon(*icon*: BitmapDescriptor)	アイコン画像
position(*latlng*: LatLng)	表示位置[4]
rotation(*rotation*: Float)	回転角度
title(*title*: String)	タイトル

*4）LatLngコンストラクターには、緯度／経度を指定します。

moveCameraメソッドに渡すCameraUpdateオブジェクトは、CameraUpdateFactoryクラス経由で作成できます。ここでは、newLatLngメソッドでLatLngオブジェクト（緯度／経度）を指定していますが、たとえばnewLatLngZoomメソッドを利用すれば、緯度／経度と共に拡大率も指定できます。

構文 newLatLng／newLatLngZoomメソッド

```
static fun newLatLng(latLng: LatLng!): CameraUpdate!
static fun newLatLngZoom(latLng: LatLng!, zoom: Float): CameraUpdate!
    latLng：緯度／経度
    zoom ：拡大率（2.0～21.0）
```

10-01-03 表示切替ボタン／ズームボタンを設置する

地図の基本を理解できたところで、地図をカスタマイズしてみましょう。まず、本項では、表示モード(標準地図／衛星写真)の切り替えボタンとズームボタンを設置してみます。

図10-7 ボタンクリックで表示を切り替え

図10-8　ズームボタンで拡大率を変更

[1] レイアウトファイルを準備する

　レイアウトファイルには、衛星写真／標準地図を表示するためのボタンを配置しておきます。また、テンプレート既定では<fragment>が利用されていましたが、このタイミングで、あるべきFragmentContainerViewで置き換えておきましょう*5。

> *5）用法は同じなので、迷うところはないはずです。

リスト10-4　layout/activity_maps.xml（MapButtonプロジェクト*6）

> *6）警告が表示されますが、これは文字列リソースをハードコーディングしているためです。本来は、P.66のように、文字列リソースはstrings.xmlで定義すべきです。

```
<androidx.constraintlayout.widget.ConstraintLayout ...>
  <Button
    android:id="@+id/btnSatellite"
    android:layout_width="0dp"
    android:layout_height="wrap_content"
    android:text="衛星写真"
    app:layout_constraintEnd_toEndOf="parent"
    app:layout_constraintStart_toStartOf="parent"
```

```
    app:layout_constraintTop_toTopOf="parent" />
  <Button
    android:id="@+id/btnNormal"
    android:layout_width="match_parent"
    android:layout_height="0dp"
    android:text="標準地図"
    app:layout_constraintEnd_toEndOf="parent"
    app:layout_constraintStart_toStartOf="parent"
    app:layout_constraintTop_toBottomOf="@+id/btnSatellite" />
  <androidx.fragment.app.FragmentContainerView
    android:id="@+id/map"
    android:name="com.google.android.gms.maps.SupportMapFragment"
    android:layout_width="match_parent"
    android:layout_height="0dp"
    app:layout_constraintBottom_toBottomOf="parent"
    app:layout_constraintEnd_toEndOf="parent"
    app:layout_constraintStart_toStartOf="parent"
    app:layout_constraintTop_toBottomOf="@+id/btnNormal"
    tools:context=".MapsActivity" />
</androidx.constraintlayout.widget.ConstraintLayout>
```

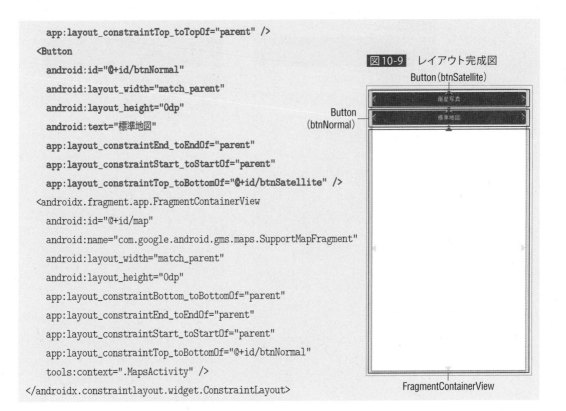

図10-9 レイアウト完成図

Button（btnSatellite）

Button（btnNormal）

FragmentContainerView

[2] アクティビティを準備する

メニュー定義ファイルに従ってコンテキストメニューを表示すると共に、メニュー選択時に地図の表示モードを切り替えます。追加箇所は太字で表しています。

リスト10-5　MapsActivity.kt（MapButtonプロジェクト）

```
class MapsActivity : FragmentActivity(), OnMapReadyCallback {
  private lateinit var mMap: GoogleMap
  override fun onCreate(savedInstanceState: Bundle?) {
    ...中略...
    // ［衛星写真］への切り替え
    val btnSatellite = findViewById<Button>(R.id.btnSatellite)
    btnSatellite.setOnClickListener {
      mMap.mapType = GoogleMap.MAP_TYPE_SATELLITE
    }


    // ［標準地図］への切り替え
    val btnNormal = findViewById<Button>(R.id.btnNormal)
```

2

```
  btnNormal.setOnClickListener {
    mMap.mapType = GoogleMap.MAP_TYPE_NORMAL
  }
}


override fun onMapReady(googleMap: GoogleMap) {
  mMap = googleMap

  val sydney = LatLng(-34.0, 151.0)
  mMap.addMarker(MarkerOptions().position(sydney).title("Marker in Sydney"))
  mMap.moveCamera(CameraUpdateFactory.newLatLng(sydney))
  // ズームボタンを有効化
  mMap.uiSettings.isZoomControlsEnabled = true ━━━━━━━━━━━━━1
  }
}
```

まず、ズームボタンを設置するのはカンタンです。onMapReadyメソッドは、Googleマップが利用可能になったところで呼び出されるメソッドです。引数としてGoogleマップ本体を表すGoogleMapオブジェクトが渡されるので、そのuiSettingsプロパティで設定情報を管理するUiSettingsオブジェクトを取得し、isZoomControlsEnabledプロパティでズームコントロールを有効化します（**1**）。

一方、表示モード切り替えボタンは標準で用意されていないので、サンプルではレイアウト上にボタンを追加しています。それぞれ対応するイベントリスナーで、衛星写真モード／道路地図モードを切り替えています（**2**）。

表示モードを切り替えるのは、mapTypeプロパティの役割です。設定値には、以下の定数を指定できます。

表10-2 mapTypeプロパティで利用できる主な定数

定数	概要
MAP_TYPE_NORMAL	標準の道路地図
MAP_TYPE_SATELLITE	衛星地図
MAP_TYPE_TERRAIN	地形図

◀ 10-01-04 現在位置を監視＆表示する

Android端末では、現在地を取得するためにGPS（全地球測位システム）、Wi-Fi、携帯電話の基地局などから位置情報を割り出します。しかし、それぞれにメリット／デメリットがあります。たとえばGPSは高い精度を期待できますが、低速

なうえ、バッテリーの消費も激しいというデメリットがあります。そこで用途に応じて、これらデータソースから最適なものを選んで、位置情報を取得してくれるのがFusedLocationProviderClientです。

　本項では、このFusedLocationProviderClientクラスを利用して、現在位置を監視し、Googleマップにも現在位置を反映してみましょう。

図10-10　現在位置に応じて地図を表示

■ FusedLocationProviderClient の準備

　FusedLocationProviderClientを利用するには、play-services-locationライブラリを有効にしておく必要があります。P.462の手順に従って、プロジェクトにplay-services-location:18.0.0を導入しておきましょう。

図10-11 [Project Structure] 画面

また、マニフェストファイルに対してメタデータ (google_play_services_version) を設定しておきます。

リスト10-6 AndroidManifest.xml (MapMyLocation プロジェクト)

```
<application ...>
  <meta-data
    android:name="com.google.android.gms.version"
    android:value="@integer/google_play_services_version" />
  ...中略...
</application>
```

これでFusedLocationProviderClientを利用するための準備が完了しました。

■ FusedLocationProviderClientによる現在位置を取得

では、具体的なコードを見ていきましょう (Android Studioが自動生成したコメントは割愛しています)。

リスト10-7 MapsActivity.kt (MapMyLocation プロジェクト)

```
package to.msn.wings.mapmylocation

import android.Manifest
import android.content.pm.PackageManager
import android.os.Bundle
import android.os.Looper
```

```
import android.util.Log
import androidx.core.app.ActivityCompat
import androidx.fragment.app.FragmentActivity
import com.google.android.gms.location.FusedLocationProviderClient
import com.google.android.gms.location.LocationCallback
import com.google.android.gms.location.LocationRequest
import com.google.android.gms.location.LocationResult
import com.google.android.gms.location.LocationServices
import com.google.android.gms.location.LocationSettingsRequest
import com.google.android.gms.location.SettingsClient
import com.google.android.gms.maps.CameraUpdateFactory
import com.google.android.gms.maps.GoogleMap
import com.google.android.gms.maps.OnMapReadyCallback
import com.google.android.gms.maps.SupportMapFragment
import com.google.android.gms.maps.model.LatLng
import com.google.android.gms.maps.model.MarkerOptions


class MapsActivity : FragmentActivity(), OnMapReadyCallback {
  private lateinit var fusedClient: FusedLocationProviderClient
  private lateinit var setClient: SettingsClient
  private lateinit var locSetReq: LocationSettingsRequest
  private lateinit var locCallback: LocationCallback
  private lateinit var locReq: LocationRequest
  private lateinit var mMap: GoogleMap

  override fun onCreate(savedInstanceState: Bundle?) {
    super.onCreate(savedInstanceState)
    setContentView(R.layout.activity_maps)

    // Clientの準備
    fusedClient = LocationServices.getFusedLocationProviderClient(this)
    setClient = LocationServices.getSettingsClient(this)

    // パーミッションの確認&要求
    if (ActivityCompat.checkSelfPermission(
      this, Manifest.permission.ACCESS_FINE_LOCATION)
      != PackageManager.PERMISSION_GRANTED
    ) {
      ActivityCompat.requestPermissions(this,
```

5

```kotlin
        arrayOf(Manifest.permission.ACCESS_FINE_LOCATION), 1)
  }


  val mapFragment = supportFragmentManager
    .findFragmentById(R.id.map) as SupportMapFragment
  mapFragment.getMapAsync(this)


  // 位置情報取得時の処理を準備
  locCallback = object : LocationCallback() {
    override fun onLocationResult(locationResult: LocationResult) {
      super.onLocationResult(locationResult)
      val loc = locationResult.lastLocation
      mMap.animateCamera(
        CameraUpdateFactory.newLatLngZoom(
          LatLng(loc.latitude, loc.longitude), 16f
        )
      )
    }
  }


  // 位置リクエストを生成
  locReq = LocationRequest.create().apply {
    interval = 5000
    fastestInterval = 1000
    priority = LocationRequest.PRIORITY_HIGH_ACCURACY
  }


  // 位置情報に関する設定リクエスト情報を生成
  val builder = LocationSettingsRequest.Builder()
  locSetReq = builder.addLocationRequest(locReq).build()


  // 位置情報の監視を開始
  startWatchLocation()
}


// 位置情報の監視
private fun startWatchLocation() {
  // 位置情報の設定を確認
```

2

1

3

```
    setClient.checkLocationSettings(locSetReq)
      .addOnSuccessListener(this)
        succ@ {
          // ACCESS_FINE_LOCATIONへのパーミッションを確認
          if (ActivityCompat.checkSelfPermission(
              this@MapsActivity, Manifest.permission.ACCESS_FINE_LOCATION) !=
                PackageManager.PERMISSION_GRANTED) {
            return@succ
          }
          // 位置情報の取得を開始
          fusedClient.requestLocationUpdates(
            locReq, locCallback, Looper.getMainLooper()
          )
        }
      .addOnFailureListener(
        this
      ) { e -> Log.d("MapMyLocation", e.message!!) }
    }

    override fun onMapReady(googleMap: GoogleMap) {
      ...中略...*7
    }


    // 位置情報収集の解除
    override fun onPause() {
      super.onPause()
      fusedClient.removeLocationUpdates(locCallback)
    }


    override fun onResume() {
      super.onResume()
      // 位置情報収集の再開
      startWatchLocation()
    }
  }
```

4

> *7) Google Maps
> Activityテンプレート
> で生成されたコード
> をそのまま利用しま
> す。

7

6

FusedLocationProviderClientクラスを利用するには、以下のようなクラス／インターフェイスを利用します。複数のクラス／インターフェイスが絡み合っているので、一見、複雑に見えますが、いずれも定型的なコードです。恐れず、まずは大掴みにそれぞれのクラス／インターフェイスの関係を理解してください。

表10-3 現在位置の取得に利用するクラス／インターフェイス

クラス／インターフェイス	概要
SettingsClient	位置情報の設定 API と対話するためのクラス
LocationSettingsRequest	利用する位置情報サービスを特定
LocationCallback	FusedLocationProviderApi からの通知に応じての挙動を定義
LocationRequest	FusedLocationProviderApi へのリクエスト情報を管理
LocationListener	位置情報の変化を受けるためのリスナー

＊8) FusedLocation ProviderClient オブ ジェクトには、Location Services#getFused LocationProviderClient メソッドでアクセス できます。

　それでは、詳細なコードを追っていくことにしましょう。複雑なコードに見えます が、位置情報を取得するのは、FusedLocationProviderClient#requestLocat ionUpdates メソッド（太字部分）——これだけです＊8。

　他のコードは、実は、このメソッドを呼び出すために必要となるオブジェクトを、 ひたすら準備しているわけですね。

構文 requestLocationUpdates メソッド

```
fun requestLocationUpdates(request: LocationRequest,
  callback: LocationCallback, looper: Looper): Task<Void!>
  request  ：位置情報への問い合わせ
  callback ：位置情報を取得した時の処理
  looper   ：メッセージを処理するための Looper
```

　では、引数 request ／ callback に渡すべきオブジェクトを準備していきます。

　Looper は位置情報サービスで取得したデータをメインスレッド（UIスレッド）に 反映するためのオブジェクトです。getMainLooper メソッドで既定の Looper を取 得しておきましょう。

参考

位置情報取得の開始／終了タイミング

　画面がバックグラウンドにある時まで、位置情報を定期的に取得し続けるのは無駄で す。そこで本サンプルでも、画面がフォアグラウンドになるタイミング（onResume ⑥）で requestLocationUpdates メソッド＊9 を呼び出し、バックグラウンドになるタイミング（onPause ⑦） でremoveLocationUpdates メソッドを呼び出し、位置情報の取得を有効／無効化しています。

＊9) より正しくは、 requestLocation Updates を呼び出し ているstartWatch Location メソッドです。

① LocationRequest オブジェクト

　位置情報のリクエストに利用するクラスです。以下のようなプロパティでリクエス トに関わる情報を宣言しておきましょう。

表10-4 LocationRequestクラスの主なプロパティ

プロパティ	概要	
priority	優先順位	
	設定値	概要
	PRIORITY_BALANCED_POWER_ACCURACY	約100m以内の誤差精度
	PRIORITY_HIGH_ACCURACY	できるだけ正確な位置
	PRIORITY_LOW_POWER	約10km以内の誤差精度消費電力が少ない
	PRIORITY_NO_POWER	消費電力なしでできるだけ正確な位置
interval	取得間隔	
fastestInterval	取得間隔（最速）	
maxWaitTime	最大待ち時間	
expirationTime	要求の有効期限	

PRIORITY_HIGH_ACCURACY（できるだけ正確な位置）は電力の消費も激しい設定です。そこまでの精度を求めないならば、優先順位を落としたり、取得間隔を伸ばすことで電池の消耗を抑えられます。

2 LocationCallbackクラス

位置情報を取得した時に実行すべき処理を表します。最低限実装すべきメソッドはひとつ、onLocationResultメソッドです。

構文 onLocationResultメソッド

```
fun onLocationResult(result: LocationResult): Unit
    result：位置情報
```

引数のLocationResultオブジェクトからは、lastLocationプロパティで最近取得した位置情報（Locationオブジェクト）を得られます[10]。Locationオブジェクトの主なプロパティは、以下の通りです。

*10）これまでに取得した位置情報（群）を古い順に取得するには、locationsプロパティを利用してください。戻り値はList<Location>オブジェクトです。

表10-5 Locationクラスの主なプロパティ

プロパティ	概要
latitude	緯度
longitude	経度
accuracy	経度／緯度の誤差（m）

altitude	高度
bearing	ベアリング（度）
bearingAccuracyDegrees	方位の誤差（度）
speed	速度（m/秒）
time	取得日時（1970/01/01 からの経過時間）

　　ここでは latitude ／ longitude プロパティの値を元に、LatLng オブジェクト（緯度／経度）を生成し、その値でもって animateCamera メソッドで地図位置を移動しています。

3 LocationSettingsRequest クラス

　　あとは、FusedLocationProviderClient#requestLocationUpdates メソッドを呼び出す前に、アプリが要求する位置情報の設定をデバイス側が満たしているかを確認する必要があります。このための情報を収集するのが LocationSettingsRequest クラスの役割です。

　　LocationSettingsRequest クラスは直接はインスタンス化できないので、LocationSettingsRequest.Builder オブジェクトを介して生成します。

　　addLocationRequest メソッドで位置情報のリクエストを渡すことで、デバイス側で必要な設定情報を判定するわけです。複数のリクエストがある場合には、addLocationRequest メソッドを複数回渡しても構いません。最後に build メソッドを呼び出すことで、LocationSettingsRequest オブジェクトを準備できます。

4 SettingsClient クラス

　　準備できた位置取得の設定を判定するのが、SettingsClient#checkLocationSettings メソッドです。SettingClient オブジェクトは、LocationServices#getSettingsClient メソッドから取得できます。

構文　checkLocationSettings メソッド

```
fun checkLocationSettings(
  request: LocationSettingsRequest): Task<LocationSettingsResponse!>
  request：要求する位置情報の種類
```

　　checkLocationSettings メソッドは、判定の成否を Task<LocationSettingsResponse> オブジェクトとして返すので、その addOnSuccessListener ／ addOnFailureListener メソッドで成功／失敗時の処理を登録しておきます。

構文 addOnSuccessListener／addOnFailureListenerメソッド

```
abstract fun addOnSuccessListener(activity: Activity,
  listener: OnSuccessListener<in TResult>): Task<TResult>
abstract fun addOnFailureListener(activity: Activity, listener: OnFailureListener): Task<TResult>
  TResult  ：タスクの結果を表す型
  activity ：紐づくアクティビティ
  listener ：成功／失敗時に実行すべきイベントリスナー
```

ここでは成功時に位置情報の取得を開始し、失敗時にはログにエラーエッセージを出力しています。

■ 位置情報を取得するためのパーミッション設定

最後に、GPSを利用して位置情報を取得する場合の、パーミッション設定について補足しておきます。

(1) マニフェストファイルでの宣言

パーミッション設定には、まず、P.160などでも解説した<uses-permission>要素を、マニフェストファイルに追加する必要があります。

リスト10-8 AndroidManifest.xml（MapMyLocationプロジェクト）

```xml
<?xml version="1.0" encoding="utf-8"?>
<manifest xmlns:android="http://schemas.android.com/apk/res/android" ...>
  ...中略...
  <uses-permission android:name="android.permission.ACCESS_FINE_LOCATION" />
  <uses-permission android:name="android.permission.ACCESS_COARSE_LOCATION" />
  ...中略...
</manifest>
```

もっとも、本節で採用している「Google Maps Activity」テンプレートでは、既定でACCESS_FINE_LOCATION（正確な位置情報の取得）の設定が記載されているので、ここではACCESS_COARSE_LOCATION（大まかな位置情報の取得）の設定だけ追加します。

(2) Runtime Permissionによる権限の要求

ただし、Android 6以降では、このままでは動作しません。というのも、Android 6以降ではRuntime Permissionというしくみが導入されたためです。

Runtime Permissionとは、名前の通り、実行時に個々の機能へのアクセス許可を与えるしくみ。従来、位置情報やカメラなどの機能を利用するにあたって、利

用の許可をインストール時に行っていました。しかし、この方法にはいくつかの問題があります。

- その機能がなんのために利用されるかが、ユーザーにとってわかりにくい
- 一度許可された機能は、アプリをアンインストールされるまで永続的に許可される

Runtime Permissionは、このような問題を解決します。位置情報の取得のような重要な機能を利用するにあたっては、（インストール時ではなく）実行時に許可を確認／取得するのです。これによって、ユーザーは「なぜその機能が必要なのか」理解しやすくなりますし、一旦与えた許可をあとから解除することも可能です。

Runtime Permissionを利用しているのは、**5**のコードです。ActivityCompat#checkSelfPermissionメソッドは、指定された機能が許可されているかどうかを確認します。

構文 checkSelfPermission メソッド

```
static fun checkSelfPermission(context: Context, permission: String): Int
  context    ：コンテキスト
  permission ：チェックするパーミッション
```

checkSelfPermissionメソッドは、目的のパーミッションが与えられている場合にPackageManager.PERMISSION_GRANTEDを返します。ここでは戻り値がPERMISSION_GRANTEDでない（＝許可されていない）場合に、ActivityCompat#requestPermissionsメソッドでパーミッションを要求しています。

構文 requestPermissions メソッド

```
static fun requestPermissions(activity: Activity,
  permissions: Array<String!>, requestCode: Int): Unit
  activity    ：アクティビティ
  permissions ：要求するパーミッション
  requestCode ：リクエストコード
```

リクエストコードには、アクティビティの複数個所からパーミッション要求された場合にも要求を識別できるよう、アクティビティ内で一意になるよう値を指定してください[11]。

＊11）一意でありさえすれば、任意の値で構いません。

requestPermissionsメソッドを呼び出すことで、デバイス側では以下のようなダイアログが表示されます。

図10-12　パーミッションの要求

　　　　ここでは利用していませんが、要求に対して「許可／許可しない」を選択した後の処理を定義したい場合には、ActivityCompat#onRequestPermissionsResult メソッドをオーバーライドしてください。

構文 onRequestPermissionsResult メソッド

```
abstract fun onRequestPermissionsResult(requestCode: Int,
  permissions: Array<String!>, grantResults: IntArray): Unit
  requestCode　：リクエストコード
  permissions　：要求したパーミッション
  grantResults ：要求の結果
```

　　　　一般的には、以下のようなコードでリクエストコードと、その結果を確認した上で、なんらかの処理を実施することになるでしょう。

```
override fun onRequestPermissionsResult(requestCode: Int, permissions: ➡
Array<String>, grantResults: IntArray) {
  super.onRequestPermissionsResult(requestCode, permissions, grantResults)
  if (grantResults[0] == PackageManager.PERMISSION_GRANTED) {
    // 任意の処理
  }
}
```

HttpURLConnection・Handler・コルーチン

HTTPでサーバーと通信する

このセクションでは、HTTP経由でネットワーク上からデータを取得／送信する方法について学びます。

このセクションのポイント

1 HTTP経由での通信には、HttpURLConnectionクラスを利用する。
2 Androidでは、メインスレッドでのネットワークアクセスは許していない。
3 非同期処理を実装するために、Kotlinではコルーチンというしくみを提供している。

　Androidアプリを開発する場合、欠かせないのがネットワークとの連携です。自前であると外部サービスであるとに関わらず、リアルタイムなデータの取得、共有すべきデータの保存などに、サーバー連携（＝ネットワーク通信）は必須です。

　本節では、Androidアプリでよく利用するHTTP通信の基本的な概念について触れた後、具体的なサンプルでネットワーク通信のイディオムについて解説していきます。

10-02-01 HTTPの基本

　HTTP（HyperText Transfer Protocol）とは、名前の通り、HTMLやXMLのようなハイパーテキストの転送を目的としたプロトコル（通信規約）です。あまり馴染みのない人は、いわゆるWebで利用されている通信方法と理解しておけばよいでしょう。

　ここではまず、HTTPを利用する上で知っておきたい、基本的なキーワードと概念を理解しておきます。

　まず、HTTPの世界の主な登場人物は、以下の2者です。

・クライアント：コンテンツやサービスを要求するコンピューター
・サーバー：クライアントからの要求に際してコンテンツやサービスを配信するコンピューター

＊1）ChromeやEdge、Safariなどです。

　HTTPでは、クライアントがサーバーに対してコンテンツを要求（**リクエスト**）し、サーバーがこれに応答（**レスポンス**）する、というシンプルなやりとりを規定しているのです。

＊2）サーバーは、皆さんからのリクエストを待って、インターネットのどこかで四六時中待機しているわけです。

　イメージしにくいな、と感じたら、皆さんが普段利用しているブラウザー＊1を思い出してみてください。この場合、ブラウザーがクライアントであり、ページを提供しているコンピューターがサーバーです＊2。皆さんがページを要求することで、ページのもととなるデータを、サーバーが応答しているわけですね。

図10-13 HTTPとは

もっとも、ブラウザーはHTTPのような原始的な通信の手続きを隠ぺいしているので、エンドユーザーがこれを意識することはほとんどありません[*3]。そこで以下では、もう少しクライアント／サーバー間でやりとりされている情報を詳らかにしていきましょう。まずは、以下の図10-14と表10-6に注目してください。

*3) 意識するとしたら、URLの先頭に見えている「http://～」という文字列によってくらいでしょう。

図10-14 HTTP通信の構成要素

表10-6 HTTP通信を構成する要素

分類	名称	概要
要求	HTTPメソッド	要求の種類と要求先のパス
	リクエストヘッダー	要求の構成やクライアントに関する情報
	リクエスト本体	サーバーに送信すべきデータ
応答	HTTPステータス	サーバーでの処理結果を表すコード／メッセージ
	レスポンスヘッダー	コンテンツの構成やサーバーに関する情報
	レスポンス本体	コンテンツ本体

（1）HTTPメソッド／HTTPステータス

　まず、**HTTPメソッド**は、クライアントからサーバーに送信する端的な命令です。図10-14であれば、「/hoge.phpを取得（GET）しなさい」という意味になります。GETの代わりにPOSTを利用することで、「/hoge.phpに対してデータを送信（POST）」することもできます。

　サーバーへの命令を表すHTTPメソッドに対して、サーバーでの処理結果を表すのが**HTTPステータス**です。先ほどの図であれば「200 OK」で、サーバーでの処理が成功して、正しく結果を得られたことを表しています。クライアント側では、この情報を利用して、受け取ったコンテンツをどのように処理するかを決定します。

表10-7 主なHTTPステータス

ステータス	概要
200 OK	正常終了
201 Created	要求成功（新規リソースを作成）
301 Moved Permanently	リソースが恒久的に移動
302 Found	リソースが一時的に移動
401 Unauthorized	HTTP認証が必要
403 Forbidden	アクセスを拒否
404 Not Found	リソースが見つからない
500 Internal Server Error	サーバー内部エラー
503 Service Unavailable	サービスが利用できない

　たとえば「302 Found」はコンテンツが別の場所で見つかったことを意味するので、サーバーから返された情報をもとに、新たなアドレスからコンテンツを再取得しようと試みます。また、「401 Unauthrorized」（未認証）であれば、ユーザーに対して認証を促すダイアログボックスを表示します。

　HTTPステータスとは、単に結果を表すだけでなく、クライアントの挙動を決め

るための情報と言っても良いでしょう。

(2) ヘッダー情報

　ヘッダー情報とは、要求／応答時にコンテンツに付与される追加情報です。コンテンツそのもの、またはクライアント／サーバーに関わる情報を「名前：値」の形式で表します。

　以下に、主なヘッダーをまとめます。ヘッダーの中には、リクエスト／レスポンスそのものに関する情報、コンテンツそのものに関する情報を表すものなどがあります。

表10-8 HTTP通信で利用できる主なヘッダー

ヘッダー名	概要
Cache-Control	キャッシュのルール
Date	コンテンツの作成日時
Transfer-Encoding	コンテンツ転送のエンコーディング方式
Content-Encoding	コンテンツのエンコーディング方式
Content-Length	コンテンツのサイズ
Content-Type	コンテンツの種類
Expires	コンテンツの有効期限
Last-Modified	コンテンツの最終更新日時
Accept	利用可能なコンテンツの種類（優先順）
Accept-Language	利用可能な言語（優先順）
Host	要求先のホスト名
Referer	リンク元の URI
User-Agent	クライアントの種類
Location	リダイレクト先の URL
Server	サーバーの種類
WWW-Authenticate	クライアントに認証を要求

　たとえばAccept-Language（利用言語）を利用すれば、サーバー側ではユーザーに適した言語を選択できますし、Referer（リンク元）を記録しておけば、そのページがどこからアクセスされてくるのか、アクセス傾向の分析にも利用できます。

　また、Locationヘッダーのように、特定のHTTPステータスとのセットで意味ある情報もあります。一般的なブラウザーは「302 Found」ステータスが返された時に、Locationヘッダーを見て、再要求すべきページのアドレスを決定します。

　これらはヘッダー情報を利用したほんの一例ですが、コンテンツの添え物と片付

けてしまうにはあまりに重要な情報を含んでいることがおわかりになるでしょう。

（3）リクエスト本体／レスポンス本体

クライアント／サーバー間でやりとりするデータそのものを表します。

リクエスト本体は、HTTPメソッドとしてPOSTを利用した場合に利用できます。「キー：値」の組み合わせで、サーバーに送信すべき情報を表します[*4]。

一方、レスポンス本体は、ブラウザー上に表示すべき、いわゆるコンテンツそのものです。一般的なブラウザーでは、HTMLで書かれたコンテンツを受け取り、これを人間の目にも見やすくレイアウトしたものを画面に表示します。

＊4）HTTP GETでもURLの末尾に付与する形でデータを送信することは可能です。ただし、その性質上、データ量には制約があり、一定以上のデータ送信にはHTTP POSTを利用すべきです。

10-02-02　ネットワーク通信の基本

以上、HTTP通信の基本を理解できたところで、具体的な例を確認していきます。ここでは、まず「https://wings.msn.to/」にアクセスし、取得したページを画面にテキスト表示してみます。

図10-15　指定されたページのソースを表示

参考

パーミッションの宣言

03-03-02項でも触れたように、Androidではセキュリティ上の理由から、アプリからのインターネット接続を制限しています。ネットワーク通信を利用するには、マニフェストファイルで明示的に制限を解除しなければなりません。

以下のように、<uses-permission> 要素を追加してください。

リスト10-9　AndroidManifest.xml（NetworkBasicプロジェクト）

```
<?xml version="1.0" encoding="utf-8"?>
<manifest xmlns:android="http://schemas.android.com/apk/res/android"
```

```
    package="to.msn.wings.networkbasic">
    <uses-permission android:name="android.permission.INTERNET" />
    <application ...>...</application>
</manifest>
```

では、具体的なコードを見ていきます。

リスト10-10 activity_main.xml（NetworkBasicプロジェクト）

```xml
<?xml version="1.0" encoding="utf-8"?>
<androidx.constraintlayout.widget.ConstraintLayout ...>
  <TextView
    android:id="@+id/txtResult"
    android:layout_width="0dp"
    android:layout_height="0dp"
    app:layout_constraintBottom_toBottomOf="parent"
    app:layout_constraintLeft_toLeftOf="parent"
    app:layout_constraintRight_toRightOf="parent"
    app:layout_constraintTop_toTopOf="parent" />
</androidx.constraintlayout.widget.ConstraintLayout>
```

図10-16 レイアウト完成図

リスト10-11 MainActivity.kt（NetworkBasicプロジェクト）

```kotlin
package to.msn.wings.networkbasic

import androidx.appcompat.app.AppCompatActivity
import android.os.Bundle
import android.widget.TextView
import java.net.HttpURLConnection
import java.net.URL

class MainActivity : AppCompatActivity() {
  override fun onCreate(savedInstanceState: Bundle?) {
    super.onCreate(savedInstanceState)
    setContentView(R.layout.activity_main)
```

```kotlin
  // 指定されたアドレスにアクセス
  val url = URL("https://wings.msn.to/") ――――――――――――――――1
  val con = url.openConnection() as HttpURLConnection ――――
  con.requestMethod = "GET" ――――――――――――――――――――――
  // レスポンスを順に読み込み
  val reader = con.inputStream.bufferedReader()
  val builder = StringBuilder()
  reader.forEachLine {                                       2
    builder.append(it)
  }――――――――――――――――――――――――――――――――――――
  // 読み込んだテキストをTextViewに反映
  val txtResult = findViewById<TextView>(R.id.txtResult) ―――
  txtResult.text = builder.toString() ――――――――――――――3
 }
}
```

　HTTP通信を担うのは、HttpURLConnectionクラスの役割です（**1**）。URL#openConnectionメソッドから取得できます。ただし、openConnectionメソッドの戻り値は、HttpURLConnectionオブジェクトの基底クラスであるURLConnection型です。利用にあたっては型キャストしておきましょう。

　あとは、requestMethodプロパティでHTTPメソッドを宣言した後、inputStreamプロパティでサーバーからの応答にアクセスできます（**2**）。ここでは、戻り値のInputStreamからBufferedReaderオブジェクトを生成し、コンテンツを行単位にStringBuilderオブジェクトに転記しています。ストリーム操作の手順については09-01-02項でも触れているので、忘れてしまったという人は、改めて確認しておきましょう。

　StringBuilderオブジェクトにストックした文字列は、最後にTextView（txtResult）に反映させ、完了です（**3**）。

参考

HttpURLConnection クラスの主なプロパティ

HttpURLConnection クラスでは、リクエストにあたって、requestMethod の他にも、さまざまな設定を施すことが可能です。以下に、主なプロパティをまとめておきます。

表10-9 HttpURLConnection クラスの主なプロパティ

プロパティ	概要
connectTimeout	接続にかかるタイムアウト時間（ミリ秒）
readTimeout	読み取りタイムアウト時間（ミリ秒）
doInput	接続を入力用途で利用するか
doOutput	接続を出力用途で利用するか
useCaches	キャッシュを使用するか

以上を理解したら、サンプルを動作してみましょう。冒頭の図10-15のような結果が…得られず、NetworkOnMainThread 例外が発生するはずです。

本項では、ネットワークの基本を理解するために、ごく基本的な通信コードをアクティビティに直書きしましたが、実は Android ではこれを許していません（＝メインスレッドからのネットワーク通信はできません）。

一般的に、ネットワーク通信はアプリ内部での処理に比べると低速です。そこで Android では、あらかじめ通信処理を別スレッドに委ねることを強制することで、アプリのレスポンス低下を防いでいるのです。

図10-17 スレッド

10-02-03 Handler／Looperによる非同期処理の実装

ということで、本項では前項で作成した通信コードを別スレッドに移動し、ネットワークアクセスが正しく動作するよう、修正してみましょう。

リスト10-12　MainActivity.kt（NetworkBasicプロジェクト）

```
import androidx.core.os.HandlerCompat
import java.util.concurrent.Executors
...中略...
class MainActivity : AppCompatActivity() {
  override fun onCreate(savedInstanceState: Bundle?) {
    super.onCreate(savedInstanceState)
    setContentView(R.layout.activity_main)

    val result = StringBuilder()
    // 別スレッドでネットワークアクセスを実行
    Executors.newSingleThreadExecutor().execute {————————————1
      val url = URL("https://wings.msn.to/")
      val con = url.openConnection() as HttpURLConnection
      con.requestMethod = "GET"
      val reader = con.inputStream.bufferedReader()
      reader.forEachLine {
        result.append(it)
      }
      // 処理結果をHandler経由でUIに反映
      HandlerCompat.createAsync(mainLooper).post {————————
        findViewById<TextView>(R.id.txtResult).text = result.toString() ——3  2
      }————————————————————————————————————
    }
  }
}
```

＊5）以前はAndroid標準のAsyncTaskというクラスが用意されていましたが、現在では非推奨となっています。

Kotlin（Java）ではマルチスレッド処理を実装するために、標準でjava.util.concurrentパッケージを提供しています。Androidアプリでも、まずはこのjava.util.concurrentパッケージを利用してマルチスレッド処理を実装するのが基本です＊5。

そして、java.util.concurrentパッケージの中でも中核となるのがExecutor——非同期処理の実行を管理するためのオブジェクトです[6]。Executorは、Executors（複数形）クラスの以下のようなメソッドを用いることで生成できます。

表10-10　Executorsクラスの主なインスタンス生成メソッド

メソッド	概要
newCachedThreadPool(): ExecutorService	必要時に新規スレッドを作成。ただし、利用可能であれば以前のスレッドを再利用（一定期間でスレッドを破棄するため、短時間で繰り返し非同期実行するアプリで有効）
newSingleThreadExecutor(): ExecutorService	単一のスレッドを準備し再利用
newFixedThreadPool(*size*: Int): ExecutorService	指定数のスレッドを準備
newScheduledThreadPool(*size*: Int): ScheduledExecutorService	指定の時間ごと実行するスレッドを生成
newSingleThreadScheduledExecutor(): ScheduledExecutorService	指定の時間ごと実行するスレッドを生成（シングルスレッド）

この例では、ネットワークアクセスを別スレッドにすれば良いだけなので、newSingleThreadExecutorメソッドでExecutorオブジェクト（正しくは、その派生インターフェイスであるExecutorServiceのインスタンス）を生成します（**1**）。

Executorオブジェクトを生成できたら、あとは、そのexecuteメソッドを呼び出すだけで、指定の処理をスレッド経由で実行できます。

構文　executeメソッド

```
fun execute(command: Runnable!): Unit
  command：非同期で行う処理
```

引数commandの内容は、リスト10-11の処理とほぼイコールですが、**2**のコードにのみ要注意です。というのも、AndroidのUIはシングルスレッドで動作しています。そのため、別スレッドからUIを更新しようとすると、例外が発生してしまうのです。

このような制約を乗り越えるために利用するのが、Handlerクラス（app.osパッケージ）です。Handlerクラスは、言うなればスレッド間でメッセージを受け渡しするためのしくみ。UIを管理するメインスレッドでは、内部的にLooperというオブジェクトを保持しています。Looperクラスは、言うなればメッセージキューであり、別スレッドからのメッセージを管理し、順に処理します。Handlerは、このLooperに対して、メッセージを送信するためのオブジェクトです。

図10-18 Handlerクラス

Handlerオブジェクトを生成するのは、HandlerCompat.createAsyncメソッドの役割です。

構文 createAsyncメソッド

```
static fun createAsync(looper: Looper): Handler
  looper：Handlerを紐づけるLooper
```

引数looperには、Activity#mainLooperプロパティ経由でメインスレッド既定のLooperを引き渡します (つまり、UIスレッドに対してメッセージを送信するためのHandlerを生成します)。

Handlerを生成できたら、あとはpostメソッドでUIスレッドで処理すべき内容を指定するだけです。この例であれば、TextView (txtResult) に対してネットワークからの応答を書き込みます (**3**)。

以上を理解できたら、サンプルを再実行してみましょう。今度はNetworkOnMainThread例外が解消され、P.551の図10-15のような結果を得られることを確認してください。

10-02-04 Kotlinコルーチンによる非同期処理の実装

ExecutorとHandler／Looperによる実装はJavaでも同様に表せるクラシカルな手法です。もちろん、Kotlinでも同様に実装して構わないのですが、Kotlin固有のしくみ——コルーチンを利用することで、Handler／Looperなどのスレッ

ド間通信を意識することなく、よりシンプルに表現できます。

■ コルーチンとは？

コルーチンとは、サブルーチン（関数）にもよく似たしくみですが、以下の点で異なります。

- 関数：一度呼びされたら、最後まで実行
- コルーチン：途中で中断でき、あとから再開も可能

Kotlinでは、このコルーチンの性質を利用して、

- 処理の途中で待ちが発生したら中断
- その間に他の処理を実行し、終わったら元の処理を再開

することで、非同期処理を実現しているのです。コルーチンとは、より軽量なスレッドのようなもの、と考えても良いでしょう。

■ コルーチンを利用するための準備

Androidプロジェクトで、Kotlinのコルーチンを利用するには、以下のライブラリをあらかじめプロジェクトに組み込んでおく必要があります。

- kotlinx-coroutines-android（1.5.1-native-mt）
- lifecycle-runtime-ktx（2.3.1）

09-03-01項の手順に従って、追加しておきましょう。

図 10-19 コルーチン関連ライブラリの組み込み

■ コルーチンを利用したコード

準備ができたら、リスト10-12のコードをコルーチンを使って書き換えてみましょう。

リスト10-13 MainActivity.kt（NetworkCoroutineプロジェクト）

```kotlin
import androidx.appcompat.app.AppCompatActivity
import android.os.Bundle
import android.widget.TextView
import androidx.annotation.UiThread
import androidx.annotation.WorkerThread
import androidx.lifecycle.lifecycleScope
import kotlinx.coroutines.Dispatchers
import kotlinx.coroutines.launch
import kotlinx.coroutines.withContext
import java.net.HttpURLConnection
import java.net.URL

class MainActivity : AppCompatActivity() {
  @WorkerThread
  private suspend fun processBackground(): String {        ──────2
    return withContext(Dispatchers.IO) {
      val result = StringBuilder()
      val url = URL("https://wings.msn.to/")
      val con = url.openConnection() as HttpURLConnection
      con.requestMethod = "GET"
      val reader = con.inputStream.bufferedReader()         ──5
      reader.forEachLine {
        result.append(it)
      }
      result.toString()
    }
  }


  @UiThread
  private fun postBackground(result: String) {
    findViewById<TextView>(R.id.txtResult).text = result    ──6
  }


  override fun onCreate(savedInstanceState: Bundle?) {
    super.onCreate(savedInstanceState)
```

```
    setContentView(R.layout.activity_main)

    lifecycleScope.launch {
      val result = processBackground()
      postBackground(result)                                           4        1
    }
    findViewById<TextView>(R.id.txtResult).text = "...通信中..."                3
  }
}
```

1 コルーチンを生成／起動する

コルーチンを作成／起動するのは簡単、非同期で実行すべき処理を 1 のように launch ブロックで括るだけです。

```
lifecycleScope.launch {
  ...非同期で実行すべき処理...
}
```

lifecycleScope は**コルーチンスコープ**の一種。コルーチンスコープとは、コルーチンが生存していられる仮想的な領域です。逆に言えば、コルーチンを実行するには、まずはコルーチンスコープを準備し、そこからコルーチンを起動しなければなりません。

図10-20 コルーチンスコープとコルーチン

Android では、標準的なコルーチンスコープを取得するために、以下のようなプロパティを用意しています。

- lyfecycleScope：アクティビティのライフサイクルに応じてスコープを管理
- viewModelScope：ViewModel のライフサイクルに応じてスコープを管理

ここでは、アクティビティからコルーチンを起動しているのでlifecycleScopeを利用しています。launchメソッドは、コルーチンスコープから共通して利用できる起動メソッドです。

❷～❹中断のタイミングを決めるsuspend修飾子

launchブロック配下で呼び出しているprocessBackgroundメソッドに注目してみましょう。見た目は普通のメソッドですが、メソッドの先頭にsuspend修飾子が付与されている点に注目です（❷）。suspend修飾子付きのメソッドのことをサスペンド関数（メソッド）とも言います。

先ほどコルーチンは「中断可能な関数である」と述べましたが、その中断のタイミングはサスペンド関数を呼び出した時です。もちろん、ただ中断するだけでは意味がないので、実行待ちとなっている別の処理（この例であれば❸）を先に実行します。そして、そちらの処理が終了したところで、また現在のコルーチンの残りの処理（この例であれば、❹のpostBackgroundメソッド呼び出し）を再開するのです。

❺スレッドを分離する

ただし、suspend修飾子を付与しただけでは不足です。というのも、そのままでは現在のスレッド（メインスレッド）で配下の処理が実行されてしまうからです。そこで、スレッドを明示的に分離しておきましょう。

これを行うのがwithContextメソッドです。引数には、コルーチンを実行するスレッドを指定します。以下のような値を指定できます。

- Dispatchers.Main：メインスレッド（UI操作に利用）
- Dispatchers.IO：ディスク／ネットワークへの入出力に利用
- Dispatchers.Default：CPU負荷の高い処理に利用

ここではネットワーク処理を分離したいので、Dispatchers.IOを選択します。

あとは、ラムダ式で、分離したスレッド上で実行すべき処理を表します。ラムダ式の戻り値（＝最後の式）は、そのままwithContextメソッドの戻り値となります（この例であれば、ネットワークから取得したコンテンツ本体です）。

❺では、withContextメソッドの戻り値はreturnに渡されているので、更にサスペンド関数の戻り値となります。

❻サスペンド関数の後処理

❻はサスペンド関数の後処理です。コルーチンはサスペンド関数が処理を終えたところで、中断していた処理を再開します。その際にサスペンド関数の戻り値resultを受け取り、ここではTextView（txtResult）に反映させています。

非同期処理であるにも関わらず、同期的に（＝処理の順番に）コードを記述できる点に注目です。コルーチンのこの性質によって、非同期処理が幾重にも連なる場合にも、コードの見通しを維持しやすくなります。

01
02
03
04
05
06
07
08
09
10
11

> **参考**
>
> **@UiThread ／ @WorkerThread アノテーション**
>
> @UiThread ／ @WorkerThread は、それぞれそのメソッドが UI スレッド（メインスレッド）、ワーカースレッド（バックグラウンド）で実行されることを意味するアノテーションです。なくてもエラーにはなりませんが、明示的に指定することで意図しないスレッドでの実行をコンパイラーがチェックしてくれるようになります。ケアレスミスを防ぐためにも、スレッド処理では @UiThread ／ @WorkerThread を明示的に付与することをお勧めします。

以上を踏まえて、コルーチンを利用する場合のコードのパターンを以下にまとめます。名前は一般化しているので、あとは時々の文脈に応じて、読み替えてください。

```kotlin
fun runAsync() {
  // コルーチンの開始
  lifecycleScope.launch {
    // バックグラウンド処理の呼び出し
    val result = processBackground()
    // バックグラウンド処理の後処理
    postBackground(result)
  }
}


@WorkerThread
private suspend fun processBackground(): Any? {
  // IOスレッドで処理
  return withContext(Dispatchers.IO) {
    // バックグラウンド処理
  }
}


@UiThread
private fun postBackground(result: Any?) {
  // バックグラウンド処理の後で実行する処理
}
```

10-02-05 HTTP POST でサーバーにデータを送信する

前項までは HTTP GET メソッドを利用して、コンテンツを取得してきました。HTTP GET でも簡単なデータを送信することは可能ですが、ある程度まとまったデータをサーバーに送信したいという場合には、HTTP POST メソッドを利用する

のが一般的です。

　本項では、コルーチンを利用した前項のコードを修正して、HTTP POSTを利用した具体的な例を見てみます。

リスト10-14　MainActivity.kt（NetworkPostプロジェクト）

```
import java.io.PrintStream
...中略...
class MainActivity : AppCompatActivity() {
  @WorkerThread
  private suspend fun processBackground(): String {
    return withContext(Dispatchers.IO) {
      val result = StringBuilder()
      val url = URL("https://wings.msn.to/tmp/it/sample.php")
      // HTTP POST通信の準備
      val con = (url.openConnection() as HttpURLConnection).apply {
        requestMethod = "POST"
        setRequestProperty("Content-Type", "text/plain; charset=utf-8")   ■1
        doOutput = true
      }
      // リクエスト本体にデータを出力
      val ps = PrintStream(con.outputStream)
      ps.print("山田太郎")                                                 ■2
      // レスポンス結果を取得
      val reader = con.inputStream.bufferedReader()
      reader.forEachLine {
        result.append(it)                                                 ■3
      }
      result.toString()
    }
  }
}
```

　HTTP POSTを利用するには、requestMethodプロパティでHTTP POSTを指定した上で、setRequestPropertyメソッドでContent-Typeヘッダーを宣言します（■1）。Content-Typeは送信するデータの種類と文字コードを表す情報です。ここでは「text/plain」としていますので、テキスト形式のデータを送信することを意味します。

　doOutputプロパティは、現在の接続を出力用途で利用することを宣言します。HTTP POSTでデータを送信する場合には、まずはdoOutputプロパティで出

力を有効にしておく、と覚えておきましょう。あとは、outputStreamプロパティで出力ストリーム（OutputStreamオブジェクト）を取得できるので、これをもとにPrintStreamオブジェクトを生成します（**2**）。

PrintStreamは、ストリームに対してさまざまな形式のデータを書き込むための機能を提供するオブジェクトです。ここでは、PrintStream#print メソッドでストリームに文字列を書き込んでいます。

これでHTTP POSTによるデータ送信は、完了です。サーバーから受け取った文字列を取得する流れは、前項までと同様です（**3**）。

以上を理解したら、サンプルを実行してみましょう。

アクセス先のsample.phpは、受け取った文字列をもとに「こんにちは、●○さん！」のような文字列を出力するだけのコードです。具体的なコードは、ダウンロードサンプルから確認してください[7]。この例であれば、**2**で「山田太郎」という文字列を書き込んでいるので、「こんにちは、山田太郎さん！」という文字列が画面に表示されるはずです。

> *7）本書ではPHPを利用していますが、サーバーサイドのコードは用途に応じて自由に選択して構いません。

> *8）配布サンプルのままでは動作しません。お使いのWebサーバーにsample.phpを配置の上、URLを変更してお試しください。

図10-21 入力したデータがサーバーから返された[8]

10-02-06 ネットワーク経由で構造化データを取得する

HTTP経由でデータを受け渡しする場合、**JSON**（JavaScript Object Notation）と呼ばれるデータ形式を利用するのが一般的です。JSONとは、名前の通り、JavaScriptのオブジェクトリテラルをもとにしたデータ形式で、その性質上、JavaScriptとの親和性が高く、特にAjax通信[9]でよく利用されます。

JSONそのものは、なにもネットワークに特化したしくみではありませんが、密接に関係するため、本節で基本的な操作方法をまとめておきます。以下は、サーバー側であらかじめ用意したJSONデータ（書籍リスト）をネットワーク経由で取得し、その内容をTextViewに一覧表示するサンプルです。

> *9）JavaScriptの機能を使って、非同期にサーバーとデータを授受する通信のことを言います。

図10-22　JSONデータから取得した書籍情報を一覧表示

＊10）たとえば「はてなブックマークAPI」（http://developer.hatena.ne.jp/ja/documents/bookmark/apis/rest）であれば、対象のURLを渡すことで、登録済みのブックマーク情報を応答します。

[1] JSON形式のデータを準備する

　まずは、サーバー側にJSON形式のデータ（ファイル）を用意し、配置しておきましょう。ただし、本来のアプリであれば、リクエスト時のパラメーターに応じて、サーバー側で動的にデータを生成するのが一般的です[10]。

リスト10-15　books.json（NetworkJsonプロジェクト[11]）

＊11）配布サンプルのままでは動作しません。お使いのWebサーバーにbooks.jsonを配置の上、URLを変更してお試しください。

```json
{
  "books":
  [
    {
      "isbn":"978-4-7980-4535-1",
      "title":"はじめてのASP.NET",
      "author":"WINGSプロジェクト",
      "published":"秀和システム",
      "price":"3000"
    },
    {
      "isbn":"978-4-7980-4179-7",
      "title":"ASP.NET Core実践プログラミング",
      "author":"山田祥寛",
      "published":"秀和システム",
      "price":"3500"
    },
    {
      "isbn":"978-4-7981-3547-2",
      "title":"独習PHP",
      "author":"山田祥寛",
      "published":"翔泳社",
      "price":"3200"
    }
  ]
}
```

[2] アクティビティを修正する

10-02-04項で作成したアクティビティを、books.jsonを取得／解析できるように修正してみましょう。修正／追記箇所は太字部分です。

リスト10-16 MainActivity.kt（NetworkJsonプロジェクト）

```kotlin
import org.json.JSONObject
...中略...
class MainActivity : AppCompatActivity() {
  @WorkerThread
  private suspend fun processBackground(): String {
    return withContext(Dispatchers.IO) {
      val result = StringBuilder()
      val url = URL("https://wings.msn.to/tmp/it/books.json")
      ...中略...
      reader.forEachLine {
        result.append(it)
      }
      val list = StringBuilder();
      val json = JSONObject(result.toString())───────────────1
      // booksキーにアクセス
      val books = json.getJSONArray("books")───────────────2
      // 配下のオブジェクトから順にtitle／priceキーを取得
      for (i in 0 until books.length()) {───────────────
        val book = books.getJSONObject(i)───────────────3
        list.append(book.getString("title")).append("／")          4
        list.append(book.getString("price")).append("円\n")
      }───────────────
      list.toString()
    }
  }
}
```

JSONデータを解析するには、JSONObjectクラス（org.jsonパッケージ）を利用します（**1**）。

構文 JSONObjectクラス（コンストラクター）

```
JSONObject(json: String)
  json：JSON文字列
```

これでJSONデータのルートへのアクセス手段を得たことになります。JSONObjectでは、このルートを基点に、配下の要素へとデータを辿っていくのが基本です。

2では、ルート配下のbooksキーを得るために、JSONObject#getJSONArrayメソッドを利用しています。

構文 getJSONArrayメソッド

```
fun getJSONArray(name: String): JSONArray
  name：キー名
```

ここでは、キーに対応する値が配列であるため、getJSONArrayメソッドでJSONArrayオブジェクトを取得していますが、単一のオブジェクトを取得するならば、getJSONObjectメソッドにアクセスしてください。

構文 getJSONObjectメソッド

```
fun getJSONObject(name: String): JSONObject
  name：キー名
```

取得したJSONArrayオブジェクト（配列）から個々の要素にアクセスするにも、getJSONObjectメソッドを利用します（**3**）。名前はJSONObjectのそれと同じですが、シグニチャが異なります。

構文 getJSONObjectメソッド（JSONArrayクラス）

```
fun getJSONObject(index: Int): JSONObject!
  index：インデックス番号
```

lengthメソッドで要素数を得られるので、一般的な配列を走査するのと同じ要領で0 〜 length - 1番目の要素にアクセスすることで、すべての要素にアクセスできます（**4**）。個別の要素を取得できたら、あとはgetStringメソッドで対応する値を取得するだけです。取得したい値のデータ型に応じて、getInt、getBoolean、getDoubleなどのメソッドを使い分けてください。

Section 10-03 ハードウェアのその他の機能

このセクションでは、ここまでの例では扱いきれなかったハードウェアに関わる機能——センサー、ジェスチャー（タッチパネル）、バイブレーション、カメラ撮影、音声再生などの機能について学びます。

このセクションのポイント

1 SensorManager ／ Sensor クラスを介することで、デバイスに搭載されている種々のセンサーを利用できる。
2 パネルの長押しやフリックなどの動作を検出するには、GestureDetector クラスを利用すると便利である。
3 バイブレーション動作を実装するには、Vibrator クラスを利用する。
4 ContentResolver は、カメラで撮影した画像情報を受け渡しできる。
5 MediaPlayer クラスは、指定された音声ファイルを再生する。

10-03-01 Androidの各種センサーを利用する

　Androidデバイスでは、標準で搭載されているセンサーの豊富さが特長のひとつです。

　以下に、Android SDKで定義されている主なセンサーをまとめます。もちろん、これらのセンサーはあくまで SDKで定義されているというだけで、すべてのデバイスですべてのセンサーを利用できるというものではありません。そのセンサーが利用できるかどうかは、デバイスの説明書などを参照してください。

表10-11　Androidで利用できる主なセンサー（Sensorクラスの定数）

*1) センサーによって得られる値の数を表します。たとえば加速度センサーであればX、Y、Z軸方向で3個の値を得られます。

定数	概要	単位	次元[*1]
TYPE_ACCELEROMETER	加速度センサー	m/s^2	3
TYPE_AMBIENT_TEMPERATURE	温度センサー	℃	1
TYPE_GRAVITY	重力センサー	m/s^2	3
TYPE_GYROSCOPE	ジャイロセンサー	rad/s	3
TYPE_LIGHT	照度センサー	lux	1
TYPE_LINEAR_ACCELERATION	線形加速センサー	m/s^2	3
TYPE_MAGNETIC_FIELD	磁界センサー	uT	3
TYPE_PRESSURE	圧力センサー	hPa	1
TYPE_PROXIMITY	近接センサー	cm	1
TYPE_RELATIVE_HUMIDITY	相対湿度センサー	%	1

　以下では、これらのセンサーの中でも、特によく利用すると思われる加速度センサーを利用してみましょう。加速度とは、単位時間あたりの速度の変化のことで、

加速度センサーは、デバイスを左右上下に動かした時の加速度をX、Y、Z 軸方向それぞれに対してm/s^2（メートル毎秒毎秒）の単位で計測します。

図10-23　加速度センサーにおけるX、Y、Z 軸

それではさっそく具体的なコードを見てみます。以下のサンプルは、現在のX軸加速度をトースト表示する例です。

リスト10-17　MainActivity.kt（SensorBasic プロジェクト）

```
package to.msn.wings.sensorbasic

import android.hardware.Sensor
import android.hardware.SensorEvent
import android.hardware.SensorEventListener
import android.hardware.SensorManager
import android.os.Bundle
import android.widget.Toast
import androidx.appcompat.app.AppCompatActivity

class MainActivity : AppCompatActivity() {
  private lateinit var manager: SensorManager
  private lateinit var listener: SensorEventListener
  private lateinit var list: List<Sensor>

  override fun onCreate(savedInstanceState: Bundle?) {
    super.onCreate(savedInstanceState)
    setContentView(R.layout.activity_main)
```

```kotlin
    // 加速度センサーを取得
    manager = getSystemService(SENSOR_SERVICE) as SensorManager ─────── 1
    list = manager.getSensorList(Sensor.TYPE_ACCELEROMETER)───────────

    // センサー情報が変化した時の処理を実装
    listener = object : SensorEventListener { ──────────────────────
      override fun onSensorChanged(event: SensorEvent) {
        Toast.makeText(
          this@MainActivity,
          "加速度: ${event.values[0]}", Toast.LENGTH_LONG          2
        ).show()
      }

      override fun onAccuracyChanged(sensor: Sensor, accuracy: Int) {}
    }───────────────────────────────────────────────
  }


  override fun onResume() {
    super.onResume()
    // SensorManagerにリスナーを設定
    if (list.isNotEmpty()) {────────────────────────────
      manager.registerListener(
        listener, list[0],
        SensorManager.SENSOR_DELAY_NORMAL                            3
      )
    }───────────────────────────────────────────────
  }


  override fun onPause() {
    super.onPause()
    // SensorManagerからリスナーを削除
    manager.unregisterListener(listener, list[0])───────────────── 4
  }
}
```

図10-24 現在の加速度情報をトースト表示

参考

エミュレーターでの確認方法

エミュレーターで加速度センサーを確認するには、ツールバーから … (More)をクリックし、[Extended controls] 画面を開いてください。[virtual sensors] ペインの [Device Pose] タブを選択すると、以下の画面が開くので、[X-Rot] スライダーを左右に動かすことでエミュレーターを疑似的に回転できます。

図10-25 [Extended controls] 画面

もちろん、[Y-Rot] [Z-Rot] でY／Zについて回転させることも可能です。

■加速度センサーを取得する

　加速度センサー（Sensorオブジェクト）を取得するには、まずActivity#getSystemServiceメソッドでSensorManagerオブジェクトを取得します。getSystemServiceメソッドは（SensorManagerに限らず）Androidの諸サービスにアクセスするためのメソッドで、引数には取得したいサービスを指定します。

構文 getSystemServiceメソッド

```
fun getSystemService(name: String): Any!
  name：サービス名
```

表10-12　主なサービス名（引数name）

定数	概要
ACTIVITY_SERVICE	システムグローバルなアクティビティの状態を管理
ALERM_SERVICE	アラームサービス
CONNECTIVITY_SERVICE	ネットワーク接続サービス
DOWNLOAD_SERVICE	HTTP経由でのダウンロードサービス
LOCATION_SERVICE	ロケーションサービス
NOTIFICATION_SERVICE	イベント通知サービス
POWER_SEVICE	電源管理
SEARCH_SERVICE	検索サービス
VIBRATOR_SERVICE ／ VIBRATOR_MANAGER_SERVICE	バイブレーターサービス
WIFI_SERVICE	Wi-Fiサービス
WINDOW_SERVICE	Window マネージャー

　getSystemServiceメソッドの戻り値はAny型なので、利用にあたっては型キャストを忘れないようにしてください。

　SensorManagerオブジェクトを取得できたら、そのgetSensorListメソッドで個々のセンサー（Sensorオブジェクト）を取得できます。

構文 getSensorListメソッド

```
fun getSensorList(type: Int): MutableList<Sensor!>!
  type：センサーの種類
```

　引数typeには、P.568の表10-11で示した値を指定してください。

◪ SensorEventListener実装クラスを準備する

SensorEventListenerは、センサー情報の変化を監視するためのインターフェイスです。

具体的には、以下のようなメソッドを公開しています。

表10-13 SensorEventListenerインターフェイス（android.hardwareパッケージ）のメソッド

メソッド	呼び出しタイミング
onSensorChanged	センサーの値が変化した時
onAccuracyChanged	センサーの精度が変化した時

ここでは最低限、onSensorChangedメソッドを実装しています。

構文 onSensorChangedメソッド

```
abstract fun onSensorChanged(event: SensorEvent!): Unit
   event：センサー情報
```

onSensorChangedメソッドは、引数としてセンサー情報を表すSensorEventオブジェクトを受け取ります。メソッドの中では、このSensorEventオブジェクトを利用して、センサー値を受け取り、その値に応じた処理を実装することになるでしょう。

以下に、SensorEventオブジェクトの主なプロパティをまとめておきます。

表10-14 SensorEvent クラスの主なプロパティ

プロパティ	概要
accuracy	精度
sensor	イベントの発生元（Sensorオブジェクト）
timestamp	イベントの発生時刻
values	センサー値（float配列）

valuesプロパティの戻り値は、利用しているセンサーによって異なります。加速度センサーでは、values配列には、先頭からX、Y、Z軸方向の加速度がセットされます。

サンプルでは、この中からX軸方向の加速度（values[0]）を受け取り、トースト表示しています。

3 イベントリスナーを登録する

SensorEventListener 実装クラスを準備できたら、あとはこれを SensorManager クラスに登録／登録解除するためのコードを記述するだけです。イベントリスナー登録の考え方は、P.541でも示した通りで、onResume メソッドの中で記述します。

構文 registerListener メソッド

```
fun registerListener(listener: SensorEventListener!,
  sensor: Sensor!, samplingPeriodUs: Int): Boolean
  listener        ：イベントリスナー
  sensor          ：対象のセンサー
  samplingPeriodUs：通知頻度
```

冒頭述べたように、センサーはすべてのデバイスで搭載されているとは限りませんので、リスナー登録にあたってはセンサーが存在することを確認してください。1 で見た getSensorList メソッドの戻り値は、List<Sensor> オブジェクトです。センサーの有無は、その isNotEmpty メソッドが true を返すか（＝ひとつでもセンサーを取得できたか）で判定できます。

また、registerListener メソッドの引数 sensor には、「list[0]」で取得した最初のセンサーをセットしています。getSensorList メソッドの戻り値そのままを引き渡すことはできないので要注意です。

引数 samplingPeriodUs は、センサー値の通知頻度を以下の定数、もしくはマイクロ秒で表します。

表10-15 引数 samplingPeriodUs の設定値

設定値	概要
SENSOR_DELAY_FASTEST	デバイスが対応する最頻度で通知
SENSOR_DELAY_GAME	ゲームに適した頻度で通知
SENSOR_DELAY_NORMAL	一般的な通知頻度（既定）
SENSOR_DELAY_UI	UI利用に適した通知頻度

たとえばゲームなど即応性が求められるアプリでは、「SENSOR_DELAY_GAME」を指定することで短いスパンでセンサー値を取得できます。

4 イベントリスナーを解除する

イベントリスナーを解除するのは、unregisterListener メソッドの役割です。アクティビティがバックグラウンドに退避されたタイミングで、リスナーを解除します。

構文 unregisterListenerメソッド

```
fun unregisterListener(listener: SensorEventListener!, sensor: Sensor!): Unit
    listener：イベントリスナー
    sensor  ：対象のセンサー
```

10-03-02 加速度センサーでシェイクを検出する

*2）デバイスを振ることです。

加速度センサーを利用して、シェイク[2]を検出してみましょう。もっとも、シェイクを検出するための直接のメソッドはありませんので、加速度センサーの値からシェイクらしい操作を自分で判定する必要があります。

以下のサンプルでは、シェイクを検出したら、「シェイク」とトースト表示するだけですが、一般的にはシェイク動作によってなんらかの処理を実行したり、画面を再描画したりするなど、実行のトリガーとして利用することが多いでしょう。

なお、サンプルは前項のものからの変更分のみを示しています。センサー利用の基本的な考え方は前項を参照してください。

リスト10-18 MainActivity.kt（SensorShakeプロジェクト）

```kotlin
package to.msn.wings.sensorshake

import android.hardware.Sensor
import android.hardware.SensorEvent
import android.hardware.SensorEventListener
import android.hardware.SensorManager
import android.os.Bundle
import android.widget.Toast
import androidx.appcompat.app.AppCompatActivity
import kotlin.math.abs

class MainActivity : AppCompatActivity() {
  private lateinit var manager: SensorManager
  private lateinit var listener: SensorEventListener
  private lateinit var list: List<Sensor>
  // 以前のセンサー値取得時間
  private var bTime = 0L
  // 以前のセンサー値
  private var bValue = 0F

  override fun onCreate(savedInstanceState: Bundle?) {
    super.onCreate(savedInstanceState)
```

```
    setContentView(R.layout.activity_main)
    manager = getSystemService(SENSOR_SERVICE) as SensorManager
    list = manager.getSensorList(Sensor.TYPE_ACCELEROMETER)


    // センサー情報が変化した時の処理を実装
    listener = object : SensorEventListener {
      override fun onSensorChanged(event: SensorEvent) {
        // 現在のセンサー値&時間を取得
        val cValue = event.values[0] + event.values[1]
        val cTime = System.currentTimeMillis()
        // ひとつ前の判定からの経過時間を算出
        val diff = cTime - bTime
        // 1000ミリ秒以上経過している時のみ処理
        if (diff > 1000) {
          // 時間当たりの変化量（スピード）を算出
          val speed = abs(cValue - bValue) / diff * 10000
          if (speed > 30) {
            Toast.makeText(this@MainActivity, "シェイク",
              Toast.LENGTH_LONG).show()
          }
          bValue = cValue
          bTime = cTime
        }
      }


      override fun onAccuracyChanged(sensor: Sensor, accuracy: Int) {}
    }
  }
  ...中略...
}
```

1
4
3
2

↓

冒頭述べたように、Androidではシェイクかどうかを判定する直接のメソッドはありません。そこで本項では、単位時間あたりの加速度の変化が決められた値以上である場合に、シェイクであると見なします。加速度の変化は、以下の式で求めます。

絶対値(現在のXY加速度−前のXY加速度)÷経過時間×10000

XY加速度とは、X軸／Y軸方向の加速度の合計です。Z軸の変化はシェイク判定にあまり意味がなさそうなので、無視しています。また、現在値と前の値の差分を採る際には、変化量だけが問題で±は問わないので、絶対値に変換します。

サンプルでは、この式によって求められた値が30より大きい場合にシェイクであると見なしています。ただし、30というのはあくまで著者環境での調整値であり、用途によってはより判定を厳しくしたり、逆に緩くしたりする必要があるかもしれません。

以上の考え方を念頭に、コードも眺めてみましょう。

図10-26 シェイクされた場合にはトースト表示

まず、■で現在のXY加速度(cValue)、現在時刻(cTime)、前回判定からの経過時間(diff)を、それぞれ求めています。変化量を求めたいので、変数cValue／cTimeは処理のあとで変数bValue／bTimeへ退避させている点にも注目です(❷)。

❸では、時間が1000ミリ秒以上[*3]経過している場合にのみシェイクの判定処理を行っています。❹は、先ほど触れた計算式をコードに落とし込んだものです。この値が30よりも大きい場合にトーストで通知しています。

*3) これまた調整した時間で、絶対的な値ではありません。

10-03-03　複雑なタッチイベントを処理する - GestureDetectorクラス

　P.353でも触れたように、onTouchEvent メソッドを利用することで、基本的なタップ、フリップなどの動作を検知することは可能です。しかし、ダブルタップや長押しなどの動作をonTouchEvent メソッドで検知するのは困難です[4]。そこで、Androidでは一連のタッチイベントをより直感的なコードで検出できる、GestureDetectorというクラスを用意しています。以下では、GestureDetectorクラスを利用して、アプリ画面に対するタッチ操作を検知し、LogCatにログ出力してみます。

> [4] 不可能ではありませんが、イベント情報を取り出して、個別に値を判定するのはなかなかに厄介なことです。

リスト10-19　MainActivity.kt（GestureDetectorプロジェクト）

```
package to.msn.wings.gesturedetector

import android.os.Bundle
import android.util.Log
import android.view.GestureDetector
import android.view.GestureDetector.SimpleOnGestureListener
import android.view.MotionEvent
import androidx.appcompat.app.AppCompatActivity

class MainActivity : AppCompatActivity() {
  private lateinit var gd: GestureDetector

  override fun onCreate(savedInstanceState: Bundle?) {
    super.onCreate(savedInstanceState)
    setContentView(R.layout.activity_main)

    // タッチ動作に対応するイベントリスナーを登録
    gd = GestureDetector(this,
      object : SimpleOnGestureListener() {
        // ダブルタップ時に呼び出されるコード
        override fun onDoubleTap(e: MotionEvent): Boolean {
          Log.d("Gesture", "DoubleTap")
          return true
        }

        // ダブルタップ時のイベント（押す、移動、離す）で呼び出されるコード
```

```kotlin
override fun onDoubleTapEvent(e: MotionEvent): Boolean {
  Log.d("Gesture", "DoubleTapEvent")
  return super.onDoubleTapEvent(e)
}


// 画面に指を降ろした時に呼び出されるコード
override fun onDown(e: MotionEvent): Boolean {
  Log.d("Gesture", "Down")
  return true
}


// 画面を指で弾いた時に呼び出されるコード
override fun onFling(
  e1: MotionEvent, e2: MotionEvent,
  velocityX: Float, velocityY: Float
): Boolean {
  Log.d("Gesture", "Fling")
  return true
}


// 画面を長押しした時に呼び出されるコード
override fun onLongPress(e: MotionEvent) {
  Log.d("Gesture", "LongPress")
  super.onLongPress(e)
}


// 画面をスクロールした時に呼び出されるコード
// 引数e1、e2はスクロール前後のタッチ情報
// 引数distanceX、distanceYは最後にonScrollが呼び出されてからの移動距離
override fun onScroll(
  e1: MotionEvent, e2: MotionEvent,
  distanceX: Float, distanceY: Float
): Boolean {
  Log.d("Gesture", "Scroll")
  return true
}


// 画面を押した時に呼び出されるコード
override fun onShowPress(e: MotionEvent) {
```

```
        Log.d("Gesture", "ShowPress")
      }

      // シングルタップで呼び出されるコード
      override fun onSingleTapConfirmed(e: MotionEvent): Boolean {
        Log.d("Gesture", "SingleTapConfirmed")
        return true
      }

      // シングル／ダブルタップで呼び出されるコード
      override fun onSingleTapUp(e: MotionEvent): Boolean {
        Log.d("Gesture", "SingleTapUp")
        return true
      }
    }
  )
}

override fun onTouchEvent(event: MotionEvent): Boolean {
  // タッチイベントをGestureDetectorに引き渡す
  gd.onTouchEvent(event)                                              ❷
  return true
}
}
```

　　　　　　　　GestureDetectorクラスは、言うなれば、一連のタッチ操作を判別し、適
　　　　　　切なメソッド（イベントリスナー）に引き渡すための振り分け役です。まずは、
　　　　　　GestureDetectorクラスに対して、イベントを処理するためのリスナーを登録して
　　　　　　おきましょう（❶）。

構文 GestureDetectorクラス（コンストラクター）

```
GestureDetector(context: Context!,
  listener: GestureDetector.OnGestureListener!)
  context  ：コンテキスト
  listener ：イベントリスナー
```

　　　　　　　　SimpleOnGestureListenerイベントリスナーは、GestureDetectorクラスで
　　　　　　検知できるタッチ動作をまとめた便利クラスです。SimpleOnGestureListenerの
　　　　　　代わりに、基本動作に特化したOnGestureListener、ダブルタップを検知するた

めのOnDoubleTapListenerを個別に実装しても構いません。

SimpleOnGestureListenerクラスで利用可能なメソッドは、以下のとおりです。

表10-16 SimpleOnGestureListenerイベントリスナーの主なメソッド

メソッド	呼び出しタイミング
onDoubleTap	ダブルタップされた
onDoubleTapEvent	ダブルタップ中の各イベント（押す、移動、離す）
onDown	画面に指を降ろした
onFling	画面を指で弾いた
onLongPress	画面を長押しした
onScroll	画面をスクロール（ドラッグ）した
onShowPress	画面を押した（移動したり、すぐ離したら発生しない）
onSingleTapConfirmed	シングルタップされた（ダブルタップでは呼ばれない）
onSingleTapUp	シングルタップされた（ダブルタップでも呼ばれる）

　GestureDetectorクラスをインスタンス化できたら、あとは、アクティビティ（またはビュー）の onTouchEvent メソッドで、GestureDetector#onTouchEvent メソッドにイベント情報を引き渡すだけです（**2**）。これによって、GestureDetectorクラスがタッチの種類を判別して、適切なメソッドに処理を振り分けてくれるようになります。

　以上を理解できたら、サンプルを実行し、画面をタッチしてみてください。タッチの種類に応じて、さまざまなイベントが発生していることがLogcatから確認できます。もしもLogcatの結果が見難いようであれば、フィルター機能で **[Gesture]** タグのみを表示するようにしておくと良いでしょう[*5]。

> *5) 詳しくは、P.107 も参照してください。

図10-27 LogCatへのログ結果

10-03-04 バイブレーション動作を実装する

Vibratorクラス（android.osパッケージ）を利用することで、バイブレーション動作を簡単に実装できます。第11章で後述するNotificationをはじめ、ユーザーに注意を促したいような局面でよく利用します。その性質上、濫用は避けるべきですが、要所要所で利用することでスマホならではの効果を演出できるでしょう。

たとえば以下は、アプリの起動時にデバイスを100ミリ秒だけバイブレートする例です。

[1] アクティビティを準備する

まずは、アクティビティにバイブレート動作のコードを追加します。

リスト10-20　MainActivity.kt（VibratorBasicプロジェクト）

```
package to.msn.wings.vibratorbasic

import android.os.Bundle
import android.os.Vibrator
import androidx.appcompat.app.AppCompatActivity

class MainActivity : AppCompatActivity() {
  override fun onCreate(savedInstanceState: Bundle?) {
    super.onCreate(savedInstanceState)
    setContentView(R.layout.activity_main)

    // 100ミリ秒、バイブレート
    val v = getSystemService(VIBRATOR_SERVICE) as Vibrator
    v.vibrate(100)
  }
}
```

バイブレーション機能を利用するには、10-03-01項でも利用したgetSystemServiceメソッドでバイブレーターサービス（Vibratorオブジェクト）を取得してください。

Vibratorオブジェクトを取得してしまえば、あとはvibrateメソッドでバイブレーションさせる時間をミリ秒単位で指定するだけです。

構文 vibrate メソッド

```
fun vibrate(milliseconds: Long): Unit
  milliseconds : バイブレートする時間（ミリ秒）
```

　　　　与えられたパターンで、バイブレートさせたい場合には、以下のような構文を利用することもできます。

構文 vibrate メソッド（2）

```
fun vibrate(pattern: LongArray!, repeat: Int): Unit
  pattern : オンオフのパターン
  repeat  : 繰り返し回数
```

```
v.vibrate(longArrayOf(1000, 500, 1000, 500, 2000, 500), -1)
```

　　　　たとえば上の例では、1000（OFF）→500（ON）→1000（OFF）→500（ON）→2000（OFF）→500（ON）のパターンでバイブレートします。引数 repeatに-1を指定した場合、バイブレーションは繰り返されません。

[2] マニフェストファイルを編集する

　　　バイブレーションを利用するには、マニフェストファイルでバイブレート動作のパーミッションを与えておく必要があります。

リスト10-21 AndroidManifest.xml（VibratorBasic プロジェクト）

```
<manifest...>
  <uses-permission android:name="android.permission.VIBRATE" />
  ...中略...
</manifest>
```

　　　　これでバイブレートする準備は完了です。サンプル実行にあたっては、P.55の手順に従って、実機にインストールしてください。

参考

vibrateメソッドの新しい構文

本文で紹介したvibrateメソッドの構文はAPI26で非推奨となり、代替として以下の構文が導入されています。本書では、下位互換性を優先して古い構文を利用していますが、今後は（可能であるならば）新構文を優先して利用すべきです。

構文 vibrateメソッド（API 26以上）

```
fun vibrate(vibe: VibrationEffect!): Unit
  vibe：VibrationEffectオブジェクト
```

VibrationEffectは、バイブレーションのパターンを表すためのオブジェクトで、以下のようなメソッドで生成できます。createOneShotは単発のバイブレートを、createWaveformは複雑な波形を、それぞれ生成します。

構文 createOneShot／createWaveformメソッド

```
static fun createOneShot(milliseconds: Long,
  amplitude: Int): VibrationEffect!
static fun createWaveform(timings: LongArray!,
  amplitude: IntArray!, repeat: Int): VibrationEffect!
  milliseconds：バイブレートする時間（ミリ秒）
  amplitude   ：振動の強さ（1〜255）。
                DEFAULT_AMPLITUDEはデバイス既定の振動強度
  timings     ：オンオフのパターン
  repeat      ：繰り返し回数
```

以下は、本文の例を書き換えたものです。

リスト10-22 MainActivity.kt（VibratorAdvanceプロジェクト）

```
val v = getSystemService(VIBRATOR_SERVICE) as Vibrator
v.vibrate(VibrationEffect.createOneShot(100, DEFAULT_AMPLITUDE))
v.vibrate(
  VibrationEffect.createWaveform(
    longArrayOf(1000, 500, 1000, 500, 2000, 500),
    intArrayOf(
      0, DEFAULT_AMPLITUDE,
      0, DEFAULT_AMPLITUDE,
      0, DEFAULT_AMPLITUDE
    ),
    -1)
)
```

> **参考**
>
> ## VIBRATOR_MANAGER_SERVICEについて
>
> 本文で紹介したVIBRATOR_SERVICEは、API31で非推奨となり、代替としてVIBRATOR_MANAGER_SERVICEが導入されています。本書では、API30以下でアプリを作成しているため、VIBRATOR_SERVICEを使用していますが、今後、API31（minimumSDK12）以降でアプリを作成する場合は、VIBRATOR_MANAGER_SERVICEを使用してください。
>
> VIBRATOR_MANAGER_SERVICEを使う場合は、リスト10-22のVibratorオブジェクト生成のコードを以下のように書き換えます。

```
val vm = getSystemService(VIBRATOR_MANAGER_SERVICE) as VibratorManager
val v = vm.getDefaultVibrator();
```

10-03-05 カメラ機能を使って静止画を撮影する

Androidでは、標準でカメラ機能が搭載されており、静止画／動画を撮影することができます。本項では、このカメラ機能をアプリから呼び出して、静止画を撮影し、撮影した画像はアプリ上で表示するための機能を実装してみましょう。

図10-28 ボタンクリックでカメラを起動、撮影後に静止画をアプリに表示

[1] レイアウトファイルを準備する

カメラで撮影した画像を表示するためのImageViewを用意します。ImageViewには、Android標準で用意されたカメラアイコンを割り当てておきます。

図10-29 [Pick a Resource]画面

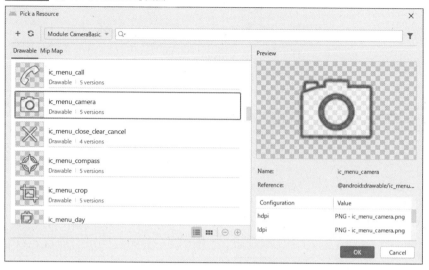

ImageViewをレイアウトエディターに配置すると、[Pick a Resource]画面が開くので、[android]カテゴリーから[ic_menu_camera]を選択しておきましょう。ImageViewそのものは画面全体に広げます。

完成したレイアウトファイルは、以下の通りです。

リスト10-23 activity_main.xml（CameraBasicプロジェクト）

```xml
<?xml version="1.0" encoding="utf-8"?>
<androidx.constraintlayout.widget.ConstraintLayout ...>
  <ImageView
    android:id="@+id/img"
    android:layout_width="0dp"
    android:layout_height="0dp"
    android:contentDescription="撮影画像"
    app:layout_constraintBottom_toBottomOf="parent"
    app:layout_constraintEnd_toEndOf="parent"
    app:layout_constraintStart_toStartOf="parent"
    app:layout_constraintTop_toTopOf="parent"
    app:srcCompat="@android:drawable/ic_menu_camera" />
</androidx.constraintlayout.widget.ConstraintLayout>
```

図10-30 レイアウト完成図

[2] アクティビティを準備する

ボタンクリック時にカメラを呼び出し、カメラから制御が戻ってきた時に、撮影した静止画をImageViewに反映させるためのコードを追加します。

リスト10-24　MainActivity.kt（CameraBasicプロジェクト）

```kotlin
package to.msn.wings.camerabasic

import android.content.ContentValues
import android.content.Intent
import android.net.Uri
import androidx.appcompat.app.AppCompatActivity
import android.os.Bundle
import android.provider.MediaStore
import android.widget.ImageView
import androidx.activity.result.contract.ActivityResultContracts
import java.util.Date

class MainActivity : AppCompatActivity() {
  override fun onCreate(savedInstanceState: Bundle?) {
    super.onCreate(savedInstanceState)
    setContentView(R.layout.activity_main)

    var uri : Uri? = null
    val img = findViewById<ImageView>(R.id.img)
    // 撮影を終了して、このアクティビティに戻ってきた時の処理
    val startForResult = registerForActivityResult(
        ActivityResultContracts.StartActivityForResult()
    ) { result ->
        // 撮影した静止画をImageViewに反映
        if (result?.resultCode == RESULT_OK) {
          img.setImageURI(uri)                                    ──④
        }
    }


    // ボタンクリック時にカメラを起動
    img.setOnClickListener {
      // 画像へのURIを生成
      uri = contentResolver.insert( ─────────────────────────┐
        MediaStore.Images.Media.EXTERNAL_CONTENT_URI,         │
        ContentValues().apply {                               │
          put(MediaStore.Images.Media.TITLE, "mypic-${Date().time}.jpg")  ├─②
          put(MediaStore.Images.Media.MIME_TYPE, "image/jpeg")│
        }
```

```
    )
    // カメラアプリを起動
    startForResult.launch(
      Intent(MediaStore.ACTION_IMAGE_CAPTURE).apply {
        putExtra(MediaStore.EXTRA_OUTPUT, uri)      3      1
      }
    )
  }
 }
}
```

本サンプルの大雑把な流れは、以下の通りです。

- ImageView（カメラアイコン）をクリックした時にカメラを起動する
- カメラ起動時に、データを識別するための情報（URI）を渡す
- 撮影が完了したら、あらかじめ生成しておいたURI情報をImageViewに反映させる

　インテント経由でアプリを起動し、その結果を現在のアクティビティで処理するのはActivityResultLauncherクラスの役割です。詳細は08-02-02項でも解説しているので、合わせて参照してください。ここでは、それ以外の——カメラ固有のポイントについて解説します。

■1標準のカメラ機能を起動する

　標準のカメラ機能を起動するのは、暗黙的インテント（08-03-01項）の役割です。カメラを起動するには、IntentコンストラクターにMediaStore.ACTION_IMAGE_CAPTUREを渡してください。

■2～■3画像を識別するためのURIを生成する

　Androidでは、ストレージに保存された画像、音声などが他のアプリにも公開されています。そして、それらのファイルを特定するためのキーとなるのがURI（Uriオブジェクト）です。

　あとで撮影した画像を識別できるよう、あらかじめUriオブジェクトを生成しておきましょう。Uriオブジェクトを管理するのは、ContentResolverオブジェクトの役割です。Activity#contentResolverプロパティから取得できます（■2）。

　あとは、そのinsertメソッドで具体的な識別情報を指定していきます。

構文 insert メソッド

```
fun insert(url: Uri, values: ContentValues?): Uri?
    url    :データの格納先
    values :コンテンツの情報
```

引数 url は、データの格納先を表す情報です。画像ファイルであれば「MediaStore.**Images**.Media.EXTERNAL_CONTENT_URI」を指定します[6]。

*6) 音声であれば太字部分は Audio になりますし、動画であれば Video になります。

引数 values はデータの詳細情報です。ContentValues オブジェクトとして表します。ContentValues#put メソッドでタイトル (TITLE) /コンテンツの種類 (MIME_TYPE) を設定しておきましょう。タイトルはタイムスタンプから生成するものとし、コンテンツの種類は「jpeg/image」(JPEG 画像) 固定です。

insert メソッドで生成された Uri オブジェクトは、最後に Intent#putExtra メソッドでインテントにセットしておきます ()。この際、キーは MediaStore.EXTRA_OUTPUT とします。これでカメラアプリは撮影した画像を、指定された Uri に保存します。

◢ 撮影した画像を ImageView に反映させる

ここまでで撮影した画像 (のキー) は、変数 uri に格納されているので、これを ImageView に反映させるのはカンタンです。setImageURI メソッドに URI 情報を設定するだけです。

> **参考**
>
> **Camera2 API**
>
> Android 5 以降では、新たにパフォーマンス、機能ともに向上した Camera2 API (android.hardware.camara2) が追加されています。Camera2 API ではフル解像度の撮影、連写機能 (バーストモード)、露光時間/フレームデュレーション/ ISO 感度などへのアクセスなどをサポートしており、より高度なカメラ制御が可能になります。
>
> ただし、高度がゆえに、コードは冗長になりがちです。アプリの中でカメラで撮影した画像を使用したいなど、限定的な利用の場合には、本文でも触れたインテント経由での利用でも十分でしょう。高度にカメラ連携のアプリを開発したい場合には、Camera2 API の利用を検討してみてください。
>
> Camera2 API については、以下のページなどを参照してください。
>
> URL
> https://developer.android.com/training/camera2

10-03-06 音声ファイルを再生する

　Androidでは、MediaPlayerクラスを利用することで、音声ファイルをごくカンタンな手順で再生できます。

　たとえば以下では、アプリにあらかじめ登録しておいた音声ファイル（.mp3ファイル）を再生する簡易プレイヤーの例です。この内容をきちんと理解できれば、（たとえば）アプリの操作に応じて効果音を付与したり、ゲームアプリであれば BGMを鳴らしたりするのにも応用できるでしょう。

図10-31 ［**再生**］［**停止**］ボタンで指定された音楽を開始／終了

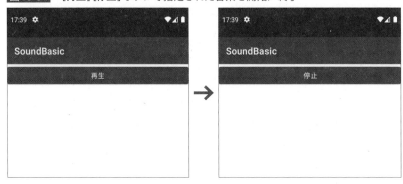

[1] アプリに音声ファイルを登録する

　音声ファイルは/res/rawフォルダーにあらかじめインポートしておく必要があります。プロジェクトウィンドウからフォルダーを作成した上で、ダウンロードサンプルの/samples/audiosフォルダーの内容をインポートしてください。インポートの手順は、P.121を参照してください。

[2] レイアウトファイルを準備する

　レイアウトファイルには、音声の再生を開始／終了するためのボタンを配置しておきます。ボタンキャプションは、あとからプログラム側で動的に変更しますので、まずは［**再生**］としておきます。

リスト10-25 activity_main.xml（SoundBasicプロジェクト）

```xml
<?xml version="1.0" encoding="utf-8"?>
<androidx.constraintlayout.widget.ConstraintLayout ...>
  <Button
    android:id="@+id/btnPlay"
    android:layout_width="0dp"
    android:layout_height="wrap_content"
```

```
   android:text="再生"
   app:layout_constraintEnd_toEndOf="parent"
   app:layout_constraintStart_toStartOf="parent"
   app:layout_constraintTop_toTopOf="parent" />
</androidx.constraintlayout.widget.ConstraintLayout>
```

図 10-32　レイアウト完成図

[3] アクティビティを準備する

アクティビティで[**再生**]／[**停止**]ボタンをクリックした時の処理を実装します。

リスト10-26　MainActivity.kt（SoundBasic プロジェクト）

```
package to.msn.wings.soundbasic

import android.media.MediaPlayer
import android.os.Bundle
import android.widget.Button
import androidx.appcompat.app.AppCompatActivity
import java.io.IOException

class MainActivity : AppCompatActivity() {
  private lateinit var btn: Button
  private lateinit var mp: MediaPlayer

  override fun onCreate(savedInstanceState: Bundle?) {
    super.onCreate(savedInstanceState)
    setContentView(R.layout.activity_main)

    // 音楽プレイヤーの準備
    mp = MediaPlayer.create(this, R.raw.sound)─────────────────────1
    // 音楽が完了した時の処理
    mp.setOnCompletionListener { btn.text = "再生" } ──────────────3

    // [再生]／[停止]ボタンがクリックされた時の処理
    val btn = findViewById<Button>(R.id.btnPlay) ──────────┐
    btn.setOnClickListener {
      // プレイヤーが停止中の場合
      if (!mp.isPlaying) {                                       2
        mp.start()
        btn.text = "停止"
```

```
      // プレイヤーが再生中の場合
    } else {
      try {
        mp.stop()
        mp.prepare()
      } catch (e: IllegalStateException) {
        e.printStackTrace()
      } catch (e: IOException) {
        e.printStackTrace()
      }
      // ［再生］ボタンに切り替え
      btn.text = "再生"
    }
  }
}
}
```

　冒頭述べたように、音声ファイルを再生するのは、MediaPlayerクラスの役割です。MediaPlayerオブジェクトは、createメソッドで生成できます（**1**）。

構文 createメソッド

```
static fun create(context: Context!, resid: Int): MediaPlayer!
  context：コンテキスト
  resid   ：音声ファイル（id値）
```

　アプリに登録した音声ファイルは「R.raw.ファイル名」の形式で指定できます。
　MediaPlayerオブジェクトを取得できてしまえば、あとはstartメソッド、stopメソッドで音声の再生を開始／終了できます。stopメソッドを呼び出した後は、prepareメソッドでMediaPlayerオブジェクトを準備済みの状態に戻さないと、再度開始することができないので注意してください。

MediaPlayer の状態遷移図

MediaPlayer クラスは状態（ステート）を持っており、状態に応じて呼び出せるメソッドも変化します[7]。以下の図で、メソッドの呼び出しと、それによる状態の変化を確認しておきましょう。

*7) このようなしくみのことをステートマシンと言います。

図 10-33　MediaPlayer の状態遷移図

サンプルでは、MediaPlayer#isPlaying プロパティで再生中であるかどうかを判定し、状態に応じて start メソッド、または stop ／ prepare メソッドを呼び出しています（**2**）。また、このタイミングでボタンキャプションの「再生⇔停止」を切り替えておきます。

3 の OnCompletionListener は、再生の終了を検知し、処理を行うイベントリスナーです。ここでは再生終了時にボタンキャプションを **[再生]** に戻しています。さもないと、次に再生開始する時に **[停止]** ボタンで開始することになってしまうからです。

10-03-07　音量を調整する

続いて、簡易プレイヤーに音量調節のツマミを追加してみましょう。ツマミを左に寄せれば音量を落とし、右に寄せれば音量を上げることができます。

図 10-34　ツマミ（シークバー）で音量を調整できる

[1] レイアウトファイルを修正する

先ほど用意したレイアウトファイルに対して、音量調節のツマミを表す SeekBar を追加します。現在値（progress）を5、最大値（max）を10で、それぞれ指定します。追記部分は太字で表しています。

リスト10-27　activity_main.xml（SoundVolume プロジェクト）

```xml
<?xml version="1.0" encoding="utf-8"?>
<androidx.constraintlayout.widget.ConstraintLayout ...>
  <Button
    android:id="@+id/btnPlay"
    android:layout_width="0dp"
    android:layout_height="wrap_content"
    android:text="再生"
    app:layout_constraintEnd_toEndOf="parent"
    app:layout_constraintStart_toStartOf="parent"
    app:layout_constraintTop_toTopOf="parent" />
   <!--音声調整のツマミ（0〜10。既定は5）-->
  <SeekBar
    android:id="@+id/seek"
    android:layout_width="0dp"
    android:layout_height="wrap_content"
    android:max="10"
    android:progress="5"
    app:layout_constraintEnd_toEndOf="parent"
    app:layout_constraintStart_toStartOf="parent"
    app:layout_constraintTop_toBottomOf="@+id/btnPlay" />
</androidx.constraintlayout.widget.ConstraintLayout>
```

図10-35　レイアウト完成図

Button

再生

SeekBar

[2] アクティビティを修正する

シークバーの値を変更した時の処理を追加します。追記部分は太字で表しています。

リスト10-28　MainActivity.kt（SoundVolume プロジェクト）

```kotlin
package to.msn.wings.soundvolume

import android.media.AudioManager
import android.media.MediaPlayer
import android.os.Bundle
import android.widget.Button
```

```kotlin
import android.widget.SeekBar
import android.widget.SeekBar.OnSeekBarChangeListener
import androidx.appcompat.app.AppCompatActivity
import java.io.IOException

class MainActivity : AppCompatActivity() {
  private lateinit var btn: Button
  private lateinit var am: AudioManager
  private lateinit var mp: MediaPlayer
  override fun onCreate(savedInstanceState: Bundle?) {
    super.onCreate(savedInstanceState)
    setContentView(R.layout.activity_main)

    mp = MediaPlayer.create(this, R.raw.sound)
    mp.setOnCompletionListener { btn.text = "再生" }
    // AudioManagerを取得
    am = getSystemService(AUDIO_SERVICE) as AudioManager ──────── ①
    // 既定の音量を設定
    am.setStreamVolume(AudioManager.STREAM_MUSIC, 5, 0) ──────── ②

    // シークバー（音量ツマミ）を変更した時の処理
    val sb = findViewById<SeekBar>(R.id.seek)
    sb.setOnSeekBarChangeListener(
      object : OnSeekBarChangeListener {
        // シークバーの現在値を音楽の音量としてセット
        override fun onProgressChanged(
          sb: SeekBar, progress: Int,
          fromUser: Boolean
        ) {
          am.setStreamVolume(AudioManager.STREAM_MUSIC, progress, 0) ─ ③
        }

         // 処理は不要なので、空実装
        override fun onStartTrackingTouch(sb: SeekBar) {}
        override fun onStopTrackingTouch(sb: SeekBar) {}
      }
    )

    val btn = findViewById<Button>(R.id.btnPlay)
```

```
    ...中略...
  }
}
```

getSystemServiceメソッドでオーディオサービス（AudioManagerクラス）を取得してください（**1**）。音量を設定するには、そのsetStreamVolumeメソッドを呼び出します（**2**）。

構文 setStreamVolume メソッド

```
fun setStreamVolume(streamType: Int, index: Int, flags: Int): Unit
  streamType：音声の種類
  index     ：音量
  flags     ：フラグ
```

引数 streamTypeには、変更対象の音声の種類を指定します。指定できる定数は、以下のとおりです。

表10-17　引数 streamType の設定値（AudioManager クラスの定数）

設定値	概要
STREAM_MUSIC	音楽
STREAM_VOICE_CALL	通話音
STREAM_RING	着信音
STREAM_NOTIFICATION	通知音
STREAM_ALARM	アラーム音
STREAM_SYSTEM	システムの音量

引数 indexには音量を指定します。指定できる最大値は、AudioManager#getStreamMaxVolumeメソッドで取得できます。

引数flagには、音量設定にあたってのフラグを、たとえばAudioManager.FLAG_PLAY_SOUND（音量調整時に音声を鳴らすか）などの定数として指定します。サンプルでは特別に指定はしませんので、0（なにもなし）を指定しておきます。

続いて、ツマミ（シークバー）を動かした時の処理を準備します（**3**）。

OnSeekBarChangeListenerイベントリスナーに関する詳細は、P.147も参照してください。ここでは、onProgressChangedメソッド（シークバーの値が変化したタイミング）でsetStreamVolumeメソッドを呼び出しています。音量には、シークバーの値（引数 progress）を渡します。

サービス開発&アプリの公開

本書最後となるこの章では、Android で動作するもうひとつのプログラムの形態「サービス」について学びます。サービスとは画面を持たず、私たちの目に見えないところで常時動き続けるプログラムのことです。アプリとサービスとを組み合わせることで、Android でできることがより拡がります。
また、後半では作成したアプリを Google Play で世間に公開する方法について学びます。

はじめての Android アプリ開発 Kotlin 編

サービスを開発する

このセクションでは、サービスというしくみを利用して、バックグラウンドで常時動き続けるプログラムを作成する方法を学びます。

このセクションのポイント

■1 サービスは、画面を持たないプログラムである。
■2 サービスを実装するには、Serviceクラスを継承する。
■3 サービスからアクティビティにデータを渡すには、ブロードキャストを利用する。
■4 サービスの状態をユーザーに通知するには、ノーティフィケーションを利用する。

前章までで学んできたのは、基本的にアプリ開発の手法です。アプリとは、アクティビティ（画面）を持ったプログラムのことで、目に見えることから、エンドユーザーにとってはもっとも身近な存在です。ですが、Androidで動作するプログラムのすべてというわけではありません。

アプリの裏側では、私たちの目が届かないところで、いつも動き続けているプログラムがあるのです。それが**サービス**と呼ばれるプログラムです。たとえば、Twitterのタイムラインをリスト表示する——いわゆるTwitterクライアントを考えてみましょう。アプリだけで処理しようとしたら、画面を常に開きっぱなしにしておかなければ、リプライやダイレクトメッセージの着信を知ることはできません。そもそもリプライ画面やダイレクトメッセージ画面とアクティビティを切り替えるたびに、タイムラインの読み込みが中断されてしまうのは効率もよくありません。

しかし、サービスを利用することで、こうした状況が改善します。Twitterにアクセスする部分はサービスが賄い、アクティビティ側ではサービスによって取得したタイムライン情報を表示するだけの役割を分担すれば良いのです。

図11-1　サービス

　これによって、画面の表示／非表示に関わらず、リプライやメッセージの着信を知ることができますし、画面を表示した時に最新のタイムラインを即座に表示することも可能になります。

11-01-01　サービスの基本

　サービスの概念を理解できたところで、さっそく具体的なサービスを作成してみましょう。以下で作成するのは、起動／終了時にLogcatにログを出力する、もっともシンプルなサービスです。

　サービスは、アプリと違って目に見えない分、なかなか動作のイメージを掴みにくいところもありますが、誤解のしようもないシンプルなサンプルで、サービスの定義から起動の方法まで、基本的な構造を理解してみましょう。

[1] サービスを用意する

　サービスは、Serviceクラス（android.appパッケージ）を継承して作成するのが基本です。

リスト11-1　SimpleService.kt（ServiceBasicプロジェクト）

```kotlin
package to.msn.wings.servicebasic

import android.app.Service
import android.content.Intent
import android.os.IBinder
import android.util.Log

class SimpleService : Service() {
  companion object {
    // ログに付与するタグ
    private const val TAG = "SimpleService"
  }

  // サービスの初回起動時に実行
  override fun onCreate() {
    super.onCreate()
    Log.i(TAG, "onCreate")
  }

  // サービスの起動都度に実行
```

```kotlin
override fun onStartCommand(intent: Intent, flags: Int, startId: Int): Int {
  Log.i(TAG, "onStartCommand")
  return START_STICKY
}


// サービスをバインド時に実行
override fun onBind(intent: Intent): IBinder? {
  return null
}


// サービスの停止時に実行
override fun onDestroy() {
  super.onDestroy()
  Log.i(TAG, "onDestroy")
}
}
```

2

3

　アクティビティと同じく、サービスにもライフサイクルがあります。もっとも、サービスはアクティビティのように途中で一時停止／復帰などの段階を踏むことなく、いったん起動したあとは停止するまで実行中となるので、ライフサイクルもシンプルです。

図11-2　サービスのライフサイクル

　サービスを初回起動したタイミングで呼び出されるのがonCreateメソッドです（**1**）。同じサービスを複数回起動したとしても、このメソッドは最初の1回しか呼び出されません。
　似たようなメソッドとして、サービス開始のタイミングで呼び出される

＊1）具体的には、
startServiceメソッド
を呼び出したタイミ
ングです。あとから
詳説します。

onStartCommandメソッドがあります（**2**）。ただし、こちらは起動＊1の都度に
何度でも呼び出されます。一般的には、サービスそのものの初期化はonCreateメ
ソッドで、実処理はonStartCommandメソッドで、という使い分けになるでしょ
う。

　onStartCommandメソッドの戻り値は、サービスがシステムによって強制終了
された時に、どのように振る舞うかを表します。サービスはいったん起動すると、
そのままシステム上に居続けます。そして、システムリソースが不足した時には強制
的に終了させられてしまうので、その際の挙動をあらかじめ決めておく必要がある
のです。戻り値には、以下の定数のいずれかを指定できます。

表11-1　onStartCommandメソッドの戻り値

定数	概要
START_NOT_STICKY	サービスを再起動しない
START_STICKY	サービスを再起動する
START_REDELIVER_INTENT	終了前と同じインテントを使って再起動する
START_STICKY_COMPATIBILITY	再起動は保障されない（START_STICKYとの互換用）

　そして、サービスが停止されるタイミングで呼び出されるメソッドが、onDestroy
メソッドです（**3**）。

　ここでは、それぞれのメソッドでLog#iメソッドを呼び出し、Logcatにログを書
きだしています。

注意

　リスト11-1では、もうひとつonBindメソッドもありますが、こちらはサービス－アクティビ
ティ間で通信する時に利用するメソッドです。抽象メソッドなので最低限オーバーライドして
いますが、今回は特に使用しません。戻り値としてnullだけを返しておきます。

[2] アクティビティ／レイアウトを用意する

　SimpleServiceサービスを起動するためのアクティビティ／レイアウトを準備し
ます。レイアウトには［**サービス開始**］［**サービス停止**］ボタンを配置し、アクティビ
ティ側にはそれぞれのクリックタイミングで呼び出されるイベントリスナーを用意し
ておきます。

リスト11-2　activity_main.xml（ServiceBasicプロジェクト）

```xml
<?xml version="1.0" encoding="utf-8"?>
<androidx.constraintlayout.widget.ConstraintLayout ...>
  <Button
```

```
      android:id="@+id/btnStart"
      android:layout_width="0dp"
      android:layout_height="wrap_content"
      android:text="サービス開始"
      app:layout_constraintEnd_toEndOf="parent"
      app:layout_constraintStart_toStartOf="parent"
      app:layout_constraintTop_toTopOf="parent" />
    <Button
      android:id="@+id/btnStop"
      android:layout_width="0dp"
      android:layout_height="wrap_content"
      android:text="サービス停止"
      app:layout_constraintEnd_toEndOf="parent"
      app:layout_constraintStart_toStartOf="parent"
      app:layout_constraintTop_toBottomOf="@+id/btnStart" />
</androidx.constraintlayout.widget.ConstraintLayout>
```

図 11-3　レイアウト完成図

Button（btnStart）

Button（btnStop）

リスト 11-3　MainActivity.kt（ServiceBasic プロジェクト）

```
package to.msn.wings.servicebasic

import android.content.Intent
import android.os.Bundle
import android.widget.Button
import androidx.appcompat.app.AppCompatActivity

class MainActivity : AppCompatActivity() {
  override fun onCreate(savedInstanceState: Bundle?) {
    super.onCreate(savedInstanceState)
    setContentView(R.layout.activity_main)

    // ［サービス開始］ボタンクリック時にSimpleServiceを起動
    val btnStart = findViewById<Button>(R.id.btnStart)
    val i = Intent(this, SimpleService::class.java)
    btnStart.setOnClickListener {
      startService(i)
    }

    // ［サービス停止］ボタンクリック時にSimpleServiceを停止
```

■1

```
  val btnStop = findViewById<Button>(R.id.btnStop)
  btnStop.setOnClickListener {
    stopService(i)                                              ┤2
  }
 }
}
```

　サービスは、startServiceメソッドにインテントを渡すことで開始できます（**1**）。08-01-02項の明示的インテントでも見たように、Intentコンストラクターには起動する対象（ここでは SimpleService）を表すClassオブジェクトを渡しておきましょう。

　同じく、サービスを停止するには、stopServiceメソッドにインテントを渡します（**2**）。

構文 startService／stopServiceメソッド

```
fun startService(service: Intent!): ComponentName?
fun stopService(service: Intent!): Boolean
  service：開始／停止するサービス
```

　startServiceメソッドは、開始した（または稼働中の）サービスをComponentNameオブジェクト（android.contentパッケージ）として返します。stopServiceメソッドは、停止するサービスがあり、停止できた場合にtrueを、それ以外の場合はfalseを返します。

[3] マニフェストファイルを編集する

　サービスもまた、アクティビティと同じく、あらかじめマニフェストファイルに登録しておく必要があります。

リスト11-4 AndroidManifest.xml（ServiceBasicプロジェクト）

```
<manifest ...>
  <application ...>
    ...中略...
    <service android:name=".SimpleService" />
  </application>
</manifest>
```

サービスは、<application>要素の配下に<activity>要素と同列に<service>要素として定義します。リストでいえば太字の部分です。android:name属性でService派生クラスの名前を指定してください。

[4] サンプルを実行する

以上で、サービスそのものの定義と、サービスを起動するためのアクティビティが準備できました。サンプルを実行し、[**サービス開始**] ボタンをクリックしてみましょう。

[**Logcat**] ビューを確認すると、以下のようにログが記録されているはずです。続けて [**サービス開始**] ボタンをクリックすると、「onStartCommand」という文字列だけが繰り返し書き出され、「onCreate」は表示されないことも確認してください[2]。

また、[**サービス停止**] ボタンをクリックすると、「onDestroy」という文字列がログ出力されます。

＊2）onCreateメソッドは、あくまで初回起動時に一度だけ呼び出されるのでした。

図11-4 ボタンクリックでログが出力される

```
Logcat                                                                              ⚙ —
  🖳 Emulator Pixel_4_API_: ▼   to.msn.wings.servicebasic ▼   Verbose ▼   Q▾ SimpleService   ×   ☑ Regex   Show only selected applic ▼

  ☰ logcat
  🗑  2021-06-21 15:34:50.696 21034-21034/to.msn.wings.servicebasic I/SimpleService: onCreate
  ⇊  2021-06-21 15:34:50.706 21034-21034/to.msn.wings.servicebasic I/SimpleService: onStartCommand
      2021-06-21 15:35:47.150 21034-21034/to.msn.wings.servicebasic I/SimpleService: onStartCommand
  ↑   2021-06-21 15:35:51.267 21034-21034/to.msn.wings.servicebasic I/SimpleService: onStartCommand
  »   2021-06-21 15:35:52.662 21034-21034/to.msn.wings.servicebasic I/SimpleService: onDestroy
```

11-01-02 サービスで定期的なタスクを実行する

サービスでは、バックグラウンドで動作するというその性質上、定期的にタスクを実行するようなケースはよくあります。以下では、その基本的な例として、1000ミリ秒間隔でログ出力するサービスを作成してみましょう。

リスト11-5 SimpleService.kt（ServiceTimerプロジェクト[3]）

```kotlin
package to.msn.wings.servicetimer

import android.app.Service
import android.content.Intent
import android.os.IBinder
import android.util.Log
import java.util.concurrent.Executors
import java.util.concurrent.ScheduledExecutorService
```

＊3）サービス呼び出しのアクティビティは、P.601のリスト11-2と同じものを利用します。

```kotlin
import java.util.concurrent.TimeUnit

class SimpleService : Service() {
  companion object {
    private const val TAG = "SimpleService"
  }

  private lateinit var schedule: ScheduledExecutorService

  override fun onCreate() {
    super.onCreate()
    Log.i(TAG, "onCreate")
  }

  override fun onStartCommand(intent: Intent, flags: Int, startId: Int): Int {
    schedule = Executors.newSingleThreadScheduledExecutor()
    // 1000ミリ秒ごとに処理を実行
    schedule.scheduleAtFixedRate(
      {
        Log.i(TAG, "onStartCommand")
      },
      0, 1000, TimeUnit.MILLISECONDS
    )
    return START_STICKY
  }

  override fun onBind(intent: Intent): IBinder? {
    return null
  }

  override fun onDestroy() {
    super.onDestroy()
    Log.i(TAG, "onDestroy")
    // サービス終了時にスケジュール実行も終了
    schedule.shutdown()
  }
}
```

1

2

onStartCommandメソッドで処理を記述する場合の基本的なルールとして、まず覚えておいて頂きたいことがあります。それは、

onStartCommandメソッドでは時間のかかる処理を記述してはいけない

という点です。というのも、onStartCommandメソッドは、サービスを開始したスレッドで実行されます。そのため、onStartCommandメソッドで時間のかかる処理を実装してしまうと、呼び出し側の処理が待ち状態になってしまうのです[*4]。

よって、onStartCommandメソッドはあくまで処理の起動役に徹して、時間のかかる処理そのものは非同期に（＝別スレッドで）行うようにしなければなりません。

非同期に処理を実行する方法はさまざまありますが、定期的に行うべき処理を実装するにはScheduledExecutorService#scheduleAtFixedRateメソッドを利用するのが便利です（**1**）。scheduleAtFixedRateメソッドは、指定された時間間隔でRunnable#runメソッド（ラムダ式）の内容を実行します。

ここではログを出力しているだけですが、一般的にはここでデータベースや外部サービスへのアクセスなどを行うことになるでしょう。

＊4）この例であれば、呼び出し元の画面がフリーズしてしまいます。

構文 scheduleAtFixedRateメソッド

```
fun scheduleAtFixedRate(command: Runnable!,
  initialDelay: Long, period: Long, unit: TimeUnit!): ScheduledFuture<*>!
  command     ：実行すべき処理
  initialDelay：実行までの遅延時間
  period      ：実行間隔
  unit        ：引数init／periodの時間単位
```

引数periodには、サンプルを確認しやすくするために1000ミリ秒と比較的短い時間間隔を指定していますが、システムに負荷をかけないよう、一般的にはできるだけ長めの時間を指定するようにしてください。

サンプルを実行すると、確かにRunnable#runメソッドに従って、「onStartCommand」という文字列が1000ミリ秒間隔でログに書き込まれていくことが確認できます。

図11-5 ログが定期的に書き込まれる

なお、ScheduledExecutorServiceオブジェクトによる定期的な処理を停止する
るには、shutdownメソッドを呼び出します（**2**）。shutdownメソッドは、サービ
スを破棄するonDestroyメソッドの中で呼び出します。

11-01-03 ブロードキャストでアクティビティにデータを引き渡す

サービスは、単にバックグラウンドでなんらかの処理をして終わりというだけでは
ありません。処理した結果をアクティビティにフィードバックしたいということもある
でしょう。

そのような場合に利用するのが**ブロードキャスト**です。ブロードキャストとは、
英語で「放送」という意味で、情報をシステム全体に対して一斉配信することを言い
ます。

もっとも、実際には動作しているすべてのアクティビティに対して配信を試みるの
は現実的ではないので、情報はまずAndroidシステムに送られます。

個々のアクティビティは、システムに対してブロードキャストレシーバー（以降、レ
シーバー）をあらかじめ登録しておくことで、この一斉配信を受け取ることができま
す。レシーバー（受信機）とは、「受け取った情報をどのように処理するのか」を決
めるしくみです。

図11-6 ブロードキャストのしくみ

それでは、具体的な例を見ていきましょう。以下は、サービスから現在時刻を5000ミリ秒おきにブロードキャスト配信し、アクティビティ側でトースト表示するサンプルです。

図11-7　サービスから受け取った現在時刻をトースト表示

[1] 現在時刻をブロードキャスト配信する

サービスを、現在時刻を定期的に配信するよう修正してみましょう。P.604のリスト11-5をベースに、変更箇所のみを掲載しています。

リスト11-6　SimpleService.kt（ServiceBroadcastプロジェクト）

```kotlin
import java.util.Date
...中略...
class SimpleService : Service() {
  companion object {
    private const val TAG = "SimpleService"
    const val ACTION = "SimpleService Action"
  }
```

```
...中略...
override fun onStartCommand(intent: Intent, flags: Int, startId: Int): Int {
  schedule = Executors.newSingleThreadScheduledExecutor()
  schedule.scheduleAtFixedRate({
    sendBroadcast(
      Intent(ACTION).apply {
        putExtra("message", Date().toString())
      }                                          ■1    ■2
    )
  }, 0, 5000, TimeUnit.MILLISECONDS)
  return START_STICKY
}
...中略...
}
```

　　ブロードキャスト配信するには、まず、アクティビティ通信でもおなじみのインテントを作成します（■1）。Intentコンストラクターには、インテントを識別するための名前（ここでは定数ACTION）を指定します。また、putExtraメソッドでmessageキーに現在日付をセットしておきましょう。

　　インテントの用意ができたら、あとはsendBroadcastメソッドで送信するだけです（■2）。

構文　sendBroadcastメソッド

```
abstract fun sendBroadcast(intent: Intent!): Unit
  intent：インテント
```

[2] レシーバーを用意する

　　続いて、ブロードキャストを受け取るレシーバーを定義します。レシーバーを作成するには、BroadcastReceiverクラス（android.contentパッケージ）を継承します。

リスト11-7　SimpleReceiver.kt（ServiceBroadcastプロジェクト）

```
package to.msn.wings.servicebroadcast

import android.content.BroadcastReceiver
import android.content.Context
import android.content.Intent
import android.widget.Toast
```

```
class SimpleReceiver : BroadcastReceiver() {
  // ブロードキャスト受信のタイミングで実行されるメソッド──
  override fun onReceive(context: Context, intent: Intent) {
    // インテントからmessageキーを取得&トースト表示
    Toast.makeText(
      context,
      "現在時刻：${intent.getStringExtra("message")}",
      Toast.LENGTH_SHORT
    ).show()
  }
}
```

BroadcastReceiver派生クラスでオーバーライドすべきメソッドはひとつだけ、onReceiveメソッドです。onReceiveメソッドは、レシーバーがブロードキャストを受信したタイミングで呼び出されるメソッドです。

構文 onReceiveメソッド

```
abstract fun onReceive(context: Context!, intent: Intent!): Unit
  context：コンテキスト
  intent ：インテント
```

メソッドの内容は、セクション08-02などで説明したアクティビティ間通信のそれとほぼ同じです。ブロードキャストで配信されたデータには、引数intentからgetStringExtraメソッドでアクセスできます。

アクティビティ側にデータを反映させるならば、引数contextを「val activity = context as MainActivity」のように型キャストした上で、findViewByIdメソッドなどおなじみのメソッドを呼び出してください。

[3] レシーバーをシステムに登録する

作成したレシーバーは、あらかじめシステムに登録しておく必要があります。それには、アクティビティに以下のようなコードを書いてください。

リスト11-8 MainActivity.kt（ServiceBroadcastプロジェクト）

```
override fun onCreate(savedInstanceState: Bundle?) {
  super.onCreate(savedInstanceState)
  setContentView(R.layout.activity_main)
```

```
// レシーバーの登録
registerReceiver(
    SimpleReceiver(),                              ■1
    IntentFilter().apply {
        addAction(SimpleService.ACTION)           ■2   ■3
    }
)
...中略...
}
```

　レシーバーは、レシーバーそのものと、インテントを識別するためのフィルターとの組み合わせで登録します。これによって、「あるアクションを表すインテントが配信された時にのみ、レシーバーはデータを受信できる」ようになるのです。

図11-8 レシーバーとフィルター

　レシーバー本体は、■1のようにインスタンス化しておきます。

　フィルターは、IntentFilterオブジェクトとして表します。対応するアクションは、IntentFilter#addActionメソッドとして登録します（■2）。この例であれば、SimpleService.ACTIONアクションが配信された場合のみ反応するフィルターを作成しているわけです。SimpleService.ACTIONは、手順[1]でインテントに指定したものです。

　レシーバーとフィルターを用意できたら、あとはregisterReceiverメソッドで、この組み合わせをシステムに登録します（■3）。

構文　registerReceiverメソッド

```
abstract fun registerReceiver(receiver: BroadcastReceiver?,
  filter: IntentFilter!): Intent?
receiver：レシーバー
filter　：フィルター
```

これでSimpleService.ACTIONアクションをブロードキャスト配信で受け取ったら、SimpleReceiverレシーバーで処理しなさい、という意味になります。

[4] サンプルを実行する

アプリを起動し、[**サービス開始**] ボタンをクリックしてください。本項冒頭の図11-7のように、5000ミリ秒おきに現在時刻がトースト表示されることを確認してみましょう。

11-01-04　サービスの状態をステータスバーに通知する

サービスは、画面という見かけを持たないその性質上、ユーザーに対して現在の状態を示す方法がありません。そこでサービスの状態をユーザーに対して通知するには、ノーティフィケーションという機能を利用するのが一般的です。

ノーティフィケーションとは、ステータスバー[5]に対してメッセージを表示するための機能です。メッセージをタップすることで、あらかじめ決められたアプリを起動できます。

たとえば以下は、Twitterクライアントがメッセージを受信したことをノーティフィケーションで通知している例です。

*5）画面上部のバー。下側にスライドすることで引き出すことができます。

図11-9　ノーティフィケーションの例

サービスでの用途に特化したしくみではありませんが（アクティビティからも利用できます）、その性質上、バックグラウンドで動作しているサービスがなんらかの状

況をユーザーに通知する際によく利用します。

　ステータスバーは、フルスクリーンモードなどの特別な状況を除いては、画面上に常に表示されており、すぐにノーティフィケーションにアクセスできるのも特長です。

　それではさっそく、サービスからノーティフィケーションを発行してみましょう。サービスを起動すると、「サービスは起動中です。」というノーティフィケーションを発行し、ノーティフィケーションをクリックすると、サービス終了のためのアクティビティを起動できるようにします[6]。

*6）本サンプルの実行には、API 26以降が必要です。プロジェクトを自分で作成する際にも［minimum API level］を26に設定してください。

図11-10　サービス起動時に表示される通知

以下は、その具体的なコードです。なお、アクティビティは11-01-01項のものとほぼ同じなので差分のみを示します（レイアウトファイルは同じなので紙面上は割愛します）。

リスト11-9　SimpleService.kt（ServiceStatusプロジェクト）

```
package to.msn.wings.servicestatus

import android.app.NotificationChannel
import android.app.NotificationManager
import android.app.PendingIntent
import android.app.Service
import android.content.Intent
import android.os.IBinder
import android.util.Log
import androidx.core.app.NotificationCompat
import java.util.concurrent.Executors
```

```kotlin
import java.util.concurrent.ScheduledExecutorService
import java.util.concurrent.TimeUnit

class SimpleService : Service() {
  companion object {
    private const val TAG = "SimpleService"
    private const val NOTIFY_ID = 0
  }
  private lateinit var  manager: NotificationManager
  private lateinit var  channel: NotificationChannel
  private lateinit var schedule: ScheduledExecutorService

  override fun onCreate() {
    super.onCreate()
    // チャネルを生成
    channel = NotificationChannel(
      "service_status",
      "サービス状況",
      NotificationManager.IMPORTANCE_DEFAULT
    ).apply {
      vibrationPattern = longArrayOf(1000, 500, 1000, 500, 2000, 500)
    }
  }

  override fun onStartCommand(intent: Intent, flags: Int, startId: Int): Int {
    // ノーティフィケーションを定義
    val notif = NotificationCompat.Builder(this, "service_status")
      .setContentTitle("SimpleService")
      .setContentText("サービスは起動中です。")
      .setSmallIcon(R.drawable.wings_logo)
      .setWhen(System.currentTimeMillis())
      .setContentIntent(
        PendingIntent.getActivity(
          this, MainActivity.ACTIVITY_ID,
          Intent(this, MainActivity::class.java),
          PendingIntent.FLAG_CANCEL_CURRENT
        )
      )
      .build()
    // ノーティフィケーションを登録
```

1

2

3

```
    manager = getSystemService(NOTIFICATION_SERVICE) as NotificationManager
    manager.createNotificationChannel(channel)                              4
    manager.notify(NOTIFY_ID, notif)

    schedule = Executors.newSingleThreadScheduledExecutor()
    schedule.scheduleAtFixedRate(
      {
        Log.i(TAG, "onStartCommand")
      },
      0,
      5000,
      TimeUnit.MILLISECONDS
    )
    return START_STICKY
  }

  override fun onBind(intent: Intent): IBinder? {
    return null
  }

  override fun onDestroy() {
    super.onDestroy()
    manager.cancel(NOTIFY_ID)                                               5
    Log.i(TAG, "onDestroy")
    schedule.shutdown()
  }
}
```

リスト11-10   MainActivity.kt（ServiceStatus プロジェクト）

```
package to.msn.wings.servicestatus

import android.content.Intent
import android.os.Bundle
import android.widget.Button
import androidx.appcompat.app.AppCompatActivity

class MainActivity : AppCompatActivity() {
  // アクティビティを識別するためのid値
  companion object {
```

```
    const val ACTIVITY_ID = 1
  }
  ...中略...
}
```

　ノーティフィケーションでは、大きく以下のオブジェクトが登場します。

- ・ NotificationManager
- ・ NotificationChannel
- ・ Notification
- ・ PendingIntent

　Notificationはノーティフィケーションそのものを表すオブジェクト、その
ノーティフィケーションの重要度、通知音／バイブレーションを定義するのが
NotificationChannelです。NotificationManagerでは、Notification ／
NotificationChannelでの設定に従って、ノーティフィケーションを発行します。
　PendingIntentは、ノーティフィケーションからアクティビティを起動する際
などに利用するオブジェクトです。アクティビティの起動などが不要の場合は、
PendingIntentは必須ではありません。

■チャネルを生成する

　これらオブジェクトのうち、NotificationChannelを生成しているのが■です。

| 構文 | NotificationChannelコンストラクター |

```
NotificationChannel(id: String!, name: CharSequence!, importance: Int)
    id          ：チャネルID（アプリ内で一意であること）
    name        ：チャネルの表示名
    importance  ：重要度（IMPORTANCE_UNSPECIFIED／IMPORTANCE_NONE／IMPORTANCE_MIN／
                 IMPORTANCE_LOW／IMPORTANCE_DEFAULT／IMPORTANCE_HIGH）
```

　また、以下のようなメンバーで、チャネルを細かく設定することも可能です。

表11-2　NotificationChannelクラスの主なメンバー

メンバー	概要
enableLights(*lights*: Boolean)	ライトを点灯するか
enableVibration(*vibration*: Boolean)	バイブレーションを有効にするか
setShowBadge(*showBadge*: Boolean)	アイコンバッジを表示するか

vibrationPattern	バイブレーションのパターン（long型配列）
lockscreenVisibility	ロックスクリーンに表示するか
lightColor	ライトの表示色

2 ノーティフィケーションの本体を準備する

　続いて、送信すべきノーティフィケーションを準備します。Notificationオブジェクトは、NotificationCompat.Builderオブジェクトから生成できます。

構文 NotificationCompat.Builderクラス（コンストラクター）

```
NotificationCompat.Builder(context: Context, channelId: String)
  context   ：コンテキスト
  channelId ：チャネルID
```

　NotificationCompat.Builderオブジェクトには、ノーティフィケーションを設定するためのさまざまなセッターが用意されています。以下に、主なものを挙げておきます。

表11-3 NotificationCompat.Builderオブジェクトの主なセッター

メソッド	設定内容
setAutoCancel(autoCancel: Boolean)	クリック時に自動で通知を削除
setContentTitle(title: CharSequence?)	通知タイトル
setContentText(text: CharSequence?)	表示メッセージ
setSmallIcon(icon: Int)	表示アイコン
setLights(argb: Int, onMs: Int, offMs: Int)	LED表示（引数は先頭からARGB色、点灯時間、消灯時間。時間の単位はミリ秒[7]）
setContentIntent(intent: PendingIntent?)	通知クリック時の挙動
setSound(sound: Uri?)	再生するサウンド
setPriority(pri: Int)	ノーティフィケーションの優先順位
setWhen(when: Long)	通知時刻

[7] ARGBは透明度を加えたRGBで、それぞれの要素を2桁の16進数、合計8桁で表現します。たとえば、#FFFF0000は赤を表します。

　セッターメソッドは戻り値として自分自身（NortificationCompat.Builderオブジェクト）を返すので、「setXxxxx(...).setXxxxx(....)」のようにメソッドを連結して呼び出せる点にも注目です。

　最後に、buildメソッドを呼び出すことで、それまでの設定に基づいてNotificationオブジェクトが生成されます。

③ PendingIntent オブジェクトを用意する

一般的な Intent オブジェクトがその場でアクティビティやサービス起動に利用されるのに対して、PendingIntent オブジェクトとはその場ではいったん保留しておき、あとでなんらかのイベントが発生した時に初めて利用されるインテントを表します。

この例であれば、Notification を登録する現在ではなく、登録された Notification(通知)をクリックしたタイミングで、アクティビティを起動したいので、そのための情報は PendingIntent オブジェクトで表す必要があるわけです。

PendingIntent オブジェクトは、PendingIntent#getActivity メソッドで取得できます[8]。

> *8) インテントの送信先に応じて、getActivityの他、getService(サービス)、getBroadcast(ブロードキャスト)メソッドを利用することもできます。

構文 getActivityメソッド

```
static fun getActivity(context: Context!, requestCode: Int,
  intent: Intent!, flags: Int): PendingIntent!
  context   ：コンテキスト
  requestCode：リクエストコード
  intent    ：インテント
  flags     ：動作モード
```

引数 intent には、自分で用意した明示的インテントをセットしてください。

引数 requestCode は、リクエストを識別するためのコードです。ここでは、特に利用していないのでなんでも構わないのですが、便宜的に MainActivity クラスであらかじめ定義しておいた定数 ACTIVITY_ID をセットしておきます。

引数 flags(動作モード)の FLAG_CANCEL_CURRENT は、現在設定されているインテントがあれば、キャンセルして新しいものを使うことを意味します。

用意した PendingIntent オブジェクトは、NotificationCompat.Builder#setContentIntent メソッドでセットします。これによって、通知情報をクリックすることで指定のアクティビティ(ここでは MainActivity アクティビティ)を起動できるようになります。

④ NotificationManager に Notification を登録する

NotificationManager は、ノーティフィケーションを管理するためのクラスです。getSystemService メソッドで取得できます。既に何度か触れていますが、getSystemService メソッドの戻り値は Any 型なので、取得したサービスに応じて型キャストするのを忘れないようにしてください。

NotificationManager オブジェクトを取得できたら、あとは、createNotificationChannel メソッドでチャネルを登録した上で、notify メソッドで先ほど作成した通知情報(Notification オブジェクト)を登録するだけです。

構文 createNotificationChannelメソッド

```
fun createNotificationChannel(channel: NotificationChannel): Unit
  channel：チャネル
```

構文 notifyメソッド

```
fun notify(id: Int, notification: Notification!): Unit
  id          ：ノーティフィケーションID
  notification：登録するノーティフィケーション
```

　　　　引数idには、ノーティフィケーションを識別するためのid値を指定します。この値は、あとからノーティフィケーションを削除する際にも利用するので、それぞれで一意となるよう、値を設定してください。

⑤ノーティフィケーションを削除する

　　サービスを終了するタイミングで、ノーティフィケーションも破棄しておきましょう。cancelメソッドを利用します。

構文 cancelメソッド

```
fun cancel(id: Int): Unit
  id：ノーティフィケーションID
```

Section 11-02

自作のアプリを公開する

このセクションでは、自分で作成したアプリを Google Play で公開します。

このセクションのポイント

1 作成したアプリは Google Play 経由で公開&配布できる。

2 Google Play に登録するには、デベロッパーアカウントが必要である。

3 アプリを公開するには、あらかじめ公開用のファイルや証明書、アイコン画像／スクリーンショットなどを用意しておく必要がある。

　自分で作成した Android アプリは、Google Play で配布&公開できます。Google Play とは、Google が提供するアプリケーションストアの名称です。Google Play でアプリを公開するには、大まかに以下のような手続きが必要となります。

- Google アカウント&デベロッパーアカウントを取得する
- デジタル署名した公開用のファイルを準備する
- Google Play にアプリをアップロード&タイトル／キャプチャなどを登録する

　以下でも、この流れに沿って、挨拶アプリを Google Play に登録してみましょう。

11-02-01　Google アカウント&デベロッパーアカウントの作成

　Google Play にアプリを登録するには、デベロッパーアカウントが必要となります。そして、デベロッパーアカウントを取得するには、Google アカウントの取得が必要となります。アカウントを既に所有している場合には、以下の手順はスキップしても構いません。

■ Google アカウントの取得

　Google アカウントを取得するには、ブラウザーから以下のページにアクセスしてください。

```
https://accounts.google.com/SignUp
```

図 11-11 ［Googleアカウントの作成］ページ（1）

［Googleアカウントの作成］ページが開くので、名前、ユーザー名、パスワードなどを入力します。［次へ］ボタンをクリックして、表示された画面にしたがって生年月日や性別を入力します。

図 11-12 ［Google アカウントの作成 ］ページ（2）

[**次へ**] ボタンをクリックすると [**プライバシーポリシーと利用規約**] ダイアログが
表示されるので、規約を確認した上で [**同意する**] ボタンをクリックしてください。

図 11-13　[プライバシーポリシーと利用規約] ダイアログ

図 11-14　[ようこそ XX さん！] ページ

　上のような [**ようこそ**] ページが表示されれば、Googleアカウントの登録は終了
です。

■ デベロッパーアカウントの作成

　続いて、Google Playで利用するデベロッパーアカウントを作成します。アカウント作成には、ブラウザーから以下のページにアクセスしてください。

　なお、アカウント作成には登録料が25米＄が必要となります。あらかじめ支払い可能なクレジットカードを用意しておいてください。

```
https://play.google.com/apps/publish/signup
```

　ログインしていない場合には、ここでログイン画面が表示されるので、先ほど取得したGoogleアカウントでログインしてください。デベロッパーアカウントを作成するためのページが表示されます。

図11-15　［新しいデベロッパー アカウントを作成］

[新しいデベロッパー アカウントを作成] ページが表示されたら、情報を入力します。[一般公開されるデベロッパー名] は、アプリ公開の際に表示される開発者名です。また、[連絡先電話番号] は、国番号（日本であれば+81）から入力しなければなりません。また、市外局番の0と途中のハイフンは省略します。よって、たとえば「03-xxxx-xxxx」であれば、「+813xxxxxxxx」と入力してください。

[デベロッパーの契約と利用規約] の2つのチェックボックスにチェックをつけて [アカウントを作成して支払う] ボタンをクリックします。

図11-16　[購入手続きの完了] ダイアログ

[購入手続きの完了] ダイアログが表示されるので、カード情報、名義、住所などを入力後、[購入] ボタンをクリックします。決済処理が完了後に [デベロッパーアカウントを作成しました] ページが表示されれば、デベロッパーアカウントの作成は終了です。

11-02-02　公開用ファイルの作成

*1）2021年8月 からGoogle Playで新規アプリを公開するには、.aabファイルでの登録が必須となりました。以前の.apkファイルは利用できないので注意してください。

　Google Playに登録するために、アプリを公開用の.aabファイル（Android App Bundle形式）に変換します。.aabファイル*1は、アプリの本体コードはもちろん、画像リソースなども含んだ公開形式のファイルになっています。

　.aabファイルを作成するには、Android Studioのメニューバーから [Build] − [Generate Signed Bundle / APK...] を選択します。

図11-17 [Generated Signed APK] ダイアログ (1)

[Generated Signed Bundle or APK] ダイアログが表示されるので、[Android App Bundle] を選択して、[Next] ボタンをクリックしてください。次の入力画面が表示されたら、[Create New] ボタンをクリックします。

図11-18 [Generated Signed APK] ダイアログ (2)

図11-19　［New Key Store］ダイアログ

必要事項を入力

クリック

　［New Key Store］ダイアログが表示されたら、以下の表のように必要な項目を入力します。

表11-4　［New Key Store］ダイアログの設定値（例）

分類	項目	概要	入力値（例）
全体	Key store path	キーストアの作成場所	C:¥data¥wings.jks
	Password	パスワード	123456
	Confirm	パスワード（確認）	123456
Key	Alias	キーの別名	wingsproject
	Password	パスワード	123456
	Confirm	パスワード（確認）	123456
	Validity（years）	キーの有効期限[2]	25
Cirtificate	First and Last Name	作者名	WingsProject
	Organizational Unit	組織単位	－
	Organization	組織名	－
	City or Locality	市町村名	－
	State or Province	都道府県名	Chiba
	Country Code（XX）	国コード	JP

＊2）25年以上が推奨されています。

*3) 鍵が本人のものであることを証明するしくみです。一般的にはベリサイン社のような認証局によって発行されますが、Androidアプリではそこまでは不要です。自分で作成した証明書で構いません。

　キーストアとは、アプリにデジタル署名するための鍵と証明書[*3]をまとめたデータファイルです。同一の証明書で署名されていないアプリは、アップグレードできなくなりますし、そもそもキーストアとパスワードを漏洩してしまうと、第3者によるアプリの改竄が可能になってしまいます。厳重に管理してください。

　キーストアを作成する上で、[First and Last Name]～[Country Code]はすべて任意項目ですが、最低でもひとつは入力する必要があります。

　[OK]ボタンをクリックすると、入力したキー情報が元の[Generated Signed Bundle or APK]ダイアログにも反映されています。2つのチェックボックスのチェックを外して[Next]ボタンを押してください。

図11-20　[Generated Signed Bundle or APK]ダイアログ（3）

図11-21　[Generated Signed Bundle or APK]ダイアログ（4）

続いて、図11-21のようなダイアログが表示されるので、[Destination Folder] に .aabファイルを出力すべきフォルダー（ここでは「c:¥data」）を指定します。また、[Build variants] から「release」を選択して、[Finish] ボタンをクリックします。

図11-22 .aabファイルの生成に成功

> ⓘ Generate Signed Bundle
> App bundle(s) generated successfully for module
> 'HelloEvent.app' with 1 build variant:...

Android Studio の右下に上のような通知が表示されれば、.aabファイルの生成は成功です。エクスプローラーで「C:¥data」フォルダーを開いて公開用のファイル（/release/app-release.aab）とキーストア（wings.jks）が作成されていることを確認してみましょう。

なお、本書ではキーストアを一から作成しましたが、公開用のファイルを再作成（または更新）する際には、図11-18で [Choose existing...] ボタンをクリックし、作成済みのキーストアを選択してください。

> **参考**
>
> ### デジタル署名とは？
>
> 　デジタル署名とは、アプリが改竄されていないか（＝作成元は確かであるか）を確認するためのしくみです。署名がないアプリは、そもそもインストールすることすらできません。
> 　Androidでは、アプリを更新する際に、デジタル署名に利用した証明書を確認します。インストール済みのアプリと新しいアプリとで証明書が一致すれば、アプリが同じ開発者によって提供されていると見なすのです。これによって、悪意ある第3者が改竄したアプリを勝手に配布できてしまうことを防げます。
> 　ちなみに、これまでローカルで実行する際に、署名を意識する必要がなかったのは、Android Studio が自動的に開発用の証明書を作成してくれていたからです。Google Play でアプリを公開する際には、新たな証明書の作成が必須です。

11-02-03　Google Play へのアプリ登録&公開

以上で、アプリを登録するための準備が完了したので、Google Play から実際にアプリをアップロード&公開してみましょう。

ログインしていない場合には、ここでログイン画面が表示されるので、ログインしてください。

```
https://play.google.com/console/
```

[1] 新しいアプリを追加する

[Google Play Console] 画面が開くので、 <kbd>88 すべてのアプリ</kbd> を選択した後、 <kbd>アプリを作成</kbd> ボタンをクリックします[4]。

*4) 図では、既に3つアプリが登録されています。

図11-23 [すべてのアプリ] 画面

[アプリを作成] 画面が表示されるので、以下の図を参考にアプリ名を入力し、[デフォルトの言語] を日本語にして、[アプリ][無料] を選択します。また、申告欄の3つのチェックボックスすべてにチェックを付けて、[アプリを作成] ボタンをクリックします。

図11-24 ［アプリを作成］画面

［**ダッシュボード**］画面が表示されて、右上にアプリ名が表示されます。

図11-25 ［ダッシュボード］画面

[2] ストアへの掲載情報を登録する

［ダッシュボード］画面の中央付近にある［アプリのセットアップ］の
タスクを表示する ∨ をクリックします。設定が必要な各項目のリンクが表示されるので、
順に設定していきます。

図11-26 ［ダッシュボード］画面（アプリのセットアップ）

　［アプリのアクセス権］リンクをクリックして、［アプリのアクセス権］画面を開き
ます。

図11-27 ［アプリのアクセス権］画面

[**すべての機能が特別なアクセス権を必要とすることなく利用できる**]を選択して、[**保存**]ボタンをクリックします。画面下に ⊘ 変更を保存しました が表示されたら、画面上部の ← ダッシュボード をクリックして、[**ダッシュボード**]画面に戻ってください。

設定が終了した箇所には、以下の図のように文字列に取り消し線が引かれます。

図11-28 ［ダッシュボード］画面（[アプリのアクセス権]設定後）

同様に[**広告**]、[**コンテンツのレーティング**]、[**ターゲットユーザー**]、[**ニュースアプリ**]、[**COVID-19**]、[**アプリのカテゴリを選択し、連絡先情報を提供する**]の項目についても、アプリの内容に合わせて設定してください。

図11-29 ［ダッシュボード］画面（上記の設定項目を設定後）

［ダッシュボード］画面から［ストアの掲載情報を設定する］リンクをクリックして、［メインのストアの掲載情報］を表示します。以下の表を参考に各項目にアプリの情報を入力します。

図11-30 ［メインのストアの掲載情報］画面（1）

表11-5 ［メインのストアの掲載情報］画面の主な設定例

カテゴリ	項目	設定例
アプリの詳細	アプリ名	時刻アプリ
	簡単な説明	時刻を表示します。
	詳しい説明	ボタンをクリックすると、時刻を表示します。
グラフィック	アプリのアイコン	（画像をドロップ）
	フィーチャー グラフィック	（画像をドロップ）
電話	携帯電話版のスクリーンショット	（画像をドロップ）
タブレット	7インチタブレット版のスクリーンショット	（画像をドロップ）
	10インチタブレット版のスクリーンショット	（画像をドロップ）

［グラフィック］［電話］［タブレット］の各項目に画像ファイルをドロップすると、アップロードした画像が表示されます。

図11-31 ［メインのストアの掲載情報］画面（2）

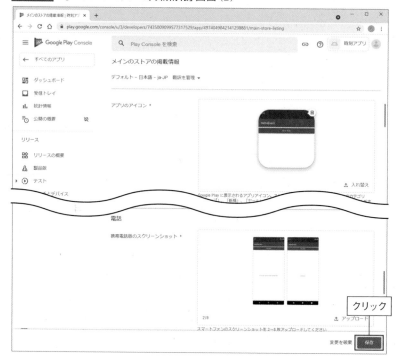

アップロードが必須の画像は以下の表の通りです。

表11-6　アップロード必須の画像

項目名	画像
［スクリーンショット］	320 ～ 3840 ピクセルで、PNG か JPEG 形式。複数ファイル必要
［アプリのアイコン］	512 × 512 で、PNG か JPEG 形式
［フィーチャーグラフィック］	1024 × 500 で、PNG か JPEG 形式

　入力し終えたら、画面右下の［**保存**］ボタンをクリックします。

［3］公開用のファイルをアップロードする

　画面左側のメニューから　　ダッシュボード　をクリックして［**ダッシュボード**］画面に戻ります。
　画面最下部の［**Google Play にアプリを公開する**］の　タスクを表示する ∨　をクリックします。設定が必要な各項目のリンクが表示されるので、順に設定していきます。

図11-32　［ダッシュボード］画面（Google Play にアプリを公開する）

　［**国や地域を選択する**］リンクをクリックすると、［**製品版（国／地域）**］画面が開くので、［**国／地域を追加**］リンクをクリックします。

図11-33 ［製品版］画面（国／地域）(1)

［**製品版への国／地域の追加**］画面が表示されるので、［**日本**］を選択して、［**国／地域を追加**］ボタンをクリックします。

図11-34 ［製品版への国／地域の追加］画面

［**製品版（国／地域）**］画面に戻り、［**日本**］が追加されていることが確認できます。

図11-35 ［製品版］画面（国／地域）(2)

［**リリース**］タブを選択して、［**新しいリリースを作成**］リンクをクリックします。

図11-36 ［製品版（リリース）］画面

［**製品版リリースの作成**］画面が表示されるので、［**App Bundle**］の欄に先ほど作成した.aabファイル（C:¥data¥release¥app-release.aab）をドラッグ＆ドロップします。

図11-37　[製品版リリースの作成]画面（1）

ファイルがアップロードされると[App Bundle]欄の下にファイルの情報が表示されます。[リリースの詳細]欄については、必要に応じて編集してください。問題なければ画面下部の[保存]ボタンをクリックします。

図11-38　[製品版リリースの作成]画面（2）

設定が保存され、画面下部に[変更を保存しました。公開前にリリースを確認できます。]と表示されたら、[リリースのレビュー]ボタンをクリックして、内容の最終確認を行います。

図11-39 ［製品版リリースの作成］画面（3）

エラーが表示されなければ、［**製品版としての公開を開始**］ボタンをクリックします[5]。

＊5）「このＡｐｐ Bundle に関連付けられている難読化解除ファイルはありません。」という警告が表示されますが、こちらは無視して構いません。

図11-40 ［**製品版リリースの作成**］画面（4）

［**製品版として公開しますか？**］ダイアログが表示されるので、［**公開**］ボタンをクリックしてください。

図 11-41 [製品版として公開しますか?] ダイアログ

以下の画面が表示され、Google Playで審査が行われます。

図 11-42 [製品版]画面(審査中)

審査が通り、アプリが公開されると以下のようにステータスが[**審査中**]から
[**Google Playで公開**]に変わります。

図11-43 [製品版]画面（公開後）

参考

アプリを更新／削除するには？

アプリを更新するには、[すべてのアプリ]画面から該当のアプリを選択し、遷移先の[ダッシュボード]画面から必要な情報を変更してください。公開用のファイルを更新する際には、.aabファイルを作成する前にbuild.gradle（Module:app）のdefaultConfigブロックからversionCode／versionNameの値をそれぞれ修正してください。versionCodeはバージョン番号を整数値で表したもの、versionNameはユーザーに表示するバージョン番号で1.0のような形式で表します。

リスト11-11 build.gradle（Module:HelloEvent.app）

```
plugins {
  id 'com.android.application'
  id 'kotlin-android'
}


android {
  compileSdk 31
  defaultConfig {
    applicationId "to.msn.wings.helloevent"
    minSdk 19
    targetSdk 31
    versionCode 2
    versionName "1.1"
    ...中略...
```

```
    }
    ...中略...
    }
```

　アプリの削除は、現時点ではできないようです。アプリを非公開にするには、［ダッシュボード］画面左側のメニューから［リリース］－［設定］－［詳細設定］を開いて、［アプリの公開状況］タブをクリックして表示された画面から［非公開］を選択して、［変更を保存］ボタンをクリックしてください。

図11-44 ［詳細設定］画面（アプリの公開状況）

TECHNICAL MASTER

Index 索 引

著者紹介

山田祥寛（やまだ　よしひろ）

静岡県榛原町生まれ。一橋大学経済学部卒業後、NECにてシステム企画業務に携わるが、2003年4月に念願かなってフリーライターに転身。Microsoft MVP for Developer Technologies。執筆コミュニティ「WINGSプロジェクト」の代表でもある。
主な著書に『ASP.NET MVC 5実践プログラミング』（秀和システム）、『改訂新版JavaScript本格入門』『Angularアプリケーションプログラミング』『Ruby on Rails 5アプリケーションプログラミング』（以上、技術評論社）、『JavaScript逆引きレシピ 第2版』『独習シリーズ（Python・Ruby・Java・C#・PHP・ASP.NET）』（以上、翔泳社）、『書き込み式SQLのドリル』（日経BP社）、『速習シリーズ（Kotlin・TypeScript・webpack・Vue.js・React・ASP.NET Core・ECMAScript 2020）』（Kindle）など。
最近では、IT関連技術の取材、講演まで広くを手がける毎日である。最近の活動内容は、著者サイト（https://wings.msn.to/）にて。

TECHNICAL MASTER
テクニカル　マスター

はじめてのAndroidアプリ開発
アンドロイド　かいはつ

Kotlin編
コトリンへん

| 発行日 | 2021年12月3日 | | 第1版第1刷 |

著　者　山田　祥寛
やまだ　よしひろ

発行者　斉藤　和邦
発行所　株式会社　秀和システム
　　　　〒135-0016
　　　　東京都江東区東陽2-4-2　新宮ビル2F
　　　　Tel 03-6264-3105（販売）　　Fax 03-6264-3094
印刷所　三松堂印刷株式会社

©2021 Yoshihiro Yamada　　　　　　　　　Printed in Japan

ISBN978-4-7980-6510-6 C3055